第壹拾肆辑

2017

中国建筑史论汇刊

王贵祥
贺从容
李菁

主编

副主编

清华大学
建筑学院主办

U0294610

中国建筑工业出版社

内 容 简 介

《中国建筑史论汇刊》由清华大学建筑学院主办，以荟萃发表国内外中国建筑史研究论文为主旨。本辑为第壹拾肆辑，收录论文16篇，分为古代建筑制度研究、佛教建筑研究、建筑考古学研究、古代城市与园林研究、建筑文化研究、建筑管理研究以及英文论稿专栏。

其中，"古代建筑制度研究"收录7篇：《中国古代建筑设计的典型个案——清代定陵设计解析（下篇）》和《故宫本〈营造法式〉图样研究（三）——〈营造法式〉彩画锦纹探微》为前几辑的延续，另有《秦汉几座重要木构殿堂可能原状推测》、《〈营造法式〉中殿阁地盘分槽图的探索与引论》、《算法基因：高平资圣寺毗卢殿外檐铺作解读》、《南村二仙庙正殿及其小木作帐龛尺度设计规律初步研究》和《苏州虎丘二山门构件分型分期与纯度探讨》；"佛教建筑研究"收录3篇，分别为：《见于史料记载的几座两宋寺院格局之复原探讨》、《〈续高僧传〉中建康及荆州几所佛寺的平面布局》以及《辽南京大昊天寺的营建历程及空间格局初探》；"建筑考古学研究"收录有：《从河南内黄三杨庄聚落遗址看汉代乡村聚落的组成内容与结构特征》；"古代城市与园林研究"收录有：《从"游牧都市"、汗城到佛教都市：明清时期呼和浩特的空间结构转型》和《基于数字化技术的圆明园造园意匠研究》；"建筑文化研究"收录有：《龙山文化晚期石峁东门中所见的建筑文化交流》；新设栏目"建筑管理研究"，收录《我国古代营造业与建筑市场初探》。此外还有英文论稿《中国金代砖墓中的仿木结构与合院住宅形制》一篇以及山西高平游仙寺测绘图一份。上述论文中有多篇是诸位作者在国家自然科学基金支持下的研究成果。

书中所选论文，均系各位作者悉心研究之新作，各为一家独到之言，虽或亦有与编者拙见未尽契合之处，但却均为诸位作者积年心血所成，各有独到创新之见，足以引起建筑史学同道探究学术之雅趣。本刊力图以学术水准为尺牍，凡赐稿本刊且具水平者，必将公正以待，以求学术有百家之争鸣、观点有独立之主张为宗旨。

Issue Abstract

The Journal of Chinese Architecture History (JCAH) is a scientific journal from the School of Architecture, Tsinghua University, that has been committed to publishing current thought and pioneering new ideas by Chinese and foreign authors on the history of Chinese architecture. This issue contains 16 articles that can be divided according to research area: the traditional architectural system, Buddhist architecture, building archaeology, traditional cities and gardens, architectural culture, architectural management, and the foreign language section.

Seven papers discuss the traditional architectural system. Two of them, "A Paradigm for Chinese Traditional Architectural Design: The Dingling Mausoleum of the Qing Dynasty (Part 3)" and "The Drawings in the Forbidden City Edition of *Yingzao Fashi* (Part 3)," are a continuation of studies published in previous issues. Furthermore, there are "Recovery Research of Possible Forms and Structure of Wood-framed Imperial Temples from the Qin and Han Dynasties", "Frame Plans for the Division of Cao in Palatial-style Halls and Pavilions Recorded in *Yingzao fashi*", "Gene of Design: Exterior Eaves Bracket Sets in the Hall of Vairochana at Zisheng Temple in Gaoping", "The law of proportional design of Main Hall and Wooden Shrine at Erxianmiao in Nancun", and "Classification of Components of the Second Mountain Gate at Tiger Hill in Suzhou by Type, Time Period, and Purity Degree".

The section on Buddhist architecture contains three papers: "Temple Plan Recovery of Buddhist Temples Recorded in Song Literature", "The History and Architectural Remains of Xilimen Erxianmiao in Gaoping, Shanxi", and "Construction Process and Spatial Layout of Dahaotian Temple in the Southern Liao Capital."

New insight into building archaeology provides "Composition and Construction of Han-dynasty Settlements: A Study of the Sanyang Village Site, Neihuang, Henan Province". Traditional cities and gardens is the theme of "From a "Nomadic city" Ruled by Khans to a Buddhist Capital: The Spatial Transformation of Hohhot in the Ming and Qing Dynasties" and "The Design Ideas of Yuanmingyuan Based on Digital Technology". The next paper, "Building Tradition and Exchange as Seen in the East Gate of Shimao in the Late Neolithic Period", widens our understanding of architectural culture, and "A Study of the Construction Industry and Market in Ancient China" our understanding of construction management. Additionally, there is an article in English in the foreign language section, "Jin-dynasty Brick Tombs Made by Imitating Wood Structures and the Courtyard House System in China". This issue contains several studies supported by the National Natural Science Foundation of China (NSFC).

The papers collected in the journal sum up the latest findings of the studies conducted by the authors, who voice their insightful personal ideas. Though they may not tally completely with the editors' opinion, they have invariably been conceived by the authors over years of hard work. With their respective original ideas, they will naturally kindle the interest of other researchers on architectural history. This journal strives to assess all contributions with the academic yardstick. Every contributor with a view will be treated fairly so that researchers may have opportunities to express views with our journal as the medium.

谨向对中国古代建筑研究与普及给予热心相助的华润雪花啤酒（中国）有限公司致以诚挚的谢意！

目　录

Table of Contents

古代建筑制度研究

中国古建筑设计的典型个案
——清代定陵设计解析
（下篇）

王其亨　　王方捷

（天津大学建筑学院）

摘要： 长期以来，依据信而有征的原始文献尤其是设计图纸或模型，揭橥中国古代建筑设计的奥秘，夙为中国建筑史学研究的显著缺环，相关设计方法和理念也终难洞悉；和西方建筑史学比较，实际造成了中国古代建筑设计的"失语症"。本文基于对世界文化遗产清代皇家陵寝的大规模调查测绘、对相关档案文献的深入发掘，系统梳理世界记忆遗产样式雷建筑图档，选取包含上千件图档的定陵工程作为个案，通过综合研究，从所涉相关选址勘测直至施工等全过程，勉力还原其设计运作的全貌，以期弥补中国古代建筑设计"话语"的缺失。

关键词： 中国古代建筑设计，样式雷，清代皇家陵寝，定陵

Abstract: For a long time, it was a dilemma in the study of Chinese architectural history to reveal the design process based on historical documentation especially design drawings and models, and to discern any design strategy or theory. This has resulted in an "aphasia" (speechlessness) on Chinese traditional architectural theory. Based on the survey of the Qing imperial tombs inscribed on the World Heritage List and the study of relevant documents including the Yangshi Lei Archives inscribed onto the Memory of the World Register, this paper explores the Dingling Tomb (documented by over 1,000 pieces of drawings and documents) with the aim of tracing the building and planning process from site selection to construction. It is hoped that this comprehensive research will resolve the problem of "aphasia" regarding the design of Chinese traditional architecture.

Keywords: Design of traditional Chinese architecture, Yangshi Lei, imperial tombs of the Qing dynasty, Dingling Tomb

六、因地制宜

定陵工程管理者在设计施工过程中多管齐下，控制成本。一方面不遗余力地拆刨、利用宝华峪旧料，另一方面因地制宜，既要削减靡费巨大的土石方工程量，又要确保空间效果不逊于前朝陵寝。然而平安峪地势空前复杂，设计难度大增。针对平安峪进深方向落差大、面宽方向"堂局"狭窄的特点，雷思起等设计师缜密践行"遵照典礼之规制，配合山川之胜势"❶的传统设计理念，妥善安排组群布局、附属建筑、展谒道路及防洪排水等，通过别出心裁、精打细算的设计，最终使定陵成为清代关内帝陵中平面布局最紧凑、竖向变化最丰富的一座，成就了定陵独具的建筑空间艺术效果。

"因地"——通过图文档案探寻定陵规划设计成功的原因，不难发现，以雷思起为首的建筑

---

❶ 清档案：《工科题本·建筑工程·陵寝坛庙》乾隆七年六月初七日，相度胜水峪万年吉地折. 中国第一历史档案馆藏.

师极度重视地形测量，根据工程阶段和现场条件变化而多次开展，从而为设计施工打下了坚实的基础。

开工前的地形测量：

在为咸丰皇帝相度吉地的六年间，雷思起等人已对平安峪进行过多次地形勘测（见前文二、三节），但因诸多条件限制，测量精度明显不足；更大的问题是，选址期间的勘测并非直接服务于设计，而是着力考察平安峪吉地的"堂局"并向朝廷汇报，因此偏重于平面，未曾进行过系统的高程测量。为了在平安峪复杂的地形条件下合理地展开设计，雷思起及其伙伴不得不重新设法获取完整且可靠的地形数据。于是，自咸丰八年九月初二日祖陵测绘结束，到十月初四日档案首次提到地形测量，在这短短一个月内，雷思起等人为实施更加系统的测量而进行了一系列先期工作，并在此基础上初步完成了地宫规制及整座陵寝布局推敲。

测量采用传统的"平格"方法，与咸丰二年选址勘测方法相同（参见第二节）。但不同的是，平格的原点被设置在穴心处，循中轴线展开。同时，格网大小由20丈减至5丈，使测量精度和实用性有了巨大的提升。虽然由于时间紧，且现场地面尚未清理，九月暂时只测量了中轴线，但为确保结果准确无误，雷思起依然率领工匠做了严谨的准备：以穴中为起点，沿陵寝中轴线，每10丈砌一个砖墩，称为"线墩"（图1，图2），并在线墩上做好水准标记，作为进深方向上一连串固定的测量基准点，从而避免在测量时因距离穴中太远，误差累积而失准。基于十一座线墩，雷思起等人对穴心以北10丈、以南约100丈范围内的地势进行了两次测量，绘制出了准确、易用的中轴线地形断面图，立即暴露出此前仅依靠平面图设计而难以发现的问题（图3），加以调整后，形成了定陵工程的第一幅竖向设计图（图4），化解了总体规划的燃眉之急。从九月初遵照父制的初始方案，到十月初复归祖制，中后段建筑规制及布局基本确定，每一阶段均有中轴线"平子样"与平面图对应，更直观地表现并推敲各主要建筑的前后落差和空间效果（图5，图6）。尽管中轴线高程数据在定陵总体布局设计中发挥了重要作用，雷思起主笔的样式房随工日记却完全没有提及这期间的地形测量，一定程度上表明，基于地形测量展开设计，作为样式房固定的工作套路，早已驾轻就熟。

到十月四日，平安峪"复归祖制"采用九道券地宫方案已成定局，地宫至隆恩门所属的中后段建筑布局也基本定型。此时，承修官员组织人力"伐树，以便用水平衡量地势高低"[1]，清除障碍物后，补充测量了中轴线两侧5至10丈范围内的高程（图7），从而更加全面地掌握了地宫、宝城、隆恩殿等主体建筑所处的地形。这样，雷思起才得以迅速而精准地调整地宫大槽落深和方城月台高度（见本文第三节），并沿中轴线逐级确定各建筑落差及各院落地面坡度，在短时间内找到空间效果最佳且造价可控的方案（详见本节后文）。

[1] 咸丰八年十月"初四日申时伐树，以便用水平衡量地势高低。"参见：平安峪工程备要.卷一.奏章.遵查吉地形势酌拟规制绘图呈览.中科院国家科学图书馆藏.

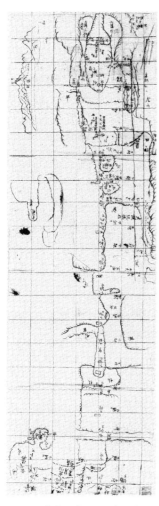

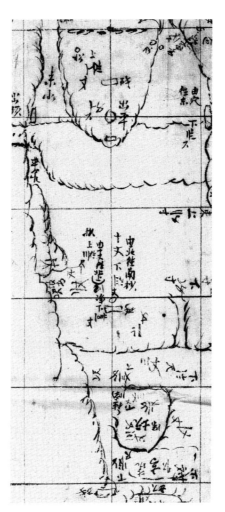

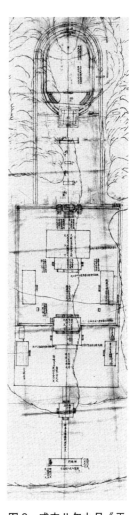

图1　咸丰八年九月《平安峪平格灰线地势糙底》276-2）❶，平格图，每格5丈。仅中轴线一列有完整的高程数据，中轴线右边一列有部分数据

图2　上图局部，可见由穴中"出平"即作为平格网的原点，中轴线上的小方块表示线墩，其间距为2格，即10丈

图3　咸丰八年九月《平安峪拟仿糙底尺寸准底》（182-15）局部。中轴线高程测量完成前，总体规划只能在平面图上进行，用作底图的平面地形图形成于咸丰四年，其可靠性和实用性非常有限

　　因当时尚未动工，仅砍伐了部分树木而没有彻底清理并平整地面，对测量精度仍有不利影响；此外，测量以平格角点为控制点，单体建筑基底位置的高程未被直接测量，只能在图纸上概略推算。工作严谨的样式房匠人深知此次抄平的局限性，因此尽管据此绘成的图纸尺寸和精细程度已远超选址阶段的图纸，但还是将其称为"抄糙平"❷。伐树、抄平两天以后的十

---

❶　括号中图号为中国国家图书馆藏品编号。

❷　咸丰九年九月的图档216-032等记："八年抄糙平，九年抄细平"，并指出咸丰八年的抄平"每五丈抄一平，其各座分位均系纸上派拟，因不甚准"。另一份文档（216-34）亦言明："八年三段面宽均未抄平，因树有碍，原估（方案）内亦声明，俟明春开工后再行移容办理。"

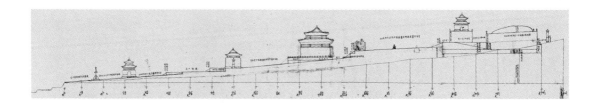

图4 咸丰八年九月《平安峪中路平子样糙底》(251-1)，由中轴线高程数据生成地形断面，所用数据与图1的记录相同。在此基础上绘制的竖向设计图，其地宫尚为四道券，布局与上图基本相同，但明显缩减了隆恩门前大月台进深，对平面方案中主体建筑松散、前段空间严重不足的问题作了一定的纠正；但竖向布局太过平缓，尚不能贴合实际地形

图5 咸丰八年九月《平安峪中路糙底》(241-16)，地宫为六道券，中轴线高程数据与上图不同，表明在此期间至少进行过两次测量

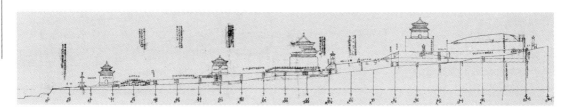

图6 咸丰八年十月上旬《平安峪中路糙底》(251-2)，中轴线高程数据同图4，地宫为九道券，地宫至隆恩门区间的布局基本定案；建筑落差也已明显增大，以顺应实际地形

❶ "咸丰八年十月初六日，随郑王爷、全大人、基大人查平安峪并灰线，定规制，画样。"雷思起，等.咸丰八年十一月初一日吉立万年吉地旨意档(366-212-1)。

月初六日，雷思起与监修官员依据抄平结果在图纸上完善总体布局，并将建筑基底轮廓用白灰标绘于地面上，对空间效果和所需工程量进行实地评估后，拍板定案并绘制成图❶，于十八日完成首套正式方案并呈送朝廷（图8，图9）。

十月中旬至十一月，在设计图纸及烫样陆续呈送朝廷并获批准后，雷思起等人为了赶在年底前深化设计，并初步拟定施工方案，遂又针对此前平格测量的不足之处，对用地范围内的丘壑细节和已确定位置的中轴线建筑基底高程进行了更细致的补充勘测（图10，图11）。基于日益完善的地形测量成果，雷思起利用平格完成了场地内的土方平衡，范围由中轴线本身拓展至左右各一格，共10丈，这一宽度正好涵盖了包括宝城、隆恩殿在内的所有中轴线建筑（图12）。雷思起采用的这种"方格网法"至今仍是建筑工程中最常用、最简便的土方量计算方法。除平面外，对竖向设计

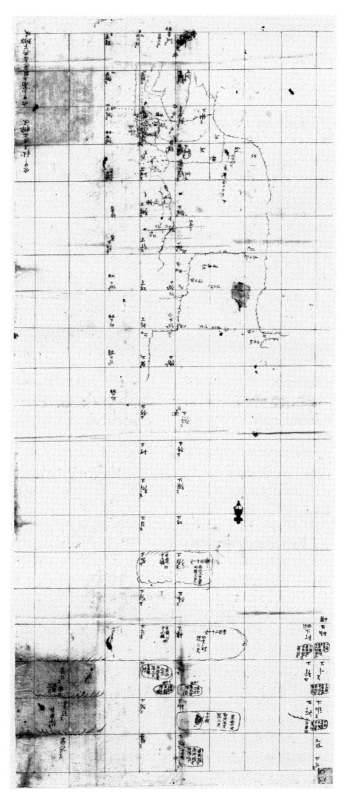

图7　咸丰八年十月上旬《平安峪抄平地盘糙底》（276-14），在图1基础上，补充了中轴线以西一格即5丈范围内的平格高程数据；在穴中附近地形复杂的区域，则扩大测量范围至两格即10丈

图8　咸丰八年十月中旬《平安峪中路平子样准底》(214-2-6)，系当月十八日呈送朝廷的正式方案。与图6相比，不仅前段设计定型，竖向设计也有所进展，更加契合地形。并且在神道碑亭至地宫区间，首次沿平格网标明了中轴线各处需刨土或垫土的深度，成为稍后计算土方量的基础

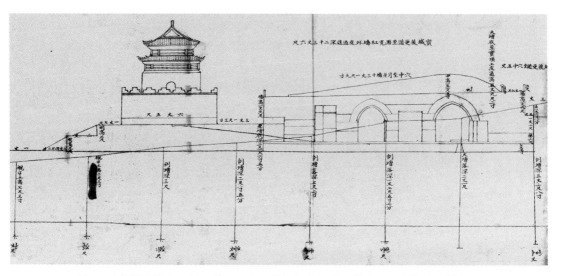

图9　上图地宫局部，沿平格，下方逐格记录自然地形落差，上方标注刨槽深度

❶《按大槽落深二丈一尺各院当顺溜尺寸》(216-035)记"九年九月初三日抄来"。

❷ 咸丰九年"九月二十三日，抄平安峪平子尺寸。原中线南北长一百七十九丈，查出石象生当内多三丈，共一百八十二丈。呈进各堂立样六分，监督各一分。又递怡王爷、郑王爷大槽落深二丈四尺立样二张。"雷思起，等.咸丰八年十一月初一日吉立万年吉地旨意档（366-212-7）.另如《咸丰九年九月二十五日抄平安峪万年吉地大槽底出平尺寸略节》(182-50)等。

也作了进一步调整（图13，图14），并在图纸上再次核算了陵寝中路平垫地面或开挖基槽的深度。土作施工方案至此基本形成，为翌年春季动工做好了准备。

施工期间的地形测量：

咸丰九年四月，平安峪破土动工。至同年九月，地宫已开挖大槽并搭罩棚，隆恩殿所在的前院基本完成地面平整，场地情况较上一年已有明显变化。同时，在施工过程中已经发现，由于前一年的抄平完整性和准确性仍有不足，加之平安峪地形复杂程度超出预料，土作施工的实际情形与原定的土方平衡方案有了明显的出入。而此时中轴线两侧的次要建筑也即将开工，如果继续坚持原方案，施工难度和花费势必增加。为此，必须在更大的范围、以更高的精度重新测量地形，全面掌握场地现状，从而更新施工方案。于是雷思起等人又组织工匠，在九月初❶和九月下旬❷连续进行了"抄细平"。

此次抄平范围不再仅仅包含中轴线建筑，而是扩展至院落进深红墙，首次涵盖了平安峪的全部建筑，总宽度达到25丈。此时各主要建筑的位置和规模早已确定，所以抄平时不再借助平格网，而可以直接对建筑基底轮廓进行测量，因此测量结果的针对性和可靠性都明显提升（图

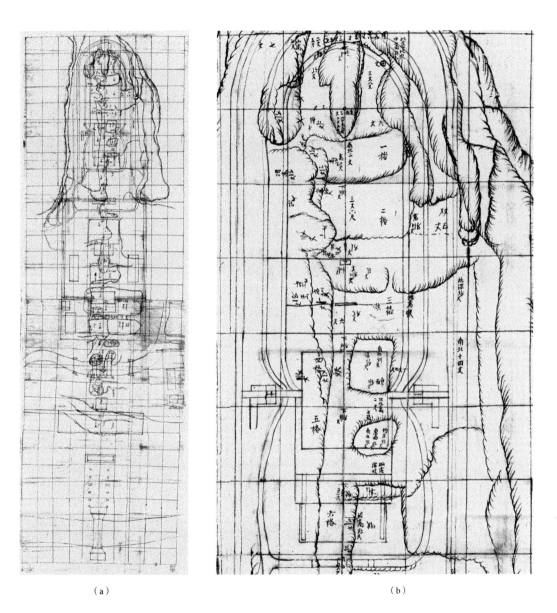

（a）　　　　　　　　　　　　　　　　（b）

图 10　咸丰八年十一月《平安峪吉地平格灰线地盘全图》（229-1），右为该图局部。"抄糙平"之后的补充测量之一。在平格网的控制下，重新测定了场地内影响施工的陡坡、深坑的位置和尺寸，其原理与现代工程测量中的碎部测量一致。这为稍后的土方平衡提供了更翔实可靠的依据

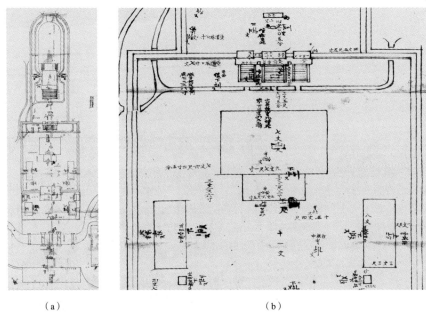

（a）　　　　　　　　　　　　　（b）

图 11　咸丰八年十一月《定陵抄平地盘糙底》（231-1），右为该图局部。用白灰在现场地面划出建筑基底线之后的另一项补充测量。图中保留线墩但去除了平格网，以线墩为控制点，更有针对性地测量建筑基底前后高程，从而方便计算土方量并微调方案

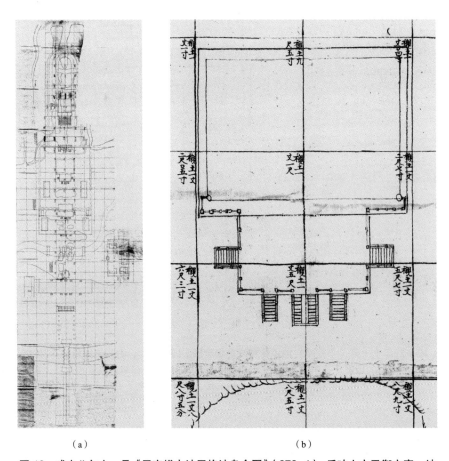

（a）　　　　　　　　　　　　　（b）

图 12　咸丰八年十一月《平安峪吉地平格地盘全图》（278-4），反映土方平衡方案。地宫至神道碑亭区间的平格角点上逐一标注了平整地面、开挖地基所需"衬土"或"刨槽"的深度。右为该图局部

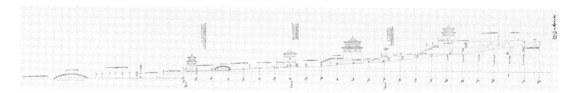

图 13 咸丰八年十一月二十一日《平安峪"样不准尺寸准"平子底》(222-1),全局竖向设计图,与图 12 对应,标注中轴线上各控制点刨、填土方深度。与平面图相比,建筑位置绘制错位,但尺寸标注无误,因此绘图者在图纸一角注明该图"样不准,尺寸准"

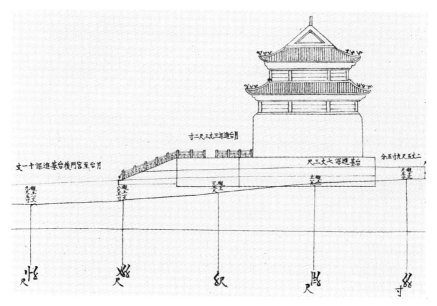

图 14　图 13 局部

15,图 16)。抄平后,对比新旧抄平数据以发现问题,中轴线各部分方案均需调整。向承修大臣汇报并询问意见后,经过反复修改、核算,直到十一月底,方案终于完成(图 17 ~ 图 19)(详见本节后文)。

因土作施工方案变动较大,工作严谨的雷思起又于十二月初组织"二次抄细平"❶(图 20 ~ 图 22),核验方案,确保其准确无误。临近月末,正式图终于绘成并呈送朝廷❷(图 23),其后又进行了一次抄平❸,为全年的工作画上句号。此后,随着平安峪各建筑设计定案并全面开工,不再进行这种大规模的地形勘测,但不时仍有局部的测量根据实际需要而开展。❹

---

❶ 咸丰九年"十二月初二日,随三段监督恭抄细平,画立样,呈各堂各监督各一分。奉郑(王爷)谕:画细立样,按摺子式。"雷思起,等.咸丰八年十一月初一日吉立万年吉地旨意档(366-212-8).同期文档如 182-79、182-80 等均称其为"二次抄细平"。

❷ 咸丰九年十二月"二十二日,恭呈御览。当日奉旨:知道了。钦此。"雷思起,等.咸丰八年十一月初一日吉立万年吉地旨意档(366-212-8).

❸ 《平安峪万年吉地二次抄细平子合溜全尺寸略节》(182-80)记"咸丰九年十二月二十五日抄得"。

❹ 例如,同治元年元月"十七日,后段抄泊岸平子。"雷思起,等.样式房咸丰十一年十一、二月、同治元年正月吉立呈览、呈堂监督商人递样底(374-393-2).同治三年二月"廿八日,抄东下马牌平子,比墙角下二尺四。"雷思起,等.同治三年二月十八日开工日记随工活计(368-237-7).

　　"制宜"——以严谨的工程测量为基础，雷思起等设计师得以在定陵建筑遵循祖制的同时，针对平安峪特殊的地形，在平面、竖向两方面灵活调整方案，在空间效果和施工成本之间取得平衡。

　　紧凑而合理的平面布局是定陵最显著的特点。前文所述宝城平面改为长圆形就是顺应地形调整平面尺度的典型（见第三节），但与此同时进行的还有整座陵寝的进深控制，因涉及建筑单体与外部空间的配合而更具难度。

　　平安峪进深方向的落差变化给总体布局带来的最大挑战在于，穴中以南仅 100 丈处，横亘着一道陡坡。设计初期，出于不逾越慕陵规制及

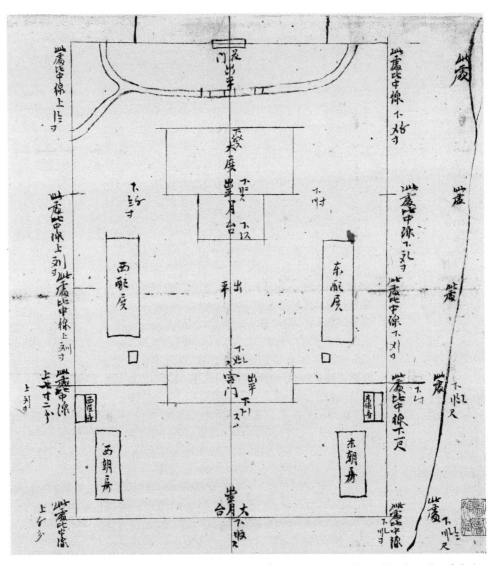

图 15　咸丰九年九月《平安峪万年吉地中段抄平糙底》(228-29)，系抄平原始记录。进深方向上，由琉璃花门出平，穿过中轴线各建筑，测量至大月台前端。面宽方向上，选择几个关键节点，由中轴线出平，向西抄平至进深墙，向东抄平至进深墙外的山坡

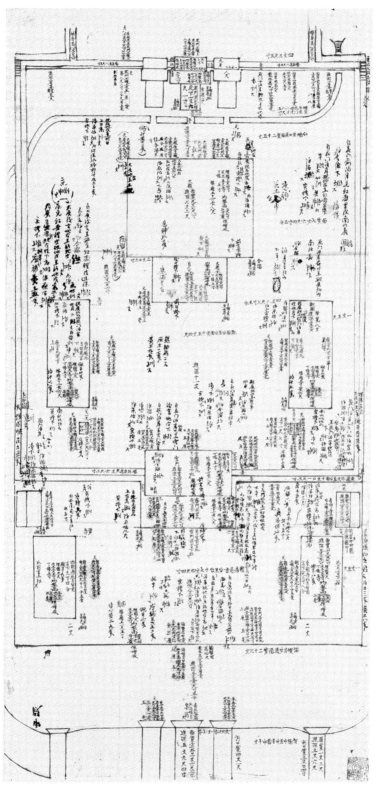

图16　咸丰九年九至十一月《中段》（207-16），抄平范围延伸至三孔桥，文字
　　　极多，除详尽的抄平数据外，还有随后添加的合溜（即地面坡度）推算记录

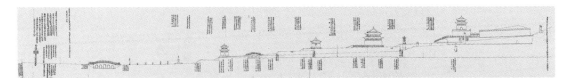

图 17 《咸丰九年九月二十五日抄得平安峪万年吉地自大槽底出平尺寸立样底子》（182-19），下部文字为中路抄平数据，均与建筑基底位置对应；上部文字为初步拟定的竖向设计（各层落差及地面合溜）修改方案

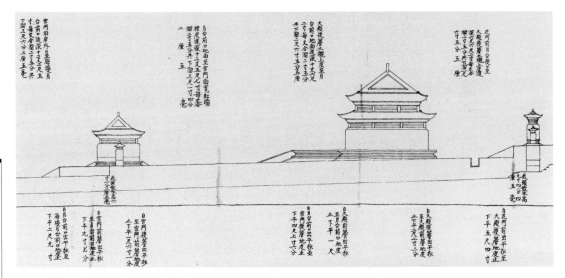

图 18 《咸丰九年九月二十五日抄得平安峪万年吉地自大槽底出平尺寸立样底子》（182-19）局部

图 19 咸丰九年十一月《八年抄糙平、九年抄细平，改溜中段平高垫低亏土略节》（216-32），简要记录了八年十月、九年九月两次抄平的结果差异，产生差异的原因，原定的修改方案，承修大臣的命令，奉谕重新拟定的修改方案，以及尚未解决的问题

图 20 咸丰九年十二月二日《平安峪万年吉地二次抄细（各座面宽、神厨库四面）平子尺寸》（182-79），为校核方案而"二次抄细平"的结果记录，并首次提到神厨库地形测量

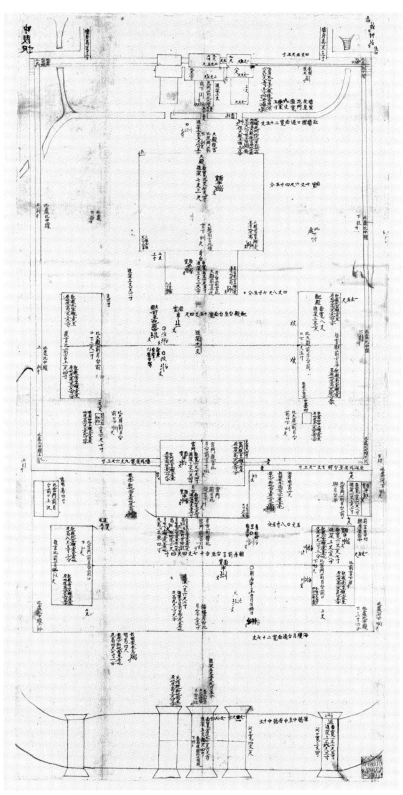

图21 咸丰九年十二月《中段尺寸》（207-17），所用底图与图16相同，但记录的是十二月二日"二次抄细平"的数据

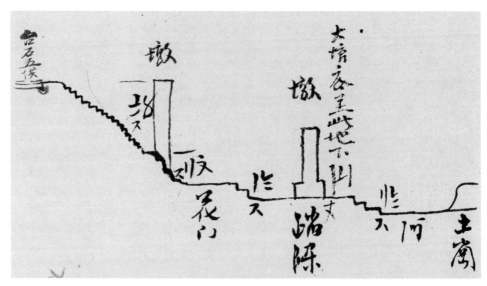

图22　咸丰九年十一至十二月《平安峪中路抄平线墩草图》(273-20)，隆恩殿后部至琉璃花门后部的局部抄平记录，反映了利用线墩，分段测量并统合数据的方法。琉璃花门作为陵寝中、后段的交界点，是该时期竖向设计调整的重点，其前后高程测量也备受重视

图23　《咸丰九年十二月二十二日奏准平安峪万年吉地大槽落深二丈四尺按各座合溜尺寸中一路立样》(182-21)，基于"二次抄细平"成果形成的正式方案。自此，地宫至神道碑亭一段不再有大的变动

节省成本等考虑，试图将用地范围局限于土坡之上，如此，定陵将成为清代关内总进深最短的皇陵。要在狭小的用地上布置全套陵寝建筑，而建筑单体不可能大幅缩小，能够有效压缩的只有外部空间，包括从属于建筑的月台，及前后建筑之间的"院当"。这成了影响院落布局的首要因素。

　　最初的方案"（方城）蹉跌前至小碑亭前按孝陵尺寸"[❶]，然而孝陵地势远比平安峪平坦，外部空间开阔，结果这一方案自穴中到隆恩门前海墁月台的总进深就已接近90丈，其中琉璃花门至海墁月台的中段总进深竟达50丈左右，致使陵寝前段空间严重不足（图24）。在地宫由"父制"向"祖制"过渡的阶段，雷思起同时也在为控制组群进深而绞尽脑汁：减小隆恩殿与隆恩门间距，缩短隆恩门月台，但杯水车薪；最后甚至尝试了取消隆恩门前海墁月台这样的极端方式，将中后段进深大幅缩减至约70丈（图25）。此举虽然节省用地，使陵寝前段能够勉强塞进龙凤门和一座三孔桥，但是打破了清代帝陵朝房及值房置于海墁月台上的定例，神道碑亭与隆恩门距离过近，加之东西朝房的围合，空间封闭沉闷，因此很快就被淘汰。

❶ 图档205-054，见：王其亨，王方捷.中国古建筑设计的典型个案——清代定陵设计解析（上篇）[M]/王贵祥，贺从容.中国建筑史论汇刊.第拾贰辑.北京：清华大学出版社，2015：图31.

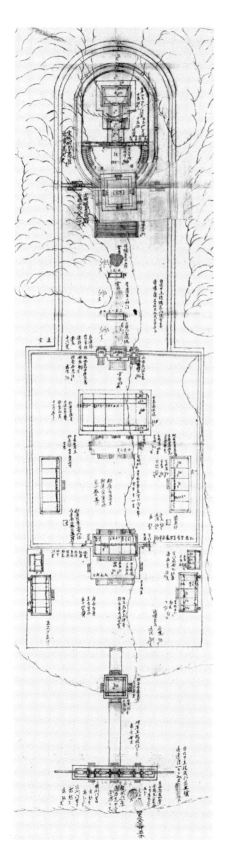

图24 咸丰八年九月《平安峪地盘画样贴签子尺寸底》（182-16）局部，地宫为四道券，中后段进深最大的方案，穴中至隆恩门前海墁月台总长超过88丈。在神道碑亭与土坡之间只能容纳一座龙凤门

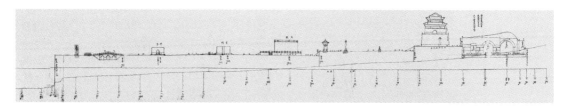

图 25　咸丰八年九月《平安峪中路立样糙底》(238-2)，地宫为六道券，取消了隆恩门前的海墁月台，从而成为中后段进深最小的方案，穴中至隆恩门月台总长约 70 丈

稍后，与地宫规制推敲进程同步，雷思起等人基本舍弃了之前的一系列设想，转向按照宝华峪建筑规制进行设计。宝华峪自身布局颇为拥挤。与孝陵相比，宝华峪隆恩殿规模更大，可是隆恩门、隆恩殿之间的"院当"却不足 6 丈，仅有孝陵的一半（图 26）。可能由于资料缺失，隆恩门前部的建筑原貌不可考，于是雷思起进行了补充设计，尤其是恢复了海墁月台，并将其进深设定为 7 丈 6 尺 2 寸，刚好能容纳朝房和值房；同时考虑取消隆恩殿的后部雕栏，尽可能地减少建筑单体进深。此方案中后段总进深约 76 丈（图 27）。

咸丰八年十月初，对平安峪进行抄平，很可能在此过程中，雷思起和监修官员通过实地勾画建筑基底轮廓，发现若按照宝华峪规制，隆恩殿前院落过于狭小，空间逼仄，因此即使用地紧张，但还是将院当进深恢复为 11 丈，与孝陵相当。随后，为容纳马槽沟，又将隆恩殿后院当略微扩大，陵寝中后段总进深重新增加至约 81 丈，建筑布局基本定案（图 28）。

这一过程中，雷思起等为顺应平安峪地形而作出了各种尝试，使建筑序列严整、紧凑，但又没有一味迁就地形而让空间效果受损。通过中后段规划布局，也证明将建筑全部置于土坡上的想法并不可行。十月中旬，承修大臣终于决定，陵寝前段跨过土坡向前扩展（详见后文第七节），进深方向用地紧张的问题由此不复存在，于是在当月呈送朝廷的正式方案中，海墁月台进深又增加了 1 丈，使隆恩门与朝房布局更加疏朗。这样，中后段总进深最后定格在约 82 丈。

相比平面进深控制，定陵在竖向设计方面的成就无疑更加令人瞩目。从穴中到最前端的五孔券桥，地面高差接近 10 丈，建筑师必须借助精准的工程测量，兼顾地形现状、视觉效果和排水要求，灵活运用竖直的泊岸和斜向的"合溜"即地面坡度这两种方式，将竖向落差精确地分配到陵寝的各个单元中。

雷思起在整个组群中设置了多达七道泊岸，空间序列逐级而上。其中，方城前开创性地采用双层月台及踏蹍（见第三节），被此后的惠陵和崇陵所继承；而神道碑亭前的双层泊岸更赋予定陵独特的段落感，它同样是建筑师精雕细琢的成果。

咸丰八年十月中旬，当陵寝中后段规划终于告成，决定将前段延长至土坡下方时，距离向朝廷提交正式方案只剩下几天时间，而这道土坡甚至还未被详细勘测过。雷思起及其伙伴再次展现出惊人的效率，首先迅速组织了地形测量，发现土坡大致分为两层，高度为 2 丈 3 尺，神道碑亭与土坡的距离只有 5 尺 1 寸（图 29）。根据测量结果，顺理成章地拟出了双层泊岸的初始设计，呈进朝廷后立即得到了认可。这个方案中，上层泊岸距碑亭 5 尺 1 寸，每层泊岸均高 1 丈（图 30，图 31），足以满足顺应地形、节省成本的要求。

尽管咸丰皇帝对此方案并无异议，但精益求精的雷思起和其他监修官员仍在随后的施工期间主动发现设计中的问题，并加以完善。双层泊岸的原初方案固然符合地形，但泊岸顶端紧贴神道碑亭，不仅会使碑亭在与高达两丈的泊岸的直接对比下失去崇高感，还可能导致入葬和谒

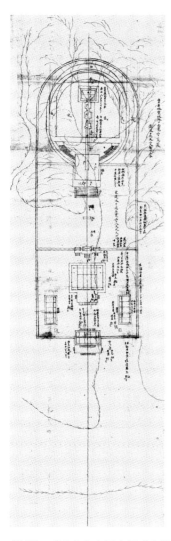

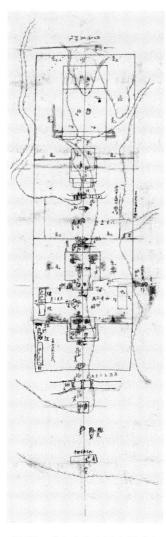

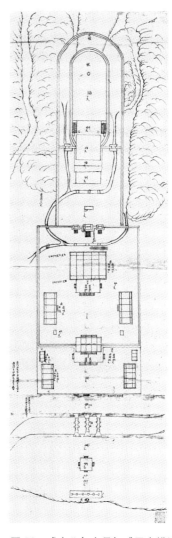

图 26 咸丰八年九至十月《宝华峪规制地盘样》（197-12），宝华峪隆恩门与隆恩殿的间距不足 6 丈，空间局促

图 27 咸丰八年九至十月《宝华峪规制地盘糙底》（276-3），在上图基础上，将隆恩门前部的建筑补齐，恢复了海墁月台。以琉璃花门为界，后段进深约 41 丈，中段进深约 35 丈

图 28 咸丰八年十月初《平安峪地盘糙底》（264-12），相比上图，扩大了隆恩殿前后院当尺寸，陵寝中后段建筑平面布局基本确定，其总进深约 81 丈

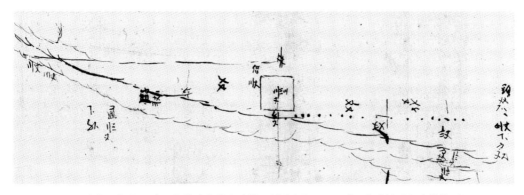

图 29 咸丰八年十月《平安峪碑亭前土坡抄平糙底》（17-7-7），单独针对土坡的补测记录

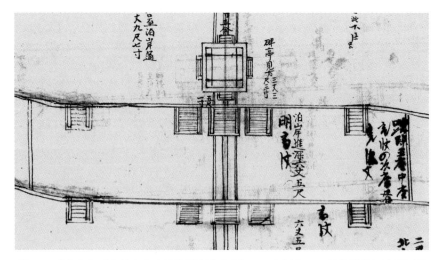

图30　咸丰八年《十月十八日呈览眼照准底》（209-1）局部，双层泊岸的初始平面设计图

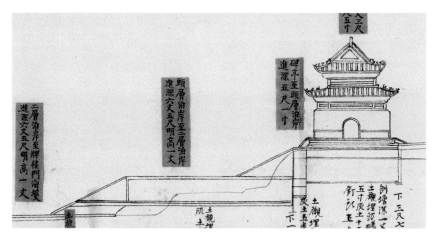

图31　咸丰八年十月《平安峪中路立样》（214-1-2）局部，双层泊岸的初始方案立面图，泊岸下方的曲线为实际地形

❶ 咸丰十年"二月初十日……呈回彭中堂前段上层泊岸样……奉谕：前段泊岸并西边泊岸往前那（挪）修，照烫样做。"雷思起，等.咸丰八年十一月初一日吉立万年吉地旨意档（366-212-10）.

❷ 咸丰十年闰三月"廿三日……奉郑王爷传旨：平安峪前段着用二层泊岸样式，各明高五尺。"雷思起，等.咸丰八年十一月初一日吉立万年吉地旨意档（366-212-10）.

陵路线不顺畅。咸丰十年二月初七，提出了修改方案："碑亭前台帮至上层泊岸前口进深着改三丈五尺一寸；下层泊岸进深改三丈五尺，泊岸迤西土坡着加宽培堆。"即上层泊岸向南推移三丈，与碑亭拉开一段距离，塑造出更佳的空间节奏感（图32，图33）。

　　随后，样式房匠人制作了烫样❶，雷思起会同监修官员继续斟酌方案。同年闰三月，他们开始考虑减小两层泊岸处的竖向高差，使其尺度更趋合理。经多方案比较（图34），最终于月底将每层泊岸高度由一丈减为五尺❷（图35），接近人体尺度，不致因过高而显得阻碍视线且难以攀登。这样，定陵的双层泊岸由最初简单而被动地顺应地形，经过两次重大调整，在功能和美学方面加以完善，才最终定案。

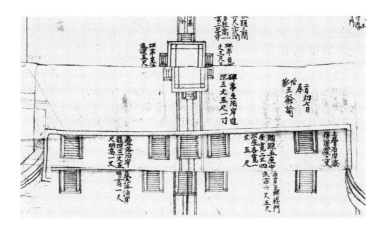

图 32　咸丰十年二月《平安峪万年吉地挪修二层泊岸地盘画样》（234-7）局部，使用贴页修改上层泊岸位置，并记："二月初七日奉怡、郑王爷谕，碑亭至泊岸进深三丈五尺一寸，叠落泊岸进深三丈五尺，明高一丈。"

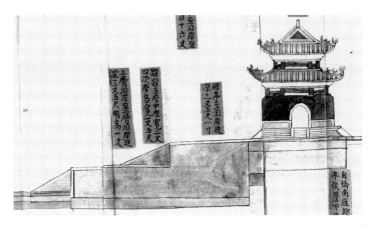

图 33　咸丰十年二月在底图《咸丰九年十二月二十二日奏准平安峪万年吉地大槽落深二丈四尺按各座合溜尺寸中一路立样》（182-21）上使用贴页修改上层泊岸位置，浮签记："碑亭至泊岸进深三丈五尺一寸；上层泊岸至二层泊岸进深三丈五尺，明高一丈。"

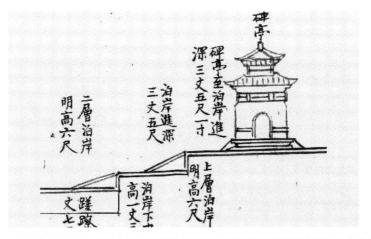

图 34　咸丰十年闰三月《平安峪前段拟改修泊岸三层添修甬路挪修牌楼门石像生五孔券桥立样》（182-28）局部，将两层泊岸高度由 1 丈改为 6 尺，系过渡方案

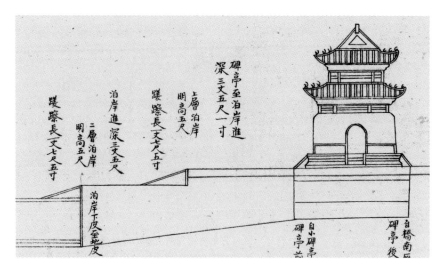

图35 咸丰十年四月《平安峪中路立样全图》(237-3)局部，两层泊岸高度减至5尺

❶ 参见《咸丰九年十二月二十二日奏准平安峪万年吉地大槽落深二丈四尺按各座合溜尺寸中一路立样》(182-21)。

将各层泊岸平滑连接为一个整体的，是各段地面。定陵前后近10丈的总落差中，七道泊岸总高5丈5尺，意味着还有大约4丈5尺的落差需要依靠地面坡度予以实现❶，因此长达一百余丈的地面坡度设定与泊岸设计同样重要。清代工匠称地面坡度为"合溜"，几乎每次抄平及方案变更后，合溜就要重新计算一次，将落差合理调配到各主要建筑及泊岸之间，在强化空间效果的同时确保土方平衡，以节省造价。

例如，咸丰八年基于"抄糙平"的结果，花门院内地面原定每丈合溜7寸，宫门院地面每丈合溜3寸，即坡度分别为7%和3%（图36）。咸丰九年九月"抄细平"核验发现，平安峪整体落差并没有这么大，必须修改地面坡度。为了尽量减小其对整个工程的影响，雷思起试图将修改范围限定在花门院内，不料"抄糙平"的误差超出预期，院内地面坡度降至4%，仍不足以填平这一差距。不得已，只能进一步将隆恩殿所在的宫门院地面

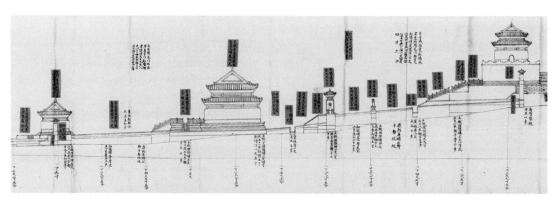

图36 咸丰八年十月《平安峪中路立样》(214-1-2)宫门至方城局部，上部文字注明：宫门院每丈合溜三寸，
花门院每丈合溜七寸

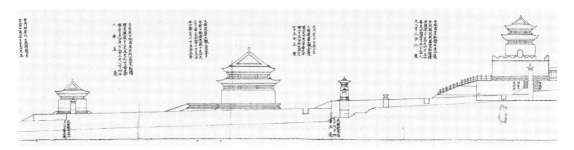

图37 《咸丰九年九月二十五日抄得平安峪万年吉地自大槽底出平尺寸立样底子》（182-19）宫门至方城局部，地面合溜的初步修改方案，宫门院每丈合溜二寸五分，花门院每丈合溜四寸。对比上图，自然地面和设计地面都变得更平缓，但受此影响，隆恩殿所在的宫门院的垫土深度明显增加

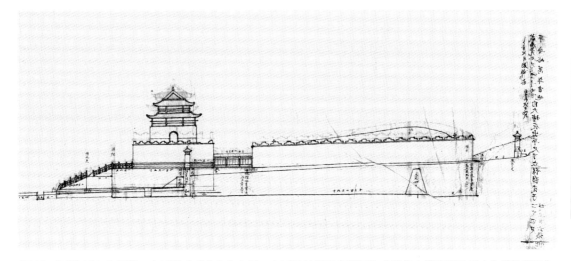

图38 图档184-2局部。底图题《咸丰九年九月二十五日抄得平安峪万年吉地自大槽底出平尺寸立样糙底子》，贴页另题《冬月初七日改二寸五分溜》，可明显看到通过贴页，使方城明楼及宝城整体下落3尺

坡度由3%微调至2.5%，表面上似乎解决了问题（图37）。

　　然而，大规模建筑组群的竖向设计牵一发而动全身，新的难题接踵而至。在对陵寝中段详细抄平并核算土方量后，工程处意识到，由于"抄糙平"的误差以及地面合溜的调整，导致土方平衡方案与平安峪实际情况之间出现了较大的出入，宫门院所需的填方多于挖方，即"亏土"。怎样才能用最短的时间和最低的成本调集土方？雷思起和监修官员作出了一个很有想象力的决定：把地宫大槽加深，用多挖出的土方填补前院土方缺口。经过计算、拟定草案并请示朝廷，十一月十四日获准，地宫大槽落深（即穴中到大槽底部的深度）由2丈1尺增至2丈4尺❶（图38）。此举确保了宫门院地面坡度可维持2.5%不变，从而不再需要更改陵寝中段设计，但地宫大槽加深3尺，意味着方城明楼及宝城整体下落了3尺，这样，琉璃花门至方城的地面坡度不得不随之改变，由4%进一步降至2.5%❷（图39）。经过一波三折，各段地面"合溜"终于正式确定下来。

❶ 咸丰九年"十一月十四日，郑（王爷）面奉谕旨：平安峪大槽再落深三尺，共落深二丈四尺。"雷思起，等.咸丰八年十一月初一日吉立万年吉地旨意档（366-212-7）.

❷ 咸丰九年十一月十四日"又奉郑王爷谕：后段溜身着改每丈二寸五（分）合溜，画立样。"雷思起，等.咸丰八年十一月初一日吉立万年吉地旨意档（366-212-8）.

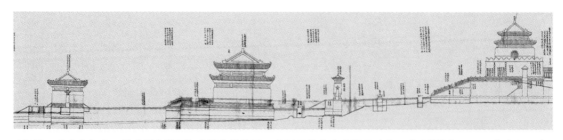

图39　咸丰九年十一月《平安峪万年吉地大槽落深二丈四尺按各座合溜尺寸中一路立样》(182-18)宫门至方城局部，地宫大槽落深三尺之后的正式方案，宫门院、花门院均为每丈合溜二寸五分

中国建筑史论汇刊·第壹拾肆辑

❶ 依据分段派活用《定陵三段工程中一路通进深尺寸略节》(190-70)。

七、先难后易

为缩短工期，节省经费，定陵工程以边勘察、边设计、边施工的方式开展，三者互动协调，贯穿工程始末。同时，按陵寝主体建筑的重要程度和施工难度预估工期，划分为后、中、前三段，其中琉璃花门以北为后段，琉璃花门至隆恩门前海墁月台为中段，三路三孔石券桥至五孔石券桥以南神道为前段❶（图1）。大体按照后 - 中 - 前 - 外围的顺序，先难后易地进行设计和施工，便于统筹设计、备料及施工进度，以确保各建筑基本同时完工。

咸丰八年九月至十月初，样式房开始进行前期设计，重点研究陵寝后段地宫规制，及其外围防护性、瞻礼性的宝城和方城明楼方案。此时相较于这一阶段纷繁的地宫图纸，前、中段方案数量不多，基本仅作为配套，出现在总图中，用于推敲陵寝总体布局，而无单独的设计图（详见第二、六节）。

如前文所述，受平安峪复杂的地形影响，加之陵寝规制上的疑虑，早期方案仅在前端的土坡以北布局，可用进深仅及100丈。在进深严重受限的情况下，雷思起采取的设计策略是优先满足后段、中段最重要的单体建筑用地需求，快速深化方案，而不包含大体量建筑的前段则被暂时搁置，视剩余空间多少决定建筑取舍。因此在早期多方案比较的相关地盘全图和中路立样全图中，后段建筑绘制精细、尺寸周详，中段次之，前段仅在剩余空间内意向性地简略拼凑。与地宫方案演变过程对应，最初的前段方案也主要基于慕陵规制拟定，同时参考孝陵局部，但因受到用地限制，建筑配置比慕陵更为简陋。

由于中后段建筑形制相对固定，尽管雷思起已尽力控制各单体建筑和外部空间进深（见第六节），但神道碑亭至土坡的距离仍然只剩下不足20丈，不仅无法容纳望柱、石象生，就连牌楼门（或龙凤门）和三孔券桥都难以并存（图40~图42）。略晚的方案将中后段进深压缩至极限，在碑亭北侧勉强增添了玉带河和三路三孔石券桥（图43，图44），但这样拥挤的布局根本不具可行性，只能反复证明在土坡以北布置所有建筑的想法是行不通的。

到了咸丰八年十月中旬，已正式确定地宫遵照宝华峪规制修建，基本

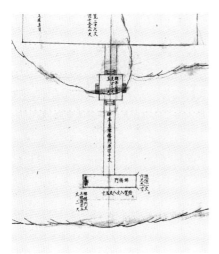

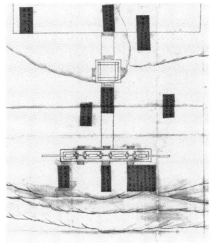

图40 咸丰八年九月《平安峪拟仿糙底尺寸准底》（182-15）前段局部，神道碑亭前只设一座牌楼门

图41 咸丰八年九月《平安峪地盘画样》（181-15）前段局部，神道碑亭前只设一座龙凤门

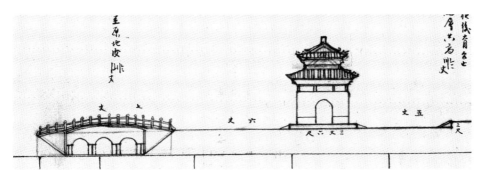

图42 咸丰八年九月《平安峪中路平子样》（241-16）前段局部，神道碑亭前只设一座三孔券桥

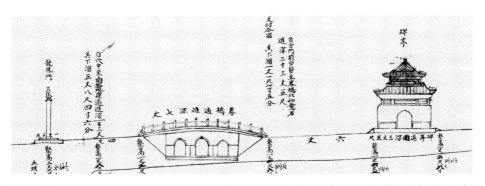

图43 咸丰八年九月《平安峪中路立样糙底》（234-31）前段 局部，通过压缩中后段进深，在神道碑亭前设置了龙凤门和三孔券桥

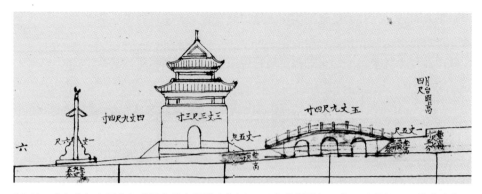

图 44　咸丰八年十月上旬《平安峪中路糙底》（251-2）前段局部，将三孔券桥至于神道碑亭后
部，前端设牌楼门

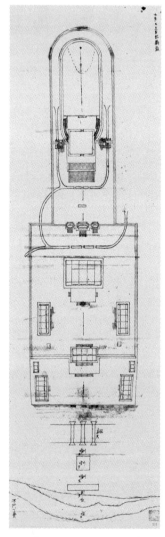

图 45　咸丰八年《十月十三日准样底》（212-13），中后段规制已确定，而前段仍未
深入设计，规制简陋，空间局促

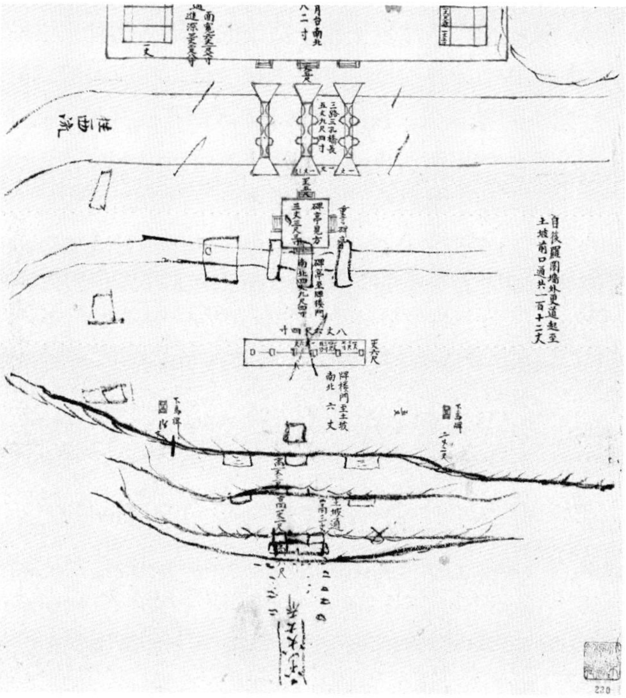

图 46　咸丰八年十月中旬《平安峪规制地势地盘样》（230-14）前段局部，原设计与上图相同，但被划去后，潦草勾画了前段的修改意向：将三孔券桥和神道碑亭前移，将牌楼门挪至土坡下，在前端添设石象生、望柱和五孔券桥

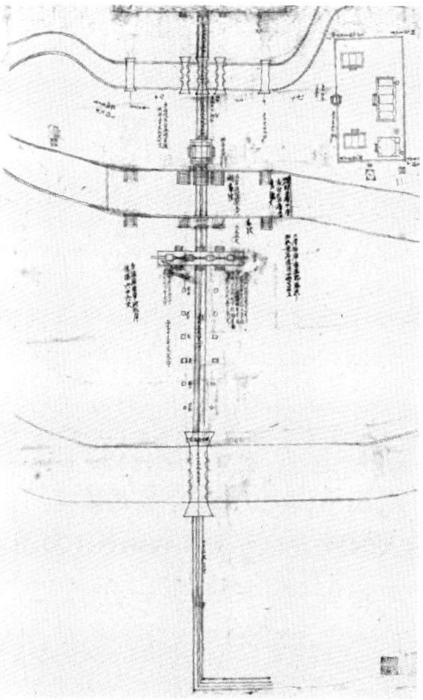

（a）贴页局部，呈送朝廷的方案之一。神道碑亭紧贴二层泊岸，泊岸下依次布置龙凤门、石象生、望柱和五孔券桥

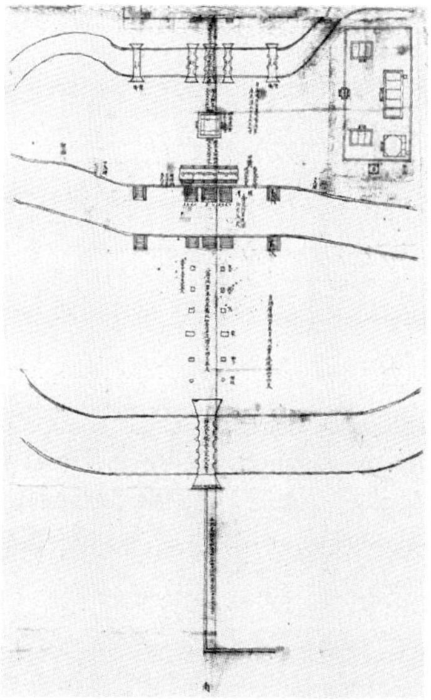

（b）底图局部，呈送朝廷的方案之二。牌楼门仍置于泊岸以上，泊岸下添设石像生、望柱和五孔券桥，进深比前一方案稍小

图 47　咸丰八年《十月十八日呈览眼照准底》（209-1）

上复归祖制，中段在经过一系列压缩进深的尝试后也已定型（图45）。这样，陵寝前段自然也摆脱了慕陵的限制。此时，雷思起和监修官员终于将关注点移至陵寝前段，考虑延长神道，相应地按"祖制"将陵寝前部引导性建筑配置齐全，该部分设计才可谓正式开始（图46）。雷思起等设计师创造性地使用两层叠落的方式使神道跨过土坡，用地大幅拓展（见第六节）。由于前段建筑规模小，构造简单，又有详尽的祖陵测绘成果供参考，雷思起只用了不到五天时间，就拿出了两种设计方案，与中后段规划图拼合后呈送朝廷，供咸丰皇帝选择（图47）。

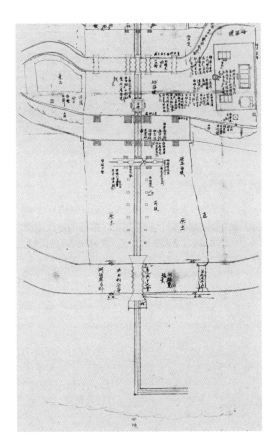

图48　咸丰八年十一月《平安峪吉地规制全图糙底》（228-13）前段局部，与图47（a）类同，但记录了朝廷的反馈意见，主要包括：双层泊岸下改用牌楼门；五孔券桥东侧增设一座五孔平桥；双层泊岸至五孔桥之间筑灰土海墁

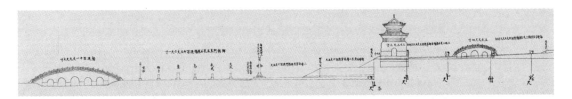

图49　咸丰八年十一月二十一日《平安峪"样不准尺寸准"平子底》（222-1）前段局部，与上图对应

在呈送方案时，监修官员向朝廷解释了延长前段的必要性："自龙虎砂外至南泊岸处左右极其宽展，惟进深仅止六十五丈，所有琉璃花门至龙凤门前各部位若均在泊岸内修建，较为紧促。奴才等复向泊岸以下踏看地势，颇觉宽敞平坦，拟将自龙凤门起前路各部位均于泊岸下平坦地方修建，似觉规制裕如。"❶ 朝廷对此予以认可，并于十一月初，综合两种备选方案，敲定了前段布局：双层泊岸紧贴于神道碑亭南侧，泊岸每层均高一丈，泊岸下方由北向南依次设置牌楼门、石象生五对、望柱一对、五孔券桥一座。二层泊岸至五孔券桥北端的总进深为 24 丈 5 尺（图 48，图 49）。❷

咸丰九年以降，平安峪万年吉地由后向前，依次动工。❸ 雷思起和监修官员一边督导施工，一边根据施工中发现的各种实际情况，适时对设计进行调整，在艺术效果和建设成本之间取得平衡，其中改动最大的正是迟迟未开工的前段。在长达一年半的时间里，前段设计经过数次演进，竟直到咸丰十年四月才大体定案。

首先，咸丰九年九月，前段第二次延长。由于咸丰八年的抄平主要

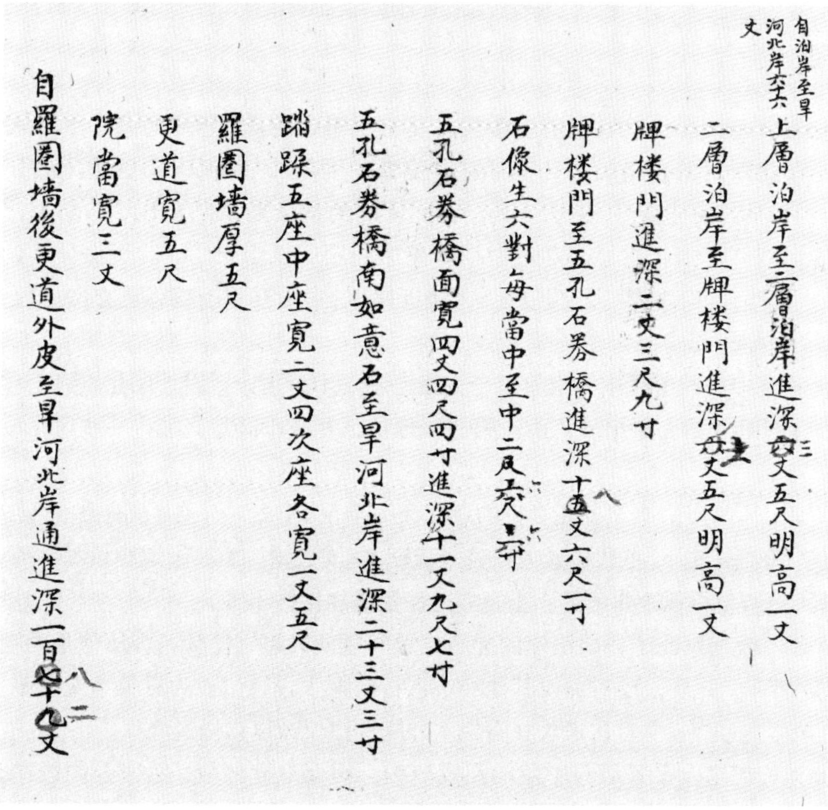

❶ 平安峪工程备要.卷一.奏章.遵查吉地形势酌拟规制绘图呈览.中科院国家科学图书馆藏.

❷ 咸丰八年十一月初四"奉硃批：二层泊岸下用牌楼门；宫门前月台应添东西向踏踩二座。"雷思起，等.咸丰八年十一月初一日吉立万年吉地旨意档（366-212-2）.

❸ 咸丰九年"四月十三日，平安峪万年吉地灰线，破土，开挖大槽，并前中段清创地面石块，砍伐树株。"雷思起，等.咸丰八年十一月初一日吉立万年吉地旨意档（366-212-4）.

图 50　咸丰九年《略节》（216-30）局部，根据"抄细平"结果，总进深和石象生间距均有涂改

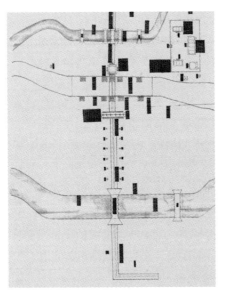 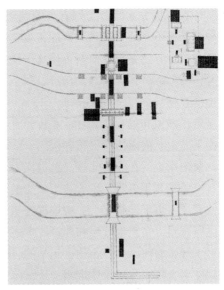

（a）咸丰九年上半年《平安峪万年吉地地盘画样》
（182-68）前段局部，石象生"每当中至中二丈二尺三寸"

（b）咸丰九年九至十一月《平安峪万年吉地地盘画样》
（182-69）前段局部，石象生"每当中至中二丈六尺六寸"

图 51　前段进深及石象生间距的微调

着眼于陵寝中后段，对前段尤其是土坡以下的地形测量非常粗略，既没有竖立线墩，也未将平格网勾画在地面上，据此拟定的布局尺寸并不可靠。咸丰九年九月"抄细平"果然发现了问题：前段泊岸至五孔券桥的实际进深为 27 丈 5 尺，比此前的测量结果多出 3 丈（图 50）。❶这一变动对前段布局的影响并不大，雷思起通过微调石象生间距，把多出的 3 丈进深分摊到了各建筑之间（图 51）。至当年年底，后段土作施工已接近尾声；中段在重新核算土方量之后，完成了地面清理及平整；而前段却仍停留在纸面上。

　　咸丰十年上半年，陵寝中后段继续按方案施工，方案已基本不再更改，设计的焦点终于移至前段，单独的前段设计图纸开始大量出现。前段第三次延长，并减小高差，以进一步优化陵寝前部引导空间。

　　咸丰十年年初的方案中，二层泊岸至五孔券桥的距离大幅增至 64 丈，石象生间距扩大至 7丈 2 尺，接近此前设计的三倍（图 52）。前段由此变得格局疏朗，气魄大增。而该段地势相对平缓，五孔券桥位置正好也有天然沟壑可以改作河道，土石方工程量增加得并不多。

　　随后的二月至闰三月，重点修改了双层泊岸的起始位置和竖向高差，使其与神道碑亭的空间关系更趋合理（见第六节）。此外，还对前段其他细节进行了深入设计，如为石象添安宝瓶，使其符合景陵以来的石象生规制❷，并首次考虑在石象生外侧种植仪树以烘托气势。

　　闰三月，最后一次延长神道。平安峪与孝陵的距离较远，因而在此之前，为了控制成本，

❶ 咸丰九年"九月二十三日，抄平安峪平子尺寸。原中线南北长一百七十九丈，查出石象生当内多三丈，共一百八十二丈。呈进各堂立样六分，监督各一分。"雷思起，等.咸丰八年十一月初一日吉立万年吉地旨意档（366-212-7）.

❷ 清代关内帝陵石象生中，只有最初的孝陵石象不带宝瓶，其后的景陵、泰陵、裕陵、昌陵石象背上均有宝瓶，寓意"太平有象"，定陵沿用了这一做法。

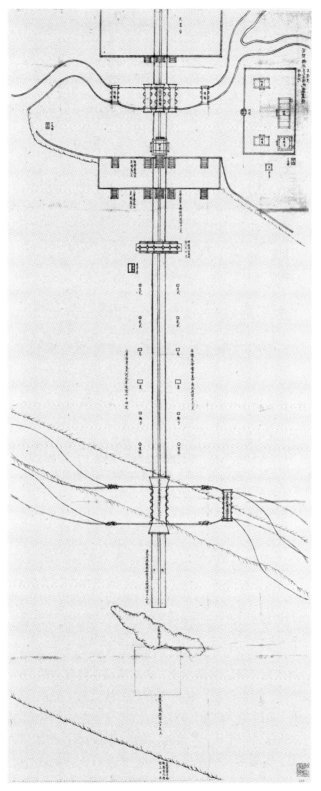

图52　咸丰十年初《前段挪修五孔券桥、石象生、牌楼门地盘画样》
（199-1），大幅延长神道并扩大石象生间距

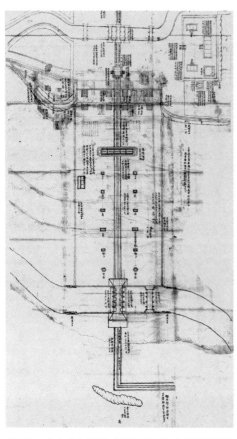

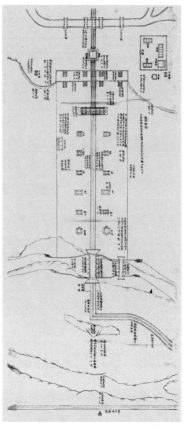

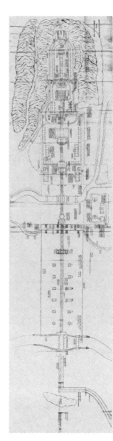

图 53 咸丰十年四月《平安峪万年吉地准样底》（181-3）前段局部，底图与图 51 基本相同，使用贴页综合记录了延长前段、挪动上层泊岸、石象添安宝瓶、神道连接孝陵等主要改动

图 54 咸丰十年四月《平安峪万年吉地前段地盘样》（239-1），汇总前段各项改动后绘制的正式图

图 55 《咸丰十年四月十九日奏准平安峪万年吉地遵照烫样全图》（182-17），基于181-3（图 53）形成的正式图

图 56 咸丰十年四月《平安峪中路立样全图》（237-3），与上图对应的立样正式图

雷思起等建筑师没有设计神道与孝陵主神道相连，而是建议在陵寝前端的五孔券桥以南，象征性地修筑一小段"L"形神道，指向孝陵，暗示二者的主从关系（见图 47，图 48，图 51 等）。但是，这一做法显然又破坏了东陵的"成宪"。对此，咸丰皇帝在一番纠结之后，最终还是下令，神道与孝陵主神道交汇，总长超过一千丈。❶ 至此，定陵前段除不设圣德神功碑亭外，其余设计已完全复归祖制。四月中旬，雷思起会同承修大臣和样式房匠人，将这一时期纷繁的设计改动

❶ 咸丰十年三月二十八日，"查神路会孝陵尺寸，要添修神路。"闰三月十一日，"着画总图一张，会神路，十三日晚交来。"雷思起，等 . 平安峪郑王查工册（375-422）.

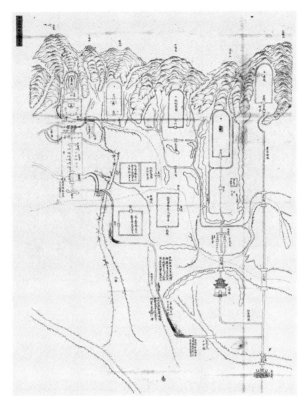

图57　咸丰十年四月《平安峪神路地盘画样》(182-9)，连接
孝陵主神道方案正式图

进行了汇总（图53，图54），绘制成图并制作烫样，再一次呈送朝廷❶（图55～图57），这也标志着前段设计定型。

　　陵寝前段及中轴线整体定案后不久，平安峪工程就因战争中断❷，外围尚遗留有诸多细节未能确定。在停工半年后，咸丰十一年二月复工，同年七月咸丰皇帝驾崩，政局更加动荡，清廷再无力顾及陵寝方案的精雕细琢，而需要其尽早建成，以便安葬。❸此后至同治四年竣工，设计工作完全围绕施工展开，集中于陵寝外围不太重要的附属物，设计周期短，程序简易，多由雷思起与监修官员、风水师等人在工程现场决定，而不再频繁地请求朝廷对方案进行评判和选择。设计内容主要涉及两方面：

　　第一，调整次要建筑。例如，同治三年三月，井亭开工前临时修改选址❹，由神厨库正南挪至东南方向稍远处，以免其遮挡下马牌（图58）。同治四年初，五孔券桥西侧添设一座五孔平桥，

❶ 咸丰十年"四月十九日，奉旨，交下平安峪前段原估今拟泊岸二层、石像生、五孔桥分位烫样二块，依议。……添修御路用营房迤南长一千六十四丈五尺样。"雷思起，等.咸丰八年十一月初一日吉立万年吉地旨意档（366-212-12）.

❷ 咸丰十年八月，英法联军攻入北京，咸丰皇帝逃至热河，平安峪工程受此影响而停工。雷思起对此亦有记录："（咸丰十年）八月初八日，皇上巡幸木兰。秋冬无事。""十年八月初八日停工。"雷思起，等.咸丰八年十一月初一日吉立万年吉地旨意档（366-212-15、17）.

❸ 咸丰十一年"十一月廿四日，交出，在内阁会议，无改。"雷思起，等.咸丰八年十一月初一日吉立万年吉地旨意档（366-212-16）.

❹ 同治三年三月"初三日，方风水定井；初九日破土"。雷思起，等.同治三年二月十八日开工日记随工活计（368-237-12）.

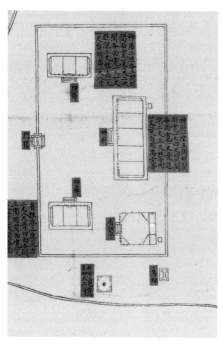

（a）咸丰九年上半年《平安峪万年吉地地盘画样》（182-68）局部，井亭位于神厨库正南，遮挡了下马牌

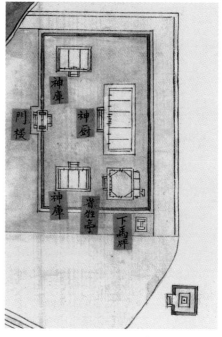

（b）同治四年《定陵地盘全图》（212-005）局部，井亭移至神厨库东南侧后方

图 58　井亭位置的变迁

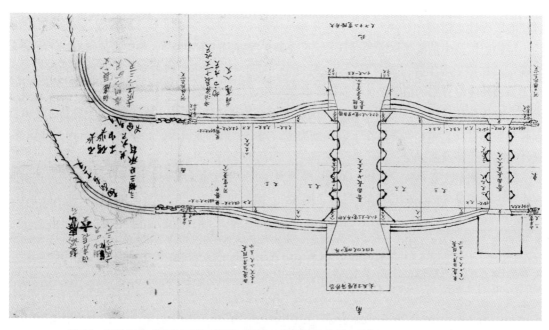

图 59　同治四年《定陵五孔石券桥西拟添五孔便桥及泊岸图样》（234-14），西侧石平桥定位及勘测图

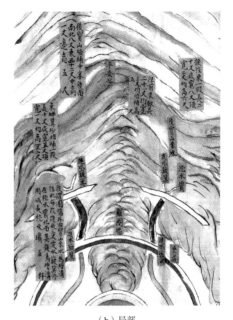

（a）全图　　　　　　　　　　　　　（b）局部

图60　同治二年《定陵培补山体添修挡水坝画样》（207-15）

与东五孔平桥对称（图59）。❶

　　第二，完善山形、水系与道路系统。首先在同治二年，正式确定陵寝后宝山和两侧砂山的培补方案。因山体陡峭，遂又在罗圈墙外设置两道挡水石坝防范山洪❷，并将马槽沟延长，在挡水石坝外侧汇水，减少流水对坝体的冲刷（图60）。

　　由于此前的设计专注于陵寝中轴线附近，虽然设计了玉带河、马槽沟等人工水体，但它们如何与周围的自然水体联系，并未考虑周详。经过在施工现场长达数年的观察，雷思起等人逐步掌握了平安峪复杂地形环境下的水流分布、流量等水文特征，终于在同治三年四月形成了陵寝水系整理的完整方案，通过大范围内的河道、沟渠体系，从周边山体引入水源为陵区内的景观水体供水，并兼具排水、防涝功能。与水系同时完成的是周边道路规划，通过数条道路连接神厨库、妃园寝及营房，优化陵区交通，保障陵寝的日常运转（图61）。

　　实际上，需要雷思起等建筑师统筹设计施工先后顺序的，不只是平安峪本身，还有其附属的妃园寝，以及三处营房。

　　相较于严整的帝陵规制，咸丰朝以前的妃园寝规制并未严格定型。当时在东陵区内，除景陵妃园寝规制较为标准外，尚有后妃合葬的孝东陵、规模逾制的景陵皇贵妃园寝和裕陵妃园寝，以及废弃的宝华峪妃园寝。咸丰帝在位期间因财政拮据，又在西陵先后修建了规制缩减、与妃

---

❶ 同治四年"三月初九日……一早灰前段添五孔桥过中灰线。"雷思起，等.样式房同治四年三月初九日开工日记随工事（367-232-1）.

❷ 同治二年"九月内代（带）家去平安峪添挡水坝画样一张。"雷思起，等.样式房呈览堂堂监督商人递样底（374-393-5）.另有奏章："定陵山势过于陡直，原估作法虽有沟渠数处，每遇大雨势若建瓴，于工程大有关系，随经该总司监督等陆续查验，禀请设法保护。计后宝山三面添修砂山一道，并筑挡水石坝以分水势。隆恩殿迤东地势空阔，续修砂山。"平安峪工程备要.卷二.奏章.中科院国家科学图书馆藏.

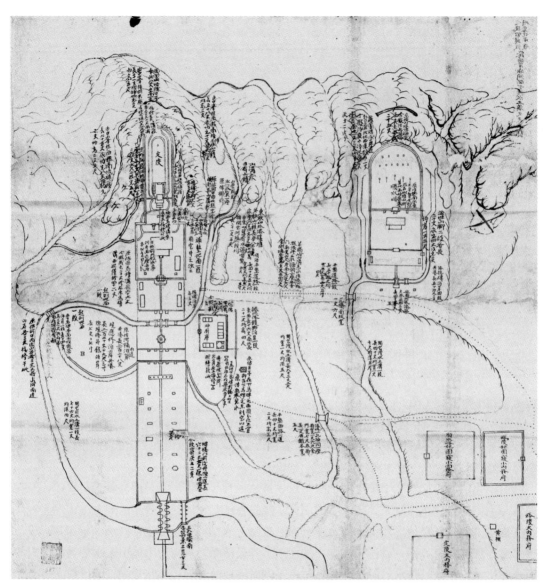

图 61　同治三年《定陵前头段顺水峪妃园寝改修泊岸涵洞开挖泄水土沟丈尺画样》（187-2-15），定陵及妃园寝区域水系、道路规划图

园寝相差无几的昌西陵，以及因陋就简、由妃园寝改造而成的慕东陵，使妃园寝规制更加混乱，这一切都给定陵妃园寝的设计带来了困扰。

咸丰八年，在确定了平安峪为万年吉地之后，雷思起便会同承修大臣及风水官们在平安峪左右相度妃园寝福地。同年十月，在确定平安峪帝陵规制的同时，已初步选定平安峪迤东的顺水峪作为妃园寝福地。❶此后平安峪设计施工任务繁重，工程处无力兼顾，因此尽管妃园寝建

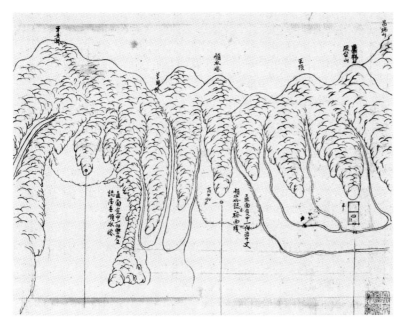

图 62　咸丰八至九年《平安峪、顺水峪点穴图》（179-2），标有平安峪及顺水峪志桩位置和中轴线方向，且顺水峪居中

图 63　咸丰九年《呈郑王爷顺水峪中线尺寸画样》（180-2-31），标示为"癸山丁向"，朝向芒牛山

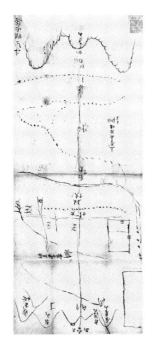

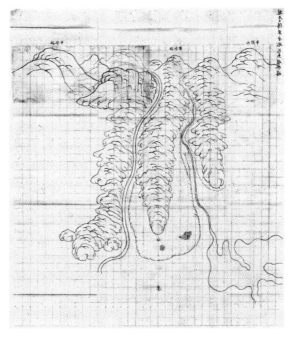

图 64　咸丰九年《顺水峪尺寸》（180-2-33），标示为"子山午向"，对天台山，系实施方案

图 65　咸丰九年《现查得平安峪迤东顺水峪》（182-8），平格地势图

筑规制远逊于帝陵，但顺水峪的勘测工作却比平安峪晚了至少半年，设计进展则更为缓慢，花费了约两年才基本完成。

顺水峪妃园寝的设计程序与平安峪基本相同，并且同样以地宫、宝顶为设计重点。咸丰九年，雷思起曾率人数次勘察顺水峪地势，选择基址和山向（图62～图65），同时调查测绘景陵皇贵妃园寝、裕陵妃园寝，并仿照其规制进行设计，设置有两座皇贵妃式样的方城明楼和宝城，并以围屏墙环绕，与其他妃嫔宝顶相隔离（图66）。但出于造价和工期考虑，该方案

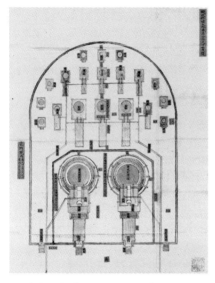

图66 咸丰九年《拟改修顺水峪券座分位尺寸画样》（179-15），形制仿照景陵皇贵妃园寝和裕陵妃园寝，前部两券带方城明楼，以墙围屏；后部石券三座，砖券七座，砖池九座

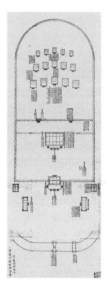

图67 咸丰《九年秋间查得宝华峪妃衙门准底》（197-36），设石券、砖券、砖池各五座

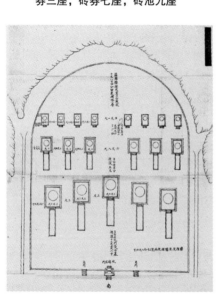

图68 咸丰十年《原定顺水峪券座分位尺寸画样》（179-8），后部改为石券五座、砖券六座、砖池八座

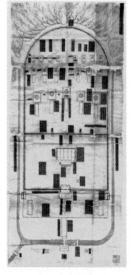

图69 咸丰十年《修建顺水峪妃衙门尺寸地盘画样》（180-2-19），后部宝顶排布同上图，前部建筑布局确定

未被采用。

咸丰九年秋，雷思起采用了与平安峪设计相同的办法，通过查阅宝华峪黄册，复原宝华峪妃园寝方案，后段设石券、砖券、砖池各五座，并为石券和砖券增设了龙须沟以排除积水。券座排列较为紧密，在两侧和后部为增建券座预留了位置（图67）。在咸丰十年五月向朝廷呈送方案前，将砖券数量增至六座，砖池增至八座（图68），又针对顺水峪地形，对部分细节进行了调整和简化（图69）。

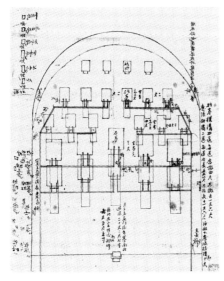

图70 同治元年在旧图纸《顺水峪妃园寝添修龙须沟尺寸对准》（179-28）上修改，砖池减至四座，所有券座后移

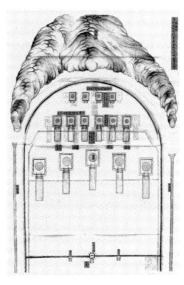

图71 同治二年《拟挪修顺水峪妃衙门券座分位尺寸画样》（180-2-10），使用贴页缩小砖券、砖池间距，避开渗水位置

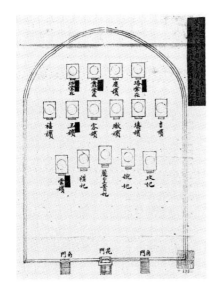

图72 《同治四年五月初八日奏准分位》（180-2-12），各券座归属确定，五位已故妃嫔预备奉安于贴签位置

咸丰十一年妃园寝开工后不久，咸丰帝晏驾，妃园寝券座等级和数量确定，共设石券五座、砖券六座、砖池四座，无需再预留增建位置，遂于同治元年三月将所有券座向后移动，排列疏松（图70）。第二年，在施工中发现最西端的砖券大槽渗水，于是再次调整券座排布，使其聚拢，避开渗水地点（图71）。同治四年八月，妃园寝与定陵同步竣工。九月二十二日，咸丰帝奉安定陵，二十五日，五位已故妃嫔入葬妃园寝（图72）。❶

定陵附属三处营房供陵寝守护及服务人员居住，其中内务府营房两处，分别服务于定陵和妃园寝，称大圈营房和小圈营房；礼部、工部和八旗合用一处营房。它们的选址、设计和施工比妃园寝更晚。定陵及妃园寝选址确定后，咸丰九年初开始，雷思起与监修官员在平安峪附近物色地势平坦、交通

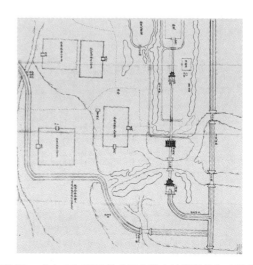

图73 《咸丰九年十月二十九日查得顺水峪地势修建大小圈营房画来尺寸糙底》（180-1-38），上部为顺水峪妃园寝，大圈营房最初选址于妃园寝西南不远处，后改在小圈营房以南；小圈营房选址于妃园寝东南，裕陵小圈营房西侧

图74 咸丰十年闰三月《平安峪吉地拟添修御路添盖内务府大小营房地盘样》（181-22），选定的大小圈营房基址及大体规模

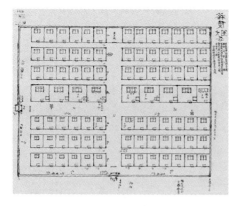

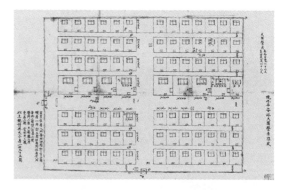

图75 咸丰九年《裕陵大圈尺寸》（219-35），测绘图

图76 咸丰九年《现办平安峪大圈营房准底》（183-56），大圈营房最初的设计方案，完全仿照裕陵大圈营房布局，尺寸略有缩减

❶ 同治四年九月"廿五日……午刻，妃嫔奉安。"雷思起，等.样式房同治四年三月初九日开工日记随工事（367-232-45）.

图77 咸丰九年《拟添盖内务府大营房地盘画样底子》（212-94），修改后的大圈营房方案，规模为60丈见方

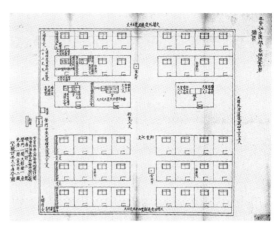

图78 咸丰九年《拟得平安峪小圈营房地盘画样》（181-25），小圈营房早期方案

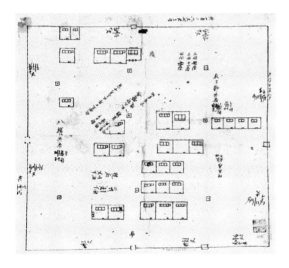

图79 咸丰十年闰三月《八旗礼工部现有房查底》（212-89），宝华峪礼工部八旗营房基址及现存房屋调查测绘记录

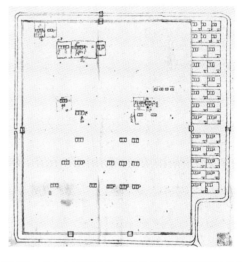

图80 咸丰十年闰三月《添盖礼工八旗营房画样》（274-22），在上图基础上扩建两列房屋

便利之处作为营房用地（图73），咸丰十年上半年，大小圈营房选址确定（图74）。❶ 在此期间，雷思起已完成对景陵及裕陵营房的调查、测绘（图75），并进行了初步设计（图76~图78）。

与大小圈营房相比，礼工部八旗营房的设计过程更加特殊，因为它是在宝华峪营房遗址上复建而成。道光皇帝的宝华峪万年吉地废弃后，其所属的礼工部八旗营房并未被完全毁弃，不仅基址保存完整，甚至还有少量房屋留存，利用该遗址无疑可以大幅降低施工成本。咸丰十年

❶《平安峪工程备要》卷七·做法·咸丰十年闰三月二十三日《拟定妃园寝规制及选拟大小营房地势等工》："臣等复带领该风水官等踏看平安峪应修内务府大小营房地势，查得裕陵内务府大营房西南坡下地势宽敞，堪以修盖平安峪大营房；裕陵小营房迤西地势平坦勘以修盖小营房，查各方向地位均在平安峪之东南吉方，亦属合宜。其应建礼部及八旗营房地势，拟仍在宝华峪礼部营房旧基地方修盖。"

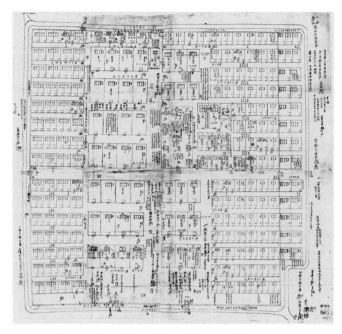

图 81　咸丰十一年《定陵八旗礼工部营房细样》(212-57)，在上图基础上形成的正式方案

❶ 《平安峪郑王查工册》样式雷图档 375-422-6 "(咸丰十年闰三月)十五日着随同查八旗礼工部地势。"

❷ 同治四年三月初六日奏："应行添设之官员、兵役所居衙署、房间，以及应修之金银器皿库、祝版厅、牛羊圈、果楼、冰窖等项，原应一律修建，第因定陵工程正当喫紧，若将衙署营房等项同时并举，不惟照料难周，恐滋草率，且各省分解钱粮尚多未到，商力实有难支。"平安峪工程备要.卷二.奏章.遵议修建礼部衙署等工情形.中科院国家科学图书馆藏.

❸ 同治四年"四月廿九日……又灰大圈改东西五十二丈五尺，南北六十七丈五尺，改排（大圈房屋）一张。"五月"十二日……接英大人信言大圈改长方，照议办理。"雷思起，等.样式房同治四年三月初九日开工日记随工事（367-232-17、24）.

❹ 同治四年闰五月"初一日，营房开工。""初十日……大圈运料，搭厂圈；小圈打围，起刨。"雷思起，等.样式房同治四年三月初九日开工日记随工事（367-232-29~32）.

闰三月，雷思起等人对该遗址总体规模和现存房屋进行了调查❶（图 79），同时根据档案进行复原并略加调整（图 80，图 81），轻而易举地完成了此处营房的设计。

因定陵及妃园寝工程吃紧❷，三处营房方案停留在纸面上长达四年多，直到定陵及妃园寝均接近竣工，奉安典礼迫近，样式房才将工作重心转向营房工程，对选定的基址进行细致勘测（图 82）并深入调整方案（图 83~图 85）。❸同治四年闰五月，定陵装修基本完毕，各承包厂商终于可以腾出力量修盖营房❹，但随着定陵工程进入尾声，钱粮、物料更加捉襟

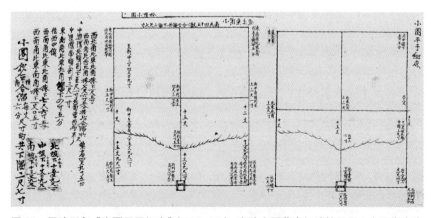

图 82　同治四年《小圈平子细底》(206-64)，定陵小圈营房场地抄平及土方平衡方案

见肘，施工进展不顺，结果未能赶在当年九月二十二日咸丰帝入葬前建成。因此奉安典礼及其后日常奉祀所需执事官员和差役只能从其他各陵的守护人员中临时抽调，各种用品暂存于裕陵营房。❶ 直到同治五年八月，营房竣工❷，定陵的运转才逐渐步入正轨。

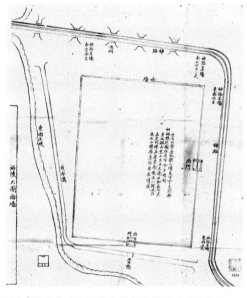

图83 同治四年四月《拟改定陵大圈营房外围大墙地盘准底》(219-39)，因勘测发现，为退避神道，大圈场地可用宽度不足，遂调整设计，由60丈见方改为67.5丈×52.5丈

图84 《同治四年五月现改长方大营房样》
(212-109)，大圈营房实施方案

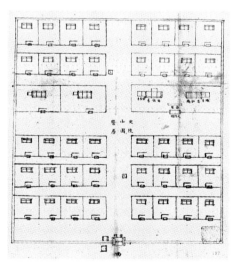

图85 同治四年《定陵小圈营房》(187-2-37)，小圈营房实施方案

❶ 同治四年三月初六日奏："臣等前经奏请，先将应行添设之执事官员、兵丁，查照成案，照例添设，并一体支给体薪钱粮。其官兵暂由各陵分拨，按班诙日就近赴定陵照料当差，俟各处营房修齐，再行迁挪……自目下至奉安之日为期已迫，赶办恐其不及，且钱粮其属支绌，催办尤形棘手，臣等公同商酌，所有定陵应用之内务府、八旗、礼部衙署及户部之金银器皿库、祝版厅、果楼、冰窖、牛羊圈等处，均请暂由裕陵借用通融，储备庶足，以免遗误，而昭慎重。"平安峪工程备要.卷二.奏章.遵议修建礼部衙署等工情形.中科院国家科学图书馆藏.

❷ 同治五年八月二十奏："修建营房各工一律完竣，请旨，饬下原估大臣查验。"平安峪工程备要.卷二.奏章.由原估大臣查验营房各工.中科院国家科学图书馆藏.

秦汉几座重要木构殿堂可能原状推测

王贵祥

（清华大学建筑学院）

摘要： 本文从史料文献与历史文化逻辑及古代木构建筑的基本建构逻辑出发，对见于文献记载的秦阿房宫前殿、汉未央宫与长乐宫前殿的可能原状进行了探索。其目的不是复原这几座历史建筑，而是探讨这几座历史上曾经建造过的建筑其实现之可能，及合乎当时结构与建筑逻辑的大致样貌如何，以聊解历史忧思与冥想之谜。

关键词： 假想复原，阿房宫前殿，数字六与秦代文化，未央宫前殿，长乐宫前殿

Abstract: The paper is based on historical documents, and follows the logic of Chinese historical culture as well as the structural logic of ancient Chinese wood frame building. The aim of the paper is to explore the possible original forms and structures of the front halls of the Qing-dynasty Afang Palace and the Han-dynasty Weiyang and Changle palaces. The purpose of this research is not to recover these buildings to their original state but to discuss whether they were ever built and how they could have looked like according to the structural and constructional logic of the time. Only then can we understand the puzzling records about them in historical literature.

Keywords: Hypothetical restoration, front hall of Afang Palace, number six and Qin-dynasty culture, front hall of Weiyang Palace, front hall of Changle Palace

人们熟知的一个事实是，在中国古代建筑史上，占主导地位的建筑是帝王的宫殿，而中国历代宫殿建筑的基本特征，是以木构殿堂为中心而渐次发展起来的。史书中所载上古尧帝的宫殿："堂高三尺，采椽不斫，茅茨不翦。" ❶ 说的就是中国古代宫殿建筑起源阶段的大略情形（图

图1　上古"土阶三等，茅茨不翦"的宫殿
（宋·马和之《周颂清庙之什图》）

---

❶ 文献 [1]. 史部 . 正史类 . [汉] 司马迁 . 史记 . 卷八十七 . 李斯列传第二十七 .

1）。然而，现存帝王宫殿建筑，只有明清两代的遗存案例，其历史时段跨度，不过五六百年而已。如果将这一范畴扩大到与帝王殿堂相类似的佛寺与道观中的殿堂，则最早的木构殿堂建筑遗存，可以追溯到创建于公元782年的唐代遗构——山西五台南禅寺大殿（图2）。规模、结构与造型可能更接近帝王宫殿一点的早期木构殿堂，则只能首推创建于857年的唐代遗构——五台山佛光寺大殿（图3）。比之更早的木构殿堂建筑，从敦煌隋唐时期洞窟的壁画中，或初唐时期大雁塔门楣石刻所表现的佛殿建筑（图4）中，似也可以略窥一斑。其历史时段，至多仅可以覆盖一千多年。

图2　现存最早木构建筑——山西五台南禅寺大殿

（傅熹年. 中国古代建筑史·第二卷 [M]. 北京：中国建筑工业出版社，2001.）

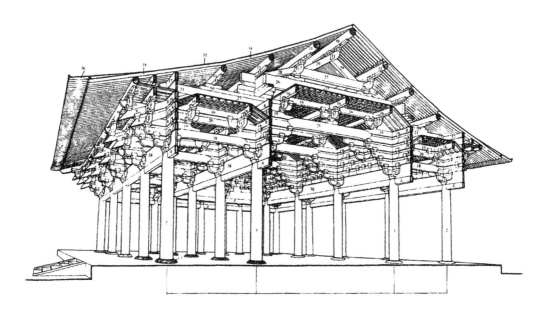

图3　唐代遗构——山西五台山佛光寺东大殿

（清华大学建筑学院提供）

大雁塔西门楣线刻图案 (唐)

图4　大雁塔门楣石刻中表现的唐代木构建筑

（西安市文物管理处 . 大雁塔 [M]. 北京：文物出版社，1983.）

　　若再往前追溯，可以发现，早在公元前 1500 年左右的河南偃师二里头早商宫殿遗址上，可能已经有了与唐代的木构建筑十分类似的木构殿堂雏形，以及围绕中心殿堂而设的回廊与门房。或可言之，周回庭院，前立门房，中设殿堂的"门堂之制"式建筑空间形态，其雏形模式早在中华文明创立之初就已经基本确立。这一建筑模式雏形的中心，正是位于庭院中央的木构殿堂（图 5）。

图5　河南二里头宫殿复原模型

（谢鸿权 摄）

　　从历史文献中可以知道，早在先秦时代的商周乃至春秋战国时期，宫殿建筑已经成为当时建筑的主流。《史记》中描述战国时期"高台榭，美宫室，听竽瑟之音，前有楼阙轩辕，后有长姣美人" ❶ 的宫殿景象，或可以从现在尚存战国都城燕下都或齐临淄城址内尚存的高台遗址中略窥一

❶　文献 [1]. 史部 . 正史类 .[汉] 司马迁 . 史记 . 卷六十九 . 苏秦列传第九 .

斑。春秋战国时代结束之后的秦汉大一统帝国，更是进一步将帝王宫殿建筑的营造推向了前所未有的高潮。这一点无论是秦咸阳的阿房宫，还是汉长安的未央宫、长乐宫、建章宫，文献记载中所描述其宫苑之殿堂台阙，动辄就有数十丈的面广、进深与高度，其规模之宏伟、尺度之恢弘，至今读来都令世人咋舌。

自秦汉以后，无论是三国，还是两晋、十六国，乃至南北朝时期，前后数百年时间，帝王宫殿建筑以及自那一时代骤然兴起的佛教寺院建筑，一时间风靡大江南北。尽管这一整个历史时期的木构殿堂，没有一例真实的遗存，但从南北朝时期大量建造的佛教石窟寺中用石头雕凿或壁画描绘的木构殿堂形象中，仍然可以大约了解这一时期木构殿堂的基本形态。

若再往前回溯两汉乃至其前的秦代，其木构建筑遗存几乎更无从谈起。然而，从大量汉代画像砖、汉代墓葬中出土的明器，以及尚存汉代石阙中对仿木结构屋顶的表现，都可以使我们对这一时期木构房屋或殿堂（图6，图7）的可能样态，有一个朦胧的了解。只是这些画像砖和明器，表现的多是当时雕凿或烧制这些画像砖或明器的艺人与工匠们有可能观察到的市廛里坊之中的建筑。尽管其中有可能会偶然透露出一点点宫殿建筑的信息，但其规模与尺度也仅仅是一种象征性的概略表达，与文献记载中所描述的帝王宫殿，有着天壤之别。

图6　汉代明器中表现的木构屋顶房屋
（焦作市博物馆藏）

图一七　楼阁、俳乐

图7　汉代画像砖中表现的木构殿堂
（周到，李京华．唐河针织厂汉画像石墓的发掘 [J]. 文物，1973（6）：39.）

这里其实面临了一个历史悬疑：生活在几乎同一时代的太史公司马迁所撰写的《史记》、时间略晚之人撰写的《三辅黄图》以及其他一些历史文献，其中所记述之秦汉时代那些规模宏大、尺度恢弘的帝王宫殿建筑，究竟是作者笔下生花式的夸张之辞？还是其中的确存在某种历史的真实？长久以来，关于这一问题，学术界并没有给出一个肯定或否定的回答。

一、秦咸阳上林苑朝宫前殿阿房宫

尽管中国古代宫殿建筑的起源很早，但大规模的帝王宫殿建筑营造，很可能始于刚刚完成大一统伟业的秦代："秦成，则高台榭，美宫室，听竽瑟之音，前有楼阙轩辕，后有长姣美人。"❶ 而且："秦每破诸侯，写放其宫室，作之咸阳北阪上，南临渭。自雍门以东至泾渭，殿屋复道，周阁相属。……作信宫渭南已，更命信宫为极庙，象天极。自极庙道通骊山，作甘泉前殿，筑甬道属之。"❷

然而，见于史书记载最为宏伟的宫殿建筑，是秦始皇三十五年（前212年）开始创建的咸阳上林苑内的朝宫前殿阿房宫。这一年是秦完成统一大业（前221年）之后的第10年，距离秦始皇驾崩仅3年，距离秦亡也仅6年。显然，仅仅从时间上分析，这就是一个不大可能完成的工程。但从史料的描述中可以发现，这又是一项旷古未有的宏大工程。

据《史记》，秦始皇三十五年："始皇以为咸阳人多，先王之宫廷小。……乃营作朝宫渭南上林苑中。先作前殿阿房，东西五百步，南北五十丈，上可以坐万人，下可以建五丈旗。周驰为阁道，自殿下直抵南山，表南山之巅以为阙。为复道，自阿房渡渭，属之咸阳，以象天极，阁道绝汉抵营室也。阿房宫未成；成，欲更择令名名之。"❸

这里描述了阿房宫的大致位置、空间尺度、周围建筑格局，及其基本的空间构想与象征意义。从这篇文字中，可以知道阿房宫建造于咸阳城外的上林苑中，是位于上林苑内秦代朝宫（有可能是秦代天子的正朝所在？）的前殿，其地位大约相当于明清时代紫禁城内的前朝正殿——太和殿。换言之，朝宫前殿阿房宫，很可能就是代表秦代帝王最高权威的前朝正殿——路寝之殿的所在。这座前殿周围有阁道环绕，殿前远对南山，高大的南山之巅，恰好形成朝宫前的门阙。前殿之后，设有复道，将阿房宫与渭河北岸的咸阳城连通。这座联系阿房宫与咸阳城的复道，如同是天汉中连接营室星的阁道，从而使前殿阿房及朝宫其他部分，与南山、渭河以及渭河之北的咸阳城，联系而成一个规模巨大、气势恢宏的空间整体，象征了君临天下大一统帝国皇帝的至高无上与帝国疆域的浩瀚无垠。

当然，最重要的是，《史记》中还具体记述了阿房宫的基本尺度："东西五百步，南北五十丈。上可以坐万人，下可以建五丈旗。"由秦代时的一步为6尺，一丈为10尺，一尺约为0.231米，可以大略推算出这座阿房前殿的台基，折合今日的尺度为：东西693米，南北115.5米。殿基面积约为8万平方米。如此大的殿基面积，其大殿的建筑体量无疑也会相当惊人，故《史记》中有云，其上可以坐万人，其下可以建五丈旗，实非虚语。

据考古发掘，秦朝宫前殿阿房宫确有遗址发现（图8）。现存一座长

❶ 文献[1].史部.正史类.[汉]司马迁.史记.卷六十九.苏秦列传第九.

❷ 文献[1].史部.正史类.[汉]司马迁.史记.卷六.秦始皇本纪第六.

❸ 文献[1].史部.正史类.[汉]司马迁.史记.卷六.秦始皇本纪第六.

方形夯土台基，实际探测台基的长度为1320米，宽度为420米（图9），折合秦尺：东西长约570余丈，南北宽约180丈余。还有一说，台基残址东西长1270米，南北宽426米，台基顶面距离周围现状地面高度为7～9米（约为秦代的3.9丈）。这似乎比文献中所描述的长500步、宽50丈的殿基尺度要大出许多。

图8　秦阿房宫前殿遗址

（王贵祥.匠人营国——中国古代建筑史话[M].北京：中国建筑工业出版社，2015.）

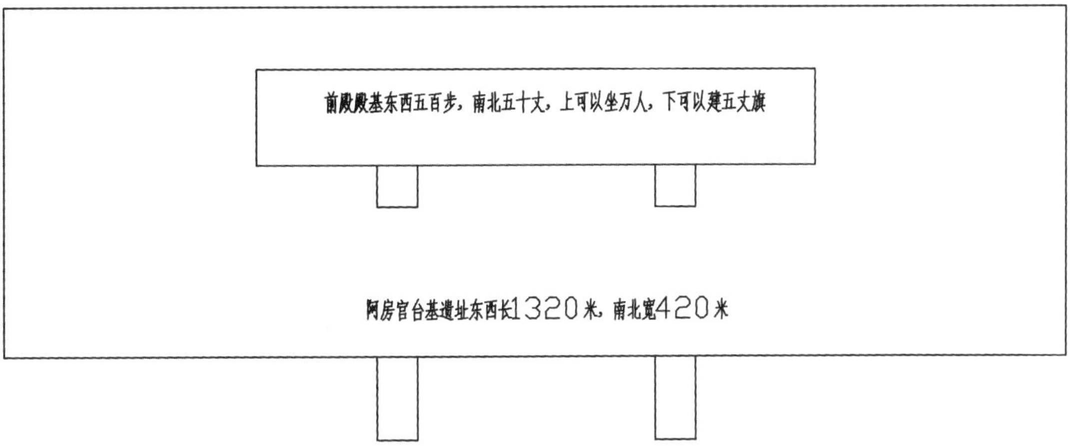

前殿殿基东西五百步，南北五十丈，上可以坐万人，下可以建五丈旗

阿房宫台基遗址东西长1320米，南北宽420米

图9　秦朝宫前殿阿房基址及平面尺度示意图

（作者自绘）

考虑到这一巨大基座，在 2000 余年的历史上，有可能遭到了自然或人为的剥蚀，其高度应该比 3.9 丈要高，比如，假设其基座高约 4.1 丈（残存 3.9 丈），其殿身台基高度，参考历代宫殿台基，假设为 9 尺，以取"九五之尊"的意义，两者之和约为 5 丈。由此，可与《史记》中所谓"上可以坐万人，下可以建五丈旗"的描述相契合，从而对阿房宫大殿台基最初的设计高度，做出一个猜测。

首先，可以将这个长近 600 丈，宽约 180 丈，高约 5 丈的秦代夯土台基遗址，想象成秦代朝宫前殿阿房宫的基座。而且，由于这一台座为东西长、南北宽，呈坐北朝南之势，与文献中记载的坐北朝南的前殿阿房宫是一致的。再将前殿阿房的长宽尺寸放在这一台座之上，可以发现，两者似乎是十分匹配的。换言之，秦代朝宫前殿阿房宫大台基的尺度，以考古发掘中所获得的数值推算，大约为东西长 1320 米（约 952 步，接近前殿东西面广长度 500 步的 2 倍），南北宽 420 米（约 180 丈，恰为前殿南北进深长度 50 丈的 3.6 倍）（图 10）。在这样一个巨大的台基之上，建造尺度如此巨大的殿堂，两者之间，在造型、结构乃至尺度逻辑上都是相互契合的。由如此巨大的基座遗址推想，或也可以大体上印证：司马迁对于阿房宫基本尺度的记录，很可能就是阿房宫最初的真实设计尺度。

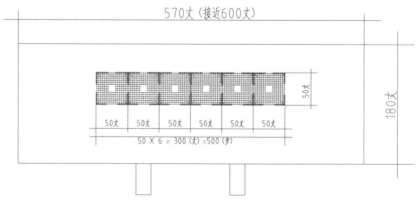

图 10　秦阿房宫前殿及台基主要尺寸关系示意图
（作者自绘）

此外，从朝宫前殿阿房宫的长宽比例进行观察，也存在有某种令人似乎难以捉摸的比例关系：其殿通面广 500 步（693 米，以秦代一尺为 0.231 米推算 ❶，为 300 丈），恰好是其殿通进深 50 丈（115.5 米）的 6 倍。说明这座大型殿堂的面广与进深比，很可能存在某种内在的结构与空间逻辑关系。

事实上，这一平面长宽比为 6 : 1 的比例关系，绝非偶然，很可能是秦人刻意设计的结果。因为，按照秦代度量衡制度，1 步为 6 尺，1 丈为 10 尺，则 500 步恰好就是 300 丈。也就是说，《史记》行文中的"东西

❶ 刘敦桢. 中国古代建筑史 [M]. 北京：中国建筑工业出版社，1984：421 页. 附表三. 历代尺度简表.

五百步，南北五十丈"，也可以表述为"东西三百丈，南北五十丈"，如此，就能够令人更为直观地看出这两者之间的比例关系。只是司马迁在这里分别用了两个不同的长度单位——"步"与"丈"，来描述这一事实。在了解了这一奇妙的 6∶1 的比例关系之后，不由令人产生一个疑问：秦人为什么要用这样一个整齐的长宽比例来建造这座代表国家最高统治象征的重要殿堂？这其中是否可能蕴涵某种象征性意义？

有一点应该提及，秦代人已经开始相信战国时期阴阳家邹衍提出的"五德终始"说，即由五行"木、火、金、土、水"所代表的五种德性周而复始地循环流转相生相克。王朝更替也应该符合这一流转生克规律。秦人认为周为火德，欲克火，代周而兴的秦应取水德："始皇推终始五德之传，以为周得火德，秦代周德，从所不胜，方今水德之始。"❶

在古代《周易》的卦义之中，有"天一生水位乎北，地六成之"❷之说，且以《周易》后天八卦言之，北方为坎，为水，为黑。也就是说，五色中的黑色，代表了水。换言之，数字"六"，在一定程度上，成为水德的象征，而尚水德者，在色彩的取向上，亦尚黑。因此，在秦始皇登基甫尔，即昭示天下："方今水德之始，改年始朝贺，皆自十月朔。衣服、旄旌、节旗，皆上（尚）黑。数以六为纪符，法冠皆六寸，而舆六尺。六尺为步，乘六马。"❸同时，秦人还"分天下以为三十六郡，……金人十二重，各千石，置廷宫中。"❹显然，这些与数字"六"有着密切关联的法冠、车舆、丈量尺寸，以及统一设定的全国郡县数量与配置的殿前金人数量，应该都是秦人刻意而为的。

那么，为什么秦人又不直接将这座大殿作"东西三百丈，南北五十丈"，这样更能体现秦代"水德"之象征意义的表述，而要令人费解地表述为"东西五百步，南北五十丈"，甚至又特别强调了"下可以建五丈旗"呢？显然，这个刻意突出数字"五"的表述方式："五百步"、"五十丈"、"五丈旗"，一定也内涵有设计者当时所特别期待的某种象征性意义。因为，从战国时兴起的五行学说的数字象征来看，数字"五"，其实象征了五行中的"土"，从而也象征了"东、西、南、北、中"大地五方之"中央"的地位，正与这座象征"天下之中"的帝王宫殿正殿的地位相匹配。

此外，"五"与"六"所代表的土与水，也还具有某种相辅相生的作用："十一月冬至日，南极阳来而阴往，冬，水位也，以一阳生为水，数五月，……三月春之季，季土位也，五阳以生，故五为土数，此其生数之由也。故五行始于水而终于土者，此也。"❺也就是说，无论是数字"五"和"六"，还是这两个数字所代表的五行之中的"土"与"水"，都具有相互依存的作用。而据古代中国人的五行观念，则五（土）为六（水）之生数，秦代朝宫前殿阿房宫采用的既合乎数字"五"又合乎数字"六"的长宽尺度，无疑是一种刻意为之的设计。

秦代以农业立国，又着眼于"普天之下，莫非王土，率土之滨，莫非

❶ 文献 [1].史部.正史类.[汉] 司马迁.史记.卷六.秦始皇本纪第六.
❷ 文献 [1].经部.易类.[宋] 俞琰.周易集说.卷三十.系辞上.传三.
❸ 文献 [1].史部.正史类.[汉] 司马迁.史记.卷六.秦始皇本纪第六.
❹ 文献 [1].史部.正史类.[汉] 司马迁.史记.卷六.秦始皇本纪第六.

❺ 文献 [1].经部.易类.[宋] 胡瑗.周易口义.系辞上.

王臣"的天下一统的政治理想，同时，又根据五德终始之说，将自己的王朝定义为水德。正是基于这样一种五行生克的原理，与数字象征的诉求，秦人将其新立都城的朝宫正殿，既表现为水德之象，又表征为"天下之中"，是一种必然的心态。如前所述，最能表达这一"天下之中"意义的象征性数字，就是"五"。故前殿阿房的设计者，就将代表"中央"的数字"五"与代表水德的数字"六"，巧妙地结合为一体，使得这座秦王朝统治之最重要象征的前殿阿房宫，既采用了"东西五百步，南北五十丈"之以"五"为核心的象征中央土德的尺寸设定，也采用了平面长宽比为6∶1，建筑形体可能由6座独立结构体并列组成，以数字"六"为建筑物外观表象之象征"水德"的比例与造型。正是这一系列巧妙的设计，使得这座旷古未有的伟大建筑，将秦人最为关注的两个重要象征意义：代表天下之中的"土德"与代表取代周之火德而兴的秦王朝的"水德"巧妙地结合在了一起。

由此甚至还可以联想到，从考古发掘中发现的阿房宫台基尺寸，其东西长度十分接近600秦丈（所差尺寸，不能排除有可能是当时基座施工放线时的测量误差所致），南北恰好180秦丈，这一长宽尺度不仅恰好是6的倍数，而且，还恰好呈现为前殿建筑本身东西面广（300秦丈）的2倍，南北进深（50秦丈）的3.6倍。所有这些与数字"6"相契合的台基、建筑尺寸及比例关系，似乎都不太像是某种无意识的巧合。

基于这样一个分析，大约可以得出一个大胆的推论：秦人在最初准备创建其朝宫前殿阿房宫的时候，很可能是在将这座巨大殿堂的通面广与通进深采用了与数字"5"密切关联的长度与宽度，从而在凸显朝宫前殿阿房宫位处"天下之中"象征意义的同时，又将这座大殿平面的长宽比刻意设计成为6∶1的比例，甚至使大殿的基座长宽尺寸也与数字"6"发生了关联，从而更加象征性地显示出秦人所崇尚的"水德"。

然而，这样一座宏大的殿堂，其最初的平面与结构设计是如何考虑的，至今仍是一个令人难解的问题。如果将其想象成为一座内部空间是一连续整体的大型木造结构体，按照当时的技术条件，以当时木构建筑的柱子间距大约在3丈（6.93米左右）来推算，其殿通面阔约为100间，通进深约为17间。从木构建筑的视角来观察，这显然是一座不可思议的巨大建筑物。其造型若果真如史书中所言："索隐：此以其形名宫也，言其宫四阿，旁广也。"[1] 即这是一座四坡屋顶的建筑物，则如此巨大的建筑长宽尺度，若取其进深的1/5来构造屋顶，其屋顶所覆盖的空间长度有300丈，前后檐柱距离有50丈，起举高度有约为10丈（约23.1米）之高，以怎样高度的柱子，才能与这样巨大的面广、进深与屋顶高度的建筑物相匹配？如此高大的屋顶结构，又当有如何的高耸宏巨？也就是说，这个巨大的结构体，在两千多年前的结构技术水平上，尤其是以使用木结构为主的中国古代建构技术基础上，几乎是不可能实现的。

进一步的问题是：既然秦人刻意地将这座大殿的尺度，与数字"6"

❶ 文献 [1]. 史部. 正史类. [汉] 司马迁. 史记. 卷六. 秦始皇本纪第六. 索隐.

建立起了密切的关联，那么，在建筑物的结构与造型上，似乎不应该不体现出这样一种象征性联系。换言之，既然我们已经注意到，这座大殿的通面广是其通进深的6倍；且其通进深的长度，也有令人不可思议的"五十丈"之长，那么，会不会有这样一种可能：秦人实际上是希望建造6座彼此相互毗邻的方形殿堂，每座殿堂的面广与进深都为50丈；各自形成一个四面坡形（四阿）的屋顶形式，然后将这样6座方形四阿屋顶殿堂呈"一"字形排列，并置在一座高大的台基之上，并将其称之为上林苑的"前殿阿房"。也就是说，这座"前殿阿房"其实是由兀然矗立于高大台座之上的6座各自独立的巨大结构体组合成的一组建筑综合体。其下的台基尺寸，又恰是这一综合体通进深长度的3.6倍，通面广长度的近2倍。

如果这一推测存在成立的可能，或可以推想，这座前殿阿房是由各自独立的6个部分并列而成的。这6个部分中的每一个，都是面广50丈、进深50丈的巨大独立结构体。每一结构体，各有自己独立的柱网、梁架与屋顶。6座方形结构体，呈一字形并列，又进一步构成了一个旷古未有的面广300丈、进深50丈的巨大殿堂，这座由6部分组成的巨大建筑综合体，就是被称为咸阳上林苑朝宫前殿的"阿房宫"大殿。

如果这一推想是可能的，那么经过规模与尺度的适当分解，这座巨大建筑物的结构在当时的技术条件下就是有可能实现的了。因为，分割成几个独立结构体的方形建筑，可以通过屋檐在四个方向上的渐次内收与重复，来解决屋顶尺度之巨大与高耸的结构技术难题，同时也解决了这一巨大木构殿堂复杂的造型问题。可以想象：这座大殿是由6个边长各为50丈的正方形平面建筑组成，每座建筑各有自己的柱网与屋顶梁架系统。

这里还可以再大胆地做一个推测：若面广与进深各为50丈，可以想象这是一座面广与进深各为16间的方形大殿。每一开间的柱子间距为3丈（折合为6.93米），则通面广与通进深，均为48丈（亦与数字"6"相合）。在当时的结构技术下，每一结构体的四周，必然有十分厚重的夯筑墙体，以维持木造结构的稳定性。那么，再推想在每一结构体的四面外侧，各增加1丈厚的夯土墙，则整座结构体的通面广与通进深，就能够恰好与50丈相合了（图11）。问题是，这样的柱网布置，没有为大殿本身的台基提供一个尺寸余量，只能使人想象，大殿是直接落在巨大的台座之上，并没有再设独立的台基。或者，殿身之外另有台基，但台基尺寸并没有包括在"东西五百步，南北五十丈"的范围之内。更加难以处理的是，两座相互毗邻的结构体之间，没有任何间隙，两者之间的下檐檐口处理，变成了一个十分困难的问题。

当然，这种平面柱网布置还有一个问题，即每一座独立体量的建筑，都为偶数开间，即每面为16间，则大殿中心是一个立柱。尽管现存偃师二里头早商宫殿遗址中的主殿，也采用了偶数（8）开间的平面布局方式，但不能够证明秦代仍然会用偶数间布置。因为现在看到的汉画像砖中表现

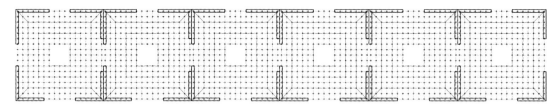

图 11　阿房宫前殿想象平面图（一）（每一结构体为 16 间）

（作者自绘）

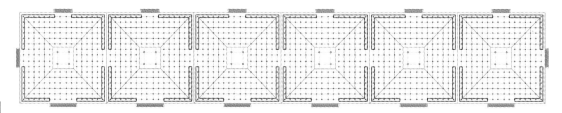

图 12　阿房宫前殿想象平面图（二）（每一结构体为 15 间）

（作者自绘）

的建筑物，已经有了"当心间"的设置。汉去秦未远，秦代未必没有产生奇数开间殿堂的可能。

故而，这里还可以做一个大胆假设：组成前殿阿房宫的这 6 座独立结构体中的每一座，其平面柱网的面广与开间，都是奇数的 15 间，其中，当心间为 3.6 丈（合 8.32 米），两侧各次间、梢间至尽间，均为 3 丈（合 6.93 米），则木构部分的通面广与通进深，均为 45.6 丈。则每个结构体两侧距离文献中记载的长宽尺寸各有 2.2 丈的尺寸余量。其中 1 丈为夯土墙在柱缝外的厚度，余 1.2 丈可以算作是大殿本身的台基。这样排列柱网，带来的问题是，各个独立的结构体之间，会出现一个 2.4 丈宽的间隙。而这个间隙，在檐柱柱顶部分的距离，就有 4.4 丈之宽，或可以将这个间隙看作是各个独立结构体之间屋檐部位相互交接的空隙（图 12）。

当然，在朝宫前殿阿房宫的室内，在 6 个各自独立的结构体之间，无疑应该是有彼此相连通的内部通道的，如果需要打通彼此的空间，只要在这六个结构体之间，各自留出若干个开间的缺口，不用夯土墙封闭，就可以使得这 6 个巨大的殿堂，在内部相互贯通一气（图 13）。而每一结构体的前后檐，亦可能设置有若干个开间的出入口。

图 13　阿房宫前殿纵剖示意图

（作者自绘）

当然，即使是这样一种分划，每一座独立结构体的尺度仍然十分巨大。因为，通面广与通进深各为50丈，折合当今尺度，大约为115.5米。这样一个巨大的空间内部，且周围又有厚重的夯土墙，其采光与通风就成了问题。因此，可以设想，其屋顶上部应该有重檐的设置，上下檐之间的空隙，可以采用木制网格式样的罘罳 ❶，既可作为殿内的采光与通风之口，亦可作为建筑物在外观上的装饰（图14）。按照这样一个大略的推想，就可以绘出这座旷古未有的木构大殿可能的立面外观（图15，图16）。

❶ 罘罳，即古代用以采光、通风的木制网状孔洞，据《三礼图·卷一》："郑氏曰屏，今罘罳也。刻之以云气虫兽，如今阙上为之矣。按罘罳，上皆以周，即网户也。以木为方目，如罗网状，故可以为屏，又可为门扉。"参见：文献[1].经部.礼类.三礼总义之属。

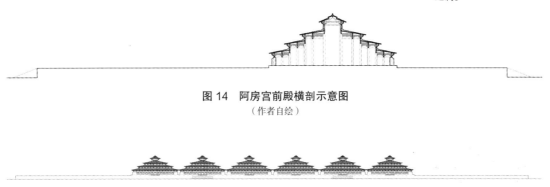

图14　阿房宫前殿横剖示意图
（作者自绘）

图15　阿房宫前殿立面示意图
（作者自绘）

图16　阿房宫前殿正立面外观推想图
（作者工作室绘制）

这里是按照当时可能的材料与技术，将每一结构体的外檐檐柱设定为3.5丈，并以每两间的幅度设置坡檐，从而形成三重周围檐，最后将中心四柱拔高一些，创造一个四面设罘罳的中央采光屋顶（图17）。这部分位于结构中央部位的屋顶，还采用了秦汉时代可能较为常见的折檐做法，以降低屋顶的起举高度。通过与当时可能的结构逻辑相接近的作图方式绘制而出的中央4柱，高约36米（15.5丈），殿中央脊槫上皮的高度约为45米（19.5丈），加上大殿基座与殿身台基高度约5丈，则秦代朝宫前殿阿房宫诸殿的总高度接近25丈。这样一个巨大尺度的建筑，无论在当时，还是在我们所熟知的中国古代建筑史上，甚至在世界建造史上，都是不可思议的（图18）。

图 17　阿房宫前殿侧立面示意图
（作者自绘）

图 18　阿房宫前殿人视外观图
（作者工作室绘制）

当然，需要申明的一点是，这种想象性的推测并不具有科学复原的意义，这里只是想透过某种逻辑推演的方式，猜测出这座伟大历史建筑的可能大致样貌，聊解人们对于这座见于文献记载的著名古代建筑之漫无边际的遐思之虑（图 19）。

图 19　阿房宫前殿外观鸟瞰图
（作者工作室绘制）

这里其实还有一个未解的问题，即考古学者在对阿房宫前殿遗址的发掘研究中，提到了在 20 世纪 50 年代初，阿房宫台座上的东、西、北三侧，都有土梁，且连接在一起，现仅残存北边土梁，其高出台面 2 米多，略短于台长，应为倒塌了的夯土墙。现存墙基厚 3.6 米，残高 0.7 米。❶ 然而，这位于台上北、东、西三面的夯土墙，是否是前殿建筑物的外墙？若果真是，那么，是否这座大殿的前檐以及 6 个独立结构体之间没有使用夯土墙？这仍然是一个令人存疑的地方。因为这样宏大的结构体，在当时的技术条

❶ 李毓芳，等.阿房宫前殿遗址的考古勘探与发掘[J].考古学报，2005（2）：205-236.

件下，完全用木造结构来整体建造，而不采用必要的夯土墙作为木结构的加强性处理，其最终的实现，几乎是不可能的。

这里所提到的残存墙基的厚度为3.6米，约合秦尺1.6丈。这或也为前面所分析的这座前殿阿房宫的外墙有约1丈的夯土墙厚度提供了一个参考的证据。或言之，其墙内可能有柱子，柱子里侧有厚约0.6丈的夯土墙，柱子外侧有厚约1丈的夯土墙。

还有一点信息，或可以作为一个将"前殿阿房"分为6座独立结构体之大胆推想的可能旁证。唐代人杜牧撰《阿房宫赋》，其中有："五步一楼，十步一阁。廊腰缦回，檐牙高啄，各抱地势，钩心斗角，盘盘焉，囷囷焉。"❶ 距离秦代数百年的唐人杜牧，对于阿房宫的描述，无疑带有虚幻想象与文学夸张的特征。但也存在一种可能，即杜牧曾经到过当时可能保存尚好的阿房宫遗址，从那巨大的夯土台座，以及台座遗址上鳞次栉比的夯土遗址与础石遗迹中，想象出这座建筑的可能尺度与样态，从而发思古之忧思，描绘出了这座巨大无比的阿房宫前殿的大致样貌。

也就是说，在这样一个巨大的台基上，在长有300丈、宽有50丈的前殿遗址上，身临其境的杜牧一定是看到了某些可以令他充分展示想象力的建筑遗迹。而在他眼中的前殿阿房宫，并非一个单一的巨大殿堂，而是有楼、有阁，廊腰缦回，檐牙高啄，钩心斗角的建筑综合体。而其所描绘的"盘盘焉"，当是指其殿可能有多重回绕的屋檐；而"囷囷焉"，又似指其殿似乎像一座座相互毗邻的方形谷仓。杜牧透过遗址所看到的，正是由若干个这种平面为方形的独立建筑，相互间毗邻咬合，才可能出现其屋顶"廊腰缦回，檐牙高啄，各抱地势，钩心斗角，盘盘焉，囷囷焉"的外观。杜牧根据他所观察到的这一遗址现象，想象出了一个由多座方形殿阁组合而成的巨大建筑群，而不是一座修长宏巨的单一建筑体。如果杜牧的想象有当时保存状态尚好的阿房宫遗址的依托，则本文在前面所推想的阿房宫前殿是由6座独立方形结构体组合而成的组群式造型，就是有可能的了。

当然，还存在另外一种可能：在这6个面广与进深分别为15（或16）间的独立结构体中，还可能设置有若干个可以用来采光或通风的中庭，从而使得这座大殿，有可能是由6个围合的庭院组合而成。当然，这样的结构似乎会简单一些，但若果如此，再称其为"前殿"，似亦有名不副实的感觉。其次，秦人将这座大殿名之为"阿房"，可能也并非随意而为，因为，据宋《营造法式》："周官考工记：商人四阿重屋（四阿，若今四注屋也）。"❷ 显然，早在商周时代，四注坡屋顶的建筑物，就被称作是"四阿"殿了。将一座面广300丈、深50丈的建筑物建造成"四阿重屋"的建筑形式，以其长宽比过大，在造型上其实是不大可能像是"四阿"屋顶，而更像是"两坡"屋顶。而一座长宽各50丈的建筑物，不仅很容易形成"四阿重屋"（两重或三重四注坡屋顶）形式，而且，若有多座这样的"四阿"殿并置在一起，则称其为"阿房宫"，即由若干"四阿重屋"组合而成的"宫"，而非单一

❶ 文献[1].史部.地理类.都会郡县之属.[清]陕西通志.卷八十九.艺文五.赋下.阿房宫赋.

❷ 文献[1].史部.政书类.考工之属.[宋]李诫.营造法式.卷一.总释上.

结构体的"殿"，就是再顺理成章不过的事情了。而且，可以想象，在这样6座方形独立结构体之外，在这样一个巨大的台基之上，还可能存在一些附属的建筑物，组成了一个雄大、错落的复合式建筑群。其中这6座被称为前殿的方形结构体，构成了这一建筑群的主体与中心。这或许从另外一个角度解答了，何以《史记》中虽然将其称为"前殿"，却又用了"阿房宫"这样一个词？毕竟"宫"这一术语，其中内涵有殿阁厅堂之组群之意义。

遗憾的是，无论从史料记载，还是从考古发掘的角度，似乎都证明了，秦咸阳朝宫前殿阿房宫，是一个未能最终完成的巨大工程。现代考古发掘已经证明《史记》所言："阿房宫未成"❶的记述，也就是说，阿房宫没有能够实际建造完成，是一个历史事实。从这一角度分析，大殿的设计虽然已经初步成形，但实际的建造，很可能仅仅完成了大殿的台座，或北、东、西三侧外墙的夯土墙基，而其主体木结构很可能还尚未建造完成，刚刚建立不久的秦王朝这座大厦就轰然倒塌了，从而使得这座代表秦统治者所处之"天下之中"，且代表秦王朝天下一统之"水德"的前所未有的古代巨型超大结构——"前殿阿房"，实际上成了一个巨大的古代"烂尾工程"。当然，继秦而起的西汉时代，是有可能在这座前殿阿房宫的旧基上建造些什么的，可惜没有进一步的历史资料能够对这一问题加以进一步的说明。

从时间上推算，这样宏大的宫殿建筑，在秦始皇薨殁前3年，秦王朝灭亡前6年才开始兴建，就其工程的规模而言，也几乎是不可能完成的。但从遗址的发掘及文献的描述中可以知道，这至少是中国历史上计划建造且已开工实施的最为宏大的宫殿建筑之一。其台座的东西长度，已经比明清紫禁城的南北总长还要长；而台座的南北宽度，大约也相当于明清紫禁城东西宽度的2/3强，其所设计之前殿阿房宫的建筑面积（长693米，宽115.5米），也大约是故宫主殿太和殿（长60米，宽33米）面积的40倍。联想到20世纪出土的陕西临潼骊山秦始皇陵兵马俑（图20）那令人震惊的浩大气势，这样一个巨大尺度的宫殿建筑，恰好是可以与之彼此呼应与印证的，同时，也成为刚刚一统天下的大秦帝国那气吞山河的宏大气派的佐证。而这仅仅是秦咸阳朝宫内一组前殿建筑群的尺度。即使是从假想的角度推测一下，其规模之巨大，气势之磅礴，布局之周密，技术之超前，至今仍令人唏嘘不已。

❶ 文献 [1]. 史部 . 正史类 . [汉] 司马迁 . 史记 . 卷六 . 秦始皇本纪第六；刘庆柱 . 秦阿房宫遗址的考古发现与研究——兼谈历史资料的科学性与真实性 [J]. 徐州师范大学学报（哲学社会科学版），2008（2）: 63-65.

二、汉长安未央宫前殿

秦末楚汉之争，天下甫定，萧何就已经开始在都城长安开展了大规模的宫殿营造活动。最初营造的长安宫殿包括长乐宫与未央宫，这两座宫殿都位于汉长安城内的南部。两座宫殿的空间关系是：长乐宫在东，未央宫在西（图21）。但是从建造完成的时间顺序来看，位于长安城内东南方位

图 20　秦始皇陵兵马俑

（张弦 摄）

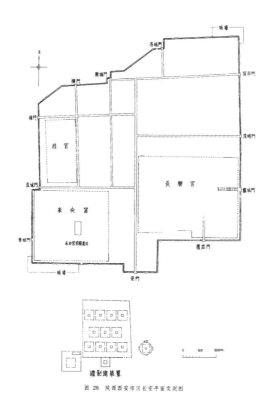

图 28　陕西西安市汉长安平面实测图

图 21　汉长安未央宫与长乐宫关系图

（刘敦桢 . 中国古代建筑史 [M]. 北京：中国建筑工业出版社，1984.）

中国建筑史论汇刊·第壹拾肆辑

的长乐宫，要稍稍早于位于长安城内西南方位的未央宫。

从史料中可知，长乐宫建成于汉高祖七年（前200年），略早于未央宫前殿的竣工时间。其中的原因可能是，未央宫是天子的常居之所，未央宫前殿又为天子大朝的正殿——路寝之殿，其营建需要准备得更为充分与审慎。长乐宫起初是为天子初徙长安的临时性住所，最终为太后们的起居之所，在等级上似乎也略低于未央宫一点。如史料中所言："按史记，长乐宫成，自栎阳徙长安，是迁都之始，天子居长乐宫也，及未央宫成，则遂为天子之常居，而长乐则太后多处之。" ❶

汉丞相萧何显然为未央宫的营造投入了更大的精力，因为在未央宫内除大规模宫殿建筑营造外，还建造了象征帝王尊严与天子象阙的东阙与北阙，以及代表国家力量与财富的武库与太仓："萧丞相营作未央宫，立东阙、北阙、前殿、武库、太仓。" ❷ 当然，未央宫所有建筑中，最重要的是未央宫前殿，这里是天子的正朝之所，也是未央宫中最为重要的殿堂建筑。汉高祖九年（前198年）："未央宫成，高祖大朝诸侯群臣，置酒未央前殿。" ❸

先来看天子的常居——未央宫。据宋人的论论中描述："师古曰：未央宫虽南向，而上书、奏事、谒见之徒，皆诣北阙。公车、司马亦在北焉。是则以北阙为正门，而又有东门，东阙。至于西南两面，无门阙矣。盖萧何初立未央宫，以厌胜之术，理宜然乎。" ❹ 据《史记》："萧丞相营作未央宫，立东阙、北阙、前殿、武库，高祖还，见宫阙壮甚。" ❺ 可知未央宫建筑虽然坐北朝南，但其主要入口却在北侧与东侧。关于这样布局的原因，除了前面提到的萧何可能采取了某种厌胜之术外，还因为秦代旧宫主要在渭北，为了方便从当时尚在使用的旧有宫殿到达未央宫，故将未央宫主要入口设在了北侧与东侧，如史料所载："秦家旧宫皆在渭北，而立东阙、北阙，盖取其便。" ❻

当然，未央宫可能也有南向的门。与这座门相对的，应该是汉长安城的一座南门："长安城南出第三门曰西安门，北对未央宫，一曰便门，即平门也。古者，平、便皆同字。武帝建元二年初，作便门桥，跨渡渭水，上以趋陵，其道易直。" ❼ 这里是说，汉长安城南侧有三座城门，其偏西之第三门为西安门，应该就是与未央宫南门相对应的一座城门。门前有桥跨渭水，以方便帝王出宫谒陵。

因为是天子大朝的正殿，所以未央宫前殿被布置在了地势较为隆耸的龙首山上，据《玉海》引《西京杂记》："汉高帝七年萧相国营未央宫，因龙首山制前殿，建北阙。未央宫周回二十二里九十五步五尺。街道周回七十里。台殿四十三，其三十二在外，其十一在后宫。池十三，山六。池一，山一，亦在后宫。门闼凡九十五。" ❽ 这里的"街道周回七十里"所指不详，一种可能是指未央宫内有纵横交错的道路，长约70里，还有一种可能是指未央宫外的主要城市街道，纵横的总长度约有70里。但无论如何，未央宫是一座规模宏伟、空间繁复的宫殿建筑群，则是毫无疑问的。

❶ 文献[1].史部.编年类.[宋]吕祖谦.大事记——大事记解题.卷九.

❷ 文献[1].史部.正史类.[汉]司马迁.史记.卷八.高祖本纪第八.

❸ 文献[1].史部.正史类.[汉]司马迁.史记.卷八.高祖本纪第八.

❹ 文献[1].史部.编年类.[宋]吕祖谦.大事记——大事记解题.卷九.

❺ 文献[1].史部.正史类.[汉]司马迁.史记.卷八.高祖本纪第八.

❻ 文献[1].史部.正史类.[汉]司马迁.史记.卷八.高祖本纪第八.索隐.

❼ 文献[1].史部.地理类.宫殿薄之属.三辅黄图.卷一.

❽ 文献[1].子部.类书类.[宋]王应麟.卷一百五十五.

关于未央宫中的建筑,《汉书》中略有提及,事见翼奉给汉元帝所上疏:"窃闻汉德隆盛,至于孝文皇帝躬行节俭,外省徭役。其时未有甘泉、建章,及上林中诸离宫馆也。未央宫又无高门、武台、麒麟、凤皇、白虎、玉堂、金华之殿,独有前殿、曲台、渐台、宣室,温室、承明耳。"❶ 也就是说,在西汉初年时,未央宫中仅有前殿、曲台、渐台、宣室、温室、承明殿等建筑,而至元帝(前48年—前32年)时,宫内又有了高门、武台、麒麟殿、凤皇殿、白虎殿、玉堂殿、金华殿等殿堂,俨然一组殿阁栉比、台榭鳞次的宏大建筑群。

未央宫内最为重要的建筑是天子的路寝之殿——未央宫前殿。《三辅黄图》中对于未央宫及其前殿有稍微详细的描述:

> 未央宫周回二十八里,前殿东西五十丈,深十五丈,高三十五丈(前殿曰路寝,见诸侯群臣处也)。营未央宫因龙首山以制前殿。至孝武以木为棼橑,文杏为梁柱。金铺玉户,华榱璧珰,雕楹玉磶。重轩镂槛,青琐丹墀。左城右平。黄金为壁带,间以和氏珍玉,风至其声玲珑然也。

> 未央宫有宣室、麒麟、金华、承明、武台、钩弋等殿。又有殿阁三十二,有寿成、万岁、广明、椒房、清凉、永延、玉堂、寿安、平就、宣德、东明、飞羽、凤凰、通光、曲台、白虎等殿。❷

这里所言未央宫"周回二十八里",显然与《西京杂记》中所记载的未央宫"周回二十二里九十五步五尺"之间有些出入。但两者的共同点是,西汉长安未央宫的占地规模十分宏大,周回长度在20里之上,则占地面积应在万亩有余的规模之上。据考古发掘资料,未央宫宫城平面略近方形,四周筑有宫墙,其东、西墙长度为2150米,南、北墙长度为2250米,占地约合483.75公顷,宫墙周回长度为8800米,约可折合为汉代的3760丈。

前文已经谈到,未央宫前殿因龙首山而建,其所处地势十分高广。据考古发掘,未央宫前殿位于未央宫遗址中心部位,尚存夯土台基(图22)。从台基遗存看,前殿正门位于南部,门内是一个开阔的庭院,庭院以北是一个南北长约350米、东西宽约200米的巨大台基。台基由南向北可以分出低、中、高三个台面,台基遗址距离周围地面最高处的残高为15米。据考古发掘,台基上可以分出三座大殿的基座,这很可能是与后世宫殿制度中前朝三大殿的格局相匹配的殿堂布局形式。

重要的是,史料中给出了未央宫前殿的基本尺寸:前殿东西长50丈,南北宽15丈,殿高为35丈。以汉尺为0.234米计❸,其殿东西面广折合117米。这一面广尺寸,与考古发掘确认的台基遗址东西宽200米十分契合,两侧各有41.5米(折合汉尺约18丈)的余量。说明古人对于这一尺度的记载应该是可信的。

南北进深折合为35.1米,以其南北进深观察,与今日尚存的北京故宫主殿太和殿进深(约33米)相比,尺寸虽然略大,但却是十分接近的。

❶ 文献[1].史部.正史类.[东汉]班固.前汉书.卷七十五.眭两夏侯京翼李传第四十五.

❷ 文献[1].史部.地理类.宫殿簿之属.三辅黄图.卷二.汉宫.

❸ 刘敦桢.中国古代建筑史[M].北京:中国建筑工业出版社.1984:421.附录三.历代尺度简表.

图 22　汉长安未央宫遗址

（贺从容.古都西安 [M].北京：清华大学出版社，2012.）

再比较其东西面广的尺寸（117 米），大约是明清故宫太和殿面广（60 米）的 2 倍。换言之，这座未央宫前殿的殿基面积，亦约为北京故宫太和殿的 2 倍。也就是说，除了其高度尺寸不可思议之外，史料中记载的这座未央宫前殿在规模与尺度上仍属于今日之人尚可以想象与接受的古代大型木构殿堂。

　　然而，有一点令人感到疑惑的是未央宫前殿的高度尺寸。史料中记载的前殿高度为"35 丈"，折合约为 81.9 米，这几乎相当于现存最高的古代佛塔——定州开元寺料敌塔（高约 84.2 米）的高度。一座单层木结构殿堂，要达到如此高度，无论怎样设想其结构形式，似乎都是不可能的。

　　古人也对这一高度尺寸提出了质疑。《玉海》中有一种说法："前殿东西五十丈，深十五丈，高三十五丈（一云三丈五尺）。前殿曰'路寝'，见群臣诸侯处也。"❶ 当然，这一说法，并未见于《三辅黄图》或《西京杂记》等早期文献，但至少说明汉代以后之人已经怀疑未央宫前殿的高度，故而推测其史料中的所谓"高三十五丈"，可能是"高三丈五尺"之误。三丈五尺，折合仅为 8.19 米。从结构逻辑而言，这一高度尺寸，也绝非大殿本身的高度，

❶ 文献 [1].子部.类书类.[宋]王应麟.玉海.卷一百五十五.

最多只可能是接近大殿檐口的一个高度。故这一说法亦不足信，但由此至少可以使我们知道，古人已经对《三辅黄图》所载未央宫前殿高 35 丈的尺寸描述产生了怀疑。

这里不妨做一个推测：史料中记载的未央宫前殿，东西长 50 丈，南北深 15 丈，总高为 35 丈（？），其数合"五"，正与汉代所秉持的"土德"相吻合。但是，汉代帝王又希望位处九五之尊的位置，故这座殿堂还应该出现数字"九"。因此似乎可以推测，未央宫前殿的台基设计高度可能为"九丈"（约为 21.06 米，与遗址所存残高 15 米余之间，有 6 米的高度差）。如此高的台基，也并非凭空夯筑而成，因为，未央宫前殿是建造在一座山丘——龙首山之上的："汉高帝七年，萧相国营未央宫，因龙首山制前殿，建北阙。" ❶ 既然称之为"山"，其原初的高度一定不是很低的。现存的残址高度，既有建造宫殿之时地形修整的影响，也可能经有汉一代，乃至后来曾在汉长安旧址建都的前秦、后秦、西魏、北周几个王朝，反复营建活动中的人为扰动，以及此后近 1500 年自然剥蚀的结果。如此，则未央宫前殿的夯土台基高度降低了约 6 米的可能性是存在的，而现存台基残高 15 米，多少也是可以理解的了。

若将大殿基座的高度设想为 9 丈，以文献记载其高 35 丈推算，则可以想象，未央宫前殿殿身的结构高度，尚余 26 丈。然而，即使是 26 丈（合 60.84 米），对于一座单层木结构殿堂而言，也仍然是一个几乎不可能达到的结构高度。因为，即使假设其柱檐的高度有 11 丈（25.74 米，对于木构建筑而言，这是一个很难达到的檐口高度尺寸），其屋顶的高度就需要有与其进深相当的 15 丈（35.1 米）之高。在当时的结构技术条件下，这显然是一座单层殿堂不太可能实现的木构架高度尺寸。何况汉代时的屋顶起举高度，本来就比后世建筑要明显低出很多。也就是说，即使将殿身基座高度设定为 9 丈，从而使未央宫前殿殿身结构高度设定为 26 丈，也是一个不合乎结构逻辑的尺寸推测。

我们不妨再做一个似乎也不合逻辑，但却存在某种可能的大胆推测，即史料中所记载的未央宫前殿的"35 丈"的高度，有可能是"25 丈"之误。若假设大殿高 25 丈，则其殿基高 9 丈，所余木构殿身的高度就仅有 16 丈（约为 37.44 米）了。假若再在殿身下添加一个 0.9 丈的殿基，则殿身高度仅为 15.1 丈（约为 36.27 米），这就是一个比较合乎木构殿堂结构逻辑的高度尺寸了。故本文在复原中，采纳了这一假设。

这里推测一下这座殿堂建筑的平面柱网：先假设这座汉代大殿采用了奇数开间的殿堂模式。以其南北进深 15 丈计，可以想象其进深为 5 间，每间间广约为 3 丈。但是，大殿的面阔方向，若分为 13 间，则每间间广约 3.85 丈，显然偏大，在当时的技术条件下，有些不大可能。若再增加间数，则无论是分成 15 间还是 17 间，其柱子间距都难以出现一个较为整合的数字。

❶ 文献 [1]. 子部 . 小说家类 . 杂事之属 . [汉] 刘歆 . 西京杂记 . 卷一 .

这里推测为两种可能：一是，若分成 15 间，其面广方向次间、梢间与尽间的逐间间广为 3.3 丈，当心间间广为 3.8 丈；二是，若分成 17 间，其面广方向次间、梢间与尽间的逐间间广为 2.9 丈，当心间间广为 3.6 丈。这样两种柱网的平面布置，似乎都是可以与史料中记载的这座殿堂的尺度相匹配的。

　　这里先来看第一种平面，为了取一个与汉代所崇尚的"土德"（由数字"五"表征）相匹配的开间数量，假设其通面广为 15 间（图 23，图 24），这一平面的通进深为 5 间，这不仅与"5"这个数字相合，而且可以形成一个三重屋檐的剖面结构（图 25），从而也形成一个三重屋檐的立面造型（图 26，图 27），则可能是一个比较合乎汉代人思维逻辑的选项，问题是结构上哪一种柱网更为合理，是需要加以斟酌的。

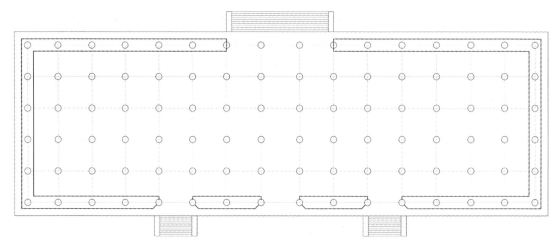

图 23　汉未央宫前殿想象——平面示意图
（作者自绘）

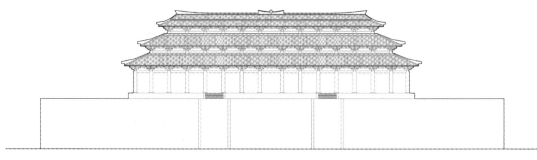

图 24　未央宫前殿复原想象——立面图
（作者自绘）

图 25　未央宫前殿复原想象——剖面示意图
（作者自绘）

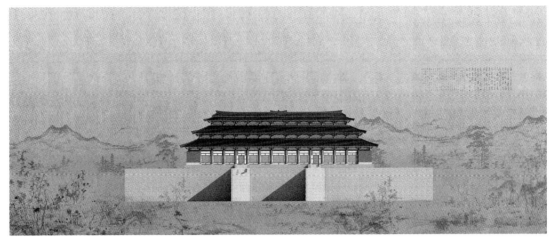

图 26　未央宫前殿复原想象——立面造型图
（作者工作室绘制）

图 27　未央宫前殿复原想象——（三重檐）
（作者工作室绘制）

　　从结构的角度思考，还应该将面广方向尽间的开间尺寸定为 3 丈，以与进深方向的间广相契合。然后将这里多出的 0.3 丈均分到次间和梢间的尺寸上去。这样就可以得出这座大殿柱网的基本尺寸（表 1）。

表 1　未央宫前殿柱网平面尺寸推想之一

面广（丈）	当心间	次间	次间	次间	次间	次间	梢间	尽间	通面广
逐间广	3.8	3.35	3.35	3.35	3.35	3.35	3.35	3.0	50
进深（丈）	前间	前次间		心间			后次间	后间	通进深
逐间深	3.0	3.0		3.0			3.0	3.0	15

如上的柱网间距尺寸，存在的一个问题就是，各间的间距略大。同时，由于进深方向仅有5间，则至多能够形成一个三重屋檐的建筑造型。而三重檐虽然在南北朝以前使用的较多，但却使未央宫前殿的高度受到一定的限制，是否能够达到15.1丈的结构高度，还需要进一步推敲。如果增加进深方向的开间数量，从而增加屋檐的层数，也多少能够增加这座殿堂建筑的总高，从而使其造型与历史记载的高度数据更为接近一些。

为解决这一问题，还有一种可能的柱网布置方式，是将未央宫前殿的进深方向分为7间，其中中间一间的开间为3丈，前后各间的进深间距各为2丈。面广方向为了结构的方便，也将两端的尽间与梢间都定为2丈，当心间为3.6丈，左右各次间均为3.2丈，这样就形成了一个面广为17间、进深为7间的平面（图28）。由于通进深有7间，可以形成一个周围的环廊，从而在首层增加了一个副阶廊，使得屋顶变成了四重檐的形式（图29，图30），这样的四重檐造型，可以拔高整座建筑物的结构高度，更容易造成较高的造型体量（图31，图32）。当然，这里我们仍然是按照从地面到殿顶25丈的高度来推算的，因为即使增加一重檐，也很难一下子增加10丈的造型高度（表2）。

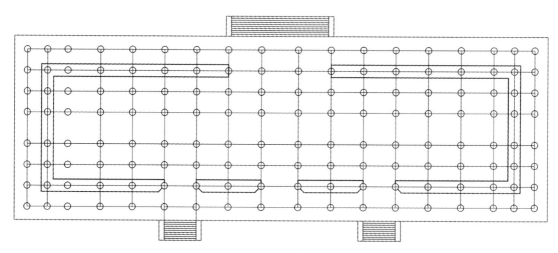

图28　未央宫前殿复原想象二（面广17间，四重檐）平面示意图

（作者自绘）

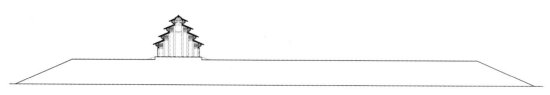

图29　未央宫前殿复原想象二剖面图

（作者自绘）

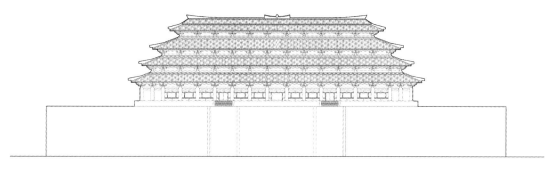

图 30　未央宫前殿复原想象二立面图
（作者自绘）

图 31　未央宫前殿复原想象二（四重檐）立面造型图
（作者工作室绘制）

图 32　未央宫前殿复原想象二（四重檐）外观鸟瞰图
（作者工作室绘制）

表2　未央宫前殿柱网平面尺寸推想之二

面广（丈）	心间	次间	次间	次间	次间	次间	次间	梢间	尽间	通面广
逐间广	3.6	3.2	3.2	3.2	3.2	3.2	3.2	2.0	2.0	50
进深（丈）	前间	次间	次间		心间		次间	次间	后间	通进深
逐间深	2.0	2.0	2.0		3.0		2.0	2.0	2.0	15

　　将这样两组数据设定为汉未央宫前殿的柱网，就会形成未央宫前殿的两种基本结构与外观造型（图33，图34）。这两种情况，从当时的木构（结合夯土的四周墙体）体系出发思考，其结构实现的可能性还是比较大的。换言之，这两种柱网形式，大体上都是合乎当时大木结构技术发展水平的。至于这座大殿在高度方向是否能够形成15.1丈的总高，后者的可能性显然要比前者大一些，两种设定都需要通过作图的方式来加以尝试推测。

图33　未央宫前殿外观想象一（三重檐）
（作者工作室绘制）

图34　未央宫前殿外观想象二（四重檐）
（作者工作室绘制）

从史料中透露出的有关未央宫前殿"金铺玉户，华樘（榱）壁珰，雕楹玉磶。重轩镂槛，青琐丹墀。左城右平。黄金为壁带，间以和氏珍玉"❶，以及"未央宫前殿至奢，雕文及五彩画，华樘（榱）、壁墙、轩槛，皆饰以黄金，其势不可以书"❷的描述，可以看出这座汉代木构大殿所用建筑材料之精美与建筑装饰之华丽。从造型上看，这是一座有多重檐口的大殿（重轩），由于大殿的基座较高，故在基座之上，可能还有一层殿基。正是由于大殿殿基较高，故用了栏槛（镂槛）围护。大殿有精雕细刻的柱子与柱础（雕楹玉磶）。殿门上用了金色的铺首（金铺玉户）。大殿阶道分为东西二阶（左城右平）。其东侧主阶为踏阶，西侧阼阶为蹉躠式坡道，便于抬辇上殿。

如前所述，据考古发掘报告的说法，未央宫前殿台基上有前、中、后三座大型殿堂遗址，这说明未央宫前殿有可能是一组由三座殿堂组合而成的建筑群，或与后世明清紫禁城太和、中和、保和三殿格局有异曲同工之妙。

另外，据史料中透露出来的信息，汉未央宫前殿内有宣室，似乎是未央宫前殿内的一个空间。还有一说，称之为宣室殿，不知道是否是考古发掘中发现的未央宫三殿中位于前殿之后的另一座殿堂？另外，未央宫前殿左近，可能还设置有钟。但究竟是一座钟楼建筑，还是仅仅摆放了一口钟，史料中并没有给出进一步的记述。好在与本文的关联也不很大，这里也不再赘述。

三、汉长安长乐宫前殿

与长安未央宫东西相对，在长安城内东南部位，是汉代的另外一座与未央宫规模相当的宫殿——长乐宫的所在地。长乐宫的遗址保存情况似乎不如未央宫，据考古发掘，长乐宫内主要殿堂的遗址，都遭到了相当严重的破坏，没有较为详细的殿基发掘资料发表。但由于史料中记载的长乐宫前殿与未央宫前殿在通面广与通进深的基本尺寸上，相差不大，故这里不妨将未央宫前殿台基遗址的基本尺寸借用来，作为一个推测想象的参照。

据《三辅黄图》记载，长乐宫是因秦始皇兴乐宫之旧而加以修缮完成的，其宫周回 20 里，规模与未央宫接近。史料中描述的长乐宫前殿规模也十分宏大，据《三辅黄图》："前殿东西四十九丈七尺，两序中三十五丈，深十二丈。"❸ 长乐宫前殿面广 49.7 丈（合 116.3 米），其两序之间的主殿殿身面广为 35 丈（合 81.9 米），殿进深约为 12 丈（合 28.08 米）。也就是说，这是一座面广 81.9 米、进深 28.08 米的大殿，殿两侧对峙设置有两序，各长 7.35 丈（合 17.2 米），但两序的进深这里并没有记载（图 35）。由文献记载可知，长乐宫前殿总面广几乎与未央宫前殿相同。其主殿部分的进深，略浅于未央宫前殿。

❶ 文献 [1]. 史部. 地理类. 宫殿簿之属. 三辅黄图. 卷二.

❷ 文献 [1]. 子部. 类书类. [宋] 李昉等. 太平御览. 卷八十八.

❸ 文献 [1]. 史部. 地理类. 宫殿簿之属. 三辅黄图. 卷二. 汉宫.

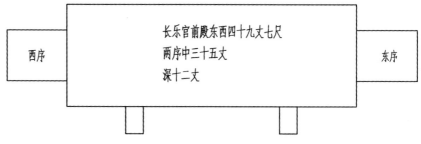

图 35　汉长安长乐宫前殿及两序平面示意图
（作者自绘）

　　从平面角度来观察，这是一座由中央主殿与两侧挟屋或朵殿（两序）组合而成的殿堂，这种组合形式的建筑在汉代画像砖中也常常见到，说明是汉代较为常见的一种建筑配置方式。长乐宫中央主殿面广 35 丈，进深 12 丈。假设进深方向为 4 间，每间间广为 3 丈。面广方向可能为 11 间，仍以两侧尽间间广为 3 丈、当心间为 3.8 丈推算，则主殿左右次间、梢间的间广可以确定为 3.15 丈（图 36）。东西两序则可以各分为 3 间，每一侧的通面广可以通过通面广减去中央主殿面广的尺寸推算出来，实为 7.35 丈。这里假设其进深方向也为 7.35 丈，则可以形成两座面广与开间各为 3 开间的方形小殿（图 37）。因为尺寸较小，故两序的平面可以假设其次间间广为 2.15 丈，心间间广为 3.05 丈（表 3）。

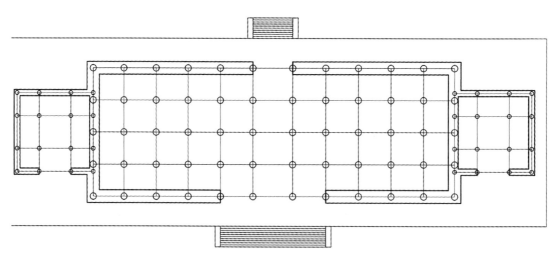

图 36　长乐宫前殿复原想象一（主殿 11 开间）平面图
（作者自绘）

图 37　长乐宫两序侧殿剖面示意图
（作者自绘）

表3　长乐宫前殿柱网平面尺寸推想之一

面广（丈）	主殿心间	次间	次间	次间	梢间	尽间	主殿通面广	两序心间	两序次间	两序面阔
逐间广	3.8	3.15	3.15	3.15	3.15	3.0	35	3.05	2.15	7.35
进深（丈）		前间	次间		次间	后间	通进深	心间	次间	两序进深
逐间深		3.0	3.0		3.0	3.0	12	3.05	2.15	7.35

　　这里所设想的开间尺寸仍然比较大，如中央主殿当心间的间广达到了3.8丈，约为8.892米，这在当时应该是一个比较大的开间尺寸。这样巨大的开间，对其结构的要求也无疑会增高。更重要的是，这样一种柱网格局，其殿内中心线上有一排柱子，从而形成如宋《营造法式》中"身内分心斗底槽"的做法，而这种柱网平面，一般是用于需要分隔前后空间的门殿建筑之中的。但作为汉代太后日常生活起居的长乐宫前殿，其室内中心有一排柱子，总不是一个合理的空间形式。故这里参照前文通过增加间数使未央宫前殿开间尺寸缩小的尝试，不妨将长乐宫前殿面广与进深方向的间数都适当增加，从而减少每一开间的间广尺寸。如将进深方向设想为5间，则当心间间广为4丈，从而增大室内中央空间的尺度。次间、梢间间广为2丈，从而形成一个三重屋檐的横剖面（图38）。面广方向则改为13间，两尽端仍用2丈间广，当心间间广为3丈，左右次间、梢间均为2.8丈，两序的开间与进深尺寸不变（图39），其柱网尺寸可如表4。

图38　长乐宫前殿主殿剖面示意图
（作者自绘）

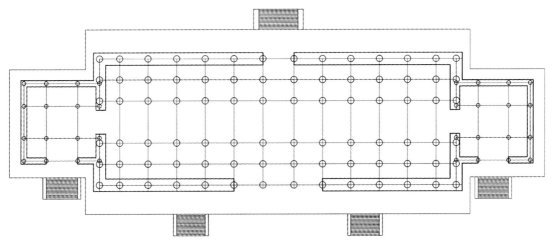

图39　长乐宫前殿复原想象二（主殿13开间）平面图
（作者自绘）

表 4　长乐宫前殿柱网平面尺寸推想之 2

面广（丈）	主殿心间	次间	次间	次间	次间	梢间	尽间	主殿通面广	两序心间	两序次间	两序面阔
逐间广	3.0	2.8	2.8	2.8	2.8	2.8	2.0	35	3.05	2.15	7.35
进深（丈）		前间	次间	中间		次间	后间	通进深	心间	次间	两序进深
逐间深		2.0	2.0	4.0		2.0	2.0	12	3.05	2.15	7.35

　　如果有关长乐宫前殿的史料记载中，再有一个高度尺寸，则可以与未央宫前殿高度加以相互比较与印证，从而有利于两座殿堂的高度分析。然而，遗憾的是，史料中并没有给出长乐宫前殿的高度尺寸。但从前面对未央宫前殿的分析来看，这座大殿的高度，应该也不会与未央宫前殿殿身结构高度约为 15.1 丈的尺寸相差太远（图 40）。

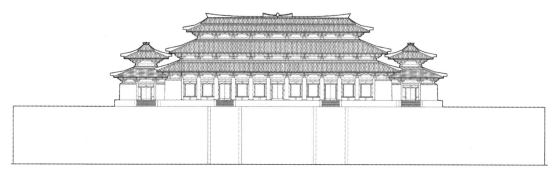

图 40　长乐宫前殿立面示意图
（作者自绘）

　　根据这一尺寸推测，可以大略绘出这座汉代殿堂的可能平面，并依据这一平面及可能的结构逻辑，大致推测出其剖面与立面的可能形式，从而为我们了解这座汉代重要建筑提供一点想象的空间（图 41～图 43）。

图 41　长乐宫前殿复原想象正立面图
（作者工作室绘制）

图 42　长乐宫前殿复原想象外观鸟瞰图
（作者工作室绘制）

图 43　长乐宫前殿复原想象造型人视外观图
（作者工作室绘制）

另外，据《三辅黄图》，在长乐宫中还有鸿台、临华殿、温室殿。此外，另有长定殿、长秋殿、永寿殿、永宁殿四座殿堂。只是关于这些建筑，并没有进一步的详细记载与遗址发掘资料加以支持，因而，也只能做纯文学性的自由想象了。

四、关于早期建筑推测复原的几点思考

前文已经谈到，本文所进行的研究，并非严格意义上的科学复原。因为，这里既缺乏充分的科学复原考古学遗址数据，也缺乏与文中所涉及的几座建筑关联比较密切的秦汉、曹魏及南朝建筑实例的必要资料。如此，本文

不可能将这几座建筑真实的柱网、梁架、斗栱、门窗加以复原。也就是说，鉴于缺乏如上两个科学复原的必要与充分条件，将这几座建筑物的历史原状真实再现出来，几乎是不可能的历史难题。

但是，我们又不能够采取历史虚无主义的态度。目前，没有实例遗存的唐代以前的木构建筑，即使是那些具有相当明确的史料记述，甚至还有确凿遗址发现的案例，却也往往被执拗地拒绝承认其为正史或信史。或者，只是仅仅被当作稗史；对于其可能的原状，大都采取漠然视之的态度。在这样一种态度下，中国古代许多伟大的建造工程与宏伟建筑，都只能停留在古人痴人说梦似的文字与印象中，现代人除了感叹、怀疑之外，对于这些史料中言之凿凿的重要历史建筑实例几乎无计可施。

众所周知的是，中国毕竟是一个有着五千年文明史的伟大国度，中国建筑文明又是一个以木结构建筑为发展主流的特殊文明形态。现存最早的木构建筑实例遗存，却只能追溯到距今1230余年的唐代中晚期的五台南禅寺大殿。其前的数千年，或其前自秦统一至唐中晚期之前的将近1000年，中国古代木构建筑实例，几乎是一片空白。幸运的是，经过历年的考古发掘以及文献印证，也经过一批杰出学者的潜心研究，一批重要的古代建筑，如唐大明宫含元殿、麟德殿，唐武则天明堂、元大内之大明殿、延春阁等重要历史建筑案例的大致原貌已经昭示在世人面前，从而弥补了中国古代建筑史实例遗存的严重不足。

然而，还有一些建筑，曾经在风风雨雨中矗立过，或者，也曾轰轰烈烈地建造过，当时的人对于这些建筑的宏伟与壮观，也都充满了仰慕、赞叹的感情，并且用笔记录下其大致的尺寸，其中一部分这类建筑的遗址，也保留到了今天。那么，如果我们对于这些建筑，仍然采取视而不见的态度，就多少有一点令人匪夷所思了。

当然，对这类建筑进行复原研究，确实是一个十分冒险的事情。因为即使遗址保存得十分完整，也难以确证这些遗址的细节都是这座建筑之原创时期的遗痕，因为许多古代遗址上，可能有过历代多次建造的遗迹，而且，由于岁月久远，遗址本身受到自然与人为剥蚀与破坏的程度也不会很小。

因此，我们能够采取的措施是，依据历史文献中记载的基本数据，参照现存遗址的主要尺寸，两者相互印证，再结合当时人对木材之结构、材性运用的可能程度，以及古代木构建筑架构与搭造的基本结构逻辑，再辅之以历史图像资料，如汉画像砖、汉明器等所表现出来的当时木构建筑外观的大致样态，将个别见于史料且规模宏伟的伟大历史建筑的可能原状做一点想象性的推测还原。其目的并非是对这些建筑的真实科学复原，只是对其存在的可能性做一点探讨，以期印证历史文献的可信性，从而为人们在阅读史料或了解历史时，多少增加一点略具形象与尺度的想象空间。

以本文中提到的前两座建筑为例。如秦代的朝宫前殿阿房宫，文献中描述的其规模与尺度，在世界建筑史上也堪称一绝，而考古发掘中发现的阿房宫台基遗址，又是如此的巨大，即使将文献记载中如此不可思议大体量的建筑物摆放上去，这一考古基址似乎仍然绰绰有余。这至少说明文献记载之台基上所建构之建筑物的基本尺寸，应该是具有可信性的。问题是我们如何从历史的、文化的、建筑的、结构的、材料的、造型的逻辑上，将之大略却尽可能合乎逻辑地推演出来。类似的情况，也会在汉代最伟大的建筑——未央宫前殿与长乐宫前殿中遇到。其史料的记述比较详细，其遗址的尺寸，主要是未央宫的遗址尺寸，也比较明确，且文献记载的尺寸中，除了高度尺寸可能有误之外，其平面的长宽尺寸与考古发掘中获得的台基遗址尺寸，彼此之间还是十分契合的，这也从一个侧面印证了历史文献记录的可信性。

余下的问题就是：其基本的平面如何推演？其大致的柱网与柱距如何确定？以及，其可能的梁柱关系如何搭构？如此等等。然而，所有这些问题，似乎只能透过史料中的基本长宽尺寸，结合古代木构建筑的基本材性，以及当时的可能结构技术，以一种多少有一些猜测的方式，逻辑地推演出结构与造型，并据此绘制出平面与剖面。其外观形式的推测过程，也大体如此。在既有的逻辑思考与尺寸推算的基础上，结合汉画像砖或明器的屋顶等形式，将屋顶覆盖到推测而来的基本平面与架构之上，多少显现一点早期建筑的古拙与粗犷的感觉，就可以了。其核心旨在还原：这座建筑有多大的体量尺寸，有多高的形体样貌，与考古遗址的吻合度有多大，其余的细节，均不在本文深究的范畴之内。

何以复原之过程如此粗略直白？原因也仅仅在于，更为细微的深入复原，找不到任何可靠的依据。那么，我们只能言说那些能够言说的部分。当然，这里或也涉及一个思维经济型问题，即西方人在科学研究中所熟知的"奥克姆剃刀原理"：在科学研究的过程中，如与逻辑主线没有密切关联的琐细事项，应尽可能将之忽略，因为"若如必要，勿增实体。"因为，前文中我们以一种粗略但逻辑的方式，已经最大限度地接近了这几座建筑之可能的历史样貌，因而，即使我们将屋顶举折比例、屋顶出檐长度、阑额尺度、斗栱形式、门窗形式都具体而微地加以论证，又能够对这几座建筑物的历史真实性增加多少呢？

换言之，读者不必刻意追究这里复原之建筑物的脊饰是否恰当，斗栱用材是否正确，斗栱形式是否合乎当时做法，门窗设计是否恰当，文献中记录的那些繁缛精密的装饰何以没有添加上去，如此等等的细节问题。因为，这都是一些与这几座建筑之基本尺度与大体样貌的探索性复原没有太多关联的细节问题，也都是一些即使下再大功夫也基本无解的问题。所以，这里只能将这些细枝末节的问题加以忽略，将精力集中在这几座建筑的基本尺度与大致样貌上，以笔者的冒昧与斗胆，对古人文献中记录，且亦被古人所称颂、景仰的伟大建筑，做一点冒险而大胆的猜测与推想，借此仅以聊飨与笔者趣味相近之好古读者们的思古忧情，或也可能会引起一些有识学者进一步的批评、抨击、反驳与讨论，甚而激发出批评者们更具创见性的全新研究，则不啻与笔者此文之研究初衷恰相契合，也为弥补中国古代建筑史多少增加了一些历史内涵。

参考文献

[1] 文渊阁四库全书（电子版）[DB]. 上海：上海人民出版社，1999.

[2] 刘敦桢. 中国古代建筑史 [M]. 北京：中国建筑工业出版社，1984.

《营造法式》中殿阁地盘分槽图的探索与引论 [1]

朱永春

（福州大学建筑学院）

摘要：对《营造法式》中的殿阁地盘分槽图的研究，涉及大木作制度中殿阁、槽、骑槽、压槽、斗底等关键概念，分歧较大。本文分析了地盘分槽图研究中的主要观点——它们的起点、企图解决的问题、其中有价值的线索和存在的障碍。试图使问题明朗，并引出必要的结论。文中指出：殿阁地盘分槽图不是孤立存在的，它与殿堂草架侧样图配合，共同揭示殿堂结构特征。它是铺作层的俯视图。进而对殿堂与殿阁、分槽形式、斗底、骑槽等概念加以研判。

关键词：《营造法式》，大木作，地盘图，殿堂结构，分槽

Abstract: There has always been much controversy about the frame plans for the division of *cao* (structural frame composed of bracket sets and joists) in palatial-style halls and pavilions (*diange dipan fencao tu*) recorded in *Yingzao fashi*, especially as to what the terms *diange*, *cao*, *qicao*, *yacao*, and *doudi* mean. This paper aims to clarify confusion over the definitions: first, past research is analyzed with regard to each author's line of thought, thematic focus on a problem, answers to key questions and unsolved problems; second, the visual representations of *dipan fencao* are linked with the patterns for *caojia ceyang* (frame elevations of rough frameworks) recorded in *Yingzao fashi* that likewise show structural characteristics of palatial-style halls; finally, the concepts of *diantang*, *diange*, *fencao xingshi*, *doudi*, and *qicao* are discussed and redefined.

Keywords: *Yingzao fashi*, large-scale structural carpentry (*damuzuo*), frame plan (*dipan*), palatial(*diantang*)-type construction, division of cao (*fencao*)

殿阁地盘分槽图，见于《营造法式》卷三十一大木作图样。而其中的关键概念"分槽"，未见于包括卷四、卷五大木作制度在内的他卷。[2] 殿阁地盘分槽图，为我们认识《营造法式》中两类主要结构之一的"殿堂"，打开了一扇窗口，同时又留下诸多疑问。概括起来，主要涉及以下四个方面的问题：

1）殿阁地盘图分槽图的性质。"地盘图"是哪一个位置的平面图？相关的问题还有，为何《营造法式》地盘图称"殿阁"，而草架侧样图称"殿堂"；

2）何为"槽"，如何解释《营造法式》中四种分槽形式。相关的问题还有：何为"缝"、"金箱"、"斗底"，等等；

3）如何解释《营造法式》中与"槽"相关的"骑槽檐栱"、"衬方头骑槽"、"压槽方"；

4）殿阁地盘图与"殿堂草架侧样图"，以及厅堂结构的"槫缝内用梁柱图"之间的关系。

❶ 本文属国家自然科学基金项目"《营造法式》大木作研究"阶段性成果（批准号：51578155）。
❷ 文献 [1].

这四方面问题盘根错节地纠缠在一起，必须通盘考虑。梁思成早年曾一度将槽看作空间❶，注释《营造法式》时，为阐释"骑槽"与"压槽"，又提出了"槽为纵中线说"。❷此后，陈明达❸、潘谷西❹、郭黛姮❺、何建中❻以及笔者❼等，对之进行了探索。诸说存在较大分歧。

本文尝试对《营造法式》殿阁地盘分槽图研究中的主要观点——它们的起点、企图解决的问题、其中有价值的线索和存在的障碍——加以研判，并引出必要的结论，以期使问题明朗化。

一、殿阁地盘分槽图的性质

1. 地盘分槽图与草架侧样图配合，共同揭示了殿堂的特征

在殿阁地盘分槽图既有的诸多讨论中，付之阙如的是对其性质的追问。讨论殿阁地盘分槽图具体问题前，有必要对其性质有一个基本的认识。

《营造法式》中大木作图样共两卷，在卷三十一中以一卷专论殿堂与厅堂两类主要结构类型。而将拱、枓、梁柱、额的做法、上下昂的分数、举折的分数、槫缝襻间等等，总之殿堂厅堂以外的大木结构问题，合为第三十卷。《营造法式》这样处理，除了突出殿堂、厅堂结构的重要性，应当考虑到了内容的相对独立性。也正是卷三十一的图样，揭示了殿堂、厅堂这两类不同的结构。据此应当认识到：

其一，殿阁地盘分槽图，是揭示殿堂类大木结构性质的一组图，不应游离到殿堂木结构大类属性之外看该图。同样，《营造法式》中厅堂结构未给出殿阁地盘图，应当从厅堂木结构大类属性去思考；

其二，殿阁地盘分槽图不是孤立存在的。它是与殿堂草架侧样图配合，共同来揭示殿堂结构的属性的。单独用地盘图或草架侧样图，都不足以描述殿堂结构。厅堂结构的"槫缝内用梁柱图"，也可以类比参照。应当将其放在《营造法式》语境中去解读。

《营造法式》中给出殿堂的四种地盘分槽形式（图1），又给出四种草架侧样图（图2）。其中双槽的草架侧样图也适用于金箱槽。将地盘图与草架侧样图综合，《营造法式》实际上给出了六种殿堂结构类型：

（1）殿身七间，副阶周匝，八铺作双槽（副阶六铺作，两架椽）；

（2）殿身七间，副阶周匝，八铺作金箱斗底槽（副阶六铺作，两架椽）；

（3）殿身七间，副阶周匝，七铺作双槽（副阶五铺作，两架椽）；

（4）殿身七间，副阶周匝，七铺作金箱斗底槽（副阶五铺作，两架椽）；

（5）殿身七间，副阶周匝，五铺作单槽（副阶四铺作，两架椽）；

（6）殿身九间，六铺作分心斗底槽（无副阶）。

将地盘图与草架侧样图综合，立即可以见出它的图像与释文一致。如第（6）类"殿身九间、六铺作分心斗底槽"，其地盘图中的"殿阁身地盘九间身内分心斗底槽"（图1右上），对应的草架侧样图的释文是"殿堂等

❶ 梁思成.记五台山佛光寺的建筑 [M]// 梁思成全集.第四卷.北京：中国建筑工业出版社，2001：376-379.
❷ 文献 [2].
❸ 文献 [3].
❹ 文献 [4].
❺ 文献 [5].
❻ 文献 [6].
❼ 文献 [7].

六铺作分心槽"（图2左下）。其中殿阁身地盘图释文的"地盘九间"，因为草架侧样图上并不能反映，草架侧样图的释文就没有该字样。同理，草架侧样图可见到的"六铺作"斗栱，地盘图不能反映，释文当然也就没有

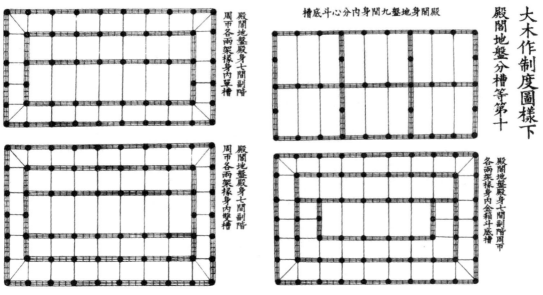

图1 《营造法式》中的殿阁地盘分槽图

（文献 [1].）

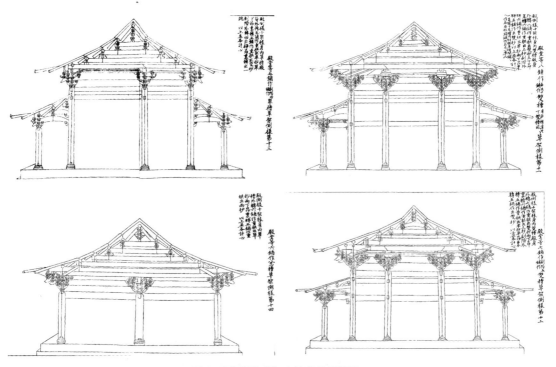

图2 《营造法式》中的草架侧样图

（文献 [1].）

该字样。亦即如有释文，必在图中可见。这种释文与图样一致，体现了李诫"因依其逐作造作名件内，或有须画图可见规矩者，皆别立图样，以明制度"的编修宗旨。❶ 文献[1].笔者曾称作"图文一致原则"。

明确这一原则，有利于破解《营造法式》若干疑点。如分心斗底槽地盘图中称"殿阁身"，余下三种地盘图都称"殿阁"。稍检图样就可以明白(图1)，有别于其他三种结构类型带有副阶，分心斗底槽地盘图没有副阶。"殿阁身"与"殿阁"的区别，当然是"殿阁身"没有副阶。这里"身"的语义，与《营造法式》中将副阶以外的主体部分称作"身内"是一致的。再比较地盘图与草架侧样图，地盘图中的"金箱斗底槽"在对应的侧样图中称"斗底槽"，不见了"金箱"字样。合理的解释是，草架侧样图中见不到"金箱"，这就为破解"金箱"提供了线索。❷

2."地盘图"是铺作层的俯视图

"地盘图"即平面图，对此虽无异议，但它究竟是哪一个平面的平面图？存在三种认识：

观点1：默认为柱根地盘图

到目前为止，尚没有明确提出地盘图即柱根平面图一说。但现行教材《中国建筑史》分析五台山佛光寺大殿有这样的文字：

> 大殿建在低矮的砖台基上，平面柱网由内、外两圈柱组成（图5-2），这种形式在宋《营造法式》中称为"殿堂"结构中的"金箱斗底槽"。❸

这里的"图5-2"，即佛光寺大殿柱根平面图。这就很容易误解为金箱斗底槽的地盘为柱根地盘（图3）。加之，通常平面图不特别说明，常指该位置。

❷ 文献[7].
❸《营造法式》的建筑类型中，有殿堂、厅堂。同时大木结构类型中，亦有殿堂结构、厅堂结构，也简称"殿堂"、"厅堂"。于是就有了诸如"建筑类型的殿堂，是否一定为殿堂结构"，"建筑类型的厅堂，是否一定为厅堂结构"之类的问题。亦即建筑类型与结构类型的同一性问题。参见拙稿：朱永春.关于《营造法式》中殿堂、厅堂与余屋几个问题的思辨[M]// 贾珺.建筑史.第38辑.北京：2016.

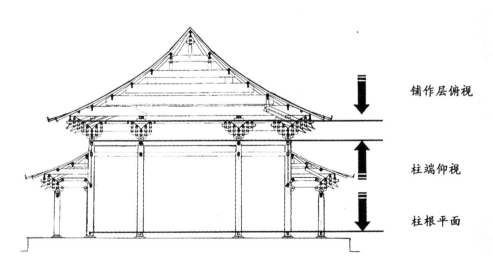

图3 对于地盘图性质的三种观点
（作者自绘）

铺作层俯视

柱端仰视

柱根平面

观点2：柱端平面的仰视图

明确提出地盘图为柱端平面的仰视图（图3），见于陈明达《营造法式大木作研究》：

> 原图均写明地盘若干间及副阶两椽，按图中画出柱子排列方式，可以说明"地盘"就是占地间数及柱子的布置形式。又柱子之间用双线画出阑额及铺作中线、扶壁栱中线等，因知是柱头的仰视平面而不是柱脚的平面。反映出当时度量房屋的尺度，一般均以柱头为基准。（着重号引者加）❶。陈明达还分析了地盘图应当是平棊以下的结构布置图：

❶ 文献 [3]: 114.

> 檐柱与屋内柱间画出的单线，当然是表示乳栿、角乳栿及四椽栿的位置，但并没有画出丁栿和角梁的位置，又可知这是承平棊的明栿，而不是平棊以上承屋盖的草架梁栿。综合以上各项，可以说明地盘分槽图，实质上是表示平棊以下的结构布置图。❷

❷ 文献 [3]: 114-115.

陈明达这一观点极具启发性。殿阁地盘图为柱端仰视，并止于平棊，呼之欲出的是，殿阁地盘图是描述铺作层的一幅图，实际上陈明达已认定地盘图描述的是铺作层。

文献 [5] 也认为地盘分槽图为柱端平面的仰视图，并强调了因宋式建筑存在侧脚，柱端平面不等于柱根平面：

> 这里的"地盘"当指建筑物的平面图，而"分槽图"即建筑物的仰视平面图，相当于柱头部位的平面；因之可将其分解为两个概念来理解。"分槽图"的尺寸与平面图有所不同，因为柱子有侧脚，柱头平面小于柱脚平面尺寸是不言而喻的。❸

❸ 文献 [5].

观点3：铺作层平面的俯视图（图3）

这一观点是笔者在对"柱端平面的仰视图"修正后提出的。主要出于四点考虑：

第一，若为仰视，图中应还可见到的平棊枋等，并未出现；

第二，地盘图上的副阶，其高度低于身内。只有在俯视图中可表达在同一平面上；

第三，仰视不能显示殿堂结构的特征。同一位置对厅堂结构建筑"十架椽屋分心用三柱"的仰视图（图4），几乎与殿堂式的"分心槽"（图2）仰视相同；

《营造法式》是唐宋工匠施工经验的总结。殿阁地盘图应当是布置铺作时使用的一张图。从施工过程看，布置铺作的工匠在其上俯视，顺理成章。

最后，我们要追问：承认地盘图是铺作层俯视（或柱端仰视），可以引出何结论？地盘图若描述的是铺作层，附丽于地盘图上的所谓"槽"，当然只能存在于铺作层，下文中将论及的"槽为空间说"，便不能成立。

3. 为何《营造法式》地盘图称"殿阁",而草架侧样图称"殿堂"

《营造法式》地盘分槽图中的标题是"殿阁",而相应的剖面图却称"殿堂"。而且,《营造法式》明确地作出这种区别。地盘分槽图中为何要称"阁",对此,有学者认为:

> 而原书平面图标题为"殿阁地盘分槽图",断面图标题为"殿堂草架侧样",前者称"殿阁",后者称"殿堂",暗示出殿堂和殿阁的平面是相同的。断面图画的是单层殿,所以只能称殿堂,不能称殿阁。❶

❶ 文献 [3]: 11.

也就是说,地盘分槽图适用"单层的殿和多层的阁……,故平面称'殿阁',断面图画的都是单层的房屋,只能称'殿堂'。"

这一解释有三个疑点:

其一,解释有悖《营造法式》第三十卷图样"图文一致"原则,如果为说明多层的阁可以采用单层殿结构形式,完全可以多作一幅多层阁的断面图,而不必用"暗示"法。因此,有必要对"殿阁"之义重新审定。

其二,如果两种图的适用范围不一致,必破坏前文所谈的,殿阁地盘分槽图与殿堂草架侧样图配合共同来揭示殿堂结构的属性这一特征。

其三,此说中的"殿阁"、"殿堂",指的都是建筑类型。《营造法式》中的建筑类型与结构类型,并非同一。❷

问题出在这里的"阁"究竟何义。笔者曾指出:殿阁地盘分槽图中的"阁",不是多层楼阁之"阁",意为"支撑"、"架起"。如同干栏,宋代称"阁栏"。"殿阁",指的是殿堂式大木构架中架空的那部分,一言以蔽之,铺作层。李诚将地盘分槽图冠以"殿阁",恰恰在表明地盘分槽图描述的是"阁"(架)在柱上的铺作层的"地盘",而不是柱根地盘。此外,笔者曾列出了三条证据:

(1)从《营造法式》卷十七至卷十九中大木作功限看,冠以"殿阁"名下计算造作功的构件,只有铺作。而在"殿堂"名下,则要计算梁、柱的功限。

❷ 《营造法式》的建筑类型中,有殿堂、厅堂。同时大木结构类型中,亦有殿堂结构、厅堂结构,也简称"殿堂"、"厅堂"。于是就有了诸如"建筑类型的殿堂,是否一定为殿堂结构","建筑类型的厅堂,是否一定为厅堂结构"之类的问题。亦即建筑类型与结构类型的同一性问题。参见拙稿:朱永春.关于《营造法式》中殿堂、厅堂与余屋几个问题的思辨 [M]// 贾珺.建筑史.第38辑.北京:2016.

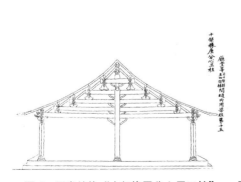

图 4　厅堂结构"十架椽屋分心用三柱"
(文献 [1].)

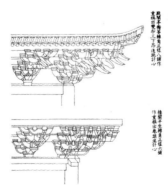

图 5　《营造法式》图样中"殿阁"与"平坐"并举
(文献 [1].)

（2）从《营造法式》卷三十图样看"殿阁"与"楼阁"的平座层并举。由平座所指的位置，可以推知殿阁的位置（图5）。

（3）《营造法式》描述厅堂的图样，只有剖面图，没有地盘图，为何？这是因为厅堂类大木构架不存在铺作层，亦即"殿阁"。这从侧面证明殿阁地盘是"阁"（架）在柱上的铺作层的"地盘"。

二、地盘分槽图中的"槽"及四种分槽形式

何为"槽"？本来，从《营造法式》所绘的分槽图，特别是"单槽"和"双槽"，是不难直观判断出，分槽图中条状图形对应的当为"槽"（图1）。对"槽"的认识障碍，主要来自如何释《营造法式》中的"骑槽檐栱"、"衬方头骑槽"、"压槽方"。目前，主要有5种观点：

观点1：槽是纵中线

梁思成为了释"骑槽檐栱"，将"于科栱出跳成正交的一列科栱的纵中线谓之槽"。并解释："华栱横跨槽上，一半在槽外，一半在槽内，所以叫骑槽。"❶《营造法式》中将心线称作"缝"，若将科栱的纵中线看成槽，

❶ 文献 [2]：101.

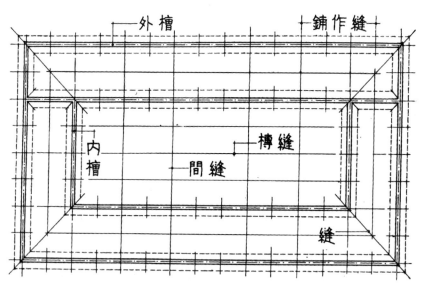

图6　梁思成所做的槽缝示意图
（文献 [2].)

"槽"与"缝"必重合。如梁思成所做的槽缝示意图（图6）。

郭黛姮沿用了"槽为纵中线说"，并对纵中线说的分槽形式，作了进一步阐释：

　　而"槽"的概念从《营造法式》卷四对多跳华栱的称谓为"骑槽檐栱"，在铺作正心最上置"压槽枋"等可知，即一列铺作所在的纵中线。在建筑物中，由于柱网形式的不同，便形成了不同的铺作分布

方式。凡建筑物内部只设一列内柱，柱上布置斗栱者称"身内单槽"，在中心设一列中柱，柱上布置斗栱称"分心槽"，若在建筑内部设两列内柱，柱上布置斗栱称"身内双槽"，在建筑内部柱子成环状布列，其上设一周斗栱者称"金箱槽"。❶

❶ 文献 [5]：654.

这一解释表面圆了四种分槽形式。但仔细斟酌，不禁会追问，为何分槽形式命名中只计内柱的槽？以单槽为例，其身内至少有三条铺作所在的纵中线（图1），即三个槽，为何只计内柱上的槽？且恰恰又不计骑槽檐栱等骑槽构件所居的槽。再则，何为"内柱"也存疑，依《营造法式》中所用"身内"概念，仅不计副阶的柱列。此外，何谓"斗底"？文献 [2] 中将"斗底"改为"枓底"，意在解释为"枓栱底下"。解释中强调"柱上布置斗栱"，应当也有此深意。但《营造法式》中"斗"与"枓"是作了区分的。斗栱之"斗"字，一律记作"枓"，既然记作"斗"，必非斗栱之"斗"字。

观点 2："槽"是空间

空间说最早见于梁思成《记五台山佛光寺的建筑》。❷ 该文将佛光寺大殿的空间分为外槽、内槽，并以图示（图7）。但在注释《营造法式》时，

❷ 梁思成. 记五台山佛光寺的建筑 [J]. 文物参考资料，1953（516 期）.

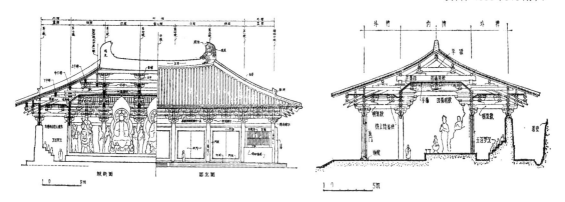

图 7　梁思成将佛光寺大殿的空间分为外槽、内槽

（梁思成. 记五台山佛光寺的建筑 [M]// 梁思成全集. 第四卷. 北京：中国建筑工业出版社，2001.）

放弃了该观点。

陈明达《营造法式大木作研究》中，也持"槽为空间说"：

地盘分槽图，实质上是表示平棊以下的结构布置图。四个图的结构布置各不相同，形成了不同的屋内空间划分形式，即不同的"槽"。这就地盘分槽图是地盘分槽图的全部内容。❸（着重号引者加）

❸ 文献 [2]：114-115.

从陈明达"平棊以下的结构布置图"的表述，可见这个空间既包含有柱列间的空间，也包括铺作层内空间。因此，他将槽定义为"由内柱、额、铺作划分的各种空间称为'槽'。"❹

❹ 文献 [2]：116.

陈明达的著作中，存有探索过程中很难避免的不确定乃至矛盾。他在给"槽"下定义时，明确地表述为柱列间和铺作的空间。（这与他的地盘图是柱端平面的仰视图观点相矛盾）在具体讨论槽及分槽形式时（图8），

又聚焦到铺作层：

> 确切地说"槽"主要是由铺作构成的，每个槽的周边都是铺作，而槽的界线就是铺作扶壁栱。地盘分槽图上阑额、扶壁栱都用双线表示，乳栿、四椽栿用单线表示，正是为了突出槽的划分形式。四个地盘分槽图，表示出四种不同的分槽形式。❶

关于四种分槽形式，陈明达认为：

> 第一种，无副阶，正面广九间，侧面深四间。除四周檐柱外，屋内纵向中线上一排内柱，横向每隔三间也用一排内柱，将平面划分为六个面积相等的槽，每槽纵三间横二间。由于它有在中柱上纵向贯通全平面的扶壁栱，而称为分心斗底槽。

> 第二种，殿身外围有副阶，正面九间，侧面六间。殿身广七间，深四间，用檐柱一周。檐柱内侧相距一间又用一周内柱，后一排内柱头上扶壁栱并纵向贯通全平面，与檐柱上扶壁栱相交，其余三面扶壁栱相连成 U 形。将殿身全部平面划分成两个长、短、宽、窄不同的长方形和一个 U 形槽，称为金箱斗底槽。

> 第三种，殿身外围有副阶，正面九间，侧面五间。殿身广七间，深三间，用檐柱一周。殿身内，在后檐柱内侧纵向用一列内柱，将全部平面分隔为前面广七间，深二间，后面广七间，深一间的两个长度相等，宽、窄不同的槽。因为它有一条窄槽，称为单槽。

> 第四种，副阶、殿身间数、用檐柱等均同第二种，殿身内，前后各用一列纵向内柱，将全部平面分隔为前后各一个广七间，深一间的三个槽。以前后各有一个窄槽，称为双槽。❷

陈明达对四种分槽形式的诠释中，槽是指柱列和铺作中的空间。由于并没有给这种空间的形态进一步限定，于是有了很多槽。如第一种，分心斗底槽，有六个面积相等的槽，每槽纵三间横二间（图8）。第二种，金箱斗底槽，殿身有两个长方形和一个 U 形槽（图8）。其中部的金箱（下文将详明），也当作槽。这样，就无法对"斗底"、"金箱"等进一步解释，也未对骑槽檐栱、压槽方等与槽的关系进行说明。第三种单槽中与第四种双槽中，身内分别有两个和三个槽。"据单槽、双槽两种形式的命名，似乎'槽'只是指后面一个，或前后各一个长条形空间。"❸因此，为了解释"单槽"和"双槽"，陈明达强调了"窄槽"。如果这个"窄槽"只限于铺作层部分，便是下文中观点5的条状图形了。

陈明达对殿堂结构的铺作层作了深入的思考。他指出：铺作布置在各个槽的周边，全部铺作的扶壁栱成为长方形的两道框架——纵架，而在内外两柱头铺作上的出跳构件与乳栿，则成为两道框架间的若干道横向连接构架——横架。像金箱斗底槽那样转过九十度的槽，还在转角斜线上加角乳栿，使全部铺作成为一个整体的结构层。由于每一座房屋的房架是安放在分槽结构层之上的，所以它承担着全部屋盖重量，并且控

❶ 文献 [2]: 115

❷ 文献 [2]: 115–116.

❸ 文献 [2]: 116.

中国建筑史论汇刊·第壹拾肆辑

制着槽下柱网的稳定。❶这些关于铺作层精彩的描述，正是槽的实质。

观点 3："槽"是空间和柱头方的中线

20 世纪 80 年代初，潘谷西提出：

> 分槽是殿阁特有的做法，所谓"槽"是指殿身内柱柱列及铺作层所分割出来的殿内空间，可能因其状如覆槽或覆斗，故冠以"槽"、"斗"等字样。由此推演，又把槽形空间的边沿（中）柱头枋的中线也称之为"槽"，如"骑槽檐栱"即指骑于檐柱缝上的华栱；"衬枋头骑槽"是指衬枋头和柱头枋正交骑于檐柱缝之意。这里"槽"与"缝"是同一个意思。❷（着重号引者加）

显然，这一观点试图将"槽是空间说"和"槽是纵中线说"弥合在一起。以空间说来为分槽形式、"槽"、"斗"等下脚注。又以纵中线说，来弥补空间说在解释"骑槽檐栱"、"衬枋头骑槽"等"骑槽"、"压槽"现象中的失语。但空间说并不能令人信服地诠释分槽形式中的分心斗底槽、金

❶ 文献 [3]：119-120.

❷ 潘谷西.《营造法式》初探（二）[J]. 南京工学院学报，1981（2）.

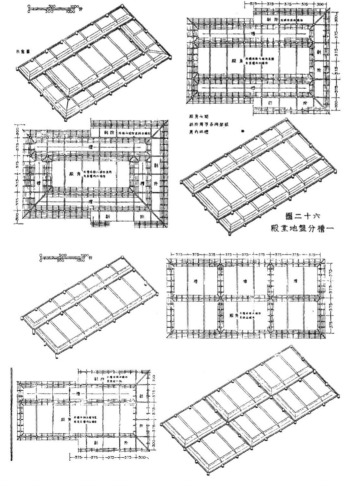

图 8　陈明达对分槽形式的图释。虽然槽被定义为空间，但聚焦于铺作层

（陈明达.营造法式大木作研究（下）[M]. 北京：文物出版社，1981.）

❶ 文献 [5]: 654, 729.

箱斗底槽两种形式。对此，郭黛姮在重申纵中线说后指出："将铺作层所分割出的空间称之为槽，但这从学术上讲是没有根据的。上列四种分槽形式皆以铺作纵中线为依据才成立。故应纠正社会上那种不严格的称谓。"❶

"槽"是空间和柱头方的中线说中，因为包含了纵中线说，当然纵中线说所遇的障碍没有消解。同时又带来新问题：即表述中由空间说到纵中线说的"由此推演"，属没有证据的猜测。纵中线说，并没有明确纵中线的高度，它可以在栌斗下皮到衬方头上皮间任何一个位置。潘谷西则将其明确为柱头方的中线。我们知道，柱头方之上便是压槽方，这一表述易于解释压槽方，但用于解释其下部的骑槽檐栱就不免有些勉强。

在潘谷西、何建中合著的《营造法式解读》中，已放弃了"槽"是空间和柱头方的中线说。但由潘谷西主编的《中国建筑史》（第七版）❷ 教材中，仍然沿用了该说。

❷ 潘谷西. 中国建筑史（第七版）[M]. 北京：中国建筑工业出版社，2015.

观点 4："槽"是指殿身内柱列及其上所置铺作和铺作的轴线

文献 [4] 中，何建中对观点 3 作了修正，提出：

> 分槽是殿阁特有的做法，所谓"槽"是指殿身内柱列及其上所置铺作，由此推演，柱列及铺作的轴线也称为槽，如"骑槽檐栱"即指骑于檐柱缝上的华栱；"衬枋头骑槽"是指衬枋头和柱头枋正交骑于檐柱缝之意。这里"槽"与"缝"是同一个意思。❸（着重号引者加）

❸ 文献 [4].

这一观点实质是将观点 3 中的"柱列及铺作层所分割出来的殿内空间"，易为"殿身内柱列及其上所置铺作"，而保留"槽是纵中线说"部分（柱头方的中线、铺作的轴线，实质是纵中线）。保留"槽是纵中线说"，当然是为了诠释"骑槽"。内柱列加其上所置铺作，是用于解释分槽形式。这一观点思路是，为了解释分槽形式，先将"槽"限定在内柱。比如，单槽因有一列内柱，所以有一个槽，称单槽。但如此一来，居于檐柱上的骑槽檐栱就无槽可骑了。于是，必须将槽的定义延伸到内柱以外的"柱列"。

此说存疑之一，不仅没有解决观点 3 中"由此推演"的臆测成分，还将其扩大到内柱以外柱列中有槽。其二还在于，地盘分槽图中的"槽"，应当是一个抽象名词，"空间"、"纵中线"都是抽象概念，可以称作"槽"。"内柱列及其上所置铺作"是实体而不是抽象概念，称其为槽就有些牵强。

何建中将"殿身内柱列及其上所置铺作"理解为槽，还有一个原因是，《营造法式》分心槽侧样图的图名释文不一致。图名为"殿堂等六铺作分心槽"，释文中有"身内单槽"字样，何建中由此认为"分心槽"就是"单槽"。笔者认为，"分心槽"与"单槽"明显不同，不能排除此处"单"为"分心"之误，可搁置。《营造法式》图样的释文错误较多，如陶本中该图的释文，就将"六铺作"误作"八铺作"。

观点 5："槽"是指铺作层内条状图形

该说是笔者在《〈营造法式〉殿阁地盘分槽图新探》一文提出的：

> 槽，即殿阁地盘分槽图中的条状图形，殿阁地盘图既然描述的是

铺作层的俯视，"槽"，实为铺作层内的狭长空间。❶

❶ 文献 [7]

笔者认为：槽应当是殿堂式大木构架所特有，而厅堂式大木构架所不具备的。满足此条件唯有铺作层。因此，地盘图应当是铺作层的地盘。同时，寻找"槽"，不能脱离中国文字中槽的本义。将槽释为线、柱列、铺作，都远离了中国文字中槽的本义。《说文》释槽："畜兽之食器"，即槽的本义为诸如马槽一类喂畜饲料的长条形器具。《营造法式》小木作中有"水槽"，明确给出形态、尺寸，可作例子。由槽的本义，又引申为物体中两端高起，中间凹下的部分。《营造法式》中的"枓槽板"、"夹枓槽板"、"车槽"❷ 等，便属此类。槽无论本义还是引申义，均指狭长条状图形。即是说，将长条状图形称"槽"，符合《营造法式》用词习惯。《营造法式》不仅将长条状图形称"槽"，还将不满足长条状的图形，排除出"槽"的类型。如厅堂结构中的通檐，虽有铺作层，但其形态非条状，不称其有槽。总之，寻找"槽"，只能回归地盘图上的条状图形。须注意，条状图形是有深度的，只是地盘图在俯视图过程中，没有反映其深度。

❷ 分别见《营造法式》卷九，卷十和卷十一.

对于分槽形式：单槽，铺作层有一个条状图形（实为5面的容器形，图9）；双槽，铺作层有两个条状图形；金箱斗底槽和分心斗底槽，都涉及拼接意义的"斗底"❸，金箱斗底槽中，"斗底"指矩形四周环绕的"═"形和"凹"形"斗接"的条状图形。"分心斗底槽"中，"分心"指纵向一列中柱等分，"斗底槽"指地盘图中的各6块图形拼接成两个条状图形。与《营造法式》卷三十三彩画作中的"四斗底"用法接近（图9）。金箱斗底槽中"金箱"，指地盘图中的矩形。"金"本义为黄、白、青、赤、黑五色，因黄色为尊，独得金名。故《说文》释"金"："五色金也。黄为之长。"因五色之中，黄（金）色居中。"金箱"当指位置居中的箱形。

❸ 文献 [1].

三、如何解释与"槽"相关的"骑槽檐栱"、"衬方头骑槽"及"压槽方"

我们已经看到，与槽的界定密切相关的问题，是如何解释"骑槽"与"压槽"的。它是"槽为纵中线说"的起点，观点3中的槽亦为"柱头枋的中线"和观点4中的"铺作的轴线"，均因此而出。既然骑槽的"骑槽檐栱"、"衬枋头"都在铺作层，铺作层应当为"槽"所在的"第一现场"。铺作层以下部分，无论是柱列还是由其划分的空间，都有"不在现场"的证明，当然也不可能为槽。这样一来，只有观点1和观点5可能成立。

"骑"的本义由骑马而来，意为"跨"。颜师古注："骑，为跨之耳。"引申为兼跨两边，如用"骑墙"比喻兼跨两边。如梁思成诠释骑槽檐栱为："华栱横跨槽上，一半在槽外，一半在槽内，所以叫骑槽。"❹ 梁思成视地盘图为柱端仰视，槽的位置应当在栌枓下皮（图9）。这样一来，除第一跳华栱离槽较近（其实也隔着枓欹），勉强说一半在槽外，一半在槽内。越往上与槽越远。

❹ 文献 [2]: 101.

压槽方只是在槽的上方，并未压槽。也就是说，纵中线说除了上节所述的障碍，问题还在于"骑槽檐栱"、"衬枋头"、"压槽枋"并不在纵中线所在的平面内，很难说是"骑"或"压"。要解决这一困难，就要假设扶壁栱内有若干纵中线（槽），这又与"单槽"、"双槽"等对槽数量的限定相悖。

在观点5中，槽相当于一个容器。各跳华栱均一半在"槽"内，一半在其外，故名"骑槽檐栱"（图9）。"衬枋头"则部分横跨在"槽"内，部分在其外，也可以称"骑槽"。压槽方因位于槽之上，故名"压"（图9）。《营造法式》中，将"骑"理解为兼跨两边的用法，还有"骑枓栱"可以佐证。"骑枓栱"特征是"骑"于两跳之中（图10），出跳的长度不定。❶

❶ 详见：朱永春．营造法式中骑枓栱辨析 [M]// 王贵祥，贺从容．中国建筑史论汇刊．第捌辑．北京：中国建筑工业出版社，2013．

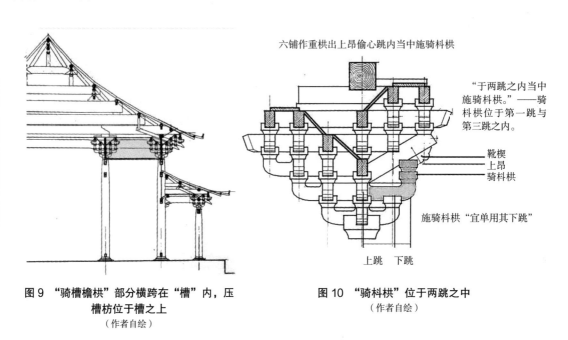

图9 "骑槽檐栱"部分横跨在"槽"内，压
槽枋位于槽之上
（作者自绘）

图10 "骑枓栱"位于两跳之中
（作者自绘）

六铺作重栱出上昂偷心跳内当中施骑枓栱

"于两跳之内当中
施骑枓栱。"——骑
枓栱位于第一跳与
第三跳之内。

靴楔
上昂
骑枓栱

施骑枓栱"宜单用其下跳"

上跳　下跳

四、地盘图与草架侧样图，以及厅堂"槫缝内用梁柱图"的关系

本文第一节已指出：殿阁地盘分槽图不是孤立存在的，应当将其放在《营造法式》语境中去解读。地盘分槽图是与草架侧样图配合，共同来揭示殿堂结构属性的。殿阁地盘分槽图用于阐释分槽形式，草架侧样图除了描述结构，还反映"槽"的深度。这就是为何草架侧样图不同于厅堂结构的"槫缝内用梁柱图"，要注明铺作数。单独用地盘图或草架侧样图，都不足以描述殿堂结构。如《营造法式》八铺作殿堂双槽草架侧样图，有小注"斗底槽准此"。而该图适用斗底槽，须借助殿阁地盘图阐释。由此可以看出两图是互相配合来揭示殿堂结构的。对此，梁思成、陈明达等学者

均持此观点。

近期有学者撰文,认为《营造法式》的"地盘分槽和草架侧样只是分别典型举例而已,并无一一对应的关系。"并举分心斗底槽地盘分槽图,作为立论的基础,认为:

（1）原图为"殿阁身地盘"、"分心斗底槽",而草架侧样第十四图为"殿堂侧样"、"分心槽"。前者带有副阶,后者无副阶,且二者分槽方式有所不同。

（2）草架侧样第十四图中注文为:"殿侧样,十架椽,身内单槽……",可见分心槽的实质是单槽;与分心斗底槽不是同一概念。❶（着重号引者加）

❶ 文献[9]:323.

《营造法式》中,分心槽的地盘图和侧样图,均无副阶。该文此前也承认"第一图无副阶,其余三图皆为副阶周匝。而紧随其后的四幅草架侧样图恰也一图无副阶。"此处不知何故,得出"前者带有副阶,后者无副阶",这一与《营造法式》图样明显出入,也与其前文矛盾的判断。第二条依据中"分心槽的实质是单槽",出自观点4。本文第二节已指出《营造法式》中该处"单槽"的存疑。该文中并未对"槽"作界定,从其:"分心槽"内部呈"一"字形,"分心槽斗底槽"内为"艹"字形,将内部空间划分为六个部分的表述,当指空间。但在其所作图中（图11）,将柱的中线标记为外槽与内槽。殊不知两者的矛盾。观点4认为:"槽"是指殿身内柱列及其上所置铺作和铺作的轴线。分心斗底槽有一列内柱列及其上所置铺作,所以言:"分心槽的实质是单槽"。将柱的中线标记为外槽与内槽,已不止一个槽,如何得出"分心槽实质是单槽"的结论。

该文中多处表述属丐辞,如:

从分槽形式看,"分心槽"内部呈"一"字形,是"单槽"的特例,多用于殿门。而"分心槽斗底槽"内为"艹"字形。……

因此,《营造法式》的地盘分槽和草架侧样只是分别典型举例而已,并无一一对应的关系。❷（着重号引者加）

❷ 同上。

分心槽斗底槽内为"艹"字形,可以从地盘图看到。但前提中"分心槽"内部呈"一"字形,却无法从草架侧样图中得出,是须证明的。若承认草架侧样图中的分心槽呈"一"字形,就等于承认了地盘图与草架侧样图的独立,"地盘分槽和草架侧样只是分别典型举例而已"的结论已包含在前提中。事实上,草架侧样图根本无法描述分槽形式。

由于该文立论的错误,导致其所绘图样与《营造法式》相悖。不妨以其所绘分心槽草架侧样图为例（图11）,指出其主要错误:

（1）所绘为进深十二椽分心槽,而《营造法式》图样中不仅只是十架椽,释文也明白地注有"殿侧样十架椽"字样;

（2）其标题"殿阁身地盘分心斗底槽草架侧样示例"中,"殿阁身地盘"指铺作层平面,于剖面图标注平面不当。如前所述,"斗底"只有地盘图中才能见到，此处也不应出现；

（3）该图中有 "以楼阁上屋为例" 的字样，亦即将《营造法式》卷三十一中的分心槽草架侧样图，理解为楼阁最上层的剖面。因此也没画柱础，明显有悖《营造法式》图样（图 2 中的右下图）。这一错误源自未理解 "殿阁地盘分槽图" 中的 "殿阁" 指铺作层，将其误作多层楼阁之 "阁"，并主观臆测为 "十一间大阁"；

《营造法式》中的 "殿阁地盘分槽图"，是阐释铺作层分槽形式的。没有必要给出绝对尺度或相对尺度的分°值。该文中的图以分°表达，一椽的平长设为 125 分°并以一等材计。以此作为《营造法式》图样的 "图释"，远离李诫本意。

《营造法式》中厅堂结构未给地盘图，是因为厅堂结构无铺作层，当然也就没有铺作层的地盘。称 "槫缝内用梁柱图" 而不称 "草架侧样图"，反映了厅堂结构的属性。❶

❶ 参见拙稿：朱永春．关于《营造法式》中殿堂、厅堂与余屋几个问题的思辨 [M]// 贾珺．建筑史．第 38 辑．北京：2016.

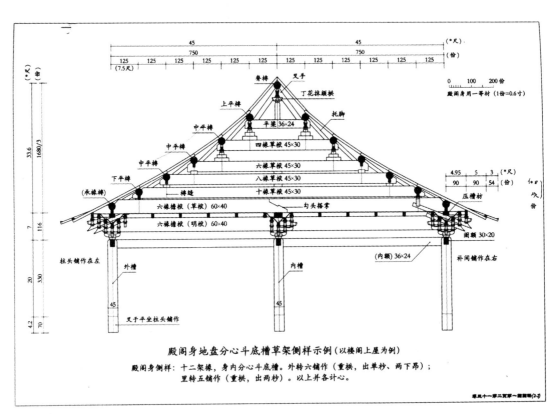

图 11　陈彤所绘《营造法式》分心槽草架侧样图的图释
（文献 [9].）

五、结语

殿阁地盘分槽图是与草架侧样图配合，共同来揭示殿堂结构的属性的。

殿阁地盘分槽图用于阐释分槽形式，草架侧样图反映"槽"的深度。骑槽的"骑槽檐栱"、"衬枋头"都在铺作层，铺作层应当为"槽"所在的"第一现场"，满足此条件唯有铺作层，殿阁地盘分槽图是铺作层的俯视图。

寻找"槽"，不能脱离中国文字中槽的本义。将槽释为线、柱列、铺作，都远离了中国文字中槽的本义。"槽"是指铺作层内条状图形。对于分槽形式：单槽，因铺作层有一个条状图形；双槽，铺作层有两个条状图形；金箱斗底槽中，"斗底"指矩形四周环绕的"＝"形和"凹"形"斗接"的条状图形，"金箱"指位置居中的箱形；"分心斗底槽"中，"分心"指纵向一列中柱等分，"斗底槽"指地盘图中的各 6 块图形拼接成两个条状图形。

参考文献

[1] 李诫 . 营造法式 [M]. 北京：中国书店，2006..

[2] 梁思成 . 营造法式注释 [M]// 梁思成全集 . 第七卷 . 北京：中国建筑工业出版社，2001.

[3] 陈明达 . 营造法式大木作研究（上）[M]. 北京：文物出版社，1981.

[4] 潘谷西，何建中 .《营造法式》解读 [M]. 南京：东南大学出版社，2005.

[5] 郭黛姮 . 中国古代建筑史第三卷 [M]. 北京：中国建筑工业出版社，2003.

[6] 何建中 . 何为《营造法式》之"槽"[J]. 古建园林技术，2003（01）：41-43.

[7] 朱永春 .《营造法式》殿阁地盘分槽图新探 [J]. 建筑师，2006（06）：79-82.

[8] 朱永春 . 从《营造法式》图样对法式大木作制度几个关键概念的界定 [C]//2012 中国建筑史学年会论文集 . 沈阳：辽宁科学技术出版社，2012: 3-10.

[9] 陈彤 . 故宫本《营造法式》图样研究（二）[M]// 王贵祥，贺从容 . 中国建筑史论汇刊 . 第拾贰辑 . 北京：清华大学出版社，2015.

故宫本《营造法式》图样研究（三）

——《营造法式》彩画锦纹探微

陈彤

（故宫博物院）

摘要：本文精细复原并解读了故宫本《营造法式》卷三十三、三十四所载的彩画锦纹图样，对四类锦纹的纹饰造型法则及色彩设计规律进行了深入的探讨。

关键词：《营造法式》图样，故宫本，彩画锦纹

Abstract: The paper investigates the brocade pattern (*jinwen*) of decorative polychrome painting of architectural members (*caihua*) depicted in the Forbidden City edition of the *Yingzao fashi*, *juan* 33 and 34. Through in-depth analysis of the four different types of *jinwen*, it analyses their decorative composition and color design rules.

Keywords: *Yingzao fashi* drawings, Forbidden City Edition, *caihua jinwen* (brocade pattern of decorative polychrome painting)

一、概述

锦是有彩色花纹的丝织品❶，始于殷商，至唐宋达到极盛。锦纹很早就被广泛应用于生活的各个领域，以求得鲜艳华美的艺术效果。唐宋之际锦纹的艺术成就，从宋徽宗摹唐代张萱《捣练图》中的服饰可见一斑（图1）。北宋晚期各类锦纹图案还被大量地吸收到建筑装饰中来，成为《营造法式》彩画图案中最基本的装饰元素之一，对后世影响极为深远。清代彩画术语中仍有"宋锦"一词，广泛用于旋子彩画和苏式彩画（图2）。

李诫在《营造法式》卷十四"彩画作制度·总制度"阐明了北宋官式建筑彩画的要旨："五色❷之中，唯青、绿、红三色为主，余色隔间品合而已。其为用亦各不同。且如用青：自大青至青华，外晕用白（朱、绿同），大青之内，用墨或矿汁压深。此只可以施之于装饰等用，但取其轮奂鲜丽，如组绣华锦之纹尔。至于穷要妙、夺生意，则谓之'画'。其用色之制，随其所写，或浅或深，或轻或重，千变万化，任其自然。虽不可以立言，其色之所相，亦不出于此（唯不用大青、大绿、深朱、雌黄、白土之类）。"揭示出彩画与绘画迥然不同的美学追求与用色原则。❸绘画是独立的艺术形式，北宋时期画家的最高追求是：究万物之情态，创造出高于自然的"艺术境界"。故其赋色不拘程式，随所写之物象千变万化、任其自然——只可意会而不可言传。而彩画的本质

---

❶ 南宋·戴侗《六书故》："织彩为纹曰锦。"参见：戴侗. 六书故 [M]. 上海：上海社会科学院出版社，2006.

❷ 五色即五彩，泛指多种颜色（不是特指象征五方的青、红、白、黑、黄五色）。

❸ 梁思成先生独具慧眼，注意到对这段话重要的学术价值，将其由小注提升为正文。郭黛姮先生在《中国古代建筑史》（第3卷）中，将《营造法式》彩画的特点总结为"色彩鲜丽、不拘程式、千变万化、任其自然"，后三词似混淆了绘画与彩画的赋色原则，值得商榷。参见：郭黛姮. 中国古代建筑史（第3卷）[M]. 北京：中国建筑工业出版社，2009.

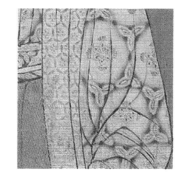
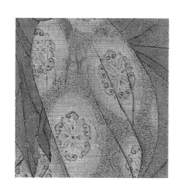
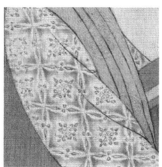
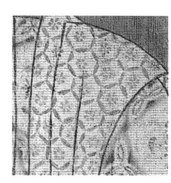
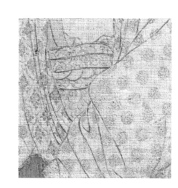

图 1 《捣练图》服饰中的锦纹

（美国波士顿博物馆藏）

图 2 恭王府葆光室清中期包袱式苏画锦纹（外檐彩画 2007 年复原设计）

（作者自摄）

❶ 《营造法式》卷十四："今以施之缣素之类者，谓之'画'；布彩于梁栋、斗栱或素象、什物之类者，谓之'装銮'。"

❷ 如《营造法式》卷十四"五彩遍装·凡五彩遍装"条："柱头作细锦或琐纹。柱身自柱櫍上亦作细锦，与柱头相应。"文中的细锦显然是琐纹以外的锦纹。

❸ 玻璃地、龙牙蕙草的纹饰构成与锦纹的特征差距较大，故不归入花纹锦。括号内各品之间以分号间隔，品内以顿号分隔，下同。

❹ 如《营造法式》卷三十四"五彩遍装名件第十一"中斗栱栿檐枋彩画端部既可用琐纹锦中的六出也可用花纹锦中的团窠柿蒂，二者艺术效果相类，应均可视为"细锦"。

是装銮 ❶，与木构的关系密切，且有鲜明的程式化特点。其色彩配置有一定的具体规律可循——即通过青、绿、红三主色的巧妙组合，并采用叠晕的技法来模仿锦绣，以达到美轮美奂、鲜艳华丽的艺术效果。因此，研究《营造法式》彩画的核心美学思想，须从解读"组绣华锦之纹"入手，而"锦纹"正是其重要组成部分。

《营造法式》并无"锦纹"一词，林徽因先生认为"琐纹"即"锦纹"。但从彩画作各处关于"锦"的文字表述来看，"锦纹"的概念实际上要宽泛得多。❷《营造法式》中带"锦"的术语有多个，如"细锦"、"束锦"、"晕锦"、"五彩锦"、"海锦"、"净地锦"、"素地锦"、"四出锦"、"六出锦"、"四斜球纹锦"、"簇六球纹锦"等。这些相关术语的定义并不严谨（无统一标准且有的内容相互交叉），分类和命名存在一定的随意性。通过仔细比对彩画作制度的文字和图样部分，并结合中国古代对"锦"的定义，笔者认为凡骨架结构线为几何形的装饰图案，均可视为"锦纹"。根据彩画"以形划类"的原则，《营造法式》所载最基本的彩画锦纹实际分为四大类（共45种）：

（1）花纹锦（即花纹后六品，杂花中结构线为几何形的纹饰，包括：团窠宝照、团窠柿蒂、方胜合罗；圈头合子；豹脚合晕、梭身合晕、连珠合晕、偏晕；玛瑙地；鱼鳞旗脚；圈头柿蒂、胡玛瑙共12种 ❸）。

（2）琐纹锦（即琐纹前五品，包括：琐子、联环琐、玛瑙琐、叠环；簟纹、金锭、银锭、方环；罗地龟纹、六出龟纹、交脚龟纹；四出、六出；剑环；共14种）。

（3）曲水锦（即琐纹第六品，包括：万（卐）字、四斗底、双钥匙头、丁字、单钥匙头、王字（及其两种变体）、天字、香印共10种）。

（4）净地锦（又名海锦或素地锦，包括：方胜、两尖、四入、六入、四出、圆、柿蒂、簇四（四斜）球纹、簇六球纹共9种）。

在此基础上，通过对以上四类锦纹元素变形、重组，北宋匠师又创造出更为复杂的锦纹组合——如彩画作和小木作中千变万化的平棊图案。

按以上分类标准，推测《营造法式》中的"细锦"应包括花纹锦中构图较为细密的锦纹（如团窠柿蒂、鱼鳞旗脚等）❹和净地锦。"束锦"即箍束、包裹构件的装饰锦纹，当为琐纹锦、净地锦和部分花纹锦。"晕锦"应包括花纹锦、净地锦（此两种锦纹多用合晕，晕色鲜明是其突出的特点，典型的如方胜合罗、梭身合晕等）。"五彩锦"包括五彩装的各类锦纹。"海锦"、"净地锦"、"素地锦"则属同物异名。"四出锦"、"六出锦"即"琐纹锦"中的四出和六出，而"四斜球纹锦"、"簇六球纹锦"属于"净地锦"。《营造法式》中的各类锦纹命名的出发点不尽相同，有匠人口语化的特点。虽然不很严谨，却也透露出宋代匠师的思维方式和彩画锦纹的某些特点。

与造型灵动的植物花纹、动物纹、人物纹相比，锦纹（尤其是琐纹锦和曲水锦）的结构严谨、造型规整，在《营造法式》翻刻、传抄过程中变形失真相对较小，锦纹图样的复原和研究可视为对《营造法式》彩画进行全面"破译"的突破口。加之唐宋织锦保留至今的已属凤毛麟角，许多精美的锦纹图案早已失传，因此全面、精准地解读《营造法式》彩画锦纹，对中国唐宋建筑装饰艺术和丝绸艺术史的研究均有十分深远的意义。

二、现有的研究成果

1. 陶本的研究

陶本对于《营造法式》彩画作制度图样，由郭世五先生做了全面的重绘和色彩复原（绘于 20 世纪 20 年代）。这些图样对学术界影响甚巨，但其意境、纹饰和色彩均与北宋的艺术风格有天壤之别，带一种"乡气的年画味"（王仲杰先生语）。梁思成先生在《〈营造法式〉注释序》中指出："有些图，由于后世的整理、重绘（如'陶本'的着色彩画）而造成相当严重的错误。"❶

2. 宋麟征、于承续先生的研究

原建筑工程部建筑科学研究院建筑理论及历史研究室宋麟征、于承续二位先生的研究，见于孙大章先生编著的《中国古代建筑彩画》❷附图部分（绘于 20 世纪 50、60 年代），其复原图样的艺术水准较陶本有所提高，但仍加入了较多的个人改造和创作成分❸，纹饰造型明显受陶本影响。

3. 李路珂的研究

清华大学李路珂博士的研究见于《〈营造法式〉彩画研究》❹的"彩画作制度图释"（绘于 21 世纪 00 年代），是迄今关于彩画作图样最为深入的研究。在前人成果的基础上，通过细致梳理彩画作制度的文字部分，广泛搜集唐宋时期的相关实物资料，加以反复比对和综合归纳，力求复原图样更加接近北宋的历史原貌。与前辈学者的复原研究相比，成果较有开创性。但其色彩复原图还不够全面，已复原的图样与故宫本相比，在细节上仍存在一定的出入，纹饰复原图与北宋皇陵线刻尚有差距，对图样中标注色彩规律的解读也存在值得商榷之处。❺

三、本研究的思路和方法

本次研究是建立在对前辈学者现有研究成果的继承和反思的基础之上的。以往的研究方法可归纳为将彩画的研究和木构相结合，以及将理论研究和实物相结合，但罗列实物易，提炼神髓难。由于彩画的艺术特质，复原研究极易"失之毫厘，谬以千里"。王仲杰先生指出《营造法式》彩画的研究更应在"找感觉"上多下功夫：一方面应深入调研、复原现存的唐宋时期彩画、壁画实物例证，如山西高平开化寺大殿北宋彩画等（图3，图4）；另一方面广泛鉴赏、临摹与《营造法式》彩画相关的各类图像史料，切身

❶ 梁思成.梁思成全集.第七卷.[M]北京：中国建筑工业出版社，2001.

❷ 孙大章.中国古代建筑彩画[M].北京：中国建筑工业出版社，2006.

❸ 如五彩杂花复原图普遍用金，又如琐纹复原图中有"海棠四出"一图，是《营造法式》原书所未载的，应出于二位先生的想象和创造。

❹ 李路珂.《营造法式》彩画研究[M].南京：东南大学出版社，2011.

❺ 如故宫本"五彩净地锦"团窠中的图案除两尖和四出尖外，均为"喜相逢"构图的两朵五瓣花，《营造法式》彩画研究》"彩画作制度图二十三"将其解读为十字构图的四瓣花。又如"彩画作制度三十六"，复原的"团窠宝照"、"团窠柿蒂"存在大面积的白地，与其他相近的花纹艺术效果迥异。

感悟唐宋艺术的精神气息。因为彩画属于艺术的范畴，与绘画、书法、音乐一样，更偏重于人们内心世界的主观经验，若仅基于客观原理来研究是远远不够的。"找感觉"即感悟，其实就是艺术直觉的同义词，看似玄妙

图 3 开化寺大殿西山心间隐刻补间铺作彩画复原
（作者自绘）

图 4 开化寺大殿西山北次间隐刻补间铺作彩画复原
（作者自绘）

不可捉摸，若经年累月、潜移默化必有所收获。在此基础上，还需注意考察前人成果的疏漏之处（如前辈学者对原书图样中的图例未加以足够重视和认真解读，对纹饰各部分的比例关系把握不够准确），反复推敲原书图样的细节。

首先，将一类图案作为一个整体看待，考察共同之处和彼此的呼应关系。其次，逐一分析、对比每个图案的五彩装和碾玉装的纹饰构成特点、标注色彩的组合规律，尽可能参考与《营造法式》同时期的相近实例，并加以比对分析，理解其原始的设计创意。先尝试复原每一类图案中最简单、歧义最少的纹饰（如花纹锦中的"方胜合罗"、琐纹锦中的"罗地龟纹"）。再以此为基础，渐次复原难度较大的图案。最后，将图案的线描图和五彩装、碾玉装同绘于一张图上，反复对比修正。

四、原书图样的绘制特点

1. 利用文字标注色彩

彩画作制度图样当有原始的彩色底稿，《营造法式》所附图样即是在此基础上作的改绘，以便于刊行。匠师利用文字加标注线的方法来表达原图的色彩配置，这是古人在传移模写时的常用手法（张大千先生临摹敦煌壁画所作的粉本亦采用类似的文字标注）。故宫本的文字标注是现存各版本中最为接近宋版原貌的，但由于传抄之误，仍存在错字、漏字的现象，尤其是文字的错位、标注线的指向不明，极易误导研究者。对精准复原纹饰的色彩，揭示其内在设计规律造成了极大的困难。

关于文字标注的基本格式，前辈学者已有探讨，但仍存在可商榷之处。笔者的观点如下：

（1）缘道颜色一般为两色阶，如"大青、青华"或"大绿、绿华"，均深色在外，浅色在内。

（2）图案的地色一般为三色阶，如"朱、红粉、红粉"❶或"大青、二青、青华"或"大绿、二绿、绿华"，分布情况较为复杂。第一类（如海石榴花）：地色单一，与缘道完全接触，则内深外浅，且与外缘道"对晕"。第二类（如团窠宝照）：地色单一，与缘道不完全接触（有纹饰阻隔），则地色外深内浅，与外缘道无"对晕"。第三类（如方胜合罗、豹脚合晕）：有两种地色，与缘道不完全接触，则两地色皆内深外浅，与外缘道亦不作"对晕"。还有一类图案，完全无地色（如琐子、银锭），则与外缘道无"对晕"的可能。

（3）图案的纹饰部分一般只标色相，而省略色阶，如"青"、"绿"、"红"等。

（4）同一图案的五彩装和碾玉装，在色彩的文字标注上存在不同程度的对应性，有的甚至完全对应（如簟纹、六出）。

❶ 红地不用"朱、二朱、朱华"，制度的文字和图样并不统一，可见出自不同的彩画匠师之手。《营造法式》此类现象颇多，说明即使同一匠作流派内部也不存在所谓的"标准做法"，恰是当时营造业真实状况的反映。

2. 用图例表达色彩

除用文字标注图案的色彩、色阶外，彩画作图样还巧用图例来进一步表明色彩的分布、色阶的宽度和晕色的方向。如卷三十三的"罗地龟纹"一图（图5），将大部分地色填墨，使图像黑白分明。表示凡填墨之处为不作晕色处理的单一地色，如大青或大绿。至于未填黑之处，则留出粉地。又如"六出龟纹"，在图案的右侧局部绘出晕线的示意，五彩装还在此基础上将环璧纹的外侧填墨，示意从外侧由深晕至浅色❶（西夏榆林窟第3窟窟顶边饰的六出龟纹即有此法）。再如"方胜合罗"，有两种地色，则一左一右各局部绘出深浅晕色的分界线，表明色阶的宽度。地色的晕线，是相邻色阶的分界线（实际并不存在），多只绘出局部示意。而完整的轮廓线则一般并非晕线，而是两种颜色的分界线（赭线或墨线）。

❶《营造法式》所述叠晕的设色原则是："其花叶等晕，并浅色在外，以深色压心"，"其卷成花叶及琐纹，并傍赭笔量留粉道，从浅色起，晕至深色"，即基本晕法是"内深外浅"。

图5　故宫本之罗地龟纹图样（碾玉装）
（故宫博物院藏）

尽管如此，图例的表达仍嫌不够详尽，以致一些色彩较为复杂的图样未能全面、准确地表达出北宋匠师的原始创意。

3. 按一定尺寸和比例绘制

《营造法式》卷三十所示例的基本彩画素材均是按一定的尺寸和比例绘制的。其内部图案长约4寸5分，宽约1寸6分❷，长宽比约为3∶1。这一比例能较完整地反映出纹饰的组合特点和构成规律。外缘道宽约6厘，与制度文字部分规定的宽度并无直接关系。其比例较窄，故晕色仅有深浅两个，并非省略了其间的两个色阶。

❷ 以北宋晚期少林寺初祖庵1宋尺约310毫米折合。

五、图案的纹饰与色彩分析

纹饰造型和色彩是彩画要素中最为重要的两个方面。纹饰造型是彩画的生命，而色彩是彩画的灵魂，二者都应给予足够的重视。由于每一幅锦纹都是一个相对独立的设计创意，因此必须分类逐一解读其特点，并找出同类图案中彼此的关联性，才有可能较为准确地归纳出此类锦纹的纹饰构成法则和色彩设计规律。

1. 花纹锦

彩画作制度卷十四"五彩遍装"所载"花纹九品"（图样称"杂花"）的后六品与前三品植物花纹在构成法则上有明显的区别，具有锦纹的典型特征，可名之为"花纹锦"。其纹饰单元由艺术化的植物花纹组成，构图疏密有致。与琐纹锦相比，更显活泼且富于动感。花锦纹与花卉图案密切相关，从"如花似锦"、"锦上添花"、"花团锦簇"等成语即可见一斑。与唐宋服饰中的锦纹相比，《营造法式》彩画花纹锦中无动物纹和人物纹，反映出北宋彩画匠师的艺术取舍。虽然花纹锦原是四方连续图案，但在彩画中多用于装饰带状画面，故在《营造法式》卷三十三的图样中均剪裁为条形构图，且对上下及左右两端的收束做了精细设计和微妙调整。

（1）团窠宝照 ❶

团窠宝照	结构骨架线	纹饰构成	缘道色	地色	相近实例	备注
五彩装	十字网格	五角花团窠辅以卷叶柿蒂花	青缘	红地	五代王处直墓后室北壁壁画边饰略似	用于枋桁、斗、栱内，以及飞子面
碾玉装			绿缘	青地		

"团窠"多为圆形或近似圆形的独立纹饰单元 ❷，"宝照"则是古人对铜镜的美称。❸ 其主体纹饰为镜形的团窠图案，辅以卷叶柿蒂花，成环抱之势。有趣的是，团窠中心的柿蒂花与其外围的五角花瓣轴线并不重合，且左右五角花瓣的轴线角度也明显不同（五彩装和碾玉装图样均如此，当非传抄之误）。故此图案既非简单复制，亦非左右对称，显得灵动活泼。

其色彩配置以五彩装为例（碾玉装与之相仿）：红地外深内浅，层层叠晕，加强了团窠的光感，使之更为醒目。团窠中心的柿蒂花红瓣绿心，与地色相应，其外为青色卷云形花瓣，圈以绿色，再间以赤黄色芽瓣。团窠最外侧又圈以花瓣状青缘，与红地对晕，与五角花之间则以黄地间隔。十字卷叶花中心的柿蒂花亦为红瓣绿心，与团窠相应，其翻卷花叶则外青内绿。

碾玉装上部右起第三注文"大绿"应作"绿"，左起第一注文"青"应为"二青"。

（2）团窠柿蒂

团窠柿蒂	结构骨架线	纹饰构成	缘道色	地色	相近实例	备注
五彩装	十字网格与米字网格相间	柿蒂花团窠间以叶形带饰	青缘	绿地	宋徽宗摹张萱《捣练图》右起第6人长裙锦纹	用于橑檐枋、枋桁、斗、栱内，以及飞子面
碾玉装			青缘	绿地		

---

❶ 为了便于阅读理解，以下关于锦纹基本特征的内容均以表格形式描述。

❷ 宋本《玉篇》："穴中曰窠。"参见：胡吉宣. 玉篇校释 [M]. 上海. 上海古籍出版社，1989. 窠的外轮廓封闭、规整，包围内部的主题纹饰，唐代丝绸图案广泛采用团窠，宋代更是普遍用于服饰及石刻、木雕、彩画。根据形状的不同，彩画作有两尖窠、四入瓣窠（四入圆花窠）、四出尖窠、柿蒂窠、六入圆花窠等。

❸ 唐·李隆基《答司马承祯上剑镜》："宝照含天地，神剑合阴阳。"参见：彭定求，等. 御定全唐诗·卷三 [M]. 扬州：扬州诗局，1706.

柿蒂即柿蒂花，由四瓣小花衍化而来，唐代已出现了非常成熟的程式化造型，广泛用于装饰。白居易的七律《杭州春望》中，即有"红袖织绫夸柿蒂，青旗沽酒趁梨花"❶的诗句。唐代柿蒂花纹已非常成熟多样，如懿德太子墓、永泰公主墓平棊彩画、墓俑装銮中的柿蒂花（图6）。北宋在继承唐代柿蒂花的基础上又有所变化，并成为花纹锦中最基本的纹饰母题。

❶ 白居易.白氏长庆集.卷二十 [M].// 文渊阁四库全书.吉林：吉林出版集团, 2005.

图 6　唐代木天王俑装銮中的柿蒂花
（新疆维吾尔自治区博物馆藏）

图案为经典的"整半相间"构图。其主体纹饰为柿蒂花团窠，间以紧凑细密的花叶带饰，与团窠的大气疏朗形成对比，使图案整体华丽非常。其色彩配置与团窠宝照有类似之处。如团窠圈以花瓣状缘道，与柿蒂花之间亦间以黄地。此法既可以扩张团窠的范围，凸显其视觉主体性，亦可使纹饰的层次更为丰富细腻。此图所举的五彩装为绿地，花纹略施红、赤黄，显得清丽秀雅。

五彩装上部左起第一注文"绿"，应作"二绿"。

（3）方胜合罗

方胜合罗	结构骨架线	纹饰构成	缘道色	地色	相近实例	备注
五彩装	十字网格	柿蒂花整半相间	青缘	中间红地两侧绿地	高平开化寺大殿后檐内柱花栱头上散斗彩画	用于枋桁、斗、栱内，以及飞子面
碾玉装			青缘	中间青地两侧绿地		

"方胜"一般指斜置的菱形图案，此处意为"方胜花"❶。"合"即"合晕"，即晕色呈围合之势的画法。"罗"是纹饰精美的丝织品。图案为"整半相间"构图，两种地色面积相当，分界线呈柿蒂形（唐为菱形，是典型的方胜，但不如柿蒂温婉有致），宋之韵味恰在于此。其最高妙之处，在于地色与柿蒂花似不经意间的合二为一，即所谓"化地为花"。简洁而艺术效果极佳，在花纹锦中当推第一。

（4）圈头合子

圈头合子	结构骨架线	纹饰构成	缘道色	地色	相近实例	备注
五彩装	十字网格	柿蒂花团窠辅以卷叶	绿缘	青地		用于枋桁、斗、栱内，飞子及大小连檐面
碾玉装			绿缘	青地		

"合子"即盒子，圈头合子与圈头柿蒂非常相似，以致《营造法式》图样也混淆了二者的碾玉装。最主要的区别在于圈头合子的中心柿蒂花瓣为如意头形，且其团窠的最外侧少一圈缘道。此图类似"整半相间"构图。柿蒂花外圈以花瓣状轮廓，内填黄色，显得安详静谧。角部辅以翻卷花叶与云形叶，似波涛涌动。二者一静一动，相得益彰。《营造法式》所举的五彩装为青地，花纹以绿色为主，点缀红、赤黄，亦显清丽典雅。

碾玉装图样误作圈头柿蒂。

（5）豹脚合晕

豹脚合晕	结构骨架线	纹饰构成	缘道色	地色	相近实例	备注
五彩装	竖向一字网格	柿蒂花与卷叶组合，上下错动分布	青缘	上部红地下部绿地	哈拉哈达乡官太沟辽墓令栱彩画	用于枋桁、栱内，飞子及大小连檐面

推测此图中的如意头纹略似豹爪，故名。图案略成连续的三角形构图。豹脚合晕在花纹锦中最为奇绝。两种地色的分界线为较小的如意头形与较大的半如意头相组合，极富动势，堪称神来之笔。以如意头形为中心，两侧变形后的柿蒂花与之呼应，成合抱之势，两角更辅以柿蒂花。此图可视为方胜合罗的变体，仅有五彩装而无碾玉装。

（6）梭身合晕

梭身合晕	结构骨架线	纹饰构成	缘道色	地色	相近实例	备注
五彩装	十字网格	梭形柿蒂花团窠辅以卷叶或卷叶柿蒂花	青缘	绿地		用于枋桁、栱内，飞子及大小连檐面
碾玉装			绿缘	青地		

梭身合晕类似"整半相间"的构图，可视为由圈头合子拉伸变形而来，适用于狭长的装饰面。中心纹饰在扁长柿蒂花的两端添加叶瓣，又环以花瓣状轮廓，构成梭形团窠。五彩装与碾玉装四角的纹饰有所不同：五彩装为翻卷花叶与云形叶，动势较强；碾玉装为柿蒂花，动势较弱。花

---

❶ 宋·庄绰《鸡肋编》："泾州虽小儿能捻茸毛为线，织方胜花。"参见：庄绰.鸡肋编[M].北京：中华书局，1983.

纹锦中还有数例存在此类差别，可见《营造法式》彩画纹饰并无定式，在基本构成原则不变的条件下，可作适当的变化。此图的五彩装赋色与团窠柿蒂相似。

（7）连珠合晕

连珠合晕	结构骨架线	纹饰构成	缘道色	地色	相近实例	备注
五彩装	十字网格	梭形柿蒂花与连珠组合辅以卷叶柿蒂花	青缘	红地		用于枋桁、栱内，飞子及大小连檐面
碾玉装			青缘	绿地		

连珠合晕亦类似"整半相间"的构图，为梭身合晕的变体，通过引入连珠纹而打破了团窠的封闭轮廓，而将相邻的柿蒂花连缀为一体，故与梭身合晕相比少了一圈花瓣线和黄色地。

（8）偏晕

偏晕	结构骨架线	纹饰构成	缘道色	地色	相近实例	备注
五彩装	竖向一字网格	卷叶柿蒂花辅以翻卷花叶	绿缘	青地		用于枋桁、栱内，飞子及大小连檐面

偏晕基本上是连续的三角形构图，由梭身合晕的一半演化而来，因纹饰偏于一侧，故名。主体为半朵大型的卷叶柿蒂花，上部圈以花瓣形轮廓线，饰以黄色。两角辅以繁复翻卷花叶，极富动感。《营造法式》图样所举五彩装偏晕图案为青地，青、绿、红、赤黄等色巧妙分间，杂而不乱，堪称花纹锦中最为繁丽的一种锦纹（实际工程当中有较为简洁的变体）。

本图各版本均无缘道色注文，据地色"大青、二青、青华"，补缘道色"大绿、绿华"。

（9）玛瑙地

玛瑙地	结构骨架线	纹饰构成	缘道色	地色	相近实例	备注
五彩装	十字网格与人字网格组合	玛瑙纹间以柿蒂花叶带饰	青缘	红地		用于枋桁、斗内、椽身
碾玉装			绿缘	青地		

玛瑙为佛教七宝之一，以红色为贵，故又名"赤玉"。至唐宋，玛瑙被视为圣瑞之物，玛瑙纹饰自唐以来广为流行。从现存实例看，玛瑙花多为三瓣，且造型偏于自然（如法门寺地宫中室石门门楣彩画）。玛瑙地近似"整半相间"构图，与团窠柿蒂有异曲同工之妙。所举五彩装为红地，玛瑙为绿色，心施赤黄，有点睛之妙。玛瑙周围饰以细密的青绿色花叶带饰，与红地对比鲜明。玛瑙地图案清丽莹彻，为《营造法式》彩画"色艳而雅"的又一佳例。元代有关丝绸研究重要文献《蜀锦谱》中，有"玛瑙锦"一名，或与玛瑙地相类。

碾玉装上部左起第四注文"青"应作"二青"。下部右起注文"青、绿"似应作"绿、青"。

（10）鱼鳞旗脚

鱼鳞旗脚	结构骨架线	纹饰构成	缘道色	地色	相近实例	备注
五彩装	菱形网格	鳞片纹饰单元叠压组合	绿缘	无	宋徽宗摹张萱《捣练图》右起第2人长裙锦纹	用于梁、栱下、椽身

旗脚即旌旗的尾部 ❶。此锦纹饰构成与笋纹类似，有鲜明的方向性，但较笋纹更具飞扬飘动之势。鳞片根部饰璎珞宝珠花和叶瓣，其指向与旗脚一致。鳞片单元三色，其分布规律为"红、青、红、绿"（红色占一半，青绿各占四分之一），并借鉴了"化地为花"的艺术手法，极富装饰效果。各单元不作简单机械的重复，统一中略有变化，更显活泼自然。

此类鱼鳞纹饰最早见于西周青铜器，历代被广为使用。

五彩装上部右起第五注文"青"应作"大青"。

（11）圈头柿蒂

圈头柿蒂	结构骨架线	纹饰构成	缘道色	地色	相近实例	备注
五彩装	十字网格	柿蒂花团窠辅以卷叶或凤翅叶柿蒂花	绿缘	红地	李昇陵前室东北角柱柱身彩画	枋桁、斗、栱内，飞子及大小连檐面
碾玉装			青缘	绿地		

圈头柿蒂与圈头合子类似，施用范围也当不限于斗。《营造法式》将其单独列为一品颇令人费解。主纹饰柿蒂花团窠的造型和色彩配置与团窠柿蒂较为接近。其五彩装与碾玉装四角的纹饰有所不同：五彩装为柿蒂花，安详端庄；碾玉装则为翻卷花叶，动势较强。

碾玉装图样误作圈头合子。

（12）胡玛瑙

胡玛瑙	结构骨架线	纹饰构成	缘道色	地色	相近实例	备注
五彩装	十字网格	玛瑙纹整半相间	红缘	白地	五代冯晖墓墓室小龛壁画	白地密布色点。用于斗内
碾玉装			青缘	白地		

胡玛瑙在花纹锦中是较为独特的一种锦纹。其地色为白粉地（自然分布不规则的色点），玛瑙形纹饰为单一的红色（五彩装）或青色（碾玉装）。现存的胡玛瑙彩画实例与《营造法式》不同，纹饰分布灵活自由，没有严谨的骨架结构线（故不能归入锦纹范畴），地色为红色或青色。

从上述分析可知，《营造法式》关于花纹锦的分类不尽合理。按其实际的构成特点，团窠宝照、圈头合子、圈头柿蒂为第一类，团窠柿蒂与玛瑙地为第二类，方胜合罗、豹脚合晕为第三类，梭身合晕、连珠合晕、偏晕为第四类，鱼鳞旗脚为第五类，胡玛瑙为第六类。《营造法式》中的花纹锦应用甚广，可施于斗、栱、昂、枋、橼、飞、柱，但未见于阑额、梁栿、栱眼壁。五彩的地色设计最为丰富，共计八种：红、青、绿、红青两色、红绿两色、青绿两色、白、无地。碾玉装的地色共计四种：青、绿、青绿两色、白。

纵观中国古代彩画史，花纹锦兴于唐，流行于五代，至北宋达到极盛，之后便逐渐衰落，至明代仅见于旋子彩画的盒子和柱头装饰（如北京明智化寺万佛阁内檐彩画），清代旋子彩画中的"栀花纹"可称此类锦纹最后的余韵。

结合各版本图样的分析，并参考现存实例，试作花纹锦复原图释（附图1~附图12）。

---

❶ 南宋·叶适《后端午行》："一村一船偏一乡，处处旗脚争飞扬。"参见：北京大学古文献研究所.全宋诗.第二十九部 [M].北京：北京大学出版社，1991.

2. 琐纹锦

琐即"镂玉连环"[1]，引申为连环形一类的图案。琐纹锦是《营造法式》中琐纹的主体，纹饰单元之间通过相互串联、叠套、编织，形成严谨规整的四方连续图案。清代彩画中所谓的"宋锦"，实为琐纹锦。琐纹锦在构图上有很强的几何味和韵律感，色彩上则追求清丽典雅，整体给人以精致、细密、沉静的视觉感受。战国早期的青铜器上已有络绳纹的装饰，汉画像石中出现了最初的琐纹锦——连璧纹（由绳纹与环璧纹联套而成）。至北宋则品类繁多，其兴盛似与对伊斯兰几何装饰艺术的吸收和融合有关。由于琐纹锦为几何形的纹饰，装饰效果强且易于掌握，故具有强大的生命力，宋元以来一直延续、发展，至清代成为彩画锦纹的主流。

（1）琐子

琐子	结构骨架线	纹饰构成	缘道色	地色	相近实例	备注
五彩装	雪花形网格	琐甲形单元组合	绿缘	无	莫高窟第444窟佛龛宋构架栌斗彩画	用于橑檐枋、槫、柱头及斗内

琐子为倒"Y"形铠甲琐纹样（外轮廓两卷瓣曲线，形态柔和），甲片中饰璎珞纹。因青绿二色无法隔间，琐子仅有五彩装而无碾玉装。青、绿、红相间均匀分布，各占三分之一。琐甲浅色在外，深色在内，与邻甲对晕（实例中还有外深内浅的晕法，与之艺术效果迥异）。

小木作平棊亦有"琐子"一品，其琐子轮廓为直线，简洁硬朗。

（2）联环

联环	结构骨架线	纹饰构成	缘道色	地色	相近实例	备注
五彩装	雪花形网格	六入环纹、环璧纹与含珠双绳纹叠套	绿缘	红地		用于橑檐枋、槫、柱头及斗内
碾玉装			青缘	绿地		

联环又名"联环琐"，是琐纹锦中形态最为繁复的一种，其纹饰单元以骨架线交点为中心作一环璧，周围再环以六个小圆环和六入环。其六入环纹并非由六段圆弧组成，曲线端部逐渐紧收，使环纹显得更加饱满而富有张力。《营造法式》中的此类环纹均有此特点（与唐代纹样一脉相承），是其微妙之所在。

（3）密环

密环	结构骨架线	纹饰构成	缘道色	地色	相近实例	备注
五彩装	雪花形网格	玛瑙环叠套，间以3瓣小花	绿缘	红地	李公麟《维摩演教图》力士胸甲纹	用于橑檐枋、槫、柱头及斗内
碾玉装			青缘	绿地		

---

❶ 南朝·范晔《后汉书·仲长统传·述志诗》："古来绕绕，委曲如琐。"参见：范晔．后汉书·卷四十九 [M]．北京：中华书局，2010.

密环又名"玛瑙"或"玛瑙琐",《营造法式》所载密环单元为三入环形似玛瑙，故名。五彩装由青绿两色环相间叠套，环中饰以赤黄色小花。碾玉装因青绿二色不便隔间，仅用一色环，更显单纯莹润。

五彩装下部漏注文"红"，据四库本补。

（4）叠环

叠环	结构骨架线	纹饰构成	缘道色	地色	相近实例	备注
五彩装	十字网格	八入如意头环纹与扁圆环纹、含珠双绳纹叠套	绿缘	红地	隋代叠环"贵"字纹锦略似	用于橑檐枋、槫、柱头及斗内
碾玉装			青缘	绿地		

（5）簟纹

簟纹	结构骨架线	纹饰构成	缘道色	地色	相近实例	备注
五彩装	十字网格与米字网格相间	绳纹、双绳纹与四入环纹、方环纹交织	青缘	红地		用于橑檐枋、槫、柱头及斗内
碾玉装			绿缘	青地		

簟纹即席纹，具有强烈的绳带编织效果。两种节点纹饰相间排列，一直一曲形成对比，既统一又富于变化。四入环纹周围的地色可施晕色，内深外浅，艺术效果与花纹锦中的方胜合罗有相似之处。

碾玉装上部注文"绿褐"应为"绿豆褐"。

（6）金锭

金锭	结构骨架线	纹饰构成	缘道色	地色	相近实例	备注
五彩装	十字网格与米字网格相间	双绳纹与四入环纹交织，间以5瓣小花	绿缘	红地		用于橑檐枋、槫、柱头及斗内
碾玉装			青缘	绿地		

其结构骨架线与簟纹相同，节点纹饰统一，图地分明。

（7）银锭

银锭	结构骨架线	纹饰构成	缘道色	地色	相近实例	备注
五彩装	十字网格	银锭形单元纵横组合	青缘	无		用于橑檐枋、槫、柱头及斗内
碾玉装			绿缘			

以纹饰单元形似银锭，故名。其纹饰密布不留地色，与琐子在形态上类似。伊斯兰纹饰中亦有此图案，但北宋匠师略加柿蒂花和璎珞纹进行点缀，立刻透露出华夏艺术气息。

五彩装左侧注文漏"赤黄"，据四库本补。

（8）方环

方环	结构骨架线	纹饰构成	缘道色	地色	相近实例	备注
五彩装	十字网格	方环纹与双绳纹、环璧纹叠套	青缘	红地		用于橑檐枋、槫、柱头及斗内
碾玉装			绿缘	青地		

方环在琐纹锦中无斜向元素，且造型最为细密，给人以沉静之感。

（9）罗地龟纹

罗地龟纹	结构骨架线	纹饰构成	缘道色	地色	相近实例	备注
五彩装	雪花形网格	龟纹与环璧纹叠套，间以小圆花	绿缘	青地		用于橑檐枋、槫、柱头及斗内
碾玉装			青缘	绿地		

古人习惯将六边形的几何纹样称为"龟纹"，此龟纹以锦罗为地，两种纹饰合一，故名。龟纹在唐代已较为流行，至宋代达到极盛，广泛用于建筑装饰。此锦之妙在于罗地，地色上跳跃分布回旋纹（宋瓷纹饰中常见）与五瓣小团花，灵动可人，与严谨的龟纹形成鲜明的对比。太和殿墙下肩绿色琉璃龟纹（清康熙）的整体艺术效果与之略似。

故宫本的五彩装小团花有 5 瓣与 6 瓣两种，碾玉装又作 4 瓣，而四库本均作 5 瓣。本次复原为 5 瓣。

碾玉装注文"红绿豆褐"应作"绿豆褐"。

（10）六出龟纹

六出龟纹	结构骨架线	纹饰构成	缘道色	地色	相近实例	备注
五彩装	两重雪花形网格旋转叠置	龟纹与绳纹、环璧纹联套，间以 6 瓣小花	绿缘	绿地	西夏榆林窟第 3 窟窟顶边饰	用于橑檐枋、槫、柱头及斗内
碾玉装			青缘	青地		

本图实为方环锦的变体，即六边环锦。又以环璧纹之间形成"六出"图案，故名。高平开化寺大殿西山南次间第二层柱头枋龟纹彩画与之略似，但无论纹样、设色均简化得多（且开化寺琐纹锦晕色皆外深内浅，距《营造法式》旨趣较远）。

（11）交脚龟纹

交脚龟纹	结构骨架线	纹饰构成	缘道色	地色	相近实例	备注
五彩装	两重六边形网格交错叠置	龟纹与龟纹交叠，饰以如意头纹	绿缘	青地	西夏榆林窟第 10 窟窟顶边饰	用于橑檐枋、槫、柱头及斗内
碾玉装			青缘	绿地		

（12）四出

四出	结构骨架线	纹饰构成	缘道色	地色	相近实例	备注
五彩装	十字网格与米字网格相间	四入环与圆环交叠，间以 4 瓣小花	青缘	红地		用于橑檐枋、槫、柱头及斗内，栱头、椽头、枋桁内
碾玉装			绿缘	青地		

四出为主曲环（四入环）不直接相扣，通过较小的环璧纹相连套而成的编织图案。环与环之间形成"四出"图案，故名。恭王府葆光室后檐金步清中期包袱式苏画中的福寿锦与之略似。

碾玉装上部左起第二注文"大绿"应作"绿",第三注文"红豆褐"应为"绿豆褐"。

（13）六出

六出	结构骨架线	纹饰构成	缘道色	地色	相近实例	备注
五彩装	雪花形网格	圆环纹与绳纹、环璧纹叠套，间以6瓣、3瓣小花	绿缘	青地红地	故宫钦安殿明代御路石锦纹	用于檐檩枋、槫、柱头及斗内、栱头、椽头、枋桁内
碾玉装			青缘	绿地		

六出与六出龟纹的骨架线几乎完全相同，只在左右两端的收束上略有差异。六出以圆环代替了六边环，圆环之间的空地又多出了一个层次，更显细密繁丽。

碾玉装上部左起第一注文"大青"应为"青"。

（14）剑环

因版式所限，"剑环"（用于斗内）在《营造法式》图样中未载，本文暂不作复原。❶

《营造法式》图样所示例的琐纹锦五彩装和碾玉装，其缘道色安排恰青绿交错（如五彩装用青缘，则碾玉装用绿缘，反之亦然），似反映出北宋绘图者的某种匠心。与花纹锦一样，《营造法式》关于琐纹锦的分类亦不尽合理。按其实际构成特点，琐子、银锭为第一类，联环、密环、叠环为第二类，簟纹、金锭为第三类，方环、六出龟纹为第四类，罗地龟纹、交脚龟纹为第五类，四出、六出为第六类。五彩装的地色共计七种：红、青、绿、红青两色、红绿两色、青绿两色、无地。碾玉装的地色共计四种：青、绿、青绿两色、无地。

《营造法式》彩画对这种连续图案的画面"剪裁"（即端部的'收束'处理）颇具匠心。不简单机械地全切断在结构线处，而是因地制宜，在一半或四分之一处，两端的处理也不一定对称，有时还略做些不易察觉的"微调"，以保证视觉的整体性，又暗示其无限延展性，古人的高妙匠心可见一斑。

《营造法式》对于琐纹锦的地色是否用晕并无明文规定，从榆林窟第10窟藻井西夏时期的交脚龟纹及其下部的菱形双绳纹与四入环纹相叠套的锦纹可知，有的琐纹锦地也可用晕色（图7）。其地色用晕微妙细腻，与花纹锦和净地锦的地色鲜明晕色不同。本次复原选取某些图样依此法绘制。

结合各版本图样的分析，并参考现存实例，试作琐纹锦复原图释（附图13～附图25）。

❶《〈营造法式〉彩画研究》第265页据"五彩额柱第五"第5图复原设计的"剑环"在构图上略显疏松，缺少其他琐纹锦的细密感。"剑环锦"的原貌有待进一步研究。参见：李路珂.《营造法式》彩画研究 [M]. 南京：东南大学出版社，2011.

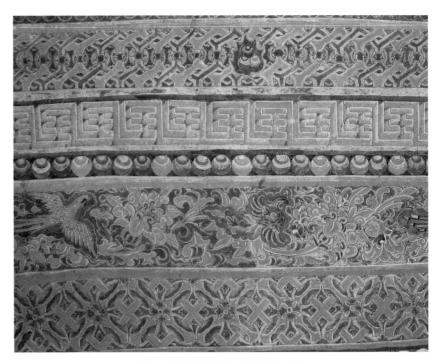

图 7　西夏榆林窟第 10 窟藻井边饰

（关友惠．敦煌石窟全集·图案卷（下）[M]．香港：商务印书馆有限公司，2003）

3. 曲水锦（回文锦）

"曲水"源于"曲水流觞"，因此类纹饰盘曲似流杯渠之水道，故名。"曲水"本是琐纹的第六品 ❶，但从纹饰构成看，与琐纹锦有着本质的区别，故将其单独划分为一类锦纹（在清代匠作文献中称作"迴纹锦"❷，亦作"回文锦"）。《营造法式》所载曲水锦均为二方连续图案，竖向皆 7 叠，共 10 种（用于普拍枋）：

（1）万字（即"卐"字）

（2）四斗底

（3）双钥匙头（西夏榆林窟第 2、第 10 窟窟顶双钥匙头略似）

（4）丁字（西夏榆林窟第 3 窟窟顶丁字极似）

（5）单钥匙头

（6）王字 1（西夏榆林窟第 10 窟窟顶王字极似）

（7）王字 2

（8）王字 3

（9）天字（西夏榆林窟第 10 窟窟顶天字极似）

（10）香印（即香篆 ❸，盛唐莫高窟第 148 窟南龛佛背光香印略似）

公元前 5 世纪的古希腊已有"希腊钥匙"（Greek key）纹、卐字纹边饰，当为曲水之鼻祖。古罗马时期马赛克艺术的兴起，发展出更为多样的此类纹饰，并通过色彩的变化创造出三维的视觉效果。它们至

❶《营造法式》卷十四记述琐纹："六曰曲水（或作王字及万字，或作斗底及钥匙头）"，似乎曲水是与王字、万字等并列的图案名，但从卷三十三相应的图样看，"曲水"二字另起一行，实为此类图案的总称，故将其名为"曲水锦"。

❷ 内庭圆明园内工诸作现行则例．乾隆抄本．中国文化遗产研究院藏．

❸ 宋·洪刍《香谱》："近世尚奇者镂木以为之范，香尘为篆文。"参见：洪刍．香谱 [M]//百部丛书集成．台北：台北艺文印书馆，1965．

迟在初唐已传入中国（见莫高窟 126 窟初唐藻井边饰），中唐以后则广为流行。❶《营造法式》"曲水"上承唐制，由一色带折叠萦篆，形成具有"一笔画"特点的装饰纹样❷，极尽委曲变化之能事。曲水锦流传至清基本保留了宋代的特点，又有所变化和发展（如"卐字"甚至演变出四方连续纹样，称万字回纹锦），广泛应用于苏式彩画的箍头、柱头、包袱边、垫板池子地等装饰部位。

图样所列举的 10 种曲水锦均无色彩标注，其具体的配色规律不得而知。但陶本五彩装的色彩复原过于艳俗，当非北宋原貌。据敦煌壁画唐宋时期的曲水实例，赋色力求清雅，其色带几乎全用青绿，偶有用暖色的，亦只用单色。推测其可能的色彩配置如下：❸

五彩装：红地，色带正反面同色，用青或绿；红地，色带正反面异色，用青和绿。黑地，色带正反面同色，用红或赤黄；黑地，色带正反面异色，用红和赤黄。

碾玉装：青地，色带正反面同色，用绿；绿地，色带正反面同色，用青；黑地，色带正反面同色，用青或绿；黑地，色带正反面异色，用青和绿。

本次研究对最常用的几种设色方法作出复原示例（附图 26 ~ 附图 31）。

4. 净地锦

净地锦又名"海锦"、"素地锦"，其纹饰可视为简化的四方连续团窠纹，仅有五彩装而无碾玉装，是五彩遍装中非常独特的一支，多绘于椽身、飞子、白版，也可用于斗栱、梁栿的整体装饰。不仅在彩画作中，在《营造法式》小木作平棊的雕饰中也有广泛的应用。"海"即"海墁"，有质地均匀向四面八方无限扩展之意。《营造法式》卷十四"彩画作制度·五彩遍装"对净地锦记述颇详："用青、绿、红地作团窠，或方胜，或两尖，或四入瓣。白地外用浅色（青以青华、绿以绿华、朱以朱粉圈之），白地内随瓣之方圆（或两尖或四入瓣同）描花，用五彩浅色间装之（其青、绿、红地作团窠、方胜等，亦施之斗栱、梁栿之类者，谓之"海锦"，亦曰"净地锦"）。"净地锦在唐宋时期贵族妇女的服饰中极为流行，从唐代周昉的《簪花仕女图》中可见一斑（图 8）。❹ 至宋代，因其团窠缩小且纹饰简单，净地锦成为等级较低的一类锦纹。《宋史·舆服志》载："景祐元年诏禁锦背、绣背、遍地密花透背彩缎，其稀花团窠、斜窠杂花不相连者非"❺，后者或属净地锦一类。今暂列举 3 种典型图案。

（1）四入

四入	结构骨架线	纹饰构成	缘道色	地色	相近实例	备注
五彩装	十字网格	四入小团窠交错排列	青缘	绿地		用于橼檐枋、枋桁、斗、栱内，梁栿侧面

❶ 虽然中国新石器时代的彩陶纹饰也有类似的回纹，但从具体纹饰造型和三维视觉效果而言，唐宋曲水锦似与古代希腊、罗马的回纹有更切的渊源关系。

❷《〈营造法式〉彩画研究》第 260 页"双钥匙头"的第一种理解和"天字"等的解读有误，不符合北宋曲水"一笔画"（图案内只有转折点，无交叉点、断点）的纹饰构成法则。参见：李路珂.《营造法式》彩画研究 [M]. 南京：东南大学出版社，2011.

❸ 敦煌壁画中曲水的地色还有白粉地、浅色地，但《营造法式》将曲水锦的地色均填墨表示，则上述地色的可能性不大。

❹ 此图中的锦纹与《营造法式》对净地锦的记述颇为吻合，团窠内为白地，但图样中还有团窠内有其他地色的做法。

❺（元）脱脱. 宋史 [M]. 卷一五十三. 北京：中华书局，1985.

（2）簇四球纹

簇四球纹	结构骨架线	纹饰构成	缘道色	地色	相近实例	备注
五彩装	十字网格与米字网格相间	4个两尖窠首尾联成环状，间以四出尖窠	青缘	绿地	高平开化寺大殿四椽栿彩画	用于橑檐枋、枋桁、栱内

（3）簇六球纹

簇四球纹	结构骨架线	纹饰构成	缘道色	地色	相近实例	备注
五彩装	雪花形网格	6个两尖窠首尾联成环状，间以圆窠	绿缘	青地	西夏莫高窟第61窟甬道顶画	用于橑檐枋、梁栿底面

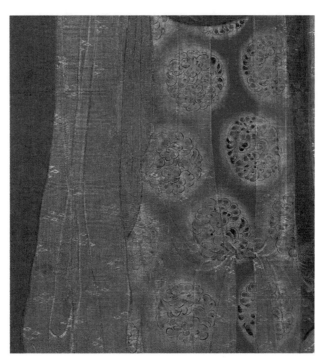

图8 《簪花仕女图》服饰中的净地锦
（辽宁省博物馆藏）

净地锦团窠造型简洁，其内纹饰随形分布，加之以五彩浅色间装，使装饰纹样与外轮廓巧妙地融为一体。小团窠形成一个个点状元素，而地色用晕更凸显了点的光感，使视觉形象更为集中、强烈和鲜明。一般净地锦"地"的比重较大，单纯素净，与小团窠形成鲜明的对比。普通的净地锦略为单调，故又有以不同团窠构成的更为复杂的组合锦，如簇四球纹、簇六球纹等。

净地锦团窠中的图案多为太极图形构图（又称"喜相逢"或"鸳鸯式"构图，《营造法式》雕木作平棊花盘的中心纹饰也多用此法）的一对带叶小花，呈中心对称分布。两朵小花灵动可人，如飞鸟一般回旋飞舞，盼顾追逐，呈现出活泼喜悦的动态，有点睛之妙。此类太极图式的纹饰，是中国历代装饰图案的经典构图，早在新石器时代已经出现，唐宋之际最为流行，千变万化，极富生命力。

《营造法式》卷三十三并无净地锦的相关彩画元素图样，参考卷三十四"五彩遍装名件第十一"，试对其中的四入、簇四球纹、簇六球纹加以复原（附图32~附图34）。

六、结论与思考

《营造法式》彩画是中国艺术史上超迈时空的经典，可谓"精深华妙，庄丽静雅"。其彩画图案情中寓理、理中有情，不仅富于装饰之美，还具意境之美。锦纹是其中最丰富、应用最广泛的一类纹饰❶，由于具有严谨规整的几何结构骨架线，锦纹图案体现出鲜明的秩序感。根据纹饰的构成特征，《营造法式》彩画锦纹实际共分四类，即花纹锦、琐纹锦、曲水锦（回文锦）和净地锦，各有其鲜明的艺术特征和适用范围。具体的图案名称只是古代匠师习用的代号而已，多以生活中相仿的物象命名，并无更多深层的意蕴。

花纹锦是其中等级最高的一类锦纹，其纹饰多由团窠与装饰性的植物花纹相间组合而成，形成节奏上的变化，植物元素更赋予花纹锦的天然生机意趣。造型疏密有致、寓动于静，赋色多用"合晕"之法，给人以端庄大气、富丽典雅之美。琐纹锦的内在结构和外在形式均为几何形，通过不同元素之间的相互叠套、交织，又巧妙地点缀小花饰，在二维的装饰画面中产生了微妙的三维的层次和深度。匀质、细密而有序的排列创造出华丽而宁静的美感。曲水锦等级最低，由一直带盘曲重复而成，更加以晕色深浅变化，造成强烈的连绵不绝、三维立体视觉效果。净地锦则图地分明，在单纯的地色上均匀分布小团窠，其内花纹以五彩淡装，给人以纯净素雅之美。

《营造法式》彩画作所载的锦纹，在广泛吸收、继承唐宋丝绸纹饰的基础上又有所创新，给人以反复之美、节奏之美、韵律之美、统和之美。纹饰构成繁丽而精妙，色彩配置清丽而雅致，体现了北宋彩画匠师们非凡的艺术创造力。就纹饰结构而言，《营造法式》中的许多锦纹与后代甚至异域的锦纹似并无太大的区别，然其气质高华，妙处全在于宋人对细节的苦心经营。无论纹饰的比例、轮廓的转折，还是色彩的搭配等，皆权衡精妙、韵味无穷。

彩画作制度图样不仅是文字部分的形象化、具体化，也是对文字的重要补充。如《营造法式》所述叠晕的基本设色原则是"内深外浅"，但图样中还有深色偏于一侧的晕法。又如五彩装的色彩配置并不限于青、绿、红、赤黄，碾玉装的色彩也不止青、绿和绿豆褐三色，"黄"在花纹锦中即是出现较为频繁的一种色彩，多用于五彩装和碾玉装团窠外围的地色，起到了微妙的衬托作用。再如，图样中五彩装的赤黄与碾玉装的绿豆褐多用于小处，且在色彩的分布和功用上亦有相似之处。

从《营造法式》卷三十四所举的斗栱、椽飞等名件彩画所绘锦纹可知，

❶ 山西高平开化寺大殿的斗、栱、柱头枋、梁栿等多用锦纹装饰，虽大殿与《营造法式》的谱系相去甚远，但仍可见锦纹在北宋彩画中广泛使用的现象。

故宫本《营造法式》图样研究（三）——《营造法式》彩画锦纹探微

卷三十三所列的纹饰素材只是有限的举例，同一锦纹无论造型还是色彩配置均可作适当的变化和调整，并无定式。宋代彩画的鲜活与灵动由此也可窥一斑。

以上是对《营造法式》四类最基本的彩画锦纹图样所作的初步探讨，由于现存版本的缺陷，实物的匮乏以及与《营造法式》谱系上的差异，复原图中的许多细节也有待于进一步的讨论和修正。

彩画作制度是《营造法式》一书最难解读的部分。首先，彩画作在法式十三个专业中艺术性最强，有许多感性的、难以捉摸的因素。艺术修养的不足，绘画功力的欠缺，往往令研究者有"力不从心"之感。其次，《营造法式》现存版本图样的变形失真、注文的指向不明，导致对纹饰的复原和图样中标注色彩规律的解读近乎"破译"一套宏大精微的密码。对任何一个细节的把握稍有不慎，即有可能导致整体艺术效果的误读。其三，唐宋实物例证如凤毛麟角，尤其是开封北宋官式彩画已荡然无存，大大增加了我们认知的难度，也使得复原研究缺失了令人信服的实物例证和评判标准。其四，北宋晚期是中国古代彩画史上的巅峰，其品类之丰富、纹饰之精妙、色彩之典雅、气韵之生动、境界之高远，均令后世望尘莫及。彩画的"灵魂"是神韵，《营造法式》彩画复原研究的最高境界，应是对其艺术精神的揭示与再现，难度可想而知。傅雷曾评张大千临摹的敦煌壁画："观其所临敦煌古迹，多以外形为重，至唐人精神，全未梦见……江湖习气可慨可憎。"❶ 评价极直率犀利，也极精准高明。以张大千"五百年来第一人"（徐悲鸿先生语）的天纵之才，面对唐画真迹临抚数载尚仅得其形似，则今人复原《营造法式》彩画图样所能达到的高度又能几何？宋代彩画的真髓，或许辛苦一世，而未必梦见。

面对巨大的困难，梁思成先生的学术态度是知其不可而为之。他在《〈营造法式〉注释序》中指出："……我们承认'眼高手低'，难以摹绘；何况在明清以来辗转传摹，已经大大走了样的基础上进行'校勘'，事实上变成了模拟创作一些略带宋风格的图样，确实有点近乎狂妄。但对于某些图样，特别是彩画作制度图样，我们将不得不这样做。"❷

《营造法式》彩画研究最根本、最核心的内容应是对彩画图样全面、准确的复原和解读，尽可能揭示其本来面目。如果这一基础不够坚实，所有更深层面的理论研究将无从谈起。循序渐进，宏观探微，持续修正——或许，能略窥《营造法式》彩画奥堂之一二。

中国建筑史论汇刊·第壹拾肆辑

❶ 傅雷.傅雷书信集[M].上海：上海古籍出版社，1992.

❷ 梁思成.梁思成全集第7卷[M].北京：中国建筑工业出版社，2001.

附图

（作者自绘）

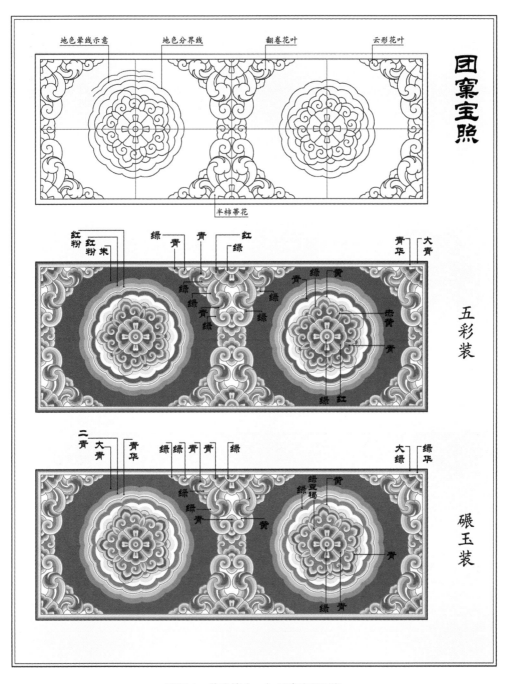

附图 1　花纹锦（一）: 团窠宝照图释

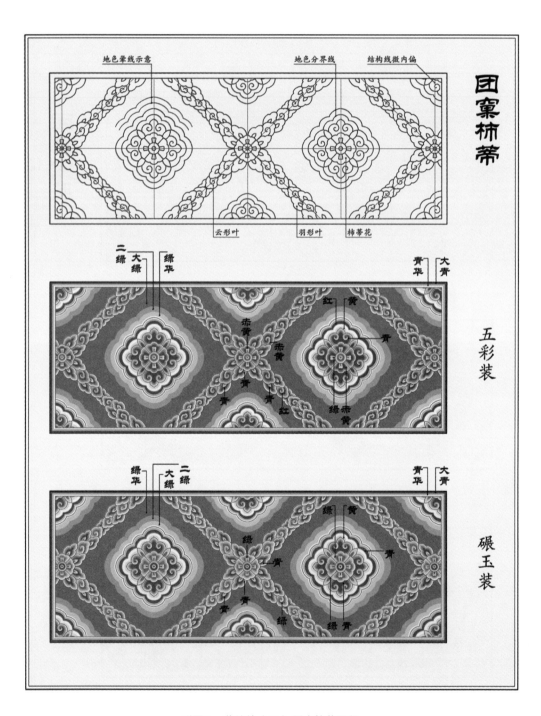

附图 2　花纹锦（二）：团窠柿蒂图释

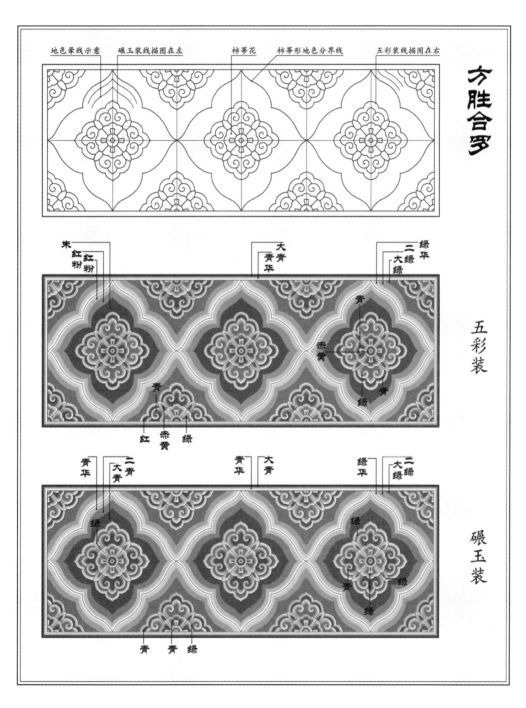

附图3 花纹锦（三）: 方胜合罗图释

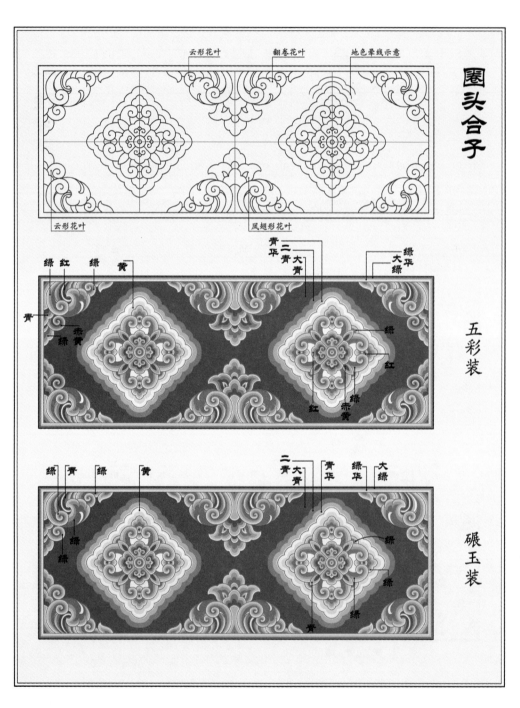

圈头合子

云形花叶　　翻卷花叶　　地色撇线示意

云形花叶　　　　凤翅形花叶

五彩装

碾玉装

附图 4　花纹锦（四）：圈头合子图释

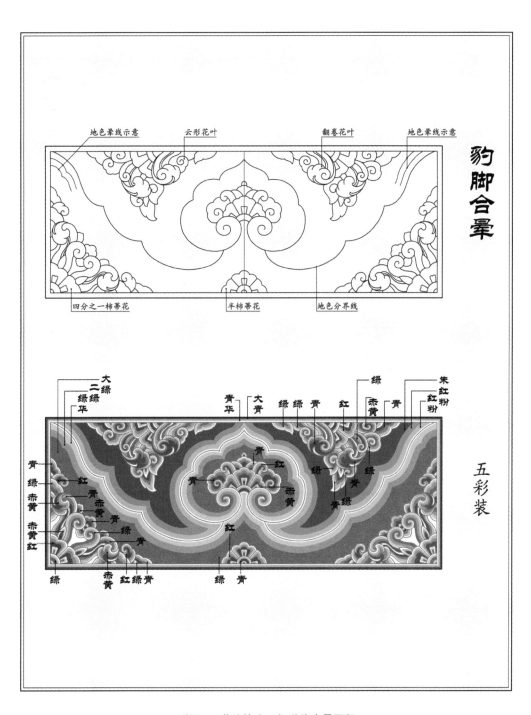

地色晕线示意　云形花叶　翻卷花叶　地色晕线示意

豹脚合晕

四分之一柿蒂花　半柿蒂花　地色分界线

大绿　二绿　绿华　青华　大青　绿　绿　青　红　赤黄　青　朱红粉　红粉

青　绿　赤黄　赤黄　红　红　青　青　赤黄　青　青绿　青绿　绿

绿　赤黄　红　绿　青　绿　青　红

五彩装

附图5　花纹锦（五）：豹脚合晕图释

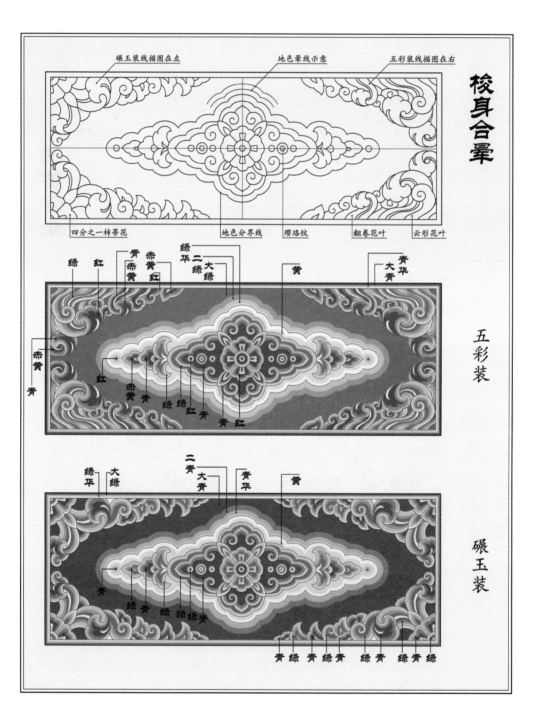

附图6 花纹锦（六）: 梭身合晕图释

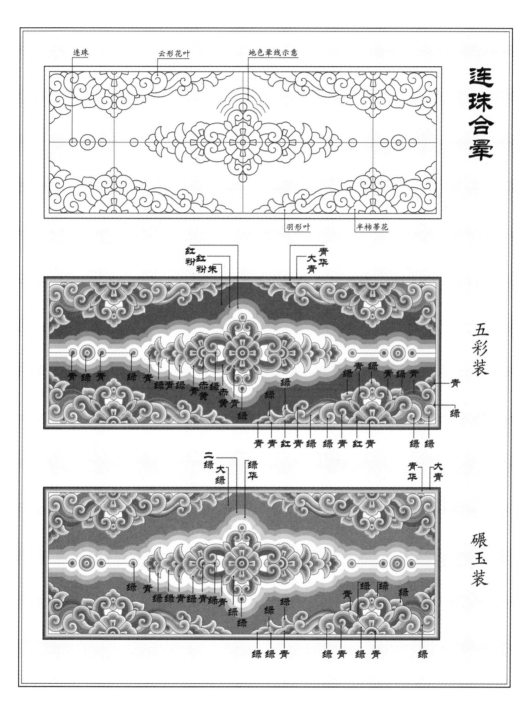

附图7 花纹锦（七）：连珠合晕图释

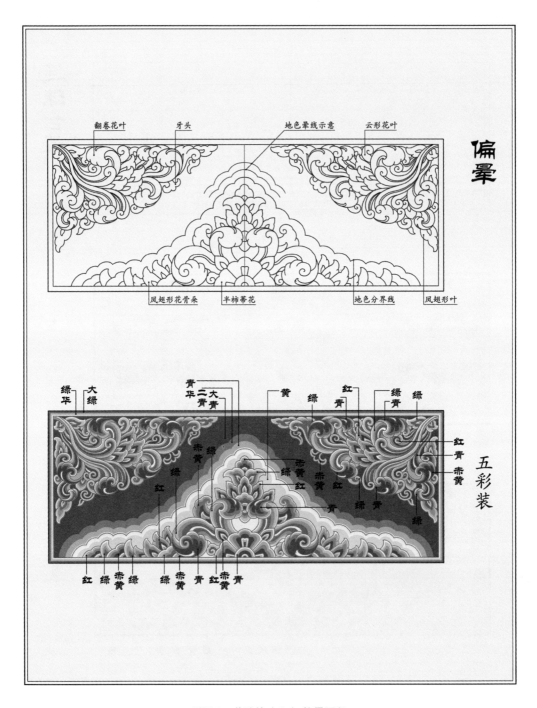

附图 8　花纹锦（八）：偏晕图释

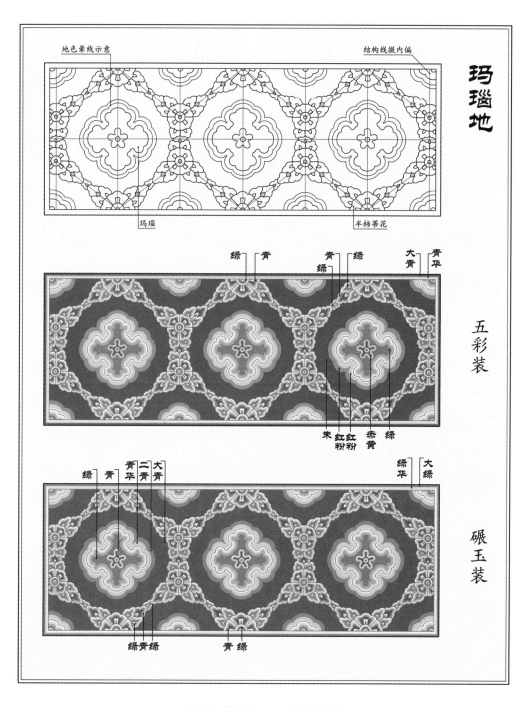

玛瑙地

地色罩线示意　　　　　　　　　　　　　　结构线微内偏

玛瑙　　　　　　　　　　半柿蒂花

五彩装

绿　青　　　青　绿　　　大青　青华
　　　　　绿　　绿

朱红　红粉　赤黄　绿
　粉　粉

碾玉装

绿　青　青华　大青　　　　　　　绿华　大绿
　　　二青

绿青绿　　　青绿

故宫本《营造法式》图样研究（三）——《营造法式》彩画锦纹探微

附图 9　花纹锦（九）: 玛瑙地图释

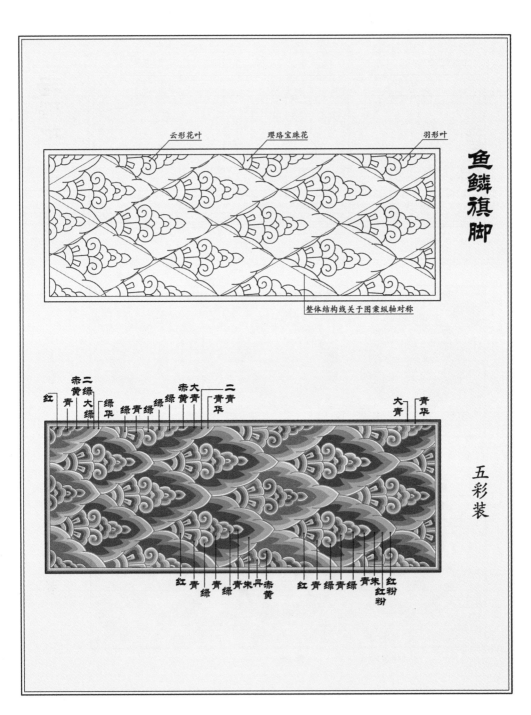

云形花叶　　　璎珞宝珠花　　　羽形叶

鱼鳞旗脚

整体结构线关于图案纵轴对称

红　二　青　　绿　绿青绿　大　二　青　　　　　大　青
　赤绿大　　华　　　　赤青华　　　　　青　华
　黄青绿　　　　　　　黄

五彩装

红青　青　青朱丹赤　　红青绿青绿　青朱红粉
　绿　绿　　　黄　　　　　　红粉
　　　　　　　　　　　　　　　　　粉

附图 10　花纹锦（十）: 鱼鳞旗脚图释

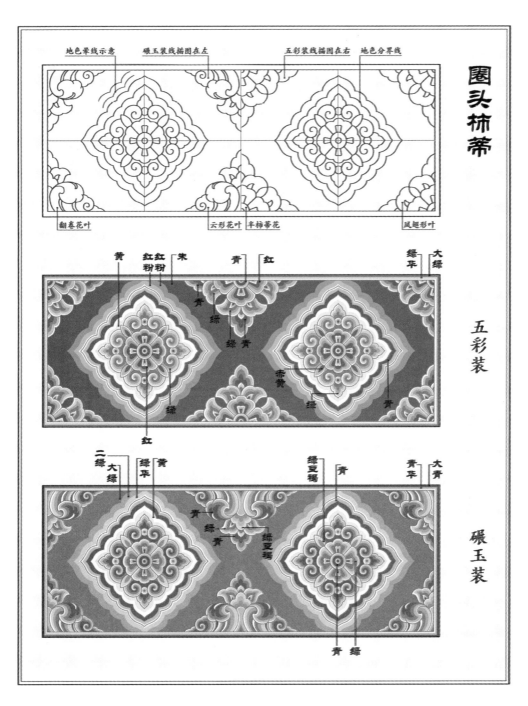

圈头柿蒂

五彩装

碾玉装

附图 11　花纹锦（十一）: 圈头柿蒂图释

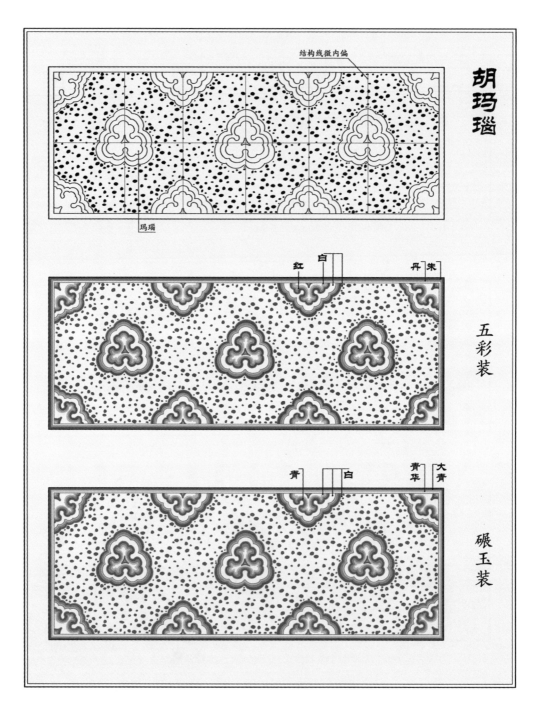

附图 12　花纹锦（十二）：胡玛瑙图释

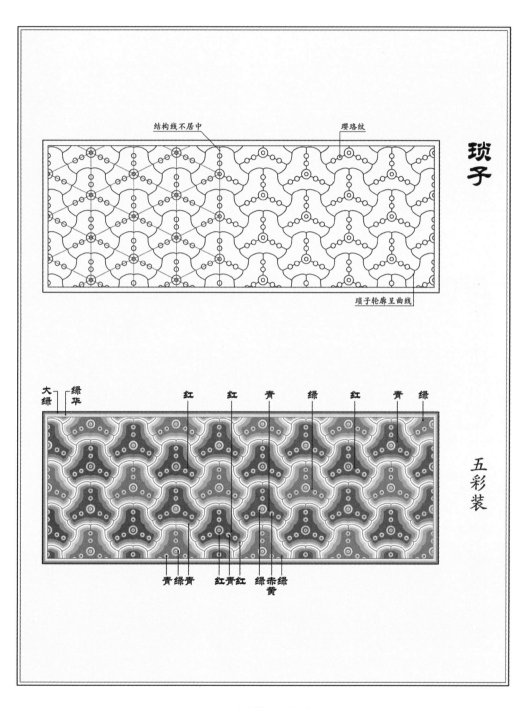

琐子

五彩装

结构线不居中　　　　　　璎珞纹

琐子轮廓呈曲线

大绿　绿华　　　红　　红　　青　　绿　　红　　青　绿

青绿青　　红青红　绿赤绿黄

附图 13　琐纹锦（一）: 琐子图释

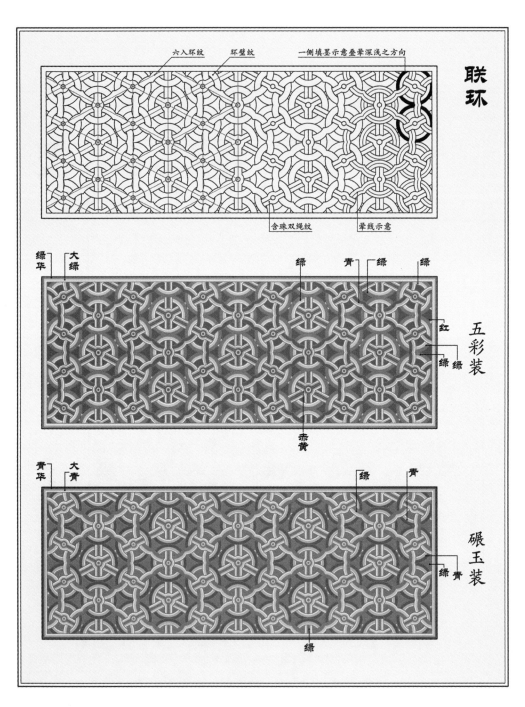

附图 14　琐纹锦（二）：联环图释

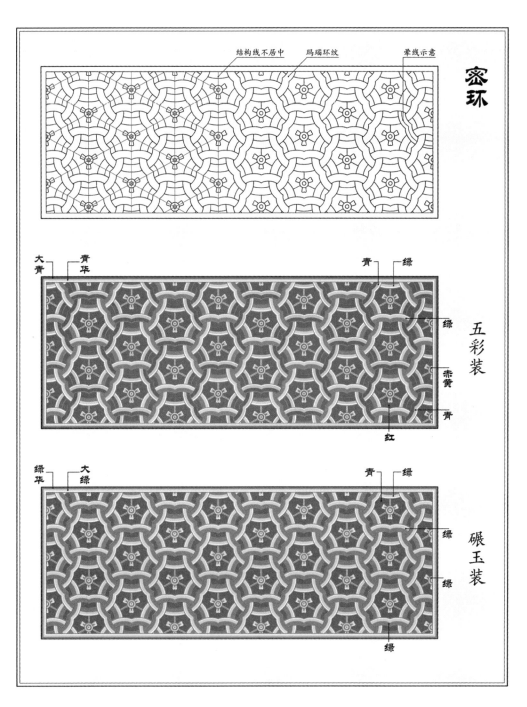

密环

结构线不居中　玛瑙环纹　　　　　　　晕线示意

五彩装

大青　青华　　　　　　　　　　青　绿

绿

赤黄

青

红

碾玉装

绿华　大绿　　　　　　　　　　青　绿

绿

绿

绿

附图 15　琐纹锦（三）：密环图释

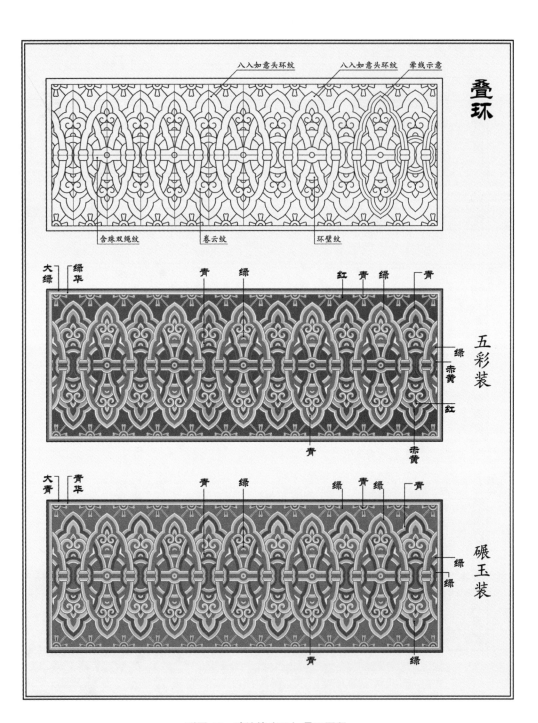

附图 16　琐纹锦（四）: 叠环图释

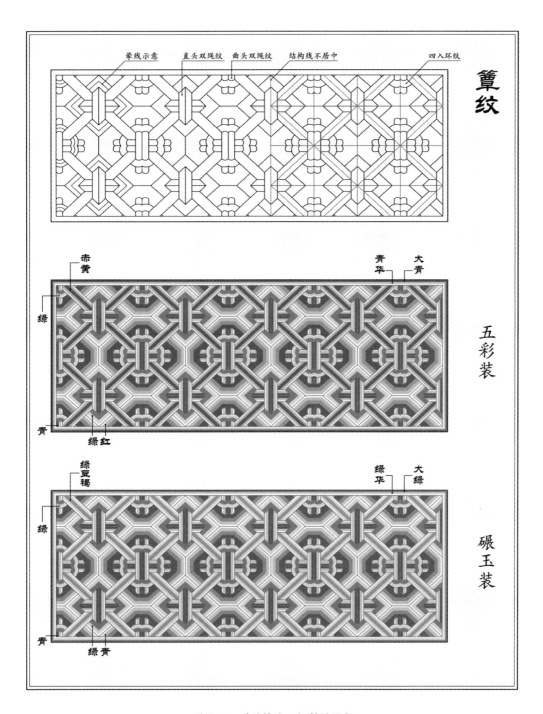

簟纹

晕线示意　直头双绳纹　曲头双绳纹　结构线不居中　　　　四入环纹

五彩装

赤黄　　　　　　　　　　　　　　青华　大青
绿
青　　绿红

碾玉装

绿豆褐　　　　　　　　　　　绿华　大绿
绿
青　　绿青

故宫本《营造法式》图样研究（三）——《营造法式》彩画锦纹探微

附图 17　琐纹锦（五）：簟纹图释

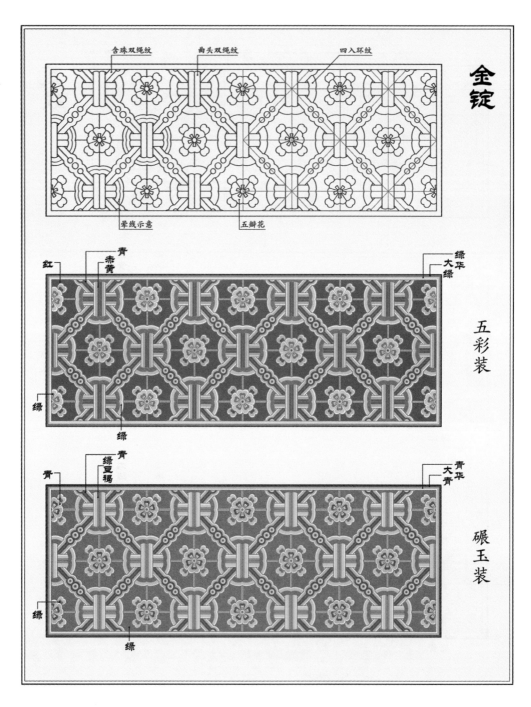

附图18 琐纹锦（六）：金锭图释

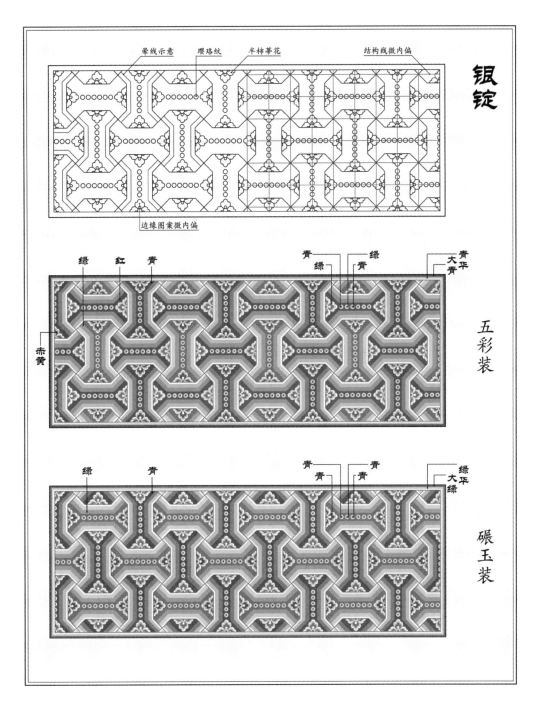

晕线示意　璎珞纹　半柿蒂花　结构线微内偏

边缘图案微内偏

绿　红　青

赤黄

青　　青

绿　　绿

青华
大青
青

五彩装

绿　　青

青　　青

绿　　青

绿华
大绿
青

碾玉装

附图 19　琐纹锦（七）: 银锭图释

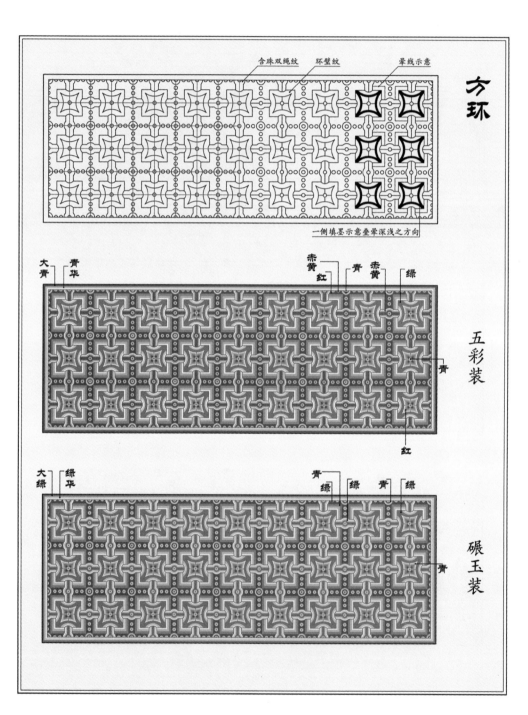

附图 20　琐纹锦（八）：方环图释

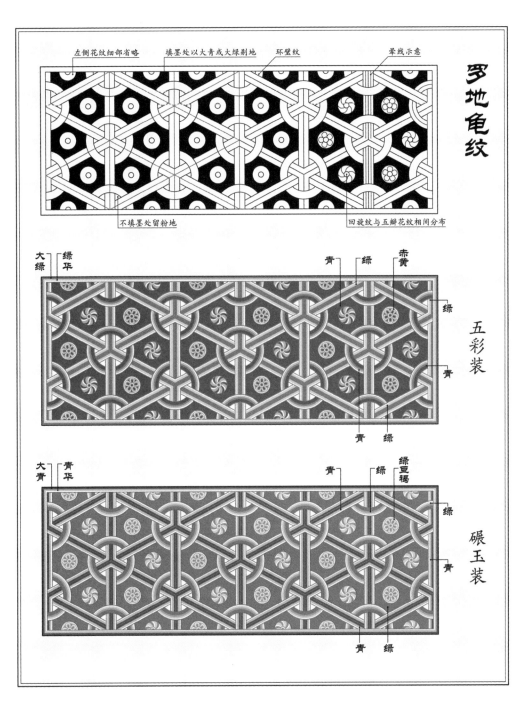

故宫本《营造法式》图样研究（三）——《营造法式》彩画锦纹探微

罗地龟纹

左侧花纹细部省略　填墨处以大青或大绿剔地　环璧纹　　　　晕线示意

不填墨处留粉地　　　　　　　　　　　回旋纹与五瓣花纹相间分布

五彩装

大绿　绿华　　　　　　　　青　绿　赤黄　　　绿　　青

青　绿

碾玉装

大青　青华　　　　　　　青　绿　绿豆褐　　绿　　青

青　绿

附图 21　琐纹锦（九）：罗地龟纹图释

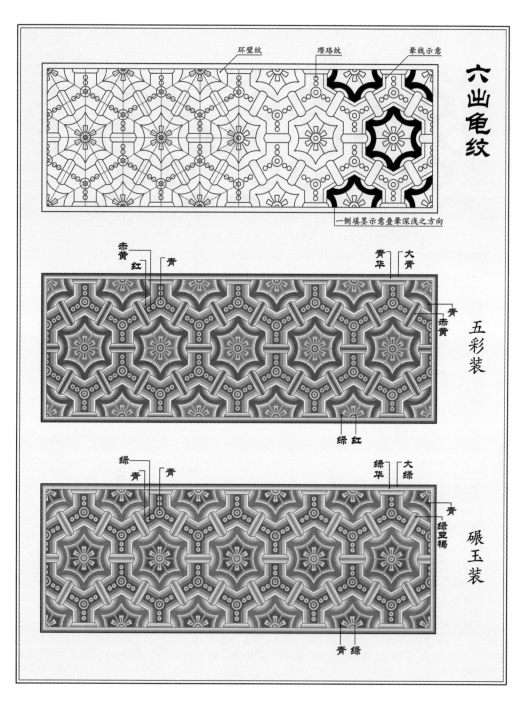

附图22 琐纹锦（十）：六出龟纹图释

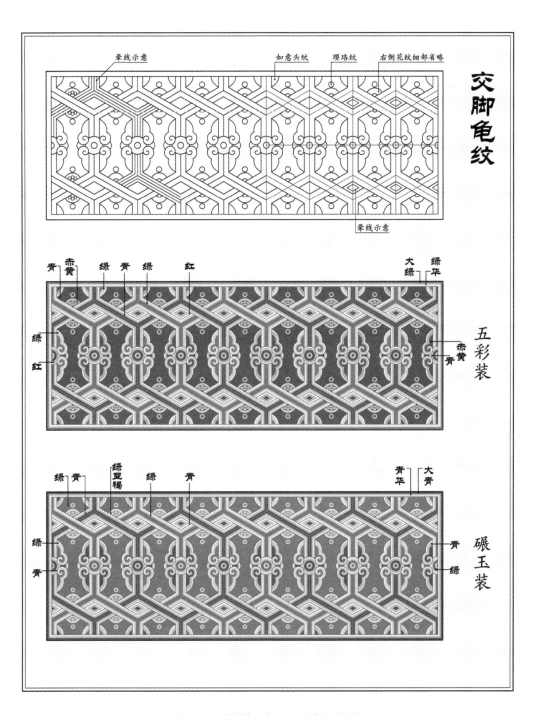

交脚龟纹

晕线示意　　　　　如意头纹　璎珞纹　右侧花纹细部省略

晕线示意

青　赤黄　　绿　青　绿　　红　　　　　　大绿　绿华

绿
红

赤黄
青

五彩装

绿　青　绿豆褐　绿　青　　　　　　　青华　大青

绿
青

青
绿

碾玉装

附图23　琐纹锦（十一）：交脚龟纹图释

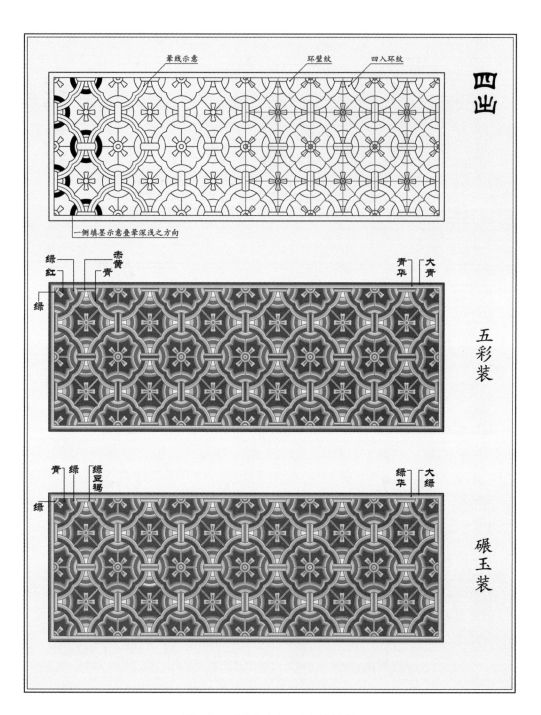

附图 24　琐纹锦（十二）：四出图释

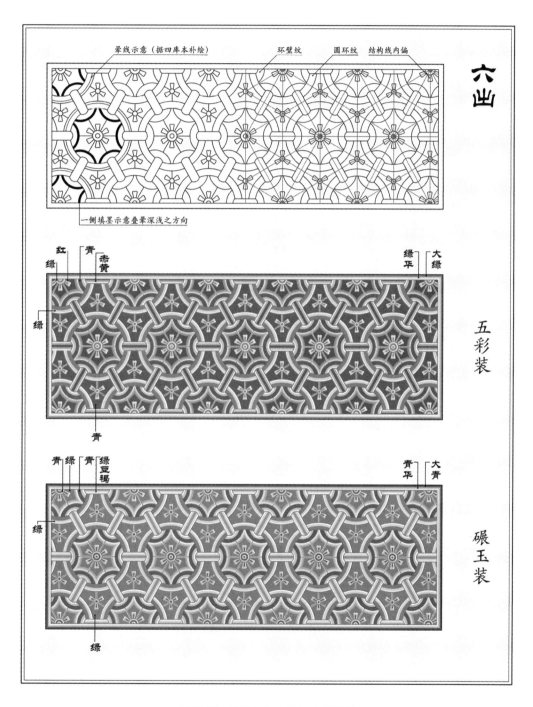

六出

五彩装

碾玉装

附图 25　琐纹锦（十三）：六出图释

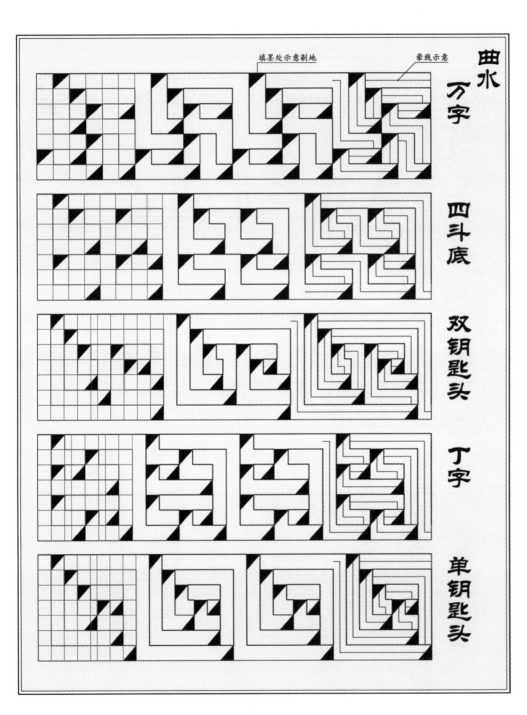

附图 26　曲水锦（一）：万字等图释 1

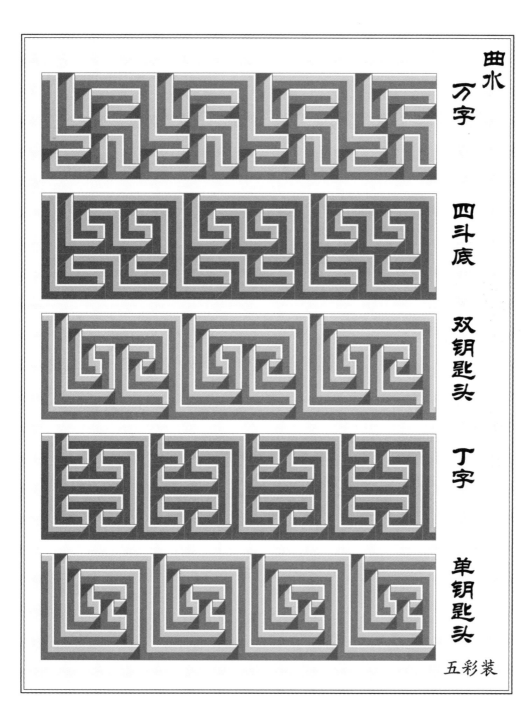

曲水

万字

四斗底

双钥匙头

丁字

单钥匙头

五彩装

附图 27　曲水锦（二）：万字等图释 2

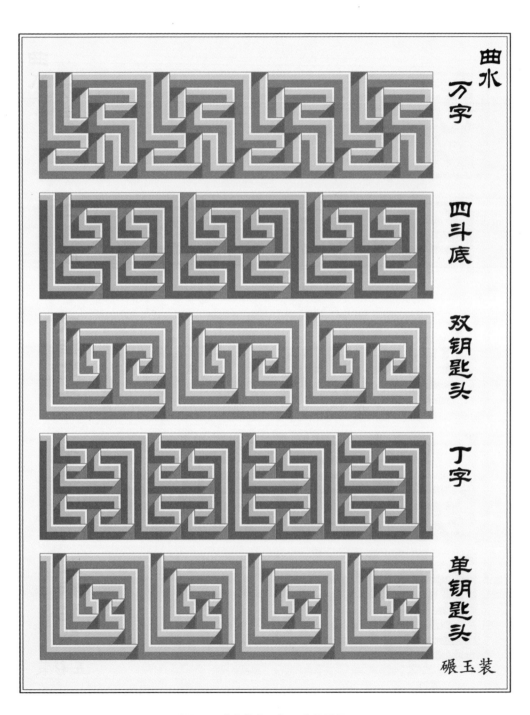

曲水

万字

四斗底

双钥匙头

丁字

单钥匙头

碾玉装

附图 28　曲水锦（三）：万字等图释 3

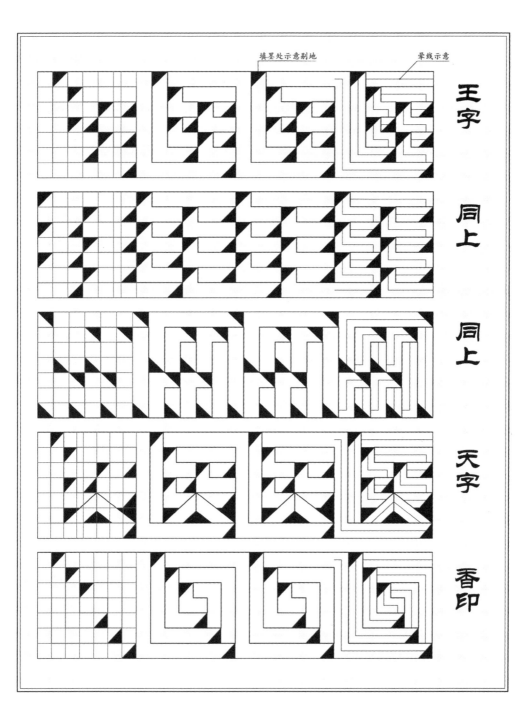

填墨处示意剔地　　　　　　　暈线示意

王字

同上

同上

天字

香印

附图 29　曲水锦（四）：王字等图释 1

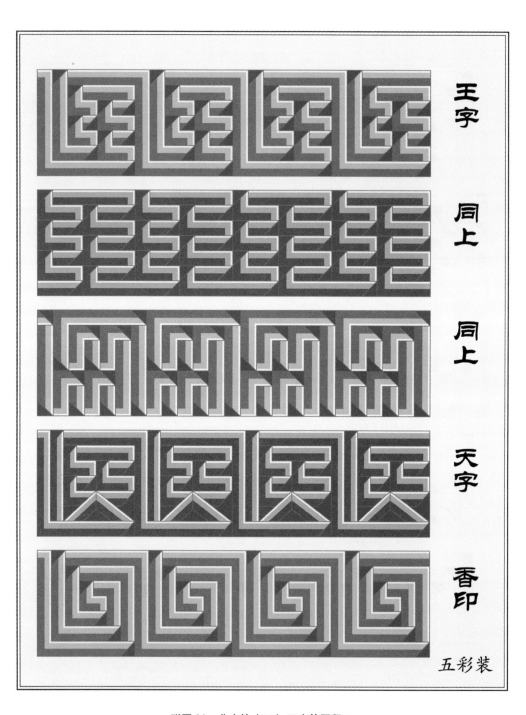

王字

同上

同上

天字

香印

五彩装

附图30　曲水锦（五）：王字等图释2

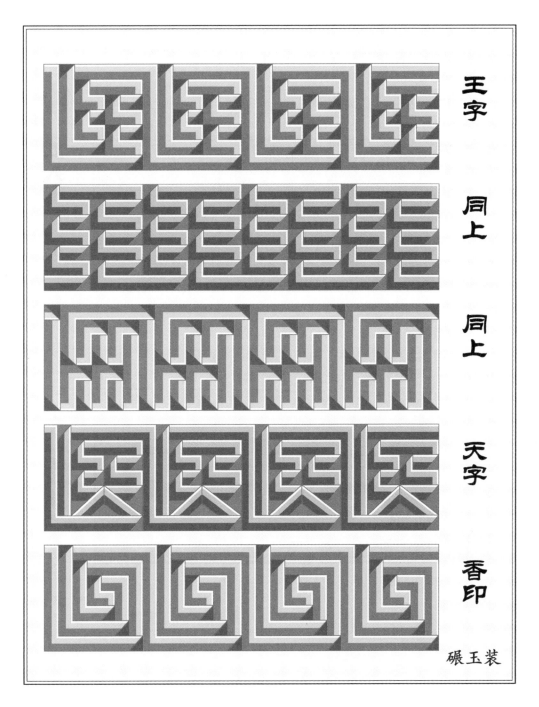

王字

同上

同上

天字

香印

碾玉装

附图 31　曲水锦（六）：王字等图释 3

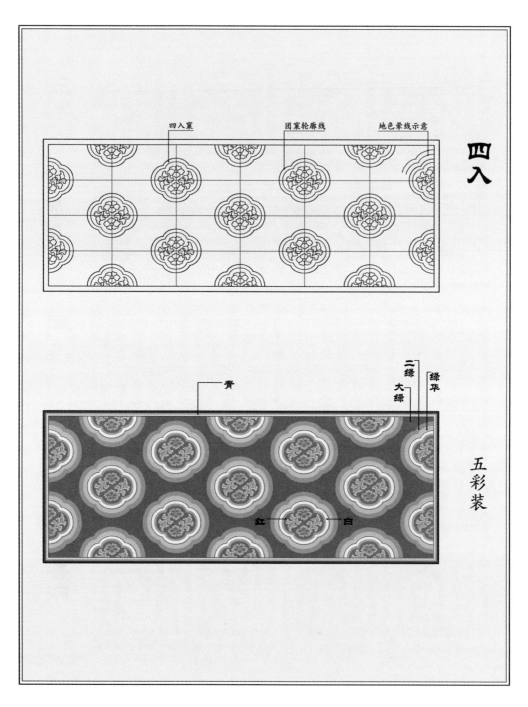

附图 32　净地锦（一）：四入图释

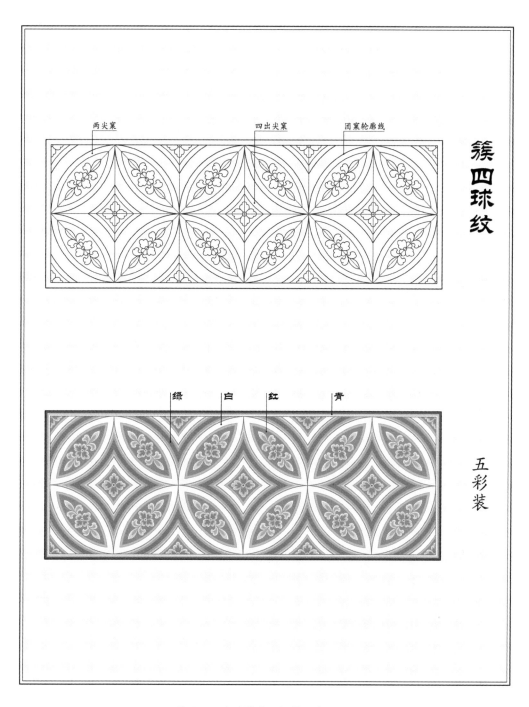

簇四球纹

两尖窠 四出尖窠 团窠轮廓线

五彩装

绿 白 红 青

145

故宫本《营造法式》图样研究（三）——《营造法式》彩画锦纹探微

附图 33　净地锦（二）: 簇四球纹图释

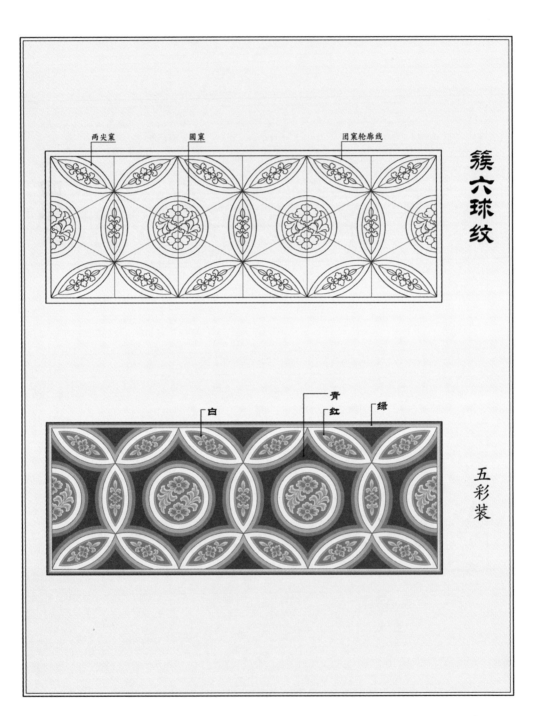

附图 34　净地锦（三）：簇六球纹图释

算法基因：高平资圣寺毗卢殿外檐铺作解读 [1]

刘　畅　姜　铮　徐　扬

（清华大学建筑学院）

摘要：基于史料搜集整理、手工测绘和三维激光扫描测绘，本文集中对山西高平资圣寺毗卢殿进行了历史原真性判断和几何设计解读，认定该建筑始建营造尺长 308 毫米，斗栱分°值 0.47 寸，总出跳 62 分°，下昂五举。进而，本文得以通过对比本案和高平开化寺大雄宝殿外檐铺作的异同，分析出"二例同门"的营造亲缘，并提出在更广阔视角下进行"基因示踪"的研究工作。

关键词：资圣寺毗卢殿，外檐铺作，算法，解剖构造，样式，三维激光扫描

Abstract: Based on collecting and reviewing historical literature and manual measurements aided by 3D laser scanning, the article assesses the authenticity of the wooden structure of the Hall of Vairochana at Zisheng Temple in Gaoping, Shanxi province, and interprets its geometric design. This research shows that the unit of length used for construction (*chi*) was 308 mm, the basic modular unit (*fen*) was 0.47 *cun*, the exterior projection of *dougong* was 62 *fen*, and the pitch of the cantilever was 1/2. Furthermore, through comparison with the main hall at Kaihua Temple, located in Gaoping as well, the authors suggest that both temples were built by the same family of craftsman and recommend conducting further gene-tracing research on a broader scale.

Keywords: Hall of Vairochana at Zisheng Temple, exterior eaves bracket sets (*dougong*), geometric design, construction anatomy, style, 3D laser scanning

与晋东南地区一些著名的早期木构相比——例如《中国建筑史论汇刊》（第拾辑）《算法基因：晋东南三座木结构尺度设计对比研究》中的案例 [2]，山西高平西南大周村资圣寺所得到的关注和认定的时间相对晚近一些。资圣寺于 1986 年公布为第二批省级重点文物保护单位，2013 年连同大周村古寺庙建筑群公布为第七批全国重点文物保护单位，也因此经历了 2013—2014 年由所在马村镇自筹资金的修缮工程。工程之后的 2015 年夏季，清华大学建筑学院师生得以进行了测绘调研（以下简称"15 实测"），研究工作的核心对象是寺中保留的主体建筑毗卢殿之大木结构。以村民访谈、修缮记录、碑刻释读、彩画调研等为前提信息，运用三维激光扫描和手工测绘数据分析技术，使毗卢殿大木结构得到更好解读，其大木尺度和比例设计也得以逐渐清晰起来。尤其值得注意的是，毗卢殿层层历史信息叠压次序能够较清晰地说明其外檐铺作和主体结构出于北宋时期，而其几何设计、造型特征与上文所谓"晋东南三例"之高平开化寺案例存在发人深省的内在联系。本文遂基于基础测绘逐层递进展开讨论。

---

❶ 本研究得到华润雪花集团"中国古建筑普及与传承"项目的支持。

❷ 文献 [1].

一、寺院概况

1. 地域与村落

大周村位于山西高平西南 20 千米处。高平境内地势山峦连绵，丘陵起伏，沟壑纵横，较少平川，尤以境域四周山地为多，中部丹河水系两侧，冲积、洪积而成不规则带状平缓地带。大周村的地理位置与其西之沁河中游相去约计 25 千米。区域之东的沁河支流——丹河流经高平市区，进而东偏南下。若以直线距离计，大周村去丹河更近，约略 15 千米。

在日后基础工作条件成熟的情况下，村落的发展、寺庙建筑缘起、文化流布等问题或可归入河流流域影响范围一并考察（图 1）。● 然而，现有传统村落中宋金时期寺庙创建之规模与作用既不同于圣地或郊野寺庙，也不同于明清以来村落与寺庙之关系 ●，需要一个基于现状抽丝剥茧向上追溯的过程。个案中各个历史时期的微小线索的汇集加之地域范围内不同个案的汇集才将使解读设计、解读地方文化史成为可能。本文的研讨始于测绘数据，更始于数据分析之前的采访、观察和基础信息整理。

❶ 目前已有相关探讨。如：文献 [2].

❷ 参见：廖声丰，孟伟. 明清以来山西村落的庙宇与商业发展——基于对高平市寺庄村现存庙宇碑刻的考察 [J]. 中国社会经济史研究，2015（2）：45-57；姚春敏，车文明. 清代华北村落庙宇的僧侣研究——以山西泽州民间庙宇碑刻为中心 [J]. 世界宗教研究，2012（5）：76-83.

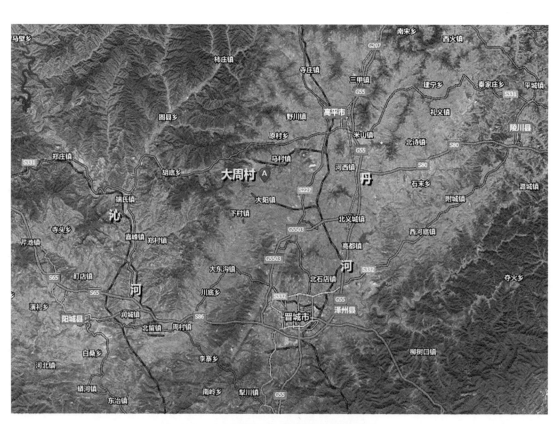

图 1　高平沁河流域丹河流域村镇分布图
（作者据百度地图自绘）

2. 耆老口述

现有研究根据清康熙二十七年（1688 年）《武氏家谱》之《周纂纪略》等史料整理了村落总体布局等情况，特别说明"每一处堡门都结合了庙宇、楼阁等，更使得村子布局独特……正南有南堡阁，旁带观音阁，内连资圣寺"[1]。资圣寺坐北朝南，现存建筑院落两进，中轴线上外有观音阁，前有山门，其后中殿，收于后殿，均系历史建筑，历经修缮保护；两翼现状前有钟鼓楼，后续前后院东西配楼、配殿、后殿东西朵殿，均系地方近年新建，与乡民口述历史原貌存在较大差距（图 2）。

❶ 文献 [2].

图 2　资圣寺现状鸟瞰 ❷

❷ 文中图片除特别标注外，均为作者自摄、自绘。

对于资圣寺原本规模，年近 70 岁的村民程裕生有更加丰富的介绍。从南至北整理如下（图 3）：

1）观音阁下为"一步二孔桥"，东北有"老鳖驮碑"；一墙之隔的东边即为南堡门，上书"朝阳"二字；观音阁东原有小石塔一座；

2）山门即天王殿；现有东西钟鼓二楼并非原来钟鼓楼的位置，原有两楼靠近天王殿而建，几乎连为一体；

3）中殿名曰"毗卢殿"（图 4）；其东配位置南有地藏殿三间，地藏殿之北有体量颇大的阎王殿每面各显三间，再东则有仓厂和官厅；其西配整体规模与东配相当，原有水陆阁七间，后毁于火患，复有重建的水陆阁三间；

4）毗卢殿东侧有罗汉殿；西侧有伽蓝殿，规模紧凑；

5）后殿为雷音殿；东西配东西禅房，围合而成后院；

6）雷音殿东西耳房久毁，为程先生幼时不见；

7）资圣寺之西原有石牌楼，牌楼之后曾保留有文庙一座，今已无存；再北即有高台，台上尚存旧时汤王庙院落一座。

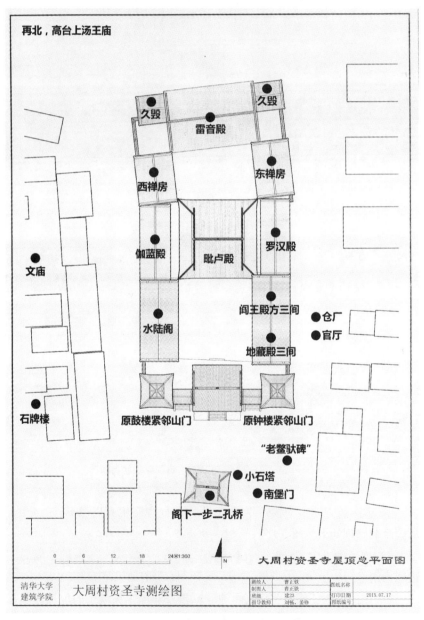

图3　程裕生口述资圣寺"文革"前总体布局图
（清华大学建筑学院测绘）

图 4　毗卢殿外景

二、营建史证据

1. 碑记

除了近年零星自他处迁来碑刻卧存院内之外，资圣寺内存碑碣 7 通，其中元代造像碑 2 通，6 通带有大量文字信息。分布情况（图 5）为：天王殿内 1 通，述万历十二年（1584 年）金妆佛殿山门事和万历二十四年（1596 年）印经事；毗卢殿前东侧 2 通，分别为立碑《资圣寺新建水陆阁记》和嵌壁碑《重修毗卢伽蓝罗汉三殿记》；雷音殿前院内 3 通（不含院外移来 2 通），包括《重修资圣寺记》和《资圣寺创兴田土记》；台明之上东侧 1 通，为《重修雷音殿暨金妆佛像记》。

按照时间顺序整理碑刻信息，则有以下各个历史年代及相应历史信息：

1）《资圣寺创兴田土记》，碑阴部分，元至元十九年（1282 年）刊立；碑文撰写者释文海来自"舍利山开化寺"。文中有金元之交紫岩钦禅师，霍邑人荀氏，初师从香严寺讲经大德义远，"后得法于安闲脚下松溪老人处"，执掌辗转，后于"己未年（1259 年）受本村乡耆疏请，驻锡于斯"，"至元七年（1270 年）蒙诏诣阙，获睹龙颜，受赐黄袈裟。始自开堂，终于是刹，建白圆宗四踞道场，赐赭方袍三亲（衬——笔者注）"；其间有"参大愚次见辖牛"等语尤其受到研究者关注，此大愚当即开化寺立寺者唐末五代时期于书画音律均有造诣的高僧大愚 ❶，此处之"参"当即参谒高平名寺开化寺；碑文末段还梳理记载了"济派安闲老人嗣"谱系图，对于金元时期地方佛教史研究具有重要意义；

2）天王殿内人名碑，记明万历十二年（1584 年）金妆佛殿山门和

❶ 参见：朱樟.（雍正）泽州府志 [M].卷四十.人物志五·技术.太原：山西古籍出版社，2001；王树新，等.高平金石志 [M].第十六编雕刻艺术类.北京：中华书局，2004.

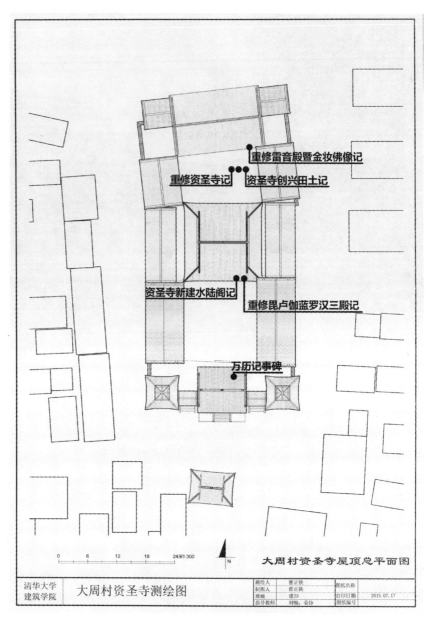

图5　资圣寺现存碑刻分布图

（清华大学建筑学院测绘）

万历二十四（1596年）年印经事；

3）《资圣寺新建水陆阁记》，明万历二十六年（1598年），"赐进士出身承德郎吏部文选清吏司员外郎可庭冯养志撰"，言及僧人湛泊"广缘辟地，创构七楹，峻级层甍，金碧炳焕，巍壮称大观焉"而有水陆阁之事；并载"禅林宗派"辈分次第，"妙缘惠性，澄湛智定，明道兴隆，善果能正"，按此上溯，并无证据接续安闲老人之嗣；

4）《重修雷音殿暨金妆佛像记》，清康熙七年（1668年），"原任浙江金华府东阳县知县世法父王同功撰"，记载崇祯三年（1630 年）至康熙七年（1668 年），孙氏祖孙两代对"毗卢雷音诸殿阙"先妆佛像后葺殿堂的事迹，后者其时"相虽无恙而殿则圮漏"，于是"悯诸佛之淋沥，念伊祖之成绩"捐助修缮，"不数月而联云宫□□复焕然一新"，从文字信息推算，建筑维修工程主要涉及屋面和外檐彩画；

5）《重修毗卢伽蓝罗汉三殿记》，清道光十五年（1835 年），记述了清代晚期一则非常生动的村人修缮重建资圣寺的故事——十代前从陵川迁居至周篆村的常氏"世庄农耕织为生"而"迨瑜等始业木工凡三十余年"，"本村外镇起盖住宅极多，而建修庙宇亦复不少"——为今人提供了珍贵的匠人生活资料；

6）《重修资圣寺记》，清道光十六年（1836 年），整体记载资圣寺历经鼎盛和衰败，终得以重修，其中不仅涵盖前碑所载瑜重修三殿之举，也道出了未完成复建水陆阁的缘由，从侧面说明古人因原址用旧料重修建筑时的谨慎；落款处住持僧及门徒法号均遭人为凿除，不知是否与碑文中前代"气运衰，人情变，长老匪恶，沙弥效尤"存在瓜葛。

2. 题记

资圣寺中大殿、后殿两座建筑中保留多段题记，整理如下：

1）毗卢殿内屋面的望砖，发现于 2013 年维修过程中，现得到保留重复利用；望砖上字迹较潦草，依稀可辨，"维南瞻州大宋国路州住□ / 士元丰五年岁次壬戌（1082 年）维那颜 / 士邦董□□"（图 6）；

2）毗卢殿内西四椽栿下，为柱头铺作后尾叠压处，发现于 2013 年维修过程中，现原位保留；多数字迹清晰，但受到木材开裂磨损影响，可辨"元丰五年（1082 年）重修又至正德元年岁次丙寅（1506 年）/□月初九日吉时上梁修建僧性愉寺请到本镇梓匠武□□武□□ / 维那施主杨仲□李□□英□□杨伦李□□……"以下漫灭不清（图 7）；

3）后殿明间东立柱上部，"释子□湛云号净□自十二岁出家寿登六十二载原 / 籍东宅东里东掘山人也独备金妆 /□□佛正尊记其岁月次为后世徒子徒孙传流 / 万历三十七年岁次己酉（1609 年）小春月初七日昼二□□□ / 徒弟徒人智银徒人智堂侄智阊徒孙定朗定□定□□□重孙明亮明喜"，其中僧人辈分均反映明万历二十六年（1598 年）《资圣寺新建水陆阁记》中"禅林宗派辈分次第"之"妙缘惠性，澄湛智定，明道兴隆，善果能正"，依此上推五辈，或可至明代中早期（图 8）；

4）后殿明间西立柱上部，"重塑金妆正位大 / 佛四尊香花菩萨四位护善神二位并油门窗格子香炉供桌七□后墙揭砥正脊五间舍财施主李志成施银二十两李登仕施银十两常国兴施银十两（下略）黄□艳施银五两孙宪施银三两李自成施银二两李□□施银二两东宅赵士□施石青五钱（简写——作者注）油匠王朝相施银五钱纠首孙□秋同男孙继善孙小营全立 / 丹青王□宾王□□王□仁 / 崇祯三年岁次庚午（1630 年）"，对照清康熙七年（1668 年）《重修雷音殿暨金妆佛像记》中所言早年孙氏少庵施银重妆圣像事恰可形成呼应（图 9）。

结合碑刻信息，题记进一步标点了与资圣寺毗卢殿相关的一些重要营造事件，其中正德之后的建筑维修记载相间 160 年左右：始建年代不详；宋元丰间（1082 年）重修；明正德初（1506 年）复重修大殿；明万历至崇祯间（1609—1630 年）重妆圣像，当亦涉及毗卢殿；康熙年间（1668 年）修缮各殿宇，解决漏雨问题；道光年间（1823—1836 年）再有维修之举。

图 6　毗卢殿内望砖上题记

图 7　毗卢殿内四椽栿下题记

图 8　后殿内东立柱上题记

图 9　后殿内西立柱上题记

3. 彩画叠压痕迹

明正德题记所处位置——毗卢殿内西四椽栿下与柱头铺作后尾叠压处,确凿地说明那次 16 世纪初的重修规模之大,至少波及斗栱之上的梁栿。若进一步观察结构交接细节,依然存在更多的逻辑线索(图 10):

四椽栿彩画深入相踏头交接之内

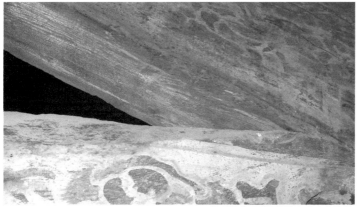

下昂后尾底面彩画深入与串身交接处

前檐明间阑额内侧彩画深入石门楣槽口

图 10　毗卢殿内檐彩画叠压痕迹

1）屋内部分，四椽栿下与柱头铺作后尾叠压处，梁栿彩画深入与（楂）头交接面，此局部交接仅存在构件彩画绘制完毕再行组装的可能性；对此，进而需要判断先行绘制彩画的做法是地方惯例，还是重复利用旧有构件；

2）屋内部分，柱头铺作下昂底皮地色和粉线一直敷绘至与其下内要头上皮交接深处，此局部交接仅存在构件彩画绘制完毕再行组装的可能性；下昂和内要头表面彩画完整搭配成套，为同一次工程所成，可以判断，此现象为斗栱解体之后绘制彩画，完成后再行组装的结果；

3）屋内部分，前檐明间普拍枋下阑额表面绘制彩画，整体构件卧入石质门楣，彩画部分亦受到门楣遮挡，仅存在构件彩画绘制完毕再行组装的可能性；此现象说明当时至少存在一次落架工程，且落架范围一直深入阑额层，是一项大规模的修缮工程。

此外，大殿外檐彩画具有更加丰富、多层的历史叠压信息，可以揭示更多的明代之后的彩画修缮做法，而以上所述内檐彩画特征，则足资证明资圣寺毗卢殿所经历的结构扰动和相关的表面彩画装饰。工程的重要特点之一即一些构件表面彩画是落架状态中绘制完成，而后上梁安装。安装过程中可能采用了柔性防护手段，故而未造成大型构件彩画表面显著吊装磨损。

那么，能否通过观察毗卢殿内彩画设计判断上述现象是否成于同一次落架大修？且这次落架大修是否便是题记所反映的明正德重修呢？这两个问题直接关乎解读大木结构与宋代营造之间的关系，关乎认识毗卢殿外檐铺作各种特征的历史真实性。对于这两个问题的回答需要进一步结合彩画绘制特点展开推理，于是彩画研究便成为大木结构修缮过程的重要参照系。

虽然目前尚不存在脚手架、精细测绘、样本分析等深入研究毗卢殿彩画的客观条件，但是一些浅表信息仍然可以为研究者提供一些基础线索。

1）毗卢殿内檐彩画自身图案色彩的搭配情况（图11）有：

（1）主要大木构件彩画采用绿色和灰青色调（黑灰调色，未见青色颜料），枋心式，找头部分以旋子图案为主；

（2）不同层次梁栿间色设计；四椽栿枋心式，枋心内侧画红底绿身黄腹行龙，外侧画红底绿卷草纹，绿箍头、绿楞线，找头分两段，旋子与簟纹，皆以绿色为主色，间用灰青和红色，黄色旋眼；平梁灰青色调为主，枋心式卷草枋心，脱落殆尽，找头则用旋子；

（3）额、槫以灰青色调为主，枋心式，当心画卷草或团花，找头用旋子；枋、串以灰青色调为主，配合绿色，枋心式或用池子或海墁，间用灰青旋子、卷草、绿色簟纹装饰；

（4）斗栱层，以灰青旋花、团花、杂宝装饰为主，内槽偶用绿色卷草；其中斗身用灰青莲花、绿色簟纹两种图案。

2）对照考察资圣寺后殿雷音殿的彩画特点（图12），则有：

（1）主要大木构件彩画采用绿色和灰青色调（黑灰调色，未见青色颜料），枋心式，找头部分以旋子图案为主；

图 11　毗卢殿内檐彩画搭配案例

图 12 雷音殿内檐彩画搭配案例

（2）不同层次梁栿间色设计；六椽栿栿心式，栿心主题不清，找头分两段，旋子与簟纹，皆以绿色为主色，其余图案和间色情况难以准确判断；四椽栿灰青色调为主，找头用旋子；

（3）额、槫以灰青色调为主，栿心式，当心画卷草或团花，找头用旋子；枋、串以灰青色调为主，配合绿色，栿心式或用池子或海墁，间用灰青旋子、卷草、绿色簟纹装饰；

（4）斗栱层，以灰青旋花、团花装饰为主；其中斗身用灰青莲花、绿色簟纹两种图案。

二者之典型特征——设色、规划、纹饰——均呈现显著共性。此外还有一点颇值得注意，即彩画的用青问题。二者均采用灰色代青——采用浅灰或深灰地色，相应旋子做黑、白两道线或以浅灰色勾纹样，内缘压黑白衬线——实为局部的黑白灰色系彩画。至少已经探明此类彩画存在于山西平遥，如镇国寺❶和利应侯庙，另有四川平武报恩寺❷、青海乐都瞿昙寺❸等。这些在当地属于鼎盛之所的建筑中未采用常见的青绿彩画的现象，或可归结为"惜蓝如金"四字。对应这四个字，雷音殿中"……李□□施银二两东宅赵士□施石青五钱（简写，或为"两"字之误，或表示价值银五钱之石青——笔者注）油匠王朝相施银五钱……"的题记尤其值得回味。排在"捐赠白银二两和五钱"之间，"捐赠石青五钱"反映当地石青是一种昂贵的颜料——虽然参考万历年间《工部厂库须知》的记载，五钱石青，甚至五两石青之价格也不足五钱白银，但是青色颜料价格总体上比绿色高一个数量级，捐助石青者或即因此得以题名如斯于此。❹总之，当时在靛青之外，在诸如普鲁士蓝、群青等人造青色颜料尚未发明并传入中国之前，灰青色调的黑白灰系彩画无疑是一种不错的选择。

至此，可以初步判断，毗卢殿和雷音殿建筑彩画主体至少属于同一宽泛时期，应早于雷音殿题记所书之明万历二十六年（1598 年）。具体到毗卢殿，鉴于尚未发现正德之后再度落架大修的线索，而大木彩画之与雷音殿相仿的明代特征便可进一步将其归于正德重建的工程之列。反过来对于毗卢殿外檐铺作，这组做法在历史上经历的最大扰动就是正德元年（1506 年）的落架。

三、毗卢殿斗栱观察

接下来需要正面回答一个问题：既然毗卢殿大木结构历经落架维修工程，那么其结构特征——尤其是外檐铺作部分究竟是否能够反映宋代做法特征？这些特征又是什么呢？与资圣寺相去不足 40 千米的高平开化寺大雄宝殿现存木结构肇建于熙宁六年（1073 年），是学术界公认的北宋遗构，且见诸《资圣寺创兴田土记》。可以参照开化寺大殿对比审视毗卢殿斗栱为代表的设计特征。

算法基因：高平资圣寺毗卢殿外檐铺作解读

❶ 文献 [4].
❷ 平武报恩寺除常见的青绿配色之外，一些梁枋彩画带有显著的单色倾向。参见：四川省文物考古研究院，等．平武报恩寺 [M]. 北京：科学技术出版社，2008：161,171（彩画图版）.
❸ 瞿昙寺建筑彩画——兼谈明清彩画的几个问题．载于：青海省文化厅．瞿昙寺 [M]. 成都：四川科学技术出版社，2000：32-50.
❹ "营缮司……内官监成造修理皇极等殿、乾清等宫，一应上用什物家伙。……召买天大青……每斤银二两；……石大青……每斤银七钱；……天大绿……每斤银一钱二分；……石大绿……每斤银七分；……"．参见：[明] 何士晋．工部厂库须知 [M]. 卷三（北京图书馆古籍珍本丛刊）．北京：书目文献出版社，1998：371.

1. 样式特征

近来有学者从细部样式搭配的角度将古建筑样式特征归结为"形制"❶。样式特征既反映建造时代的形式好尚，也能够反映一些构造逻辑，是不可回避的"基础特征集合"，因此可能在一定的时间和地域范围内成为范例，具备一定的"形制"属性。毗卢殿外檐铺作的"基础特征集合"具体表现在柱头铺作和转角铺作的样式和构件关系上。

毗卢殿柱头铺作整体到细部之样式特征，分别与开化寺大雄宝殿❷对比（图13）如下：

1）整体样式，采用单杪单下昂五铺作，耍头做昂形，下昂上交互斗与里跳不归平；不施完整补间铺作，只于素方上隐刻一组泥道栱作为装饰；扶壁栱采用泥道栱与多重素方组合，下两

❶ 参见：徐怡涛.公元7至14世纪中国扶壁形制流变研究[J].故宫博物院院刊，2005（5）：86-101；徐怡涛.明清北京官式建筑角科斗栱形制分期研究——兼论故宫午门及奉先殿角科斗栱形制年代[J].故宫博物院院刊，2013（1）：6-23.

❷ 张博远，刘畅，刘梦雨.高平开化寺大雄宝殿大木尺度设计初探[M]//贾珺.建筑史.第32辑.北京：清华大学出版社，2013：70-83.

资圣寺毗卢殿柱头铺作

开化寺大殿柱头铺作

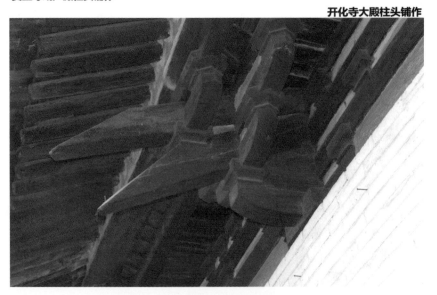

图13 资圣寺毗卢殿柱头铺作与开化寺大殿柱头铺作影像对比

层素方上依次隐刻慢栱和泥道栱；开化寺大殿柱头铺作与此完全相同；

2）横栱类构件样式，横栱一律抹斜，厚度显著小于华栱，栱瓣首杀略急，分瓣方法不详；开化寺大殿南北两面柱头铺作与此完全相同，而东西两侧横栱改为出锋样式；

3）斗类构件样式，栌斗、交互斗、散斗均斗颐深曲，底部外撇，近皿底状；交互斗出锋，平面投影呈五边形；开化寺大殿基本与此相同；唯外跳和后檐、两山里跳交互斗不出锋，东西两侧柱头铺作散斗反而随栱出锋，呈五边形平面；

4）出跳构件样式，华栱栱瓣首杀略急，出锋；昂和耍头做批竹昂行，出锋；开化寺大殿基本与此相同，唯前檐里跳华栱出锋，其余不出锋。

转角铺作，在沿用柱头铺作基本特征之外，其特征主要体现在出跳相列的做法搭配上。分别叙述如下（图14）：

资圣寺毗卢殿转角铺作

开化寺大殿转角铺作

图14 资圣寺毗卢殿转角铺作与开化寺大雄宝殿转角铺作影像对比

1）瓜子栱与耍头出跳相列，耍头尖略探出令栱外皮——瓜子栱对应另端未用小栱头或切几头；开化寺大殿与此同；

2）令栱列瓜子栱，身内交隐鸳鸯栱；需要在此说明的是，为保持鸳鸯栱自身匀称，同时其下方瓜子栱与耍头出跳相列位置对应之铺作头跳显著大于第二跳，因此鸳鸯栱交手处明显偏离耍头位置；同时，由于铺作下昂上交互斗不归平，耍头与鸳鸯栱略有相犯，须做出交手栱瓣方可回避，反映出构造几何设计基础上样式的选择取舍；开化寺大殿与此同；

3）华栱、角华栱俱出锋；华栱上交互斗、平盘斗、鸳鸯栱上外侧散斗俱出锋，平面呈五边形；开化寺大殿多与此同，唯正身华栱、华栱上交互斗不出锋。

简单归纳，二殿铺作虽有差别，但是"共用"所有样式，虽然一些样式的使用位置不同，但是并无独立存在区别于另者的样式特征。

2. 细部交接

在样式特征基础上拓展开来，一些样式组合的背后存在特殊交接，特殊交接的背后则暗藏几何设计的差异。鉴于斜置构件在正交体系中的穿插关系能够深层次地反映几何设计异同，本文所集中关注的交接都与毗卢殿所采用的下昂有关。

第一个细节是在华栱之上交互斗的形式采用出锋五边形平面（图15：A点）。现有研究曾经关注到山西晋城青莲寺释迦殿、山西平顺龙门寺大殿、山西陵川崔府君庙门楼的类似做法[1]，所不同的是，这些案例中出锋交互斗之上均采用了华头子。

毗卢殿案例之稀见或者恰恰说明这种做法具有一定的工艺难度。抵近观察可以看出，下昂底与交互斗出锋之间存在复杂咬合，须将交互斗局部向下抹斜方可将下昂顺利入位；查询近年修缮中解体后构件影像资料也可以看出，交互斗前端留隔口包耳，后端仅设斗耳，向前出锋与向下抹斜做法并存（图16）。另有值得注意的要点是下昂底皮是与交互斗斗口存在较明确的对应关系的——下昂底在出锋之内、隔口包耳之外的某一位置与斗口水平面相交会。这个交会位置既不同于山西平遥镇国寺万佛殿柱头铺作为代表的交互斗斗平外延承托下昂的做法，也不同于辽宁义县奉国寺外檐铺作下昂底卧入交互斗斗平而与瓜子栱外下棱对位的做法。[2]

与此对应，开化寺大雄宝殿此处则未用出锋做法，也无需将交互斗细节处抹斜以适应下昂角度（图17：A点），昂、斗关系与山西平遥镇国寺万佛殿相同。具体到内部构造，目前尚无解体探查或X射线透视影像的机缘，无法妄加推测。此处两种可能性：其一，与资圣寺不同——例如采用的是一套搭配：下昂底不做搭接隔口包耳的开口、华头子保留完整三角形而端头不做切割、交互斗不用隔口包耳——与河北蓟县独乐寺观音阁上层外檐柱头铺作同[3]；其二，与资圣寺做法基本相同，采

❶ 刘畅，汪治，包媛迪. 晋城青莲上寺释迦殿大木尺度设计研究 [M]// 贾珺. 建筑史. 第33辑. 北京：清华大学出版社，2014：36-54；刘畅，刘梦雨，徐扬. 也谈平顺龙门寺大殿大木结构用尺与用材问题 [M]// 王贵祥，贺从容. 中国建筑史论刊. 第玖辑. 北京：清华大学出版社，2014：3-22；刘畅. 算法基因：晋东南三座木结构尺度设计对比研究 [M]// 王贵祥，贺从容. 中国建筑史论刊. 第拾辑. 北京：清华大学出版社 2014：202-229.

❷ 刘畅，刘梦雨，王雪莹. 平遥镇国寺万佛殿大木结构测量数据解读 [M]// 王贵祥，贺从容. 中国建筑史论刊. 第伍辑. 北京：清华大学出版社，2012：101-148；刘畅，刘梦雨，张淑琴. 再谈义县奉国寺大雄殿大木尺度设计方法 [J]. 故宫博物院院刊. 2012（2）：72-88；刘畅，徐扬. 观察与量取：佛光寺东大殿三维激光扫描数据分析的两点反思 [M]// 王贵祥，贺从容，李菁. 中国建筑史论刊. 第壹拾叁辑. 北京：清华大学出版社，2016：46-64.

❸ 杨新. 蓟县独乐寺 [M]. 北京：文物出版社，2007.

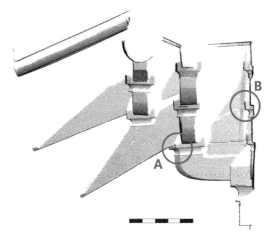

图 15　资圣寺毗卢殿外檐铺作三维激光扫描点云图像

图 16　资圣寺毗卢殿外檐铺作交互斗分件影像

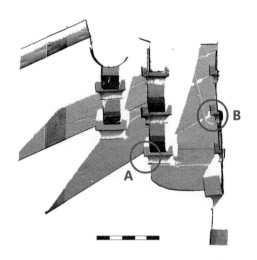

图 17　开化寺大雄宝殿外檐铺作三维激光扫描点云图像

用交互斗隔口包耳、下昂开口、华头子切断等做法，仅下昂斜度算法相异——结合华头子与交互斗内侧切割搭接的现象，华头子内部应也已做切割，此种做法可能性较大（图 18）。

　　第二个细节为下昂底、华头子在泥道位置的交接关系（图 15：B 点）。在这个位置上，华头子不仅在与昂底交接处留出斗耳，形成台阶状交接，而且在泥道处开浅槽口以容素方，配合实测数据可以说明华头子用材略高于一足材，因此隐刻出的斗耳仅约略为正常斗耳高度之半甚至不足。虽然由于历史重修之故，毗卢殿不同位置的斗栱此处做法不尽相同，但是采用上述细部者占据 8 朵柱头铺作中之 4 朵，2 朵无斗耳台阶，另 2 朵交接不清无法肯定，因此上述做法可以判断为原始设计。近年修缮中解体后构件影像资料更加明确了这种交接（图 19），剔除构件棱角残缺因素，华头子斜面上端应直抵隐刻斗口处。这种做法并非孤例，相去很近者有陵川的南

图 18 开化寺大雄宝殿外檐铺作影像

图 19 资圣寺毗卢殿外檐铺作华头子分件影像

图 20 陵川南吉祥寺中殿外檐铺作华头子分件影像

吉祥寺中殿（图 20）。

至于开化寺大殿，则有着关键性差异（图 17：B 点）——虽然泥道外侧华头子和下昂之间存在台阶状搭接关系，但此位置却显著低于隐刻斗口，暗示着下昂与正交构件之间的几何设计与毗卢殿不同。

3. 叠合对比

为了直观表达资圣寺毗卢殿与开化寺大雄宝殿外檐铺作的设计差异，可以将二者的三维激光扫描点云图像进行叠合。叠合做法能够说明以下主要问题（图21）：

1）二者是否存在简单的对应关系或比例关系？

2）二者是否在下昂斜度设计上存在关联？

叠合图像可以相应地做出初步回答：

1）若叠合图像中的泥道外皮和华栱下皮，则每铺高度差异显著，而每跳出和总出差异较小；二者显然不是同样几何设计相似缩放的结果，说明两处下昂造斗栱几何设计不同；

2）二者下昂斜度几近重合，但考虑到各种形变因素，最终认定尚有待于实测数据检验。

归纳前文的种种观察，尽管资圣寺和开化寺斗栱构件样式并无实质差别，仅存在搭配方式的差异，但是在构件交接细节上还是差异显著的。如此的差异需要落实在大木匠的画线工作上，需要落实在实际榫卯设计和制作中。进一步而言，既然这些构造差异反映不同的"绳墨"，那么不同的"绳墨"是否可以归结于不同的匠作流派？还是同一匠作流派面对不同案例需求时的灵活应变呢？

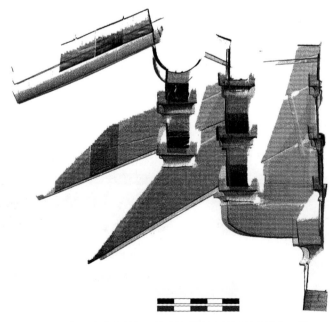

**图21　资圣寺毗卢殿与开化寺大雄宝殿外檐柱头铺作三维
激光扫描图像叠合分析图**

四、实测数据的线索

上文中针对毗卢殿铺作的直观观察和三维激光扫描图像观察初步揭示了研究对象的样式和构造交接关系特点，解读全面几何设计则尚须依赖实测数据展开统计和分析。以下将从平面控制、架道分布、斗栱尺度三个层次递进地推进研究。

1. 平面与架道尺度

首先需要将视野略为扩大，考察大殿平面尺度。容易理解的是，如果建筑平面保留早期规模，则在此基础上的晚期修缮沿用早期斗栱时便需要大规模的改造调整，尤其在柱头枋、罗汉枋、横栱等构件处必然遗留众多改造痕迹。因此考察斗栱层相对完整的构架时——资圣寺毗卢殿当归于此列，柱头平面的营造尺长度、尺度特征可以为斗栱主体做法之年代判定提供重要的参考。

"15 实测"一方面手工采集了立柱平面数据，另一方面利用三维激光扫描作业的外檐设站，从左右两侧测量了柱头相应构件两两间距，汇总如表 1。

表 1　资圣寺毗卢殿柱头平面实测数据汇总与推算　　（单位：毫米）

数据项	明间	西 / 北次间	东 / 南次间
北立面面阔，测站 1	3971	3405	3401
北立面面阔，测站 2	3973	3388	3408
南立面面阔，测站 1	3982	3381	3380
南立面面阔，测站 2	3982	3375	3382
西立面进深，测站 1	3970	3399	3369
西立面进深，测站 2	3973	3390	3376
东立面进深，测站 1	3972	3399	3370
东立面进深，测站 2	3970	3399	3380
总均值	3974	3392	3383
折合尺 1 尺 = 308 毫米	12.90	11.01	10.98
取整尺	13	11	11
吻合程度	99.25%	99.88%	99.86%

上表中的实测数据反映大殿呈正方形平面，面阔整体和部分尺度均与进深相同，明间大于次间。按照308毫米长的营造尺推算，明间恰合1丈3尺，次间恰合1丈1尺。相比之下，按照明间1丈2尺5寸或者次间1丈5寸等系列推论均难以得到满足简约关系的联言命题。

此外，鉴于屋架部分可能受到正德重修更大的扰动甚至更替，同时架道设计并不出乎柱头平面的控制，因此本文不深入探讨举折尺度，集中分析平面尺度中最重要的约束条件——橑风槫至柱心、柱心至下平槫、下平槫至上平槫部分，即体现匠人如何构思斗栱总出跳与下平槫划分前后进深尺度的问题。整理三维激光扫描点云数据如表2。

表2　资圣寺毗卢殿屋架架道实测数据汇总与推算　　（单位：毫米）

测量位置	架道1 泥道-下平槫	架道2 下平槫-上平槫	架道3 上平槫-脊槫
东缝东侧北段	对应开间-架道2	1981	1961
东缝东侧南段	对应开间-架道2	1958	2020
东缝西侧北段	对应开间-架道2	1973	2014
东缝西侧南段	对应开间-架道2	1957	1965
西缝东侧北段	对应开间-架道2	1981	2008
西缝东侧南段	对应开间-架道2	1977	2025
西缝西侧北段	对应开间-架道2	1950	2003
西缝西侧南段	对应开间-架道2	1924	1989
均值	1425.4	1962.6	1998.1
折合尺 1尺=308毫米	4.63	6.37	6.49
取整	4.6	6.4	6.5
吻合程度	99.39%	99.56%	99.81%

表2中，因"架道1，泥道-下平槫"点云测量值受到形变影响较大，且泥道栱厚度无法直接测得，因此计算值以柱头平面开间值减去"架道2"替代。尽管由于结构变形数据分布较离散，但是仍然可以清晰判断，"架道3"均分中进深为6尺5寸，而前后进深在屋架上并不均分，而是"架道2"略小于"架道3"，"架道1"与斗栱总出跳合二为一组成屋架第一步。

2. 铺作本身

进而要理解"架道1"与斗栱总出跳的尺度配合，则需要整理斗栱层实测数据。考虑到斗栱层参与到屋架结构体系中的关键数据是其总出跳尺寸，远近高下直接影响其他部位木结构设计，加之下昂造昂身穿插，此斜置构件与各层出跳交接又是细部几何设计的直接反映，于是，需要在明确下昂与正交构件的空间交接关系的基础上考察各构件尺度和结构关系尺度。按照"15实测"的工作流程，可以将手工测量的单材厚广数据、三维激光扫描采集的足材数据、三维激光扫描采集下昂主要关系数据列入表3至表5。

表3　资圣寺毗卢殿外檐铺作单材厚数据表　　　（单位：毫米）

测量位置	华栱	瓜子栱	慢栱	令栱	昂	要头
南东头（外）	143	131	131	131	135	128
		131	130	133		
南东头（内）	147				145	未及
	140					
东南角（外）	未及	131	130	135	130	139
	未及	未及	未及	未及	未及	未及
	未及				未及	未及
东南角（内）	140				145	未及
	150					
东南头（外）	140	124	125	126	未及	未及
		另侧未及	另侧未及	另侧未及		
东南头（内）	147				144	未及
	140					
东北头（外）	143	120	136	126	134	138
		未及	未及	未及		
东北头（内）	145				143	136
	141					
东北角（外）	144	129	128	131	117	130
	145	118	132	129	147	145
	147				132	136
东北角（内）	148				144	144
	未及					
北东头（外）	147	121	132	121	135	129
		未及	未及	未及		
北东头（内）	144				143	138
	145					
北西头（外）	未及	130	123	125	130	127
		131	120	125		
北西头（内）	138				145	142
	146					

测量位置	华栱	瓜子栱	慢栱	令栱	昂	要头
西北角（外）	141	132	120	124	138	133
	141	129	未及	123	144	138
	138					
西北角（内）	143				148	148
西北头（外）	150	120	133	125	137	133
		110	130	128		
西北头（内）	145					
	147					
西南头（外）	137	124	135	132	138	132
		115	132	135		
西南头（内）	139					
	142					
西南角（外）	145	127	134	120	140	135
	未及	130	未及	122	142	132
	未及					
西南角（内）	147				141	未及
	147					
南西头（外）	140	125	129	125	134	136
		127	128	120		
南西头（内）	147				未及	未及
	147					
均值	143.8	125.3	129.3	126.8	138.8	136.0
折合寸	4.67	4.07	4.20	4.12	4.51	4.41

鉴于数据采集方式、位置与表 3 所列相同，因此表 4 和表 5 中不再罗列每个实测数据，仅归纳均值和推算结果。

表 4 资圣寺毗卢殿外檐铺作足材数据统计结果　　　　　　　（单位：毫米）

	泥道 1	泥道 2	泥道 3	瓜子栱处	慢栱处	令栱处
均值	280.8	276.5	285.1	274.7	276.4	265.3
与华栱厚比值	1.95	1.92	1.98	1.91	1.92	1.84
折合寸	0.91	0.90	0.93	0.89	0.90	0.86

表5　资圣寺毗卢殿外檐铺作单材数据表　　　　　　　　　　　　　　（单位：毫米）

	泥道1	泥道2	泥道3	瓜子栱处	慢栱处	令栱处
均值	200.5	192.2	190.3	183.7	188.0	183.9
与华栱厚比值	1.39	1.34	1.32	1.28	1.31	1.28
折合寸	0.65	0.62	0.62	0.60	0.61	0.60

应当如何看待以上三套材离散的数据呢？

对比思路清晰的柱头平面尺度和架道划分方案，如此零碎多变的数据现象不仅反映了不同位置加工制作结果的明显差异——有的受到修缮中更换构件的影响，有的归于施工误差，也有因人为调整所致——更反映出木匠的智慧，单材高度低了可以垫高散斗补足。抓住关键的控制尺寸，适当放松底层制作的误差要求，于是才有"差一寸，不用问"。于是，一方面是必然存在的统一设计，另一方面是受到多种条件干扰的解读；其间的桥梁也有两个：不断试错和寻求适合多个限制项的公共解。

贯通整体斗栱设计的解读将在下文展开，针对用材广厚数据的判断则是：

1）在确定材厚方面，匠人尽可能地节省了物料——确保华栱厚度之外，基本保证华头子、下昂和耍头等重要构件的截面厚度，进而大幅削减瓜子栱、慢栱、令栱和其他素方厚度；这一点也可以从泥道上对应华头子层素方、上层素方处的散斗斗耳尺度观察得到（图22）；泥道栱与华栱出跳相列，厚度相同；

图22　毗卢殿柱头铺作影像

2）结合表 3、表 4、表 5，判定：

华栱厚度为基本度量；

足材高度长期受压，实测值偏小，理论值为华栱厚之 2 倍；

单材高度长期受压，实测值偏小，理论值为华栱厚之 1.4 倍；

3）按照营造尺长 308 毫米计算，折合成寸，华栱厚合 4 寸 7 分，吻合程度达到 99.32%；延续上文高度数据的倍数解读，可能存在材分制度——结合下文可以做出进一步判断。

毗卢殿斗栱一类的不归平下昂造，几何设计的核心在于明确两个关键点：下昂斜度和昂上交互斗较归平位置下降几许。由于结构变形的原因，对于这两点的研究需要结合实测值和推算值双管齐下；而推算值的主要依据则有相对稳定的出跳值、足材广、昂身真广、昂平出和抬高等。

需要从昂平出和抬高拓展开来。本案例中，下昂的斜度与上文密切观察的昂下交互斗和泥道附近台阶状搭接有关，相当于在自华头子隐刻斗斗口至五边形交互斗斗口的平出举例上抬高一足材（图 23）。初步观察，这里的"自华头子隐刻斗斗口至五边形交互斗斗口"似乎恰恰等于第一跳出，然而事实并非这么简单——交互斗前隔口包耳被特意增大了。此做法的效果接近《营造法式》华头子突出的做法，增加了下昂水平出的尺度。对照交互斗分件影响可以做出分析（图 24）：

1）交互斗内侧斗耳与瓜子栱、慢栱上散斗斗耳尺度无异，实测取样值为 45 毫米；

2）交互斗外侧隔口包耳厚度约合 70 毫米；

3）交互斗隔口包耳外侧槽口内，自包耳外皮至槽口外檐，都可能作

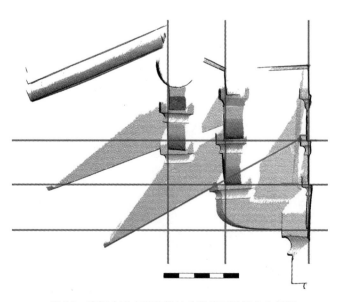

图 23　资圣寺毗卢殿外檐柱头铺作下昂斜度分析图

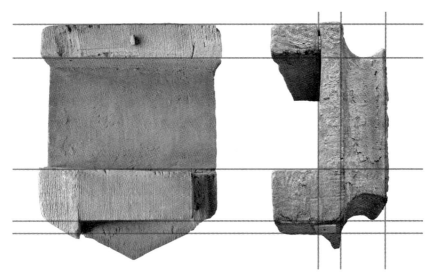

图 24　资圣寺毗卢殿外檐柱头铺作交互斗影像分析图

为下昂斜度计算起点，从侧立面观察，下昂与对应铺作层上表面的交线似在包耳之外；

4）目前虽尚无法再行解体研讨下昂水平出起点位置，但是可以肯定判断的是下昂水平出计算值显著大于第一跳。

与上述推论呼应，实测数据基本可以对号入座（表6）。

表6　资圣寺毗卢殿外檐铺作下昂斜度相关实测数据表　　　　（单位：毫米）

	出跳		昂广	交互斗降	昂平出 [2]
	头跳 [1]	二跳			
实测均值	525.9	364.6	258.0	55.7	560.0
折合寸	17.1	11.8	8.37	1.81	18.18
折合分° 以华栱厚为10分°	36.57	25.35	17.94	3.87	38.94
取整分°	37	25	18	4	40
吻合程度	98.84%	98.59%	99.65%	96.82%	97.36%

为什么出跳值达到 37+25 = 62 分°呢？按照华栱厚 4 寸 7 分合 10 分°计算，62 分°即为 2 尺 9 寸 1 分 4——匠作会记为 2 尺 9 寸——虽然 63 分°的 0.46 寸为 2 尺 8 寸 9 分 8，更加接近 2 尺 9 寸，但是与华栱厚等实测数据吻合程度欠佳，不取此说；此 2 尺 9 寸呼应架道部分泥道至下平槫的 4 尺 6 寸，便构成橑风槫至下平槫的 7 尺 5 寸。

为什么头跳 37 分°呢？算上交互斗隔口包耳外增加的尺度，能够基本凑足 40 分°——得到

❶ 测量值校核素方至瓜子栱外皮间距、泥道栱至瓜子栱间距，对比剔除华栱、瓜子栱厚度差值影响。

❷ 三维激光扫描图像中隐刻斗不清，此处为补充手工采样测量值，采样位置为南立面明间东西缝两朵柱头铺作，测量人：徐扬，刘畅。

简明的下昂平出尺度控制。

回过头来看足材，便是 20 分°，和开化寺大殿的研究成果相合；下昂斜度便是在水平出 40 分°的基础上抬高 20 分°，是一典型的"五举"下昂，依然可以很好地回应上文叠合毗卢殿和开化寺大殿斗栱点云图像时的观察结果。

接下来，昂上交互斗下降分°值也与开化寺大殿的研究成果相合，同为 4 分°，这个算法在竖直方向上保持了与开化寺同样的分°数关系——累计至橑风槫底 80 分°（现场仅手工采样测量，基本符合《营造法式》规定的华栱底至栌斗底高 12 分°、替木广 12 分°，依此进行计算）。

至此得到比较完整的一套斗栱几何设计解读，汇总如图 25。

3. 理想模型

是跳出局部回到大殿木结构整体设计思路的时候了。

北宋年间毗卢殿营造之初，在寺院总体规划控制下，确定采用 3 丈 5 尺的正方形平面，开间丈尺确定为明间 1 丈 3 尺，次间 1 丈 1 尺。这个尺度略小于开化寺大雄宝殿。后者柱头平面见方 3 丈 8 尺，其中明间 1 丈 4 尺，次间 1 丈 2 尺。再进一步，架道设计对应开间尺度展开，唯独需要照应斗栱总出尺度，划分起手一架和内里一架——同样的设计思路极其常见，高平开化寺大殿亦然。

于是需要解决融入架道尺度设计的斗栱尺度设计问题。首先需要确定的自然是基本度量——材份或标准构件尺寸。本文采信的是"材份说"，

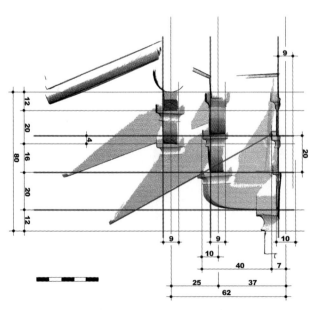

图 25　资圣寺毗卢殿外檐柱头铺作几何设计分析图

认为本案例中的基本度量精细到分°，标准材厚10分°，足材20分°，每分° 0.47寸。或许是物料储备的原因，或许是规制等级的原因，分°值未取0.5寸。

稍显畸零的计算单位一定引发复杂的尺度计算，无法实现开化寺案例那般简明的算法——斗栱出跳60分°，恰合3尺，与1丈2尺的前后进深配合，均分架道为7尺5寸。0.47寸的分°值需要借助于匠人常用的口诀取舍尾数。

62分°的总出跳折合2尺9寸1分4，约简成2尺9寸，符合匠人的习惯，也恰好与架道测量中的数据搭配完美——2尺9寸加上泥道心至下平槫的4尺6寸凑成7尺5寸，而4尺6寸和下平槫至上平槫的6尺4寸就是划分进深次间的算法。

62分°的总出跳在斗栱细节设计上还有问题没有解决——由于下昂的存在，若采用同样的五举下昂，那便要么选择与开化寺大殿相同的昂下华头子三角形——则需要调整第二跳，昂上交互斗位置和/或昂广便面临调整，要么采用相对固定的下昂以上第二跳的算法和做法——则需要在开化寺大殿的基础上调整昂下华头子三角形的位置和/或昂下交互斗细部设计。

资圣寺的大木匠选择了后一种做法，微调了泥道处华头子与下昂的交接关系，也带来了必须将昂下交互斗出锋以增加水平出的做法。前者或即泥道栱上齐心斗的退化，后者则显示出不使用露明华头子的执拗，而其深层原因当是榫卯交接思路之不同。

总结上文中对现有各部分实测数据的统计分析，可以得到关于资圣寺毗卢殿大木设计丈尺的"理想模型"（图26）。该模型各个投影方向上所

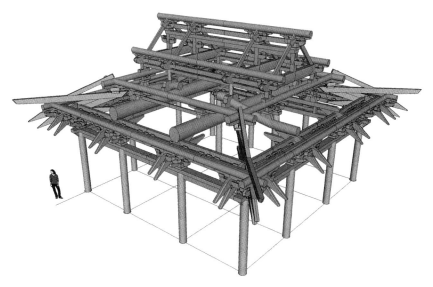

图26　资圣寺毗卢殿大木结构尺度设计理想模型

成之视图与三维激光扫描点云图像之叠合比较可以基本反映剔除后世改动因素的结构现状变形情况，留作日后研讨。

五、营造"亲缘"

样式、构造、尺度三者并举，能够带来上述针对原始设计的理解。这是聚焦"匠人"的理解，并未涉及顶层的"主人"从意识形态出发擘画建筑形制的问题，也未涉及底层的"主人"对主流形制的效仿。对于"匠人"而言，在功能不具统治性、形式缺乏选择性的年代，构造和构造美学是他们得以安身立命的要务。当时匠作之"学"还在建构本身，还在回答可为与否、易为与否、恒为与否等问题本身。于"用"，本文倡导"回归建构"的建筑学方向，须得古人般洞悉材料特性，磨砺做法细节，摆脱只为标新立异的设计独木桥；于"学"，此乃面向史学的纯然的研究系列，从案例解读到系统解读，从作品逆推一大群隐没在文字记载之外的大匠的专业思维。在案例解读已有一定积累的阶段，案例之间的联系——营造亲缘问题——以及建立联系的可能性问题，便成为不可回避的研究对象。

1. 资圣寺与开化寺

接续资圣寺毗卢殿斗栱解读的，是其与开化寺大雄宝殿之间的营造亲缘是近是远，如何阐释的问题。

回到北宋元丰五年（1082 年），资圣寺大殿开工或完工的时候，开化寺大殿土建可能还没有完竣，壁画彩绘工程还没有开始。❶ 一座是乡村寺院，一座则是唐代末年既已名声昭彰的大寺 ❷，资圣寺的僧人、工匠奔波请益是再自然不过的事了——这只不过是"最低联系猜想"。

虽然元至元十九年（1282 年）来自"舍利山开化寺"的释文海刊立的《资圣寺创兴田土记》并不代表宋代的情况，即便碑文中追溯的紫岩钦禅师"参大愚次见辖牛"，也只是金元之交的鲜活往事，但是我们绝对不会怀疑毗卢殿建造时主持僧人心中对开化寺的无限景仰。

资圣寺大殿一定要比开化寺的小，斗栱材份一定也不能有所逾越。我们曾经分析过山西陵川梁泉龙岩寺大殿和西溪二仙庙后殿之间 5/6 的比率关系 ❸，所憾资圣寺与开化寺的比值并不一律，也并不简明：明间之比13/14；次间之比 11/12；用材之比 47/50；斗栱出挑之比 29/30。也许这个数据现象归因于材份制不足以强大到统领一切，抑或尚未贯彻深入，不过客观地讲，在尺度差别不大的情况下，调整局部的方法要比整体缩放的方法简明很多。

北宋元丰年间的大木匠终究会面临整分、半分之外非整分°值的情况吧！他们必然掌握调整局部的方法吧！资圣寺大殿的局部调整集中体现在斗栱设计上，体现在匠人的一个算式上，即 $62 \times 0.47 = 29.14 \approx 29$ 寸。

中国建筑史论汇刊·第壹拾肆辑

❶ 参见：《泽州舍利山开化寺修功德碑》，"始以元祐壬申正月初吉，绘修佛殿功德"，载于：赵魁元，常四龙. 高平开化寺 [M]. 北京：中国文联出版社，2010：43.

❷ 参见：《泽州高平县舍利山开化寺田土铭记》，"唐昭宗特赐上中地土一十顷，充供僧之用。大顺元年赐寺坡下客院屋三间，地八亩……"，载于：赵魁元，常四龙. 高平开化寺 [M]. 北京：中国文联出版社，2010：41.

❸ 刘畅，徐扬，姜铮. 算法基因：两例弯折的下昂 [M]// 王贵祥，贺从容. 中国建筑史论汇刊. 第拾贰辑. 北京：清华大学出版社，2015：267-311.

与之配合的，是一套调整做法：

1）下昂斜度保持一致，要增加总出跳分°值，便不妨考虑略向外平移，于是泥道处隐刻齐心斗形式有变化——那也是一套成熟的方案，至少曾经出现在辽宁义县奉国寺大雄殿 ❶、山西陵川南吉祥寺中央殿；

2）头跳尺度增加 1 分°，同样的下昂斜度下，下昂平移量大于头跳增加量，所以要满足昂平出量，又不用露明华头子，就必须采用出锋交互斗；

3）第二跳尺度增加 1 分°，但为保持昂上交互斗下降分°数，须微调昂广与其上交互斗关系；

4）只调整出跳，高度上则保持总分°数不变——当是一长久有效的算法，便于准确估算橑风槫的空间位置，为设计屋面坡度奠定了基础。

结论可以简括为：资圣寺大殿与开化寺之间是极其相近的营造亲缘关系，近到可以归为同一门类做法在不同案例中灵活运用的地步。

诚然，上述说法的目的在于"引论"——实质在于"引起讨论"。而这些认识的核心启发在于，以尺度研究为基石，透过样式和交接的异同，解读异同的设计动因，得出资圣寺和开化寺大殿木结构设计"同门"的认识——认识的起点还是那句话"北宋元丰年间的大木匠终究会面临非整分°值的情况吧！"。这不是结论，而是议题。

拓展开来，还有"五举下昂"的议题。参照既有研究来看，山西榆次雨花宫（1008 年）的下昂大致为五举，宁波保国寺大殿（1013 年）下昂斜度同样是五举 ❷，《营造法式》颁行之后的河南登封少林寺初祖庵大殿亦然 ❸，但是此三者之中可能存在的材份权衡及算法却与高平二例显著不同，目前无法与开化寺和资圣寺建立任何"血缘关系"：雨花宫的下昂"昂嘴从背上斜劈到尖，尖上没有稍留一点厚度，是纯粹的'批竹昂'式"，"昂身直接由斗口伸出，没有用'华头子'承托" ❹，斜度可能"水平出 32 分°、抬高 16 分°"；初祖庵和保国寺大殿可能是"水平出 44 分°、抬高 22 分°"，二者均使用露明的华头子。

2. 匠作源流三原理

原理一，"结构逻辑论"。 建筑主体的结构选型是大地域、大时代匠作分野的标志。在抬梁式建筑体系之内，即使目前类型积累和证据积累尚且不足，结构逻辑的判断也往往具备有效性。但是对于结构尺度逻辑，则必然存在非同源的相同案例——人类头脑的运行方式往往惊人地相似。尽管如此，结构尺度逻辑却是下一步构造尺度逻辑之依托。因此，结构尺度对于类型划分或者断代研究的意义并不具有决定性，而是个案深化研究的基石。

具体到资圣寺案例，明间左右间缝上所用六架椽屋四椽栿对乳栿用三柱、山面以丁栿和乳栿抬架歇山屋架的做法都是晋东南地区宋金时期常见的结构选型；设若清晰划分此类结构选型的历史和地域的边界，或辨识细

❶ 杨烈.义县奉国寺 [M].北京：文物出版社，2011：251（图四一，大雄殿斗栱分件图一〇）.

❷ 刘畅，孙闯.保国寺大殿大木结构测量数据解读 [M]//王贵祥，贺从容.中国建筑史论汇刊.第壹辑.北京：清华大学出版社，2009：27-64.

❸ 刘畅，孙闯.少林寺初祖庵实测数据解读 [M]//王贵祥，贺从容.中国建筑史论汇刊.第贰辑.北京：清华大学出版社，2009：129-158.

❹ 莫宗江.榆次永寿寺雨花宫.中国营造学社汇刊.第七期二卷.1945.

节串、栿运用及搭配的异同，则囿于历史变迁和积累不足，尚未时机成熟。还有一点需要避免的，就是超越匠作习惯地追求逆推营造尺长和建筑主体丈尺精度的倾向。到底应当强调开化寺大殿的306毫米营造尺与资圣寺308毫米营造尺之间的差异呢？还是忽略这不足1分之别？答案只会在大量案例积累的前提下浮现。

原理二，"构造逻辑论"。 归结起来，细部构造选型的深层原因主要包括对材料的认识、对组合稳定性的认识和构造尺度约束三大类。材料问题：以木材为例，构件制作纹理方向的选择涉及地域环境差别和材性差别；稳定性问题：不仅因时代检验而演进，而且受到其他构造方式改变的影响；构造尺度问题：则一方面深层地揭示面对同样的尺度限制可以产生哪些不同构造的选择，另一方面可以避免过度诠释因尺度限制而采用的新构造形式的匠作源流意义和时代意义。

具体到资圣寺案例，构造尺度对于样式和构造的影响是比较突出的。一旦确定分°值之后，保持铺作高、调整总出跳远近成了最简单的方案，榫卯做法也不会发生实质变化；故而判定资圣寺和开化寺二例同门。反之，如果仅理解昂下交互斗、泥道处下昂底等处的交接关系，而没有看到尺度设计带来的需求，没有看到零碎分°值带来的计算上的需求，便很容易忽视资圣寺和开化寺案例之间的联系，只着眼做法差异，很容易见木不见林，见物不见人。

原理三，"样式论"。 针对一系列构件在不同建筑中所采取的样式（涵盖纹饰的样式），在观察、分类的基础上，运用统计归纳的方法进行地域和/或年代分类。把样式研究放在最后，并不意味着其重要性或有效性低于其他工作，仅仅是个人研究兴趣差异所致；恰恰相反，样式归纳以及在地域、时代大数据库背景之下的骈比是认识古代建筑的第一步和最重要的一步。统计归纳工作本身的校验和信息公布永远无法被低估，其意义要大于我们常常期望的用统计结果来"快速"判定古建筑的出身。

具体到资圣寺案例，不仅需要将开化寺"拿来"，而且需要考察青莲寺释迦殿、龙门寺大雄宝殿，还要将其放大到"适当地域"、"适当时代"范畴之下，这是本文尚无力深入探讨的。即便如此，资圣寺和开化寺案例之间，呈现出颇有意味的现象——在使用位置有所不同的情况下"共用"所有样式——在一定意义上暗合原理二"二例同门"的结论。

3. 性状与基因说

判定营造亲缘的核心在于从众多现象、大量数据中找到一些可以拿来"标的"建筑特征做法的要素。最理想的，便是找到匠人自己记录的一些特征做法之法则，退而其次的，是逆推出这种法则——附会生物学的术语，就是"基因"，以区别于所有性状，无论表征还是解剖。表面性状便是样式，解剖性状是榫卯交接；而基因是"法"，是控制样式选择和交接关系设计的方法，是匠人不会轻易调整的，是一旦调整之后不会轻易改变的。

不同建筑部位存在相应的基因，同一位置的基因存在多样性。目前的研究处于探究局部基因多样性的阶段。只有在局部基因得以揭示的情况下，不同部位基因组的研究的意义才能够得到彰显。对于早期木结构建筑而言，斗栱的做法多样，是当前研究的主题。

本文认定的"算法基因"具体反映在斗栱部位细节的算法和做法：

1）可能存在的一套算式，用于计算斗栱出跳尺度，配合架道设计，也延续同一下昂五举斜度设计，如：

开化寺案例，0.5 寸 $\times 60$ 分° $= 30$ 寸；

资圣寺案例，0.47 寸 ×62 分° = 29.14 寸 ≈ 29 寸；

2）体现在解剖构造上，则是华头子前端做法——不露明，且截断于交互斗内侧。

这里的第一点接近基因本身，因为可以列入"法"的范畴。说它"接近"，是因为"法"更抽象，很多时候不是简单的算式，而是权衡之法，或者如本案例般调整出跳值，或者调整下昂斜度，是思路上的事。因此基因的认定便不免存在主观因素，不存在简单的黑白，不是理工学科的证明，而是一个说服的过程。

关于第二点的解剖构造，恰暗示着同一位置不同基因的存在，而且现实案例中确实存在，只是斗栱类型不同，为双杪双下昂七铺作。❶ 经过解体且公布斗栱的分件图表达了昂下交互斗与华头子交接关系的现有案例仅有两个——辽代统和二年（984 年）的河北蓟县独乐寺观音阁和开泰九年（1020 年）的辽宁义县奉国寺大雄殿。在这两个案例中，对于华头子前端做法的揭示几乎是"无意识"的——作者客观地、分散地展现了华头子和交互斗细节，并未说明二者是如何组织一起的，也未说明各种组装方式的特点。

"无意识"证据往往更具说服力。独乐寺观音阁和奉国寺大雄殿头昂下交互斗和华头子的榫卯形式的主要差异在于三点：

1）交互斗是不是留隔口包耳；

2）下昂底是不是随之开台阶状卯口以配合隔口包耳；

3）华头子是不是具有向前挑出的余地。

此三者是相互关联的。在独乐寺观音阁的案例（图27）❷ 中，交互斗未做隔口包耳，下昂底不必开台阶状卯口，华头子前端直抵交互斗外口；在奉国寺大雄殿案例（图28）❸ 中，交互斗留隔口包耳，下昂底随之开小台阶，华头子前端虽顺做一小三角形垫入交互斗，但颇疑同一匠作门类或可在交互斗内侧亦留隔口包耳，华头子前端截断咬合——佛光寺东大殿与此类似，而本文二例在这个细节上与奉国寺存在共通之处。两种做法之间，前者留有华头子伸出露明的余地，调整出跳值也因此颇显从容，后者则没有发展成《营造法式》所记载的出华头子做法的可能。

这个解剖构造指向一种制约算法的思路——匠人是否愿意为了出跳等尺度上的需要而突破长期形成的构造逻辑。一旦突破了，便意味着进入了另一个匠作门类或是新的匠作门类。不过，归根结底解剖构造还不是基因本身，因为它们只是"基因"中的局部；另外，基因也不会大到《营造法式》"总铺作次序"那样涵盖整朵斗栱做法的程度，"总铺作次序"反映的是基因组。

最后需要说明的是，笔者一系列探讨"算法基因"的尝试本意是为了示踪。自然界中物质所携带的标靶成分或特征为人类提供了示踪的线索；人类行为习惯的示踪则要复杂得多——固然存在一题多解，不应忽视殊途同归。于是表层信息的简单分类便存在一种负面倾向——停留在达尔文时代的倾向，于是诞生了跨入孟德尔时代的需求。不同于生化过程的有法可循，人脑运行过程只好用人脑的运行来解读。不确定性——试错——讨论平台，冷静看待学说的浮现和消长，便是享受学术的生活吧。

❶ 文献 [5].

❷ 图纸采集自：杨新. 蓟县独乐寺 [M]. 北京：文物出版社，2007：265，340.

❸ 图纸采集自：杨烈. 义县奉国寺 [M]. 北京：文物出版社，2011：247-252.

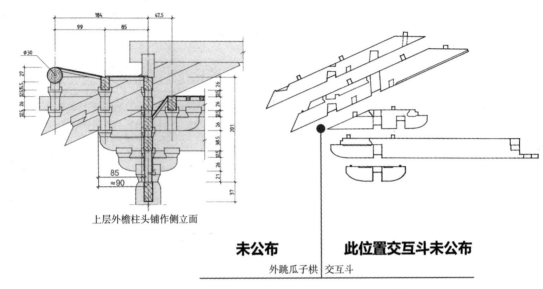

上层外檐柱头铺作侧立面

图 27 独乐寺观音阁上层外檐铺作所代表的昂下交互斗做法一

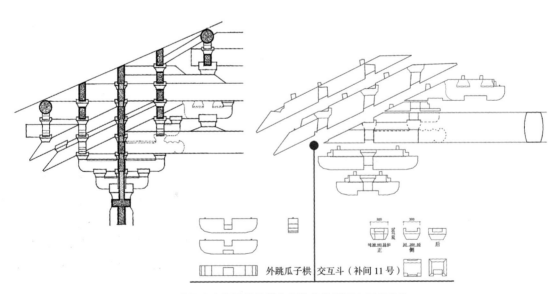

图 28 奉国寺大雄殿外檐铺作所代表的昂下交互斗做法二

参考文献

[1] 刘畅. 算法基因: 晋东南三座木结构尺度设计对比研究 [M]// 王贵祥, 贺从容. 中国建筑史论汇刊. 第拾辑. 北京: 清华大学出版社, 2014: 202-229.

[2] 薛林平. 沁河中游传统聚落空间格局研究以山西省高平市大周古村为例 [J]. 中国名城, 2010（10）: 67-72.

[3] 刘畅, 徐扬, 姜铮. 算法基因: 两例弯折的下昂 [M]// 王贵祥, 贺从容. 中国建筑史论汇刊. 第拾贰辑. 北京: 清华大学出版社, 2015: 267-311.

[4] 刘畅, 廖慧农, 李树盛. 山西平遥镇国寺万佛殿天王殿精细测绘报告 [M]. 北京: 清华大学出版社, 2013: 215-223.

[5] 刘畅, 徐扬. 观察与量取: 佛光寺东大殿三维激光扫描信息的两点反思 [M]// 王贵祥, 贺从容, 李菁. 中国建筑史论汇刊. 第壹拾叁辑. 北京: 清华大学出版社, 2016.

算法基因：高平资圣寺毗卢殿外檐铺作解读

南村二仙庙正殿及其小木作帐龛尺度设计规律初步研究 [❶]

姜铮

（清华大学建筑学院）

摘要：南村二仙庙正殿内的小木作帐龛是国内现存一处重要的早期小木作实物，据信应创建于 12、13 世纪。针对此例，清华大学国家遗产中心展开了较为系统的勘察与测绘工作，并得到相应的数据资料。本文即基于实地所得测绘数据所做的分析报告。报告的主旨一方面在于公布数据资料，以供相关研究者讨论，另一方面则是对数据中存在的典型尺度规律与设计方法展开必要讨论。讨论焦点主要集中于营造尺、材份、朵当构成以及间架比例。

关键词：南村二仙庙，小木作帐龛，尺度设计规律

Abstract: The wooden shrine at the Temple of the Two Transcendents Nancun, Shanxi province, dated to the 12th or 13th century, is an important relic of early-period fine carpentry in China. From 2013 to 2015, the National Heritage Center of Tsinghua University carried out a systematical measured survey of the main hall and the shrine, and established a detailed database. This paper presents the surveying and measuring results and provides an in-depth analysis of the data, discussing standard rules of proportion and design with regard to absolute units of length (*chi*) and modular units (*cai-fen*), the distance between two bracket sets (*duodang*), and the scale of the whole structure.

Keywords: Nancun Erxianmiao, fine carpentry in form of a wooden shrine, rules of proportional design

绪言

1. 有关研究对象与研究意义的说明

1）研究对象简介

南村二仙庙位于山西省晋城市，是晋东南地区历史最为悠久的二仙祠庙之一，现为国家级重点文物保护单位。庙内现存正殿、献殿以及挟屋、配殿若干，其中正殿为珍贵的早期木构建筑遗存，且殿内保存的二仙帐龛亦是重要的早期小木作实物遗存。根据庙内碑文的明确记载，这座地方神祠的正殿创建于 12 世纪初（中国北宋末期）。通过多种测年与断代手段的综合运用，我们基本可以认定小木帐藏的建造年代与主殿大致相当（准确地说或稍迟于正殿）。这处小木帐龛的构成形式复杂，设计与制作水平高超，且保存至今仍较为完整，对于宋金时期山西地方的小木作设计与建造技术而言，具有充分的代表性。

2013 年至 2015 年间，清华大学国家遗产中心受国家文物局指南针项目委托，对山西南部

---

❶ 本论文受国家文物局指南针计划专项项目《山西南部地区古建筑中小木作工艺综合研究与展示》的资助，系项目相关成果的组成部分。

地区留存的重要小木作实物展开调研，并着重对南村二仙庙正殿的小木作帐龛进行了三维激光扫描与详细勘察。上述工作为本文的写作提供了可贵的基础资料，尤其是三维激光扫描所得的数据资料，使针对小木作尺度的精细分析成为可能，本文即主要针对该小木作帐龛的尺度规律展开说明（图1）。

图1 南村二仙庙小木作帐龛外观 ❶

❶ 除特别标注外，本文图片全部为作者自摄、自绘。

2）研究意义简要说明

毫无疑问，帐藏类小木作包含极为复杂的文化与技术内涵，但目前针对此类对象的研究却十分有限，更未出现过针对典型案例的详细勘察报告。现阶段有限的研究主要集中于《营造法式》文本释读，但一方面《营造法式》小木作制度当中含混不详之处颇多，另一方面早期小木作实物资料较之大木作更加匮乏，无法提供足够的比对、印证材料，直接导致了小木作研究的踯躅难行。有鉴于上述现实原因，笔者认为该研究对象具备高度的独特性与珍贵性，有必要对其研究意义与历史价值进行宣传，并对本次勘察的发现做相关介绍。

基于上述考虑，本文将主要的写作目标定位于两点，其一是公布较为完整翔实的实测数据，以供更多研究者讨论；其二则是结合数据分析结果、实地勘察认知以及相关技术史研究背景，针对南村二仙庙小木作帐龛尺度设计中的典型现象提出个人理解。

3）南村二仙庙小木作帐龛基本形制说明

从整体上讲，南村二仙庙正殿的小木作帐龛是一组由若干座单体龛室组合而成的复杂群体。其主要空间被布置为前后两排，包括后排的两座主龛室、前排的两座配楼（配楼下层为安置胁侍女官的空间，上层无实际用途）。主要龛室之间各有联系部分，将整座帐龛组织成为有序的整体，并产生出三组较为完整的立面：第一组立面由两座主龛及其间连接部分构成，共计五开间；第二组立面系由两座配楼及其间连接部分构成，两配楼之间的连接部分设计颇为雄奇，系一座横空架设的虹桥，虹桥拱顶之上设置九脊小殿一座以象征天宫，形成了极为突出的视觉焦点；第三组立面为整座帐龛的侧立面，包含主龛、配楼的侧面及两者之间的连接部分，形成前后三个开间（图2）。

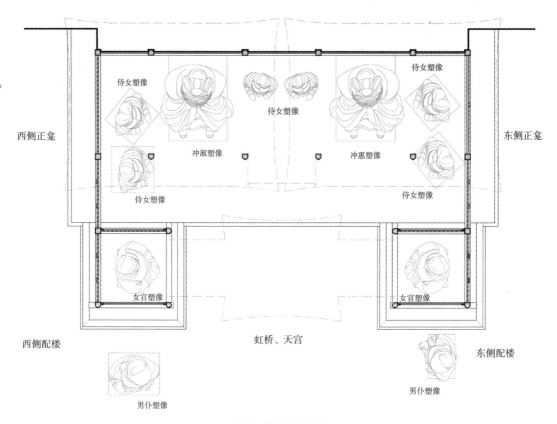

西侧正龛　　　　　　　　　　　　　　　　　　　　　　　东侧正龛

侍女塑像　　　　　　　　　侍女塑像　　　　　　　　侍女塑像

冲淑塑像　　　　　　　　　　　冲惠塑像

侍女塑像　　　　　　　　　　　　　　侍女塑像

西侧配楼　　　　　　　　　虹桥、天宫　　　　　　　　东侧配楼

女官塑像　　　　　　　　　　　　　　女官塑像

男仆塑像　　　　　　　　　　　　　　　男仆塑像

图2　帐龛平面构成

帐龛中的每座单体，其基本形制皆出于对真实木构建筑外观的模仿，立面上具备显著的水平分层。最上部由歇山屋面覆盖，屋檐下设置斗槽版，版上附着有装饰性的斗栱，再下层则为杆框构成的龛室空间。斗栱的铺作数以及昂栱配置皆依所处位置的不同而存在变化，其中檐下斗栱皆为下昂造，铺作数由六铺作至八铺作，体现出明确的主次关系，而平坐斗栱则相对简单，为五铺作卷头造。斗栱在几个标高上呈现集中的带状分布，增加了帐龛各个立面的整体性与连续性，且在朵当设置显示出极强的规律性，下文中将做详细说明（图3～图5）。

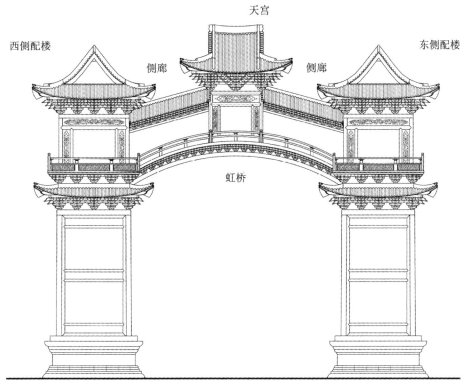

图3 帐龛正立面一

天宫

西侧配楼

东侧配楼

侧廊

侧廊

虹桥

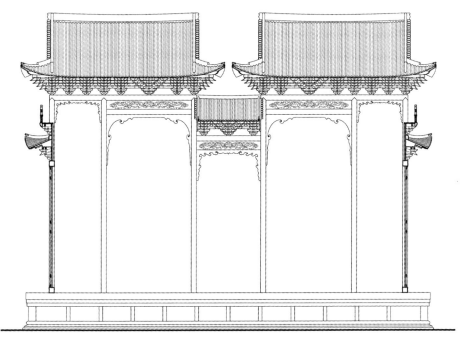

图4 帐龛正立面二

西侧正龛

东侧正龛

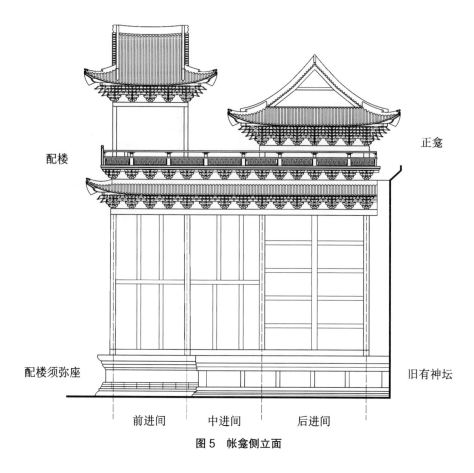

配楼

正龛

配楼须弥座

旧有神坛

前进间　　中进间　　后进间

图5　帐龛侧立面

　　每谈及形制，则难免要涉及案例与《营造法式》制度之间的关系。关于帐龛类小木作，《营造法式》当中提及了四种基本形式，分别为佛道帐、牙脚帐、九脊小帐以及壁帐。其中的壁帐，顾名思义系倚壁而立，往往作为殿宇中等级相对较低的陪衬性帐龛，在形体方面此类帐龛也往往更加注重立面而非体量的组织关系，与南村二仙庙小木作帐龛亦存在显著区别。综上，在《营造法式》帐藏类小木作当中，可与实物展开直接对照的主要是佛道帐、九脊帐以及牙脚帐三类。

　　然而就形制分类而言，南村二仙庙小木作帐龛难以与上述的任何类别简单画上等号。制度中介绍的帐龛不论帐头、帐座形制如何复杂，本质上却均为单体龛室，帐身空间简单而集中。而南村所见实物则显然不同，系由多座帐龛单体联立而成的复杂群体。如果非要在实物与《营造法式》制度之间建立联系的话，似乎可以将其看作是由若干座九脊帐单体串联构成的复杂组合体。或可就本小木作帐龛与《营造法式》制度之间的关系做出如下概括：《营造法式》制度中描述的四种"帐"与两种"藏"均是由单一或者比较简单的体量构成，但在此之上的装饰与制作工艺则高度复杂；与之相对，南村二仙庙小木作帐龛在体量构成方面更加多变，但对于单体的装饰却相对有所节制。

有关形制的异同比较原不是本文所论述的主要内容，但这种体量的总体与局部的构成关系，却无疑是尺度设计的必要前提。

2. 有关本次扫描测绘工作的介绍

1）关于测量精度的总体说明

根据对象的实际情况，本次扫描测绘工作考虑了不同扫描设备的配合使用。而针对小木作——特别是细密的斗栱部分则有针对性地选用了手持式扫描仪。手持式扫描仪能够准确呈现更加细小的局部尺寸，且误差控制程度可以达到 0.1 毫米级别，也只有在这样的前提之下，方能保证测量误差不至于对最终结果的判断造成影响。在本次尺度分析当中，小木作的测量读数与统计结果均统一精确至 0.1 毫米。

2）关于内业数据处理方法的说明

在获得完整点云的前提之下，笔者对内业的操作以及后续尺度分析工作做出了更加详细的计划，计划的核心是根据不同测量项目各自的设计加工特点与误差构成特点，将实测数据划分为统计性测值与非统计性测值两类，再分别进行处理。

统计性测值集中在斗栱部分，斗栱用材的截面尺寸对于设计而言具备独立意义。但由于加工误差的影响显著存在，单个测值往往具有较大的随机偏差，无法准确反映原初设计值，因此需要借助统计方法，以较大样本的均值（亦即数学期望值）来作为构件尺寸的复原代表值。由于斗栱在实物当中大量重复出现，因此具备反复测量的条件，能够形成较大的统计样本，这部分内容将占据很大比重。本次内业操作对所得小木作斗栱点云进行了逐一切片和量取，以保证在位置、类型等方面均具备足够的覆盖率（图6～图8）。

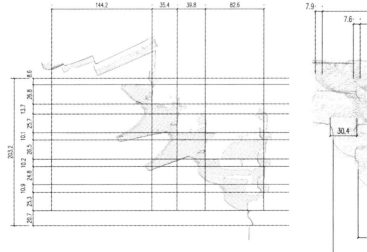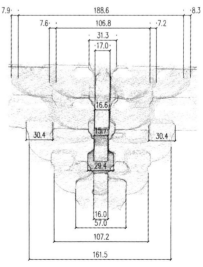

图6　小木作斗栱测量过程中的点云切片

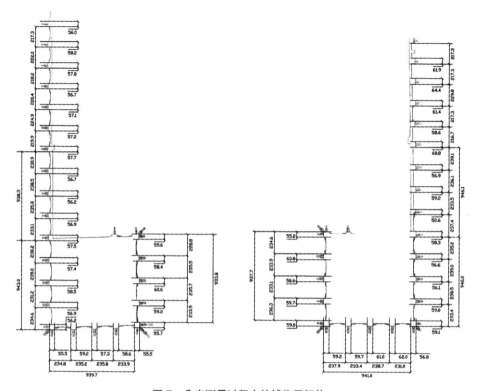

图 7　朵当测量过程中的铺作层切片

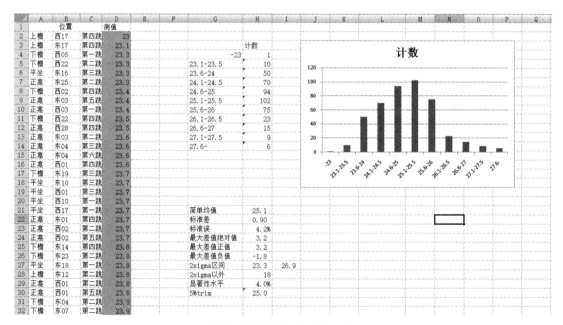

图 8　数据统计工作过程示意

此外，对于各项样本的均值计算结果，还应当有相应的客观的标准，用以衡量均值的可用性与可靠性——比如用标准差衡量样本的离散率，用标准误衡量均值的可靠程度等。但需指出，这些评价概念的意义主要在于特异值筛查，却并不能从方法层面上直接达到消除误差的目的。

非统计性测值包含小木作间架以及大木作尺寸。间架尺寸与大木作尺寸不具备重复测量的条件，实际操作中仅在典型部位进行切片和量取，因此所得样本数量有限。但由于实物设计本身存在一定的对称性，因此非统计性测值也会出现部分的重复测值，这些重复测值理论上应相等。对于这部分数据，分析过程中同样采用均值作为代表值，但相比于大样本的统计性测值，非统计性测值的均值仍可能受到误差较大程度的干扰，需要通过一些相对可靠的逻辑分析来加以纠正（图9）。

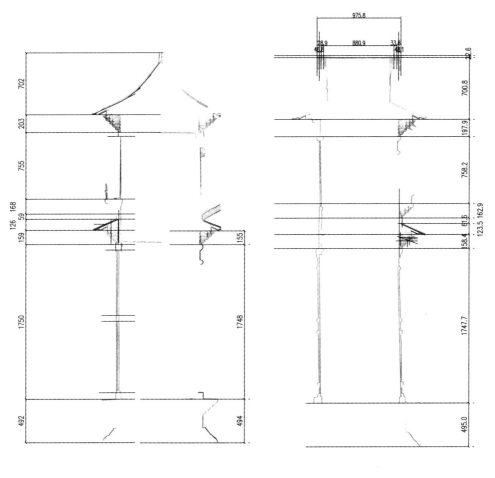

西侧配楼剖面1　　　　西侧配楼剖面2

图9　小木作间架尺寸量取过程中的点云切片

一、营造尺复原

营造尺作为官方颁行的基准公制单位，是研究尺度与设计相关问题的重要出发点，考虑到大、小木作之间可能存在设计的关联性，本文尽可能将大、小木作尺度作为整体综合来分析。对于营造尺值的分析与复原工作，大致分三个步骤展开：

首先，本文以南村二仙庙正殿大木作的实测尺寸为基础，对其中所包含的取值与比例规律进行排查，通过自洽性分析得出对于营造尺值的推测性结论。

其二，平行比较同地区、同时代的相关案例，得出对于"地方常用营造尺"的基本认识，以"地域近似性"作为检验标准对营造尺的推测值进行验核。

其三，将推定的营造尺值用于小木作帐龛主要设计尺度的验核，并进一步确定其可靠性。

1. 南村二仙庙正殿大木作的基本尺度规律

用于分析的大木作尺度主要包含斗栱尺寸与开间尺寸两部分：

1）斗栱尺寸

作为验核对象的大木作斗栱尺寸主要包含了材厚、单材广和足材广等数据项（栔高值以足材广减单材广加以表示）；

其中材厚实测样本数量约 20 个，属于小样本，样本整体波动幅度不大（最大与最小值差 17 毫米），简单均值计算结果为 134 毫米，但样本数量过少显然会给计算结果带来较大的偶然性（详细数据可参见附表 1）；

大木作单材广的实测数据共 45 个，但在作简单排序之后可见，材广的实测值与构件位置之间存在显著关联：其中第一跳华栱的材广普遍大于第二跳及耍头材广，有必要分作两组计算。鉴于在二跳华栱与耍头的材广测值有连续三个显著偏小值处于同一位置（西北转角），应当可以判断为明显的变形偏差。因此最终取定第一跳华栱材广的有效测值 16 个，均值198.8 毫米；第二跳华栱及耍头材广的有效测值 26 个，均值 187.5 毫米，二者之间存在约 11 毫米的差值（详细数据可参见附表 2）；

大木作足材广与单材广相类似，可能存在两个材等的设置。实际处理中考虑到耍头位于铺作构造的最上层，足材广值容易受到后世的人为干扰（实测结果中存在若干个显著偏小的测值），故而仅以第一、二跳华栱作为统计对象并去除了西北转角的两个偏差值，分别进行简单均值计算，结果为第一跳足材广的有效测值为 16 个，均值 291.9 毫米；第二跳足材广的有效测值 13 个，均值 282.4 毫米，二者之间同样存在约 10 毫米差值（详细数据参见附表 3）。

将上述数据统计结果加以总结：

从单材广值与足材广值分别的计算结果看，一、二跳华栱广的取值均相对简洁，并且分别与栱厚值之间呈现特定的比例关系，体现出材截面设定中的逻辑性（后文还将对大、小木作材截面设定规律做专门讨论），表明一、二跳华栱的截面尺寸确实可能在设计之初即被分别加以设定；此外，从一、二跳华栱足材广与单材广之间差值的情况来看，整组铺作当中栔高的设定应是相对稳定的；

此外，大木作斗栱为五铺作出两跳，出跳值的测量样本较少，实际测仅得第一、二跳出跳值各四组，一、二跳总出跳值十二组。但好在出挑值的整体构成十分简单明了，未出现较大波动。简单均值计算的结果一、二跳跳值均等，为392毫米，总出跳均值为784毫米；

2）开间尺寸

本次实测对于开间值并未做重复测量，但由数值可见四面分别测量所得的开间值较为匀齐，且具有比较明确的对应性，显然开间测值仍然存在比较高的可信度；

实测前后檐当心间均值为3046.5毫米，前后檐次间均值为2525毫米，两山面当心间均值3154毫米，两山次间均值为1560.8毫米；折合营造尺：前后檐当心间均值为9.7尺，前后檐次间均值为8尺；两山面当心间均值10尺，两山次间均值为5尺，构成关系简明，可见314毫米营造尺的可靠性；但前后檐当心间取值9尺7寸稍显奇零，设计用意暂无法明确解释（详细数据参见附表4）；

兹将上述实测统计结果归结为表1，从中可见大木作尺度的实测样本虽然数量有限，但设计取值的规律性较为明确，在以314毫米作为营造尺长复原值的情况下，表中所罗列的主要设计值绝大部分可以被恢复为简洁尺寸值，从而体现出显著的自洽性：

表1　设计尺寸自洽性验核表——大木作部分

数据项属性		名目	实测结果（毫米）	折合314毫米营造尺	归正值（尺）	吻合度
大木作	斗栱尺寸	材厚	134.0	0.427	0.42	98.4%
		一跳材广	198.8	0.633	0.63	99.5%
		二跳材广	187.5	0.597	0.6	99.5%
		一跳足材广	291.9	0.930	0.93	100.0%
		二跳足材广	282.4	0.899	0.9	99.9%
		一二跳出跳值	787.6	2.508	2.5	99.7%
	开间值	前后檐当心间	3046.5	9.702	9.7	100.0%
		前后檐次间	2525.0	8.041	8	99.5%
		两山当心间	3154.0	10.045	10	99.6%
		两山次间	1560.8	4.971	5	99.4%

2."地域近似性"与宋金时期晋东南地区的常用营造尺

所谓"地域近似性"分析,实际是专门针对营造尺复原值而做的地域研究,旨在进一步提高营造尺推测值的合理性、可靠性。

将近似性判定运用于营造尺复原分析,其合理性首先即在于营造尺演变的自身规律:第一,营造用尺应属于常用尺系统,在一定的时间与空间范围内应具有统一性;第二,营造尺的统一是各工种之间协调配合的需要,诸如事材场开料需确定常用尺寸、门窗等附属部分可能涉及预制加工,以上均需要以统一的营造尺作为前提;第三,官尺颁行可能对晋东南地区的常用尺产生直接影响(北宋中后期营造尺长应接近于三司布帛尺值),客观促进了地方用尺的统一。

据现存及出土宋尺实物长度大多在 314 毫米上下、312—316 毫米之间这一事实,学者们普遍认为这一区间应即北宋三司布帛尺长的可能范围。❶

而从对晋东南相关建筑实物数据的罗列中可以发现,营造用尺在北宋前中期与北宋后期存在非常明确的差异,前期营造用尺长显著小于三司布帛尺,集中在 300 —305 毫米之间,且较为杂乱,可能系五代割据时期地方用尺的遗存。后期显著大于前者,且更趋统一,特别自北宋后期以来,314 毫米上下已成为营造尺推定的一个集中区间❷,且该营造尺值在金代仍被长期沿用,在较长时间段内一直处于相对稳定状态,可以作为地方常用营造尺的重要参考值,南村二仙庙正殿的大、小木作营造用尺长度恰在此范围内,而与南村二仙庙建造年代邻近的泽州青莲寺释迦殿、平顺龙门寺大雄宝殿亦均严格吻合此营造尺。

此外,308 毫米上下的营造尺在晋东南地区亦属常见,但其由来有待进一步研究。

下面仅将部分相关案例的营造尺推定值作一罗列(表 2),以供比较:

表 2　11 世纪后期至 12 世纪中期晋东南地区部分木构建筑营造尺复原值统计

建筑名称	所属地区	建筑年代	推定营造尺(单位:毫米)	资料来源
崇明寺中殿	晋城市高平市	北宋开宝四年(971 年)	303	参考文献❸
游仙寺毗卢殿	晋城市高平市	北宋淳化元年(990 年)	300	仅据材截面尺寸推断
崇庆寺千佛殿	长治市长子县	北宋大中祥符九年(1016 年)	298	仅据材截面尺寸推断
南吉祥寺中佛殿	晋城市陵川县	北宋中叶	297	据材截面与主要间架尺寸推断
开化寺大雄宝殿	晋城市高平市	北宋熙宁六年(1073 年)	306	参考文献❹

❶ 其中有代表性的说法见:杨宽.中国历代尺度考 [M].北京:商务印书馆,1955:104;丘光明,邱隆,杨平.中国科学技术史·度量衡卷 [M].北京:科学出版社,2001。

❷ 由于营造尺推定值并不能严格等同于当时的营造尺实长,故而存在一定的波动幅度,造成这一跨度的原因主要是由于误差因素不能完全排除,不同实例的营造尺长原值之间亦不可避免存在差异,但从整体视角看,北宋后期营造尺长度趋于统一的态势仍然是非常明确的。

❸ 徐扬,刘畅.高平崇明寺中佛殿大木尺度设计初探 [M]// 王贵祥,贺从容.中国建筑史论刊.第捌辑.北京:中国建筑工业出版社,2013。

❹ 张博远,刘畅,刘梦雨.高平开化寺大雄宝殿大木尺度设计初探 [M]// 贾珺.建筑史.第 32 辑.北京:清华大学出版社,2013。

建筑名称	所属地区	建筑年代	推定营造尺 （单位：毫米）	资料来源
青莲上寺释迦殿	晋城市泽州县	北宋元祐四年（1089年）	314—315	参考文献❶
龙门寺大雄宝殿	长治市平顺县	北宋绍圣五年（1098年）	314	参考文献❷
南村二仙庙正殿	晋城市泽州县	北宋大观元年（1107年）	314	
南村二仙庙小木作	晋城市泽州县	略晚于正殿大木作	314	
西李门二仙庙	晋城市高平市	金正隆二年 （1157年）	312	仅据材截面尺寸推断
中坪二仙宫正殿	晋城市高平市	金大定十二年 （1172年）	312	仅据材截面尺寸推断

3. 314毫米营造尺对小木作帐龛主要设计值的验核情况

将314毫米营造尺长推测值用于对小木作主要设计尺寸的验核，现将小木作主要设计尺度的实测数值与复原值罗列如表3：

表3　设计尺度自洽性验核表——小木作部分

数据项属性		名目	实测分析结果（毫米）	折合314毫米营造尺	归正值（尺）	吻合度
小木作	基本材 栔尺寸	小木作基准单材广	25.1	0.0799	0.08	99.9%
		基准材厚	15.8	0.0503	0.05	99.4%
		基准栔高	10.9	0.0347	0.035	99.2%
		虹桥斗栱材厚	13.5	0.0430	0.042	97.6%
	开间与 朵当	配楼一层柱脚开间	957.1	3.048	3.05	99.9%
		配楼一层柱头开间	945.8	3.012	3	99.6%
		配楼二层柱头开间	909.1	2.895	2.9	99.8%
		主龛通进深	1318.3	4.198	4.2	100.0%
		主龛面阔向心间	1239.1	3.946	3.95	99.9%
		主龛面阔向次间	729.1	2.322	2.25	96.8%
		下檐基准朵当	235.6	0.750	0.75	100.0%
		正龛侧立面朵当	219.1	0.698	0.7	99.7%
		上檐朵当	227.5	0.725	0.725	99.9%
	局部构 造尺寸	檐出尺寸	157.4	0.501	0.5	99.7%

❶ 刘畅，汪治，包媛迪.晋城青莲上寺释迦殿大木尺度设计研究 [M]// 贾珺.建筑史.第33辑.北京：清华大学出版社，2006。
❷ 刘畅，刘梦雨，徐扬.也谈平顺龙门寺大殿大木结构用尺与用材问题 [M]// 王贵祥，贺从容.中国建筑史论汇刊.第玖辑.北京：清华大学出版社，2014。

数据项属性		名目	实测分析结果（毫米）	折合314毫米营造尺	归正值（尺）	吻合度
小木作	竖向尺寸	配楼一层柱高	1747.9	5.57	5.6	99.4%
		配楼二层柱高	757.0	2.41	2.4	99.5%
		正龛帐柱高	2555.4	8.14	8	98.3%
		天宫帐柱高	678.0	2.16	2.15	99.6%
		虹桥拱顶高	2930.1	9.332	9.4	99.3%

上表中的数据项虽不是尺度设计的全部，但显然已覆盖了相当的广度，从中所得出的数据规律应具有代表性。

由上表可见该营造尺对于小木作实测尺寸同样具备很好的吻合性，在基本材栔尺寸、各向的朵当尺寸、间架尺寸以及局部构造尺寸等方面均反映出一定的规律性。毫无疑问，以314毫米作为营造尺复原值在大、小木作之间颇能自洽，既验证了该营造尺推定值的合理性，同时也说明南村二仙庙正殿大、小木作采用了相同的营造尺，在设计规律方面亦应具有高度的统一性和可比性。

营造尺推定与设计规律分析，二者既相互约束又互为条件，形成以自洽性为判定标准的循环论证。本节仅就小木作尺度的验核情况做简要的总体说明，其目的在于证明营造尺推定值的可靠性。下文就南村二仙庙小木作帐龛的实测结果与设计规律做出更加全面、系统的分析说明。

二、小木作斗栱用材截面的分析

1. 小木作用材尺寸的量取

1）有关测量精度问题的再次说明

由于小木作斗栱的用材尺寸过于细小，对于"斗栱构件的设计与加工能达到何种精度，是否存在讨论的意义"的问题，笔者在分析工作之前也存在疑问。但从实际的测量与统计结果来看，古代工匠的确展现出惊人的加工能力：各项设计尺寸的整体波动幅度确实在可控范围内，客观说明小木作的设计与加工精度的确得到了较好的保证，具备进行尺度分析的条件。在样本数量充足的前提下，大量实测结果将呈现正态分布，其均值能在较大程度上反映出当时工匠的设计意图。

但也必须指出，在更小的数量级之下，小木作尺度显然更容易受到误差因素的影响，并且受到更多现实条件的约束，因此对于小木作用材尺度规律的判定，应适当保持谨慎。

首先对于实测工作中遇到的具体问题，在此先统一做以下说明：

除通常意义的加工与测量误差外，影响小木作材截面测量值的主要因素尚有两点：其一是积灰与油饰地仗的厚度，其二是木材本身可能存在的干缩变化。以上因素在小木作材截面尺寸的数量级下已不能完全忽略，有可能对最终测量结果产生影响，但由于这些影响的程度在现有技术条件下极难定性，更不可能准确量化，故而在目前的数据统计中只能暂不做处理，仅在此存记；

很多在大木作上存在的设计规律对于小木作而言可能面临无法确证的情况（比如份值在设计中的应用）。对此，笔者认为应当更多考虑到木作加工精度存在客观限制，尺度设计亦不可能无限深化，因此对于实测结果无法证明的各种可能性本文暂不做过度解释；

通常情况下，尺度研究会对测值中的误差做出适当判断与归正，比如华栱的材广值由于常年受压，其归正值在逻辑上应当略小于实测值，但这些判断经验对于小木作而言却未必同样适用，因为小木作不具备真实大木构件的受力条件，其变形机理中存在新的不确定因素，仍需具体问题具体分析。

2）测量范围的说明

首先应当说明，小木作帐龛斗栱的用材设定本身包含有整体与局部的变化：

从分布情况来看，小木作帐龛的两座主龛、两座配楼、正中的天宫以及各建筑单体之间的主要连接部分均带有檐口，檐下设斗栱；此外，两座配楼的二层与承托天宫的虹桥下部亦设置了类似平坐的构造并使用斗栱；在各组成部分当中，主龛、配楼以及天宫的斗栱材截面系采用了完全统一规格的设定，此类斗栱显然分布最为广泛且与帐龛整体设计之间的关联最为密切，应可视为是斗栱用材的基准设定，是本次小木作斗栱用材尺度分析的重点；

第二类规格的斗栱仅出现在虹桥平坐以及天宫两侧斜廊的檐下，此类斗栱的截面尺寸较之基准斗栱略有缩小。由实测情况看，第二类斗栱的测量误差远大于基准斗栱，实际分析中仅作为局部参照。

受实物测量条件所限，本次测量对象仅针对各朵铺作的华栱构件，测量项目包含了单材广、材厚与栔高。

3）实测数据说明

由于实测样本数量较为庞大，本文受篇幅限制无法将其完整公布，在此仅对各项测量对象的统计结果先做出基本说明。

（1）基准用材的材广值

样本数量充足，共计 455 个，可视为正态分布，简单均值计算结果为 25.1 毫米。

标准差为 0.9 毫米、2sigma 区间（即 ±2 倍标准差区间）为 23.3—26.9 毫米，显著性水平为 4%（2sigma 区间以外的测值个数 / 测值总数，正常范围应 <0.05），标准误为 0.042，说明所有数值的整体分布情况基本吻合正态分布，并且均值计算结果应具有较高的可靠性（95% 可信度范围在 25.0—25.2 毫米）。

（2）基准用材的材厚值

样本数量充足，共计 306 个，可视为正态分布，简单均值计算结果为 15.7 毫米。

标准差为 0.8、2sigma 区间为 14.1—17.3 毫米，显著性水平为 2%，标准误为 0.046，说明所有数值的整体分布情况基本吻合正态分布，并且均值计算结果应具有较高的可靠性（95% 可信度范围 15.6—15.8 毫米）。

（3）基准用材的栔高值

样本数量充足，共计 434 个，可视为正态分布，简单均值计算结果为 10.9 毫米。

标准差为 1.2 毫米、2sigma 区间为 9.7—12.1 毫米，显著性水平为 6.2%，标准误为 0.058，说明该组测值存在一定程度的离散，受到变形等外部因素影响的可能性较大（与预先判断的情况相符：由于小木作帐龛斗栱均未使用足材栱，所量取的栔高为空当值），但从区间计数所得图像看，该组测值的峰值并未受到极端特异值的显著影响（5%trim 之后再求平均值，结果未出现明显偏移），由此认为计算所得均值仍可在一定程度上反映原初设计值的大致范围（95% 可信度范围 10.8—11.0 毫米）。

（4）虹桥斗栱用材的材广值

样本数量为 36，均值计算结果为 18.4 毫米。

样本总体标准差为 0.9 毫米，2sigma 区间为 17.6—20.2 毫米，显著性水平 19.4%，标准误为 0.2，说明该组测值的离散率较高（与预先判断的情况相符：由于该部分斗栱的截面设计随虹桥曲势、连廊倾斜而各自带有一定的抹斜，基本无法保证加工尺寸的统一），并且由于样本个数有限，均值计算的结果可能存在一定偏度，需要用逻辑辅助纠偏。

（5）虹桥斗栱用材的材厚值

样本数量为 42，均值计算结果为 13.5 毫米。

样本总体标准差为 0.5 毫米，2sigma 区间为 12.5—14.5 毫米，显著性水平 7.1%，标准误为 0.082，说明该组测值存在一定的离散率，并且由于样本个数有限，均值计算的结果可能存在一定偏度，如果仍按照大样本均数的计算公式，则该组数据吻合总体样本均值的可信区间为 13.3—13.7 毫米。

2. 有关小木作材截面设定的解读

1）取值与比例

首先应当指出，小木作基准材等设定的简洁性令人印象深刻，这种简洁性主要体现在单材截面的设定上——材厚 5 分、广 8 分显得极为简单明确。其中特别值得注意的是小木作材厚值被直接设定为半寸，这种取值方式能够使材厚值与朵当、开间之间产生易于控制的比例构成关系，从而成为材模数设计方法的重要基础。由于这种设定方式的意义显而易见，并且经常出现在大木作斗栱（相当于《营造法式》三等材）当中，因此具有十分强烈的逻辑指向性；另外，从后续的系统分析来看，小木作基准单材截面的材广值在竖向尺度设计中同样有被用作控制模数的可能性。有关模数化设计的问题还将在下文被进一步讨论。

材广、材厚与栔高是材截面尺度设定的三个基本指标，但相比于单材截面尺寸的简单肯定，小木作基准栔高的测值则存在显著奇零（折合314毫米营造尺3.4分），其设定意义也有待商榷。由于小木作斗栱整体未采用足材，栔高全系空当值，更容易受到构造变形的影响，因此不排除栔高实测均值当中包含有显著的偏差。仅从取值简洁性以及实际加工可操作性的角度出发，将栔高值复原为3.5分亦不失为一种可能性。

而着眼于更宏观层面的比较，在小木作基准材截面的比例关系方面有两点值得关注：其一是栔高设定相对偏大（不论最终复原值为3.4分或3.5分，均显著偏大），这一倾向可能与晋东南的地域传统有关。其二是单材截面比例偏瘦高，小木作基准单材的广厚比设定为16∶10，这在以10∶7、7∶5、3∶2等比例关系为主导的晋东南地区显得较为少见，这一现象一方面可能体现了材截面设定规律的时代性变化，但另一方面也可能是小木作自身特殊性的体现（图10）。

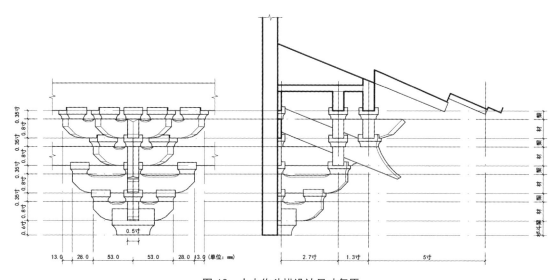

图10　小木作斗栱设计尺寸复原

2）有关份值问题的设想

简单数值、简洁比例以及材份构成是材截面设定的三种基本规律；三种现象当中，尤以份值控制最为复杂精细，只有当取值与比例的设定均满足特定条件时，方可同时满足第三者，就此而言《营造法式》所谓"因材而定份"的设计方法，或应视为一个发展过程的最终结果。而就南村二仙庙正殿的小木作帐龛而言，对于其斗栱的用材设定中是否存在份值的问题，本文主要从以下几方面做出思考：

第一，由基准用材截面的广厚取值与比例关系出发，显然能够满足以材厚1/10作为份值的条件，但必须指出的是这种假设仅仅存在于简单逻辑层面；

第二，从技术背景的角度分析，材份制具有明确的实用意义，首先应当被用于大木作。而南村二仙庙正殿的创建时间与小木作帐龛的修造时间相隔不远，因此应当可以通过大木作的材份设定情况来对小木作进行旁证。从大木作斗栱的实测情况来看，大木作斗栱的两种用材设定显然无法用简明的材份制度加以统一，这也使小木作存在份值的假设变得值得怀疑；

第三，加工能力问题是一条重要的逻辑检验，若以小木作基准用材厚的 1/10 作为份值，则 1 份的绝对长度仅为 1.57 毫米，这样的精度要求对于木工具与木加工技术而言是否切实具有可行性，显然又是一个需要谨慎对待的问题。

综合以上三点，本文对于小木作斗栱中的份值设定，持相对保守的态度。

3）小木作与大木作用材的比较

由于南村二仙庙正殿的大木作与小木作修造时间十分近似，因此很容易使人联想到二者之间的设计关联性问题。诚然，与大木作斗栱用材的比较是小木作用材规律分析当中的一个不能忽视的切入点。

从斗栱的整体比例来看，小木作用材设定与斗栱的构造尺寸也在很大程度上参考了真实的大木作制度；但在材截面取值、广厚比例等基本指标方面，小木作基准材等与大木作斗栱用材之间并未出现令人期待的直接的关联性，两者之间不存在等比例放缩的关系；反倒是小木作虹桥斗栱的用材设定，似乎有取大木作 1/10 的倾向，只是受限于加工的精度问题，这一比例关系能否实现还有待进一步证实 ❶；值得引起注意的是以 1/10 作为大、小木作用材折变的基本比例关系的做法，这一比例关系还曾经出现在《营造法式》求取举折的作图之法当中；很大程度上，1/10 代表了一种工匠最易掌握和实际操作的缩放比例关系。

三、间架尺寸

本节将重点讨论南村二仙庙小木作帐龛中出现的模数设计现象与立面比例关系。朵当与开间的尺度设定，是南村二仙庙小木作帐龛尺度分析的重点，通过直接的观察与实测值的统计可见：该帐龛中包含多种不同的朵当设定，但各种朵当的分布有序、取值有度、组织有法，反映出帐龛在整体尺度控制方面可能已经具备了比较成熟的设计方法。

1. 朵当与开间

1）朵当的分布与实测情况

由于各单体之间的组合关系复杂，因此就总体而言，该小木帐龛上存在的朵当设定是相当丰富的，但抛开局部的不规则变化，应当看到有

中国建筑史论汇刊·第壹拾肆辑

❶ 大木作材厚的 1/10 仅为 4.2 分，这就要求工匠在设计与加工过程中的可分辨精度至少要低于 0.2 分，折合公制单位约 0.6 毫米，这对于传统木工具的加工能力而言几乎不可想象。

三种朵当是分布最为广泛，规律性最为明显，且在很大程度上能够影响整座帐龛的平面尺度构成的。下面先介绍三种基本朵当的分布情况与测值统计情况。

a. 朵当设定值一

朵当设定值一（下文皆简称为 d1）的主要分布位置：其一是主龛正立面上未使用斜栱的位置；其二是配楼下檐、平坐的斗栱及其在帐龛侧立面上向后延伸至中进间部位的朵当（图 11）；

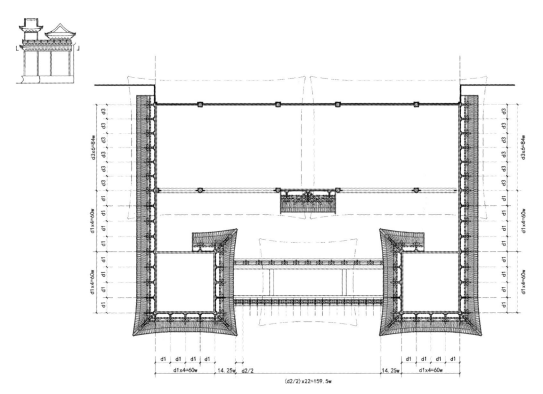

图 11　仰视平面一（示配楼下檐、侧立面腰檐朵当与开间构成）

对 d1 进行实测所得的样本数量为 50 个。样本接近正态分布且波动幅度不大。标准差为 2.53，2sigma 区间为 230.5—240.7 毫米，显著性水平为 2%，标准误为 0.36，说明所有数值的整体分布情况基本吻合正态分布，并且均值计算结果应具有较高的可靠性。对此 50 个测值进行均值计算的结果为 235.6 毫米。

b. 朵当设定值二

朵当设定值二（以下皆简称为 d2）分布于配楼上檐与天宫斗栱；此外，两配楼之间横跨一虹桥，天宫坐于桥上。虹梁与桥面以下有类似平坐的构造，共分布补间铺作 23 朵，这些斗栱的法线皆垂直于地面、且在水平方向上呈均匀分布，形成 22 个完全相等的朵当。通过直观观察即可发现，这 22 个朵当与天宫的开间和朵当存在明显的对应关系，其值恰为天宫朵当值的 1/2，因此亦可视为是 d2 的直接衍生（图 12）。

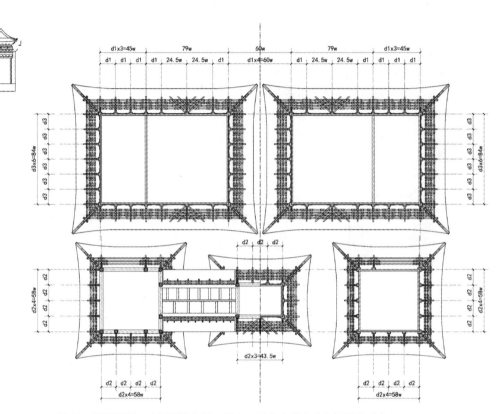

图 12　仰视平面二（示配楼上层、天宫、正龛上檐朵当与开间构成）

对 d2 进行实测所得样本数量为 23 个，均值计算结果为 227.5 毫米。

c. 朵当设定值三

朵当设定值三（下文皆简称为 d3）的分布情况更加集中，只出现在帐龛侧立面的第三进，包含主龛山面朵当以及配楼的下檐、平坐向后延伸至侧立面第三进的部分，上述三层斗栱全部为上下对正关系（图 12）。

对 d3 进行实测所得的样本数量为 23 个。均值计算的结果为 219.1 毫米。

上述三种朵当的设定具有极强的规律性，体现在以下两方面：其一，三种朵当皆能以小木作基准用材的材厚值作为模数，形成简洁的比例构成关系；其二，上述三种朵当两两之间存在相同的级差，级差值恰为材厚之半。将上述两则规律性描述作代数化表达，即假设材厚值为 w，则朵当 d1=15w（0.75 尺），d2=14.5w（0.725 尺），d3=14w（0.7 尺）（以上详细数据参见附表 5）。

2）小木作平面开间与朵当的构成关系

前文在对营造尺值进行复原推定的环节当中，已经对小木作帐龛的主要开间值进行了验核，其结果显示有相当一部分的开间的实测数值能够转化为高度简洁的尺寸复原值，证明 314 毫米营造尺在小木作帐龛的设计上同样适用；但同时也有一部分开间值存在细小的奇零，对此显然有必要做出进一步分析与解释，而朵当的构成规律则可能成为解释开间值设定规律的另一条线索。

下文将通过表格将各开间的实测值、复原值以及与朵当 d、材厚 w 的逻辑对应关系进行整理，并对相关规律做出说明：

通过对各开间实测尺寸的汇总与观察，至少能够得出以下推论：

首先，将帐龛主要开间的尺寸设定折合营造尺后可见，其中相当一部分开间的设定带有奇零尺寸，由此可以说明取值尺寸的简洁性已经不是开间设定的唯一追求；而相应的，开间与朵当、材厚的逻辑构成关系，则成为影响开间值设定的另一重要因素。由实际表现看，帐龛各开间的柱轴线与铺作分位存在严格的对位关系❶，这是朵当能够作为设计模数的前提。两龛、两楼与天宫作为构成帐龛的五座主要单体，其主要开间设定与三种基准朵当均形成了比较明确的构成关系，能够体现由基准材厚到朵当、再由朵当到开间的控制逻辑，这种统一的设计逻辑在整座帐龛的侧立面上表现得尤为突出；

在上述三种基准朵当以外，帐龛在一些局部仍存在朵当的不规则变化。造成朵当出现不规则变化的原因主要有两方面，其一是出于装饰的需要，在主龛与天宫局部使用了斜栱，打破了基本的朵当与开间的对应关系；其二则是系统问题——由于实际需要，帐龛的整体尺度控制无法避免与朵当模数存在一些局部矛盾，匠人在各主体之间的交接部位为上述矛盾保留了一定的调整余地；

两楼之间的虹桥毫无疑问是整座帐龛设计中的难点，为满足加工放线的要求，其跨度和弧度很可能要优先从整体上进行控制，这种情况下显然很难保证整体比例与模数构成两种设计逻辑的统一（至少是难以确证，下文还将就关虹桥的尺度设定做出专门说明）。

由于材厚本身取值极为简洁（0.5 寸），且材厚与基准朵当之间亦存在明确对应关系（d1=15w，d2=14.5w，d3=14w），故而很容易让人联想到，材厚在小木作整体尺度控制当中本身即发挥着模数的作用，与朵当一起构成了控制整体设计的两级单位。关于基准材厚的控制力，可以用配楼下层帐柱的侧脚值设定作为证据：出于结构稳定的需要，工匠为配楼一层帐柱设定了微弱的侧脚，通过比较实测值可见，配楼一层柱脚开间略大于柱头开间，其中柱脚开间均值计算结果为 957.1 毫米，比柱头开间大出的尺寸恰好为一个小木作基准材厚，可见帐柱的侧脚设定，很可能同样是用小木作基准材厚来加以控制的（详细数据参见附表 5 ）。

2. 竖向尺寸

1）以单材广作为模数控制竖向尺度的可能性

从对朵当、开间值的量取与分析可见，工匠在间架设计当中有将小木

❶ 实际铺作分位与柱轴线之间不对应的情况亦非常常见。由于小木作斗栱尺度过于细小，帐柱截面尺寸相比于朵当而言已经不可忽略，工匠在设计小木作帐龛时通常要考虑"计边"（即最外缘到最外缘的尺寸）而非"计心"（轴线尺寸）。在这种情况下，开间与朵当之间即不存在明确的构成关系，《营造法式》的小木作制度即采取了类似的设计方法。

作基准材厚与朵当设定为两级模数的倾向，并以之作为基准控制了帐龛的部分开间，这种设计方法对于体形、开间构成相对复杂的小木作而言显然意义重大。而在竖向尺度设计方面，类似的方法（或者说倾向）是否同样存在，是我们希望回答的第一个问题。而在对帐龛主要竖向尺寸进行量取、分析与汇总之后，其结果显示类似的设计倾向确实存在（表4）。

表 4 小木作竖向尺度归正表

剖面标高位置	均值（毫米）	复原尺值	归正（尺）	吻合度	实测值 / 单材广 H	归正后的 H 构成
须弥座总高	493.8	1.57	1.6	98.3%	19.7	20
配楼一层柱高	1747.9	5.57	5.6	99.4%	69.6	70
配楼一层屋面举高 ❶	124.2	0.40	0.4	98.9%	4.9	5
配楼下檐博脊高	62.1	0.20	0.2	98.9%	2.5	2.5
配楼平坐高	163.2	0.52	0.52	100.0%	6.5	6.5
配楼下檐、平坐、博脊总高	349.1	1.11	1.12	99.3%	13.9	14
配楼二层柱高	757.0	2.41	2.4	99.5%	30.2	30
主龛帐柱高 ❷	2555.0	8.14	8	98.3%	101.8	100
虹桥拱顶高	2930.1	9.33	9.4	99.3%	116.7	117.5
天宫帐柱高	678.0	2.16	2.16	100.0%	27.0	27

注：具体数据可参见附表 6-1、附表 6-2。

由上表中对实测数据的复原分析可见，帐龛各主要组成部分的相关竖向尺度，大多可以较好地吻合于小木作基准单材广的整数倍构成，这一现象在逐段帐柱高度上体现得尤其明显，这种设计方法与用材厚、朵当控制开间尺寸的做法在逻辑上具有一致性。

但以单材广作为模数的设定方法显然很难控制全局，其中的一个矛盾集中点在于各层铺作总高度的设定，由于铺作总高度系由单材广＋栔高＋栌斗栔高构成，若要将三者之间的组合统一于单材广的整倍数，则必然会大大增加设计的复杂性。

2）竖向尺度设定中包含的比例关系

除特殊的模数控制方式外，简洁比例关系的存在是竖向尺寸设定的另一重要倾向。比例关系的存在说明帐龛立面可能受特定设计意图的控制，这种追求在中国传统的大木作设计上可能并不明显，但对于小木作帐龛而言，特定的视角与心态则可能使这种对于立面比例的追求被显著放大。

实测数据反映的，本小木作竖向尺度设计中可能存在的宏观比例关系包含以下两点：

---

❶ 由实际观察可见，帐龛各层出檐在构造与尺度方面很可能采用了完全统一的设计，小木作檐口皆与椽檐枋下皮基本取平，檐出值统一为 10 倍小木作材厚值，配楼下檐举高即配楼下檐椽檐枋下皮至博脊下皮的距离。

❷ 在通常的变形逻辑中，柱高可能因长期受压而略有缩小，但主龛帐柱高度实测值却比理想值偏大，这可能与主龛帐柱采用栽柱构造（柱脚插入在神坛砖面以下）措施有关，由于切片位置偏少，对于正龛帐柱高的实际测值极可能因神坛表面局部的不平整而造成一些偏差，并且这种偏差的倾向很有可能不是偏小而是偏大。

（1）逐层帐柱高度之间的关系

由于模数构成关系足够简洁，因此帐柱高度设定在反映模数规律的同时，亦表现出较为鲜明的比例关系。设定小木作基准单材广为 H，以此作为模数，别对主龛帐柱、配楼下层帐柱、配楼上层帐柱三者高度进行校验，分别得到 100H、70H、30H。这对于中国古代工匠而言是一套意义明确且十分常用的比例关系，可近似视为正方形斜边、直角边及其差值之间的关系❶；因此，主龛帐柱高可视为配楼下层帐柱高的斜方倍数关系，同时亦可视为配楼上下层帐柱高度值和。

（2）虹桥的跨度与高度

虹桥的跨度与高度，是特定比例关系的另一处重要表现。首先，虹桥拱顶高度与跨度值极其接近——虽然实测拱顶高略小于跨度，但考虑到经年变形的趋势主要是券脚外推，进而导致拱顶高度有所降低——因此两者在逻辑上应可视为相等。虹桥的跨度在设计上等同于配楼内侧帐柱的柱头轴线距离，通过主龛立面构成与配楼、虹梁立面构成的折减可以算得虹桥的理论跨度，为 188w，用营造尺折合恰为 9.4 尺。

对于虹桥高度和跨度的控制，很可能是出于虹桥弧线放样的实际需要，通过控制半径（拱顶高度）与弦长（虹桥跨度），实际可以较为便利地对虹桥弧度进行把握，由拱顶高度与跨度的相等这一条件，可以推算出虹桥的下缘轮廓恰好是以地面中点为圆心、以拱高为半径划过的 60° 弧线，这一结果对于立面比例和设计逻辑而言都非常优美（图 13，图 14）。

❶ "方五斜七、方七斜十"是正方形当中最为常用的斜方比例，《营造法式·看详》中即提到"围三径一、方五斜七"的说法，虽然"疏略颇多"，但足可见其常用。

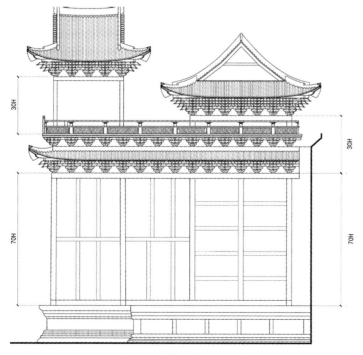

图 13　立面各段高度比例

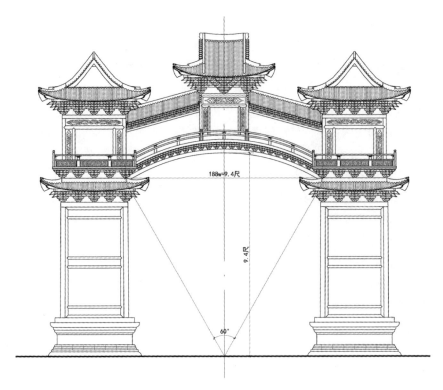

188w=9.4尺

9.4尺

60°

图 14　正立面构图关系示意

3. 有关模数制设计倾向的讨论

通过对主要间架尺寸的归纳与分析可见，模数化的设计倾向 **❶** 在这座小木作帐龛当中显然是一个十分重要的规律性现象。

所谓模数制，是一种在逻辑上具备较高统一性、但在操作中却相对烦琐的设计方法，是一种产生自纯技术层面的设计方法，其目的在于使计算标准化、避免构造矛盾的产生以及进一步提高施工组织的效率。模数制设计方法从产生到发展完善，在逻辑上经历了由实物到抽象的演变，在适用范围方面经历了由局部到整体、由结构性尺寸到纯样式尺寸的拓展，在构成形式方面经历了由单一材模数到多级模数的扩充。

需指出，目前学界对于模数制设计方法的认识主要以宋清官式制度的载述为基本材料，停留在"以材为祖"这样的模糊概念层面，但对于其详细发展过程以及在实践中的应用情况，所知仍不够详细。相比于同时期的大木作实物，南村二仙庙小木作帐龛体现出更加明确的模数化设计倾向，具备一些早期大木作设计体系中所不具备的设计特点，而这也正是本尺度研究的意义之所在。概括地说，这种倾向性表现为两个方面：首先，帐龛的基准用材截面尺寸（广和厚）作模数，与主要间架尺寸形成简明的构成关系，该现象尤其以横向开间与竖向柱高的表现最为突出；其次，朵当在整座帐龛中的分布显示出较强的规律性——材厚、朵当与开间三者之间存

❶ 严格意义上讲，要确切证明模数设计方法在早期实物当中的存在显然非常困难，这既与模数制本身发展轨迹的复杂性有关，同时也与测绘材料的局限性有关，出于谨慎，笔者只把这种现象归结为"倾向"。

在广泛、简洁而且稳定的构成逻辑，朵当在整体设计与控制当中已成为重要的积极因素——比如在实测中发现的三种基准朵当与材厚已形成较为可靠的构成关系，且三者两两之间皆以 0.5w 作为均等级差，这些现象反映出在帐龛基准材厚与朵当设定的背后存在统一的构成逻辑，绝非简单的开间内匀分朵当所能实现。应当说，朵当在很大程度上充当了材厚与开间之间的过渡单位，亦可视为模数的扩大化。

在中国传统大木作技术体系当中，"以材为祖"的尺度设计原则久已有之，发展至唐宋时期则更加成熟完备，因此在小木作竖向尺度设计方面出现以材广作为模数的做法自然有其渊源与合理性。"材"概念的出现，源自铺作中栱枋重复交叠的构造形式，是以简化设计、施工，减少构造矛盾为出发点而产生的一种标准化设计技术。到北宋末年，《营造法式》将大量铺作以外的构件尺度同样以材值、份值加以表记，可见"材"在设计中的模数意义已被逐渐强化。值得注意的是，材的实物意义与模数意义具有一定的区别。构造意义的"材"需要与"栔高"以及"足材"的概念同时存在。在整组斗栱当中，足材对于铺作总高度的控制意义显然更大于单材。而模数意义的"材"则并不依托于斗栱交叠构造形式，也逐渐脱离了与"栔高"和"足材"概念的必然联系，从而变得更加具有抽象性。以此作为评价标准，则应当说南村二仙庙小木作帐龛的模数设定已具备了较高程度的抽象性，与之相应的设计方法也得到较大发展。考虑到类似的设计方法之前并未在宋金时期的大木作实例中得到证实，这是否意味着小木作的尺度设计在一定程度上是带有实验性质的，比大木作更加超前？小木作制度作为模数制发展的重要线索，仍有巨大的研究空间。

而另一方面，小木作开间方向以材厚作为模数的现象亦特别值得重视。独立的材厚模数的出现，对于梳理中国古代建筑设计技术的发展脉络、解释清官式建筑设计中模数制斗口制的产生过程，显然具有重要的启发意义。

但与此同时也不得不指出，在南村二仙庙小木作帐龛当中，模数的控制力仍然限定在特定范围以内；不论是基准单材广对纵向尺寸的控制，还是朵当对开间的控制，均未能形成整体逻辑的绝对统一，局部变化仍然显得比较复杂，一定程度上这可能正是模数制度不够成熟的表现。

小结

此次分析主要得出以下结论：

1）南村二仙庙正殿的大木构架与小木作帐龛共同使用了复原长度为314毫米的营造尺，该复原值与北宋后期晋东南地区流行的主流营造尺值高度吻合，具有较高的可靠性；

2）此次针对小木作基准用材的分析，得出了逻辑性很强的复原值（广 0.8 寸，厚 0.5 寸），并且该复原尺寸具有十分突出的模数意义，这一点在间架尺度分析中得到了很好的验证；

3）南村小木作帐龛以自身基准单材的截面广与截面厚作为模数，分别控制水平方向与竖直方向的设计尺寸，形成了较为复杂的模数系统，是非常独特而有趣的现象；其中，开间设定方面存在以斗口控制朵当、再以朵当组成开间的模数现象，或亦可理解为斗口制的早期表现；而竖向尺寸方面体现出严格的比例约束，说明该小木作帐龛具有十分明确的立面设计意图。

由于系初次对小木作实物展开实测与研究，本次工作在实地测绘与内业分析等环节都还存在较多的不足，比如针对小木作斗栱构件的测量以及针对小木作份值的分析等，均有待进一步的完善和深入，文中很多关于设计方法的讨论，受实测数据与逻辑线索的限制，都还挣扎在逻辑的简明性与矛盾性之间，强作解释仍显牵强，最终只能暂时停留在假设阶段。望方家不吝赐教，对本文提出更多的批评和意见。

附表

附表 1　大木作斗栱材厚实测值汇总　　　　（单位：毫米）

位置		测值	均值
西北转角后檐正出	第一跳	125	134.0
东南转角东山正出	要头	126	
前檐西柱头	要头	127	
西北转角西山正出	要头	127	
西北转角后檐正出	要头	130	
东山后柱头	第一跳	132	
西北转角西山正出	第一跳	132	
西南转角西山正出	第一跳	132	
东南转角东山正出	第一跳	133	
后檐西柱头	要头	134	
东北转角东山正出	第一跳	134	
前檐东柱头	要头	135	
西南转角前檐正出	第一跳	135	
后檐东柱	第一跳	136	
东南转角前檐正出	第一跳	136	
东山前柱头	第一跳	137	
前檐西柱头	第一跳	137	
西山前柱	要头	137	
后檐西柱头	第一跳	138	

位置		测值	均值
前檐东柱头	第一跳	138	
东北转角后檐正出	第一跳	138	
西山后柱	第一跳	140	
西山前柱	第一跳	142	

附表 2　大木作斗栱单材广实测值汇总　　　（单位：毫米）

位置		测值	均值
西北转角后檐正出	耍头	175（偏差值）	
西北转角西山正出	耍头	175（偏差值）	
西北转角后檐正出	第二跳	176（偏差值）	
东山后柱头	耍头	179	187.5
前檐东柱头	耍头	180	
西山前柱	耍头	181	
后檐东柱	耍头	182	
东北转角后檐正出	耍头	183	
东南转角东山正出	耍头	185	
西山后柱	耍头	187	
东北转角东山正出	耍头	188	
西南转角前檐正出	耍头	188	
后檐西柱头	耍头	189	
东南转角前檐正出	耍头	190	
东南转角东山正出	第二跳	180	
西山前柱	第二跳	183	
东南转角前檐正出	第二跳	184	
西北转角西山正出	第二跳	184	
西山后柱	第二跳	187	
东北转角后檐正出	第二跳	188	
后檐东柱	第二跳	188	
前檐西柱头	第二跳	189	
东北转角东山正出	第二跳	190	
东山前柱头	第二跳	191	
后檐西柱头	第二跳	193	
西南转角西山正出	第二跳	193	
前檐东柱头	第二跳	195	
东山后柱头	第二跳	197	

位置		测值	均值
西南转角前檐正出	第二跳	202	
西南转角西山正出	第一跳	195	198.8
东南转角东山正出	第一跳	196	
西北转角后檐正出	第一跳	196	
东北转角后檐正出	第一跳	197	
西山后柱	第一跳	197	
东北转角东山正出	第一跳	198	
前檐东柱头	第一跳	199	
西南转角前檐正出	第一跳	199	
西山前柱	第一跳	199	
东山后柱头	第一跳	200	
东山前柱头	第一跳	200	
后檐西柱头	第一跳	200	
前檐西柱头	第一跳	200	
西北转角西山正出	第一跳	200	
后檐东柱	第一跳	201	
东南转角前檐正出	第一跳	204	

附表3　大木作斗栱足材广实测值汇总　　（单位：毫米）

位置		测值	均值
西北转角西山正出	第二跳	257（偏差值）	
西北转角后檐正出	第二跳	258（偏差值）	
西山后柱	第二跳	271	282.4
东南转角东山正出	第二跳	273	
西山前柱	第二跳	276	
东北转角后檐正出	第二跳	279	
东南转角前檐正出	第二跳	280	
后檐西柱头	第二跳	280	
东北转角东山正出	第二跳	283	
西南转角前檐正出	第二跳	283	
西南转角西山正出	第二跳	285	
前檐西柱头	第二跳	287	
前檐东柱头	第二跳	289	
后檐东柱	第二跳	291	
东山后柱头	第二跳	294	

位置		测值	均值
后檐东柱	第一跳	285	291.9
前檐东柱头	第一跳	285	
东南转角东山正出	第一跳	289	
东北转角后檐正出	第一跳	290	
后檐西柱头	第一跳	290	
前檐西柱头	第一跳	290	
西北转角后檐正出	第一跳	290	
东南转角前檐正出	第一跳	292	
西南转角前檐正出	第一跳	292	
西南转角西山正出	第一跳	292	
东山后柱头	第一跳	293	
东北转角东山正出	第一跳	294	
东山前柱头	第一跳	294	
西山后柱	第一跳	296	
西北转角西山正出	第一跳	299	
西山前柱	第一跳	299	

附表4　大木作开间实测值汇总　　　　　（单位：毫米）

位置		测值	均值
前后檐当心间	前檐	3041	3046.5
	后檐	3052	
前后檐次间	前檐东	2532	2525.0
	前檐西	2530	
	后檐东	2545	
	后檐西	2493	
两山当心间	东山	3164	3154.0
	西山	3144	
两山次间	东山前	1557	1560.8
	东山后	1563	
	西山前	1560	
	西山后	1563	

项目	具体对象	实测值（毫米）	均值（毫米）	复原值		吻合度	构成逻辑
				公制（毫米）	尺		
配楼一层开间（柱头）	西侧配楼南（柱头）	941.5	945.8	942	3	99.6%	60w 或 4*d1
	西侧配楼西（柱头）	949.4					
	西侧配楼北（柱头）	956.2					
	西侧配楼东（柱头）	944.1					
	东侧配楼南（柱头）	948.3					
	东侧配楼西（柱头）	938.5					
	东侧配楼北（柱头）	953.1					
	东侧配楼东（柱头）	939.1					
侧立面中进间	西侧立面中进间（柱头）	945.2					
	东侧立面中进间（柱头）	942.8					
配楼一层开间（柱脚）	西侧配楼南（柱脚）	939.6	957.1	957.7	3.05	99.9%	1w+4*d1
	西侧配楼西（柱脚）	957.2					
	西侧配楼北（柱脚）	956.6					
	西侧配楼东（柱脚）	959.4					
	东侧配楼南（柱脚）	956.5					
	东侧配楼西（柱脚）	953.8					
	东侧配楼北（柱脚）	962.1					
	东侧配楼东（柱脚）	954.0					
配楼二层开间（柱头）	西侧配楼南	903.0	909.1	910.6	2.9	99.8%	58w 或 4*d2
	西侧配楼西	904.0					
	西侧配楼北	907.0					
	西侧配楼东	904.0					
	东侧配楼南	914.0					
	东侧配楼西	910.0					
	东侧配楼北	917.0					
	东侧配楼东	914.0					
主龛通进深	正龛西侧通进深（柱头）	1315.2	1318.3	1318.8	4.2	100.0%	84w 或 6*d3
	正龛东侧通进深（柱头）	1321.3					

项目	具体对象	实测值（毫米）	均值（毫米）	复原值		吻合度	构成逻辑
				公制（毫米）	尺		
主龛面阔向主间	正龛西侧主间（柱脚）	1246.1	1239.1	1240.3	3.95	99.9%	79w 或（d1+24.5w）*2
	正龛东侧主间（柱脚）	1242.1					
	正龛西侧主间（柱头）	1226.9					
	正龛东侧主间（柱头）	1241.4					
主龛面阔向次间	正龛西次间（柱脚）	740.5	729.1	706.5	2.25	96.8%	45w 或 3*d1
	正龛东次间（柱脚）	705.8					
	正龛西次间（柱头）	749.2					
	正龛东次间（柱头）	720.9					
主龛连接部分	主龛连接部分（柱脚）	936.1	944.5	942	3	99.7%	60w
	主龛连接部分（柱头）	952.8					

附表 6-1 小木作竖向尺度实测值汇总表（1）　　　　　（单位：毫米）

剖面标高位置	点云实测值							均值
	西配楼剖面 1		西配楼剖面 2	东配楼剖面 1		东配楼剖面 2		
	西侧	东侧	南侧	西侧	东侧	南侧	北侧	
须弥座总高	491.8	494.3	495	497.6	494.3	496.9		495.0
配楼一层柱高	1750.3	1747.6	1747.7	1745.8	1749.2	1747.9	1746.6	1747.9
配楼一层屋面举高	125.7		123.5	122.5	124.9	124.3		124.2
配楼下檐博脊高	58.7		61.6		61.6	63.1		61.3
配楼平坐高	168		162.9		158.7	163.3		163.2
配楼下檐、平坐、博脊总高	352.4		348		345.2	350.7		349.1
配楼二层柱高	755.5		758.2		759.5	754.9		757.0
配楼屋顶总高（含脊高）	701.5		700.8	710.1		710.2	706.6	705.8

附表 6-2　小木作竖向尺度实测值汇总表（2）　　　　（单位：毫米）

剖面标高位置	点云实测值			均值
	正龛剖面	天宫正心剖面		
		南侧	北侧	
主龛帐柱高	2555.4			2555.4
主龛屋顶总高（含脊高）	844.5			844.5
虹桥拱顶高		2933.6	2926.5	2930.1
天宫帐柱高			678	678.0
天宫屋顶总高（含脊高）		644.1	654.3	649.2

苏州虎丘二山门构件分型分期与纯度探讨 [1]

李 敏

（东南大学建筑研究所）

摘要：本文以二山门的三维扫描、细致的调查和实测为研究资料。首先，以构件样式、尺寸、痕迹、木质新旧为线索，结合与木构技术书《营造法式》[2] 与《营造法原》[3] 中营造技术的相关记载以及苏州地区早期遗构的比较，对二山门构件进行分型；其次，利用构件之间样式、尺寸、构造等设计的关联性特点，对各类型构件分期；最后，总结二山门历代修缮的特点并对构件纯度等进行探讨。本文以期在对二山门修造史展开研究的同时，能够成为笔者对二山门尺度复原、设计技术研究必不可少的基础。

关键词：构件分型与分期，设计技术，构件纯度

Abstract: The discussion is based on three-dimensional laser scanning data and on-site survey measurements of the Second Mountain Gate at Tiger Hill in Suzhou. The paper first analyzes the shape, size, preservation state, and repair history of the architectural components, and compares them with the technical specifications recorded in *Yingzao fashi* and *Yingzao fayuan* and with those of earlier wooden buildings still extant in Suzhou. The paper then identifies the parts of the building that were repaired in different dynasties, classifies them into different types, and dates them. By studying the characteristics of repair of different dynasties and the degree of purity of components, the paper draws conclusions about the historical practice of restoration work—which is key to the scientific recovery of scale and design techniques of historical wooden buildings.

Keywords: Classification of components by type and time, design techniques, purity degree of components

　　苏州虎丘二山门位于苏州市西北虎丘山云岩禅寺内，是一座始建年代不明、可能具有宋、元、明、清各个时代构件的江南古建筑，其所体现的江南禅宗山门形制，江南宋元建筑技术特点等都是研究中国古代建筑史的重要资料。根据文献记载，江南许多遗构大抵都经过重建、改建、修缮等。例如，苏州文庙大成殿，在宋、元、明各时代经历了重建、改建、修缮等。虎丘二山门因现状不能直接反映其始建时的技术特点，故无法深入地研究建筑的尺度、设计技法和意匠等。须首先对遗构的现状进行勘察、构件分型与分期，以及探讨构件纯度等，然后才能进行形制、尺度、样式等方面的研究。

---

❶ 本文为国家自然科学基金课题相关论文，项目批准号：51378102。

❷ 文中有关《营造法式》的引文均引自：梁思成．《营造法式》注释 [M]．北京：中国建筑工业出版社，1983。

❸ 姚承祖，原著．张至刚（张镛森），增编．刘敦桢，校阅．营造法原 [M]．北京：中国建筑工业出版社，1986。

一、二山门形制概述

1. 地盘特征：虎丘二山门面阔 3 间，进深 2 间施中柱，面阔梢间与两山进间相等；分心槽，心间二中柱间设门，门两侧设砷石，砷石图案为螺旋纹（此图样与苏州府文庙庙门砷石同），风化磨损致其外形圆润，样式古朴。此外前后心间分位设台阶。平面除前后檐心间外，均设砖墙；前后檐心间设圆拱门，梢间设圆窗。

二山门地盘现状：由于地面下沉（向南倾斜），以及多次修缮等原因，致其平面柱网不规整、变形严重。其中后檐心间平柱向西偏移，西内柱向南偏移。此外，二山门在嘉靖年间[1]修缮时，在前槽二梢间安置了哼哈二金刚像，并于后槽放置了不同年代的碑刻。分别是（从左到右）明永乐碑、元重纪至元四年碑、明正统碑，及宋御书阁碑。此外，前檐室外及两山墙外还放置了一些清代碑刻。

2. 间架特征：二山门构架为四架椽屋，前后乳栿分心用三柱。四梢间设平闇，心间彻上露明。由于地面下沉，整个构架向南倾斜，其中樽子和剳牵倾斜尤为明显。

二山门构架现状：首先，根据构件上刻字，以及与 1936 年刘敦桢先生调查所拍的照片比较，心间平柱与内柱之间的四顺栿串以及其上的一斗三升[2]（隔架科）均为 1957 年修缮时所新添加。此外，根据刘敦桢先生《苏州古建筑调查记》[3]记载："中柱较高，柱上置栌斗令栱及素枋一层，略去襻间耳"，与现状桁间牌科斗六升栱[4]苏州《营造法原》式斗栱不同，故中柱内额上斗栱亦为 1957 年所更换。又刘敦桢先生《苏州古建筑调查记》记载："栌斗形状及正面出跳悉如柱头铺作，惟斗下未施普拍枋，直接骑于阑额之上，与已毁之角直保圣寺大殿同一方法。"[5]再结合照片，当知虎丘二山门前后心间阑额为月梁型阑额（阑额作月梁状）（图 1，图 2）。

3. 铺作做法：二山门所用铺作根据不同位置分为六种铺作，分别是檐部柱头铺作、檐部补间铺作、檐部转角铺作、栿背铺作、心槽内柱柱头与

❶ [清]陆肇域，任兆麟，虎阜志 [M]. 苏州：古吴轩，1995. 卷五寺院. 明文嘉"虎丘重修万佛阁记"中记载有，嘉靖三十一年十月，重修中山门。

❷ 该术语来自文献 [13]：17，第四章牌科："坐斗之面，开一面口以架栱，栱平行于桁。栱之两端中央，各置一升，故名一斗三升。"

❸ 刘敦桢. 苏州古建筑调查记 [J]. 中国营造学社汇刊，第六卷第三期，1936.

❹ 该术语来自文献 [13]：17，第四章牌科："架于斗三升之上栱较长，上置三升者，称斗六升栱。"

❺ 文献 [8].

中国建筑史论汇刊·第壹拾肆辑

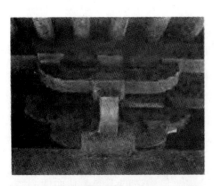

图 1　心间补间铺作：栌斗底咬于心间上
（文献 [8]. 图版十八乙）

图 2　平柱柱头铺作：铺作右侧为月梁型阑额
（文献 [8]. 图版十八甲）

内额补间铺作、隔架科（1957 年新加）。

1）外檐柱头铺作：栌斗四角刻海棠角曲线，类《营造法式》之讹角斗；外跳四铺作出单杪华栱承令栱不出耍头，而施衬枋头。里转四铺作出单杪华栱承乳栿，乳栿绞于铺作内；左右施泥道栱、慢栱及柱头枋。

2）外檐补间铺作：铺作配置，心间两朵，次间一朵，并两山面每间各一朵。外跳与柱头铺作同，里跳出华栱两跳，并皆偷心；其于二跳华栱上，从柱缝中心起挑斡，挑斡后尾承令栱（一材两栔）及素枋以承下平槫。二山门的挑斡与《营造法式》卷四飞昂中记载的挑斡同："若屋内彻上明造，即用挑斡，或只挑一斗，或挑一材两栔（谓一栱上下皆有斗也）。若不出昂而用挑斡者，即骑束阑枋下昂桯。"此处足见《营造法式》与江南营造技术的关联。

3）外檐转角铺作：外檐转角铺作，外跳正面与山面各出一跳华栱，与泥道栱相列，承转角令栱。角缝出华栱出一跳亦承十字相交之转角令栱。慢栱与二跳华栱相列安股卯（燕尾榫）至于令栱心，不出耍头。里转正面、山面、角缝各出华栱两跳，并皆偷心；于缝心起挑斡，三挑斡与下平槫下不交于一点，正面、山面与角缝挑斡尾端相差 290—295 毫米，上承十字相交令栱与平槫，并左右不等长（不对称）。

4）栿背铺作：栿背铺作位于乳栿背上，《营造法式》中没有关于栿背位置铺作的记载，根据卷三十槫缝襻间第八梁栿间铺作记载："实拍襻间，捧节令栱，单材襻间，两材襻间。"二山门栿背铺作为四铺作里外并出一跳"华栱"承劄牵，左右出泥道栱、慢栱、素枋一道承下平槫。此处"华栱"栱长较外檐铺作小，根据成书于民国的苏州香山帮营造技术书《营造法原》记载，此栿背铺作华栱名为寒梢栱（是为含梁梢之意）。

5）心槽柱头与补间铺作同，于栌斗上施泥道栱，慢栱及柱头枋一道承脊槫，里外并不出跳，亦无襻间。

6）隔架科，根据对比刘敦桢先生摄于 1936 年的二山门室内构架的照片❶，得知是时还没有此隔架科。因此，此隔架科当与刻有修缮年代的顺栿串一致，为 1957 年新添加。此处斗栱，根据《营造法原》记载，是为桁间牌科斗三升栱。

4. 柱额及其他：二山门阑额至角不出头，不施普拍枋。而同处苏州的元代遗构苏州轩辕宫，已用普拍枋，阑额至角出作霸王拳状。二山门的阑额有多种，大体心间阑额广厚大于梢间阑额，梢间阑额厚约为广之半。内中柱高至内额上皮，乳栿、劄牵后尾均入柱。此外，东西南北四梢间于乳栿背斗栱之上、下平槫之下施平闇。此平闇形制古老，现只有独乐寺观音阁（辽）、五台山佛光寺大殿（唐）同此建筑三例。而前后心间则彻上明造，由于四梢间与心间空间特性与构造的不同，从而使心间平柱缝上之劄牵表现出双面异形的特征：其面向心间一侧，明栿月梁

苏州虎丘二山门构件分型分期与纯度探讨

❶ 文献 [8]：图版十七至图版十九。

造，梁头与梁梢作斜项，梁背卷杀如月梁状；而面向梢间一侧，则由于其梁背安放平闇的缘故而表现为梁背平直，且梁头、梢均不作斜项。

二、二山门构件分型

1. 分型依据：样式、尺寸、木质痕迹等综合分型

构件分型的目的和意义：二山门自创构以来，从元代至今有明确记载的修缮就有 6 次。❶其修缮次数多，各时代更换和修缮的构件叠加，已难辨识其原有面貌。对二山门构件分型，一方面对于辨识其始建时期的构件与分析整体的设计技法是必要的基础研究；另一方面，把二山门的始建、修缮、留存至今作为一个发展变化的历史整体，其构件的分型则对于二山门的修造史同样具有研究意义。

构件分型的研究条件与方法：

虎丘二山门构件的分型，主要是通过以下几个方面来判断：

1）样式：由于不同时代的修缮和更换、不同工匠谱系的作法不同等，导致构件在样式上呈现差异。例如，同为泥道栱，部分泥道栱栱头是三瓣卷杀，部分则是四瓣卷杀。本文中构件样式主要是通过三维激光扫描的结果，以及现场的精细调查照片和记录判断。

2）尺寸：同样由于不同年代修缮的原因，以及不同工匠或工匠体系拥有不同构件尺寸设计技法，导致修缮所更换的构件在尺寸上呈现差异。例如，斗栱用材尺寸上的差异以及阑额、乳栿广厚的尺寸差异等。本文构件尺寸由两组数据组成：一组是来自二山门现场手测的数据，另一组来自三维激光扫描点云测量的数据。由于构件有歪闪、倾斜等因素，文中构件尺寸主要依据现场手测数据，必要时参照三维激光扫描点云数据。

3）痕迹：痕迹包含了许多方面，其中有不同时期构件组合所呈现的不相协调痕迹，例如斗与栱端坐斗处尺寸不相配、栱与栌斗斗口不吻合等，有构架调整导致的梁栿位置改变留下的痕迹，还有构件的二次加工的痕迹等。本文构件的痕迹主要通过现场精细调查的记录和照片，以及三维激光扫描所呈现的结果进行判断。

4）木质新旧：通过材料表面的糟朽、干缩以及开裂等方面综合判断。

综上所述，构件分型的判断依据有：三维激光扫描的点云、照片、现场手测数据、现状调查表。

2. 各类构件分型结果

Ⅰ. 铺作各构件

由于铺作构件数量大、类型多，各种类构件详细分类参见附图 1 至附图 6。不同种类构件

---

❶ 1. 始建年代不详。2. 重纪至元四年（1338 年）黄溍《虎丘云岩禅寺修造记》记载："山之前为重门，则改建，使一新。"山之前为重门，即可能是虎丘二山门。重纪至元四年对虎丘二山门进行了改建，并使一新。至于改建对原有建筑的干预程度不详，从"使一新"记载来判断，可能是一次较大的修缮。根据建筑现有的高磉磩形柱础的样式判断，仍有三个柱础是元式高磉磩型柱础。3. 明文嘉《虎丘重修万佛阁记》中记载有，嘉靖三十一年（1552 年）十月，重修中山门。4. 明天启二年（1622 年）僧圆晓重修中山门，文肇祉《虎丘山图志》记。5. 清顾禄《桐桥倚棹录》中记载，僧实铺于清道光年间（1821~1850 年）重修中山门。6. 苏州市人民政府《虎丘名胜重修记》记载，1957 年，苏州市人民政府修葺二山门。7.1989 年，苏州市人民政府修葺虎丘二山门。

的分类线索不同，以下为各类构件分型总结：

1）栱类

以栱眼、栱头卷杀样式差异，以及栱尺寸（广、厚与栱长）的差异为线索的不同时期栱的分型。首先是样式差异较大的栱眼样式与栱头卷杀分型：

a. 栱眼分型（图3）

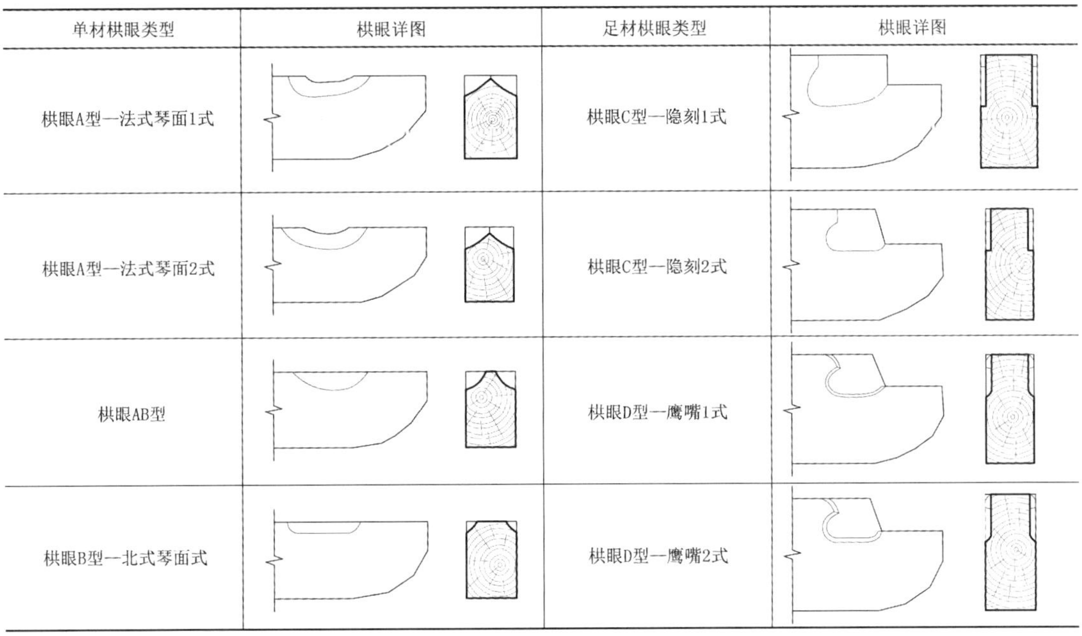

单材栱眼类型	栱眼详图	足材栱眼类型	栱眼详图
栱眼A型—法式琴面1式		栱眼C型—隐刻1式	
栱眼A型—法式琴面2式		栱眼C型—隐刻2式	
栱眼AB型		栱眼D型—鹰嘴1式	
栱眼B型—北式琴面式		栱眼D型—鹰嘴2式	

图3 栱眼各型详图
（作者自绘）

a）栱眼主要分为法式琴面类（简称A型）、北式琴面类（简称B型）、介于法式与北式琴面中间类（简称AB型）、隐刻类（简称C型），以及鹰嘴（简称D型）四种。

b）法式琴面（A型）类征：即《营造法式》卷三十：十一、十二图版中所绘横栱栱眼样式。自栱中与栱端两坐斗处起，自栱中向两侧以约1/4圆弧抹大琴面，两侧琴面相交中起棱，亦挖去部分。①法式琴面A型1式：栱眼外边缘弧线向栱中一侧圆弧小于栱端一侧弧度，中连以斜线；类似梁栿卷杀，向内一侧卷杀陡峻向外一侧卷杀平缓；②法式琴面A型2式：栱眼外边缘弧线向栱中一侧圆弧大于栱端一侧弧度，中连以斜线，与A型1式相反。

c）北式琴面（B型）类征：是为北方建筑常见横栱抹小琴面样式；即自栱中与栱端两坐斗处起，两侧抹小琴面，栱中不起棱；栱眼外边缘线特点为栱两坐斗处挖小圆弧（约1/4圆弧），中连以直线。

d）介于法式与北式琴面中间（AB型）类征：自栱中与栱端两坐斗处起，两侧抹大琴面，两侧琴面不相交，栱中不起棱。栱眼外边缘弧线向栱中一侧圆弧大于栱端一侧弧度，中连以斜线。

e）隐刻类（C型）类征（均为足材类栱）：自栱中与栱端两坐斗处起，自栱眼边缘线向内浅凿去一定深度；即《营造法式》卷三十：十一、十二图版中华栱栱眼样式。①隐刻1式（简称C1），栱眼外边缘线向中一侧上部与斗平和斗畎边缘同，下部与单材A型1式栱边缘线同，自栱眼外边缘线垂直向内浅凿。由于栱眼边缘线下部与单材A型1式同，此外栱厚亦与A1同，故与A1是为同时期样式；②隐刻2式（简称C2），自栱眼外边缘线垂直向内浅凿。由于栱厚与单材A型2式同，遂与A2为同时期样式；③鹰嘴1式（简称D1），栱眼外边缘线，向中一侧上部弧线作鹰嘴状，下部与单材栱B型1式栱眼外边缘线同；自栱外边缘线向外抹斜棱，下部做圆弧一段，而非垂直向内浅凿。由于栱厚与单材AB型同，遂与AB为同时期样式；④鹰嘴2式（简称D2），栱眼外边缘线，向中一侧上部弧线作鹰嘴状，下部与单材栱B型栱眼外边缘线同；自栱外边缘线向外抹斜棱，而非垂直向内浅凿。由于栱眼边缘线下部与单材B型同，此外栱厚亦于B1同，故与B为同时期样式。

b. 栱头卷杀分型（图4）

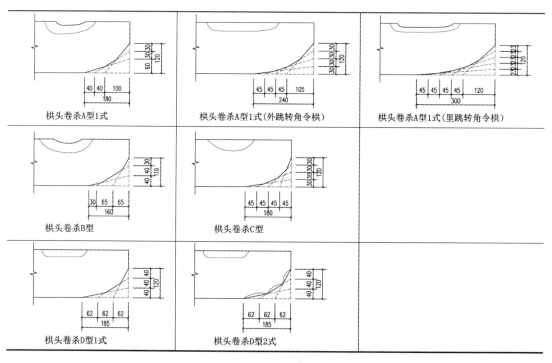

图4　栱头卷杀各型详图
（作者自绘）

a）栱头卷杀A型类征：有三瓣、四瓣和五瓣卷杀。特点是均为第一瓣斜长大于其他各瓣（图4）。

b）栱头卷杀 B 型类征：三瓣卷杀，第二瓣卷杀斜长大于第二、三瓣的斜长，一、三瓣卷杀斜长略等。

c）栱头卷杀 C 型类征：四瓣卷杀，第一、二、三、四瓣卷杀斜长略等，或为等份卷杀。

d）栱头卷杀 D 型类征：三瓣卷杀（与其他同类型栱相比），每瓣斜长略等，或亦为等份卷杀，部分每瓣作折边❶（弧形）。

❶ 该术语来自文献 [13]：17，第四章牌科："三板边缘，各挖去宽三分的半圆形折角。"

由于栱构件数量多，历代修缮更换次数亦多，故而栱型稍多。综合以上差异较大栱眼与栱头卷杀的分型，以及木质新旧、构件尺寸差异等，现将栱分型如表 1。其主要的栱型有 A、B、C、D、E、F 型（附图 1）。

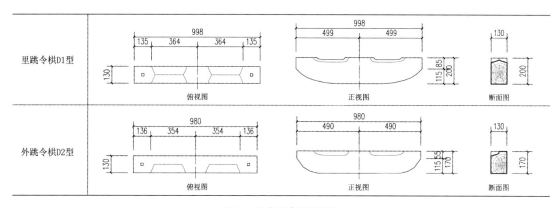

图 5　里外跳令栱对比图
（作者自绘）

表 1　栱类综合分型表　　　　　　　　　　　　（单位：毫米）

栱分型	尺寸（广、厚）	式	木质新旧	栱眼样式	卷杀样式	计数							
						泥	慢	一华	二华	寒梢	外令	里令	总数
栱 A 型	185（265）×125	—	新	B	D1	18	18	15	10	3	9	6	79
栱 B 型	180（260）×120	—	旧2	A2	B	3	0	4	1	0	4	0	12
栱 C 型	183（260）×124	—	旧2	AB	C	3	2	1	2	0	3	1	11
栱 D 型	200（285）×130	D1	旧1	A1	A	1	5	1	0	3	4	5	19
	155×130	D2	旧2	A1	A	0	0	0	0	0	2	0	2
栱 E 型	165（245）×115	E1	新	B	D1	6	0	0	0	0	0	0	6
	165（270）×115	E2	新	B	D2	6	0	0	0	0	0	0	12
栱 F 型	186（265）×128	—	旧2	A2	A	2	6	0	1	0	0	0	9

注：木质新旧分级：旧1——木质严重糟朽；旧2——木质稍糟朽，微旧，新。

其中栱 A、E1、E2 型为 1957 年修缮时更换和添加，其中栱 A 型用材 185 毫米 ×125 毫米，似摹用原构件的尺寸，而样式则是《营造法原》记载的样式。栱 E1 型用材 165 毫米 ×115 毫米，参见 1936 年刘敦桢先生《苏州古建筑调查记》中二山门室内摄影可知，亦是 1957 年所更换和添加，且是按照《营造法原》记载的样式和尺寸设计，为双四六式斗三升栱。栱 E2 型用材 245 毫米（足材）×115 毫米，同样是 1957 年按照《营造法原》记载的栱样式和尺寸设计，亦为双四六式。

根据表 1 中各栱型在各类栱的分布可以看出，1957 年所更换的栱 A 与 D 型，各类栱均有分布。可见此次修缮中，构件的更换数量多且分布广。而木质最旧的栱 D 型，虽然构件保有数量较少，但大致各类栱中均有保留，仅二跳华栱被后世修缮所更换。其余各种栱型数量较少，且不是所有栱种类中都有。综上可知，可见古人修缮时，对构件更换不及近代修缮的数量多和分布广。

《营造法原》中记载的琵琶撑 ❶（挑斡）后尾挑斗三升栱 ❷（泥道栱），而非桁向栱 ❸（令栱），而外跳令栱位置则是桁向栱。此二者的差异大概是二山门室内外令栱在尺寸和样式上差异的原因。如：里跳令栱比外跳令栱约高 30 毫米；里跳栱眼作双面琴面，外跳令栱栱眼作单面琴面；里跳令栱 5 瓣卷杀，外跳令栱 3 瓣卷杀等（图 5）。

同类栱室内外用材不同：檐部用材 190 毫米 ×130 毫米，内部用材 200 毫米 ×130 毫米。其用材厚度同为 130 毫米，但用材广内部较檐部略高 10 毫米左右（图 6）。

❶ 该术语来自文献 [13]：18，第四章牌科："中心线以内，于第一级里十字栱之上，以昂之后尾延长作斜撑，称为琵琶撑。"

❷ 该术语来自文献 [13]：16，第四章牌科："栱在桁中心线下，其长度较短，上架上升者称斗三升栱。"

❸ 该术语来自文献 [13]：17，第四章牌科："栱之位于廊桁中心以外，而方向与桁平行者，称桁向栱（原作桁香栱）。"

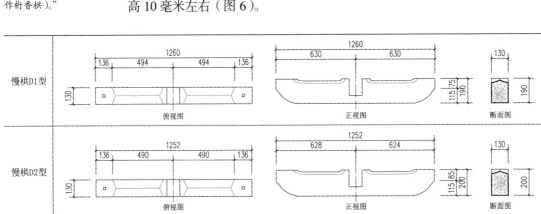

图 6　同类型栱檐部与内部用材对比图
（作者自绘）

2）斗类

a. 栌斗

以长方形与正方形，以及主要的尺寸（面阔、进深、总高）差异为线索的分型。

根据《营造法式》记载，栌斗主要有柱头和补间（32×32 份）与转角栌斗（36×36 份）尺寸上的差异，且二者均为正方形栌斗，而二山门现状栌斗中有长方形和正方形两种。现根据此线索，以及综合木质新旧、尺寸、斗欹样式差异划分为以下几型（表 2，附图 2）：

表 2　栌斗综合分型表　　　　　　　　　　　　　（单位：毫米）

栌斗分型	尺寸（进深、面阔、总高）	式	木质新旧	斗欹样式差异	计数			
					转角	柱头	补间	总数
方形 A 型	350×350×215—220	A1	新	斗欹略内颤	0	2	7	9
		A2	旧	斗欹略内颤	0	2	0	3
方形 B 型	395×395—400×220	B1	新	斗欹略内颤	1	0	0	1
		B2	旧 2	斗欹略内颤	2	0	0	2
方形 C 型	370×370×220	—	旧 1	斗欹略内颤	0	0	1	1
长力形 A 型	350×390—395×210	A1	旧 2	斗欹略内颤	1	1	8	10
		A2	新	斗欹略内颤	0	0	1	1
长方形 B 型	360×395—400×220	—	旧 1	斗欹斜直	0	2	0	2
长方形 C 型	325—330×395×205	C1	旧 2	斗欹略内颤	0	1	1	2
		C2	旧 1	斗欹内颤大	0	0	1	1
长方形 D	245×340—345×195	—	新	斗欹略内颤	0	0	6	1

注：木质新旧分级：旧 1——木质严重糟朽；旧 2——木质稍糟朽，微旧，新。

　　方形栌斗共有 16 只，约占总数的 40%。方形斗有三种规格：（1）方形 A 型：疑为苏州香山帮牌科记载之双九十三式（12.6 寸 ×9 寸），营造尺 275 毫米；（2）方形 B 型：木质新 B1 的为 1957 年修缮所更换的栌斗，木质旧的 B2 为年代稍早的栌斗；（3）方形 C 型：其复原营造尺为 1.2 尺 ×1.2 尺（营造尺 307 毫米）；斗高 215 毫米，合营造尺 307 毫米为 7 寸。

　　长方形栌斗共 24 只，约占总数的 60%。其中去除长方形 D 型共 6 只，其为 1957 年新增加的隔架科。长方形栌斗的斗顶面阔均为 390—400 毫米，约为材厚 130—133 毫米的三倍。其进深的规格有：350—360 毫米 ×215—220 毫米。这种类型的栌斗有 14 只，占总数的 35%；330—335 毫米 ×215—220 毫米。栌斗长方形 C 型共 3 只，占长方形栌斗总数的 7.5%。从上面数据可以看出，虽然各种长方形栌斗的斗料并不相同，但其面阔方向，斗保持了 390—395 毫米的尺寸。工匠在修缮的时候，可能在视觉上兼顾了看面的一致性，而在视觉难以触及的侧面（斗进深），则可能在不同时代的修缮中根据自己的设计，或者材料尺寸的限制进行灵活调整。如下例这种同型不同尺寸的情况（图 7），这两个栌斗面阔均为 390—400 毫米，斗欹样式也一致，但栌斗进深却分别为 325 毫米和 355 毫米。

　　根据上表各栌斗型在各部位的分布可以看出，1957 年更换和添加的栌斗正方形 A1、B1 型，以及长方形 D 型数量多，其主要分布在补间部位，其他栌斗部位少量分布。而木质糟朽最严重的栌斗长方形 B 型，仅存于柱头部位。栌斗方形 B2 型与长方形 A1 型，与长方形 B 型尺寸较接近，数量多，主要分布于补间位置，仅少量分布于其他部位。从各型栌斗分布

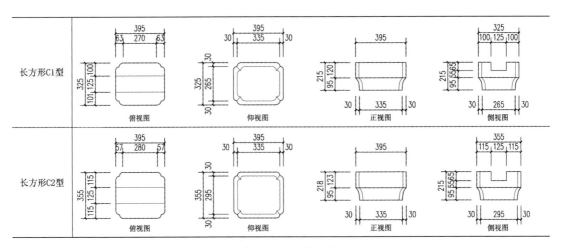

图 7 同型不同尺寸栌斗对比图

（作者自绘）

可以看出，补间栌斗更换较多，或许与其更换相对容易有关。

根据分类以及斗料木质风蚀糟朽情况，现判明可能是最早的一种栌斗类型（表3）。

表3 最早一类栌斗各部位使用尺寸分析表　　　　　　　（单位：毫米）

	转角栌斗	柱头栌斗	补间栌斗	枨背栌斗
类型	长方栌斗 A1，B 型	长方栌斗 A1，B 型	长方栌斗 A1，B 型	长方栌斗 A1，B 型
尺寸（进深、面阔、总高）	350—360 × 395 × 210—220	350—360 × 395 × 210—220	350—360 × 395 × 210—220	350—360 × 395 × 210—220
数量	1	3	8	5
总数	4	10	26	6
比率	25.00%	30.00%	30.77%	83.33%

b. 小斗（附图3）

先抽出其中构件数相对较多，尺寸与样式差异较大的斗型。以下以尺寸、顺纹与截纹、长方形与正方形等差异为线索分型如表4。

表4 各顺纹斗型分析表　　　　　　　（单位：毫米）

	小斗 A 型	小斗 C 型	小斗 D 型	小斗 F 型	小斗 H 型
尺寸（面阔、进深、总高）	220 × 185 × 125	170 × 165 × 110	185 × 185 × 127	225—230 × 200 × 130	250 × 205 × 130
数量	193	13	68	32	4
总数	346	346	346	346	346
比率	55.78%	3.76%	19.65%	9.25%	1.16%

①顺纹斗型有：小斗 A、C、D、F、H 型。其中 C、D 和 G 型为正方形斗，见表4。其余各类型均为长方形斗型。小斗 A 型与栱 A 型用料大小一致，均为 185 毫米 × 125 毫米，其斗

或为栱枋扁作，与栱 A 型均为 1957 年所更换。小斗 C 型为 1957 年新添加的隔架科散斗，斗料 165—170 毫米 ×110 毫米，与该隔架科栱用料一致，亦为《营造法原》记载的栱枋扁作斗。❶ 小斗 D 型斗料为 185 毫米 ×127 毫米，与栱 A 型用料接近，为正方形小斗，主要位于令栱于华栱相交的交互斗的位置，少量位于一些栱端散斗的位置。

②截纹斗类型有：小斗 B、E 型。均为长方形小斗（表 5）。

表 5　各截纹斗型分析表 （单位：毫米）

	小斗 B 型	小斗 E 型
尺寸（面阔、进深、总高）	220×185—190×130	225×193—200×130
数量	48	32
总数	346	346
比率	13.87%	9.25%

根据现状调查，小斗 A 型各种小斗都有分布，而且数量较多，为 1957 年修缮的结果。小斗 B 型主要分布在交互斗和散斗，且主要分布在檐部斗栱。小斗 C 型为 1957 年新添加的《营造法原》式小斗，只位于隔架科的部位。小斗 D 型散斗、交互斗、齐心斗的部位都有，且数量不少，亦可能为某次修缮所更换。小斗 E 型，主要是分布于交互斗部位，少量位于散斗部位，且多在室内。小斗 F 型，同样在散斗、交互斗的部位都有分布，其中二跳华栱与挑斡分位交互斗的数量最多（共 13 只，且主要位于挑斡与令栱相交的交互斗部位），是稍旧的顺纹斗。小斗 G 型为分布于齐心交互斗部位的正方形小斗。小斗 H 型也只分布于交互斗，且只位于华栱与令栱相交、挑斡与令栱相交的交互斗部位。

根据斗高和用材关系（斗高 10 份等于材厚）、各斗类其在栱端的分布、木质糟朽痕迹，大致判断最早的斗型如表 6。

表 6　年代最早的小斗型分析表 （单位：毫米）

	散斗	室内散斗，交互斗（华栱与令栱交，与梁栿交）	交互斗（挑斡与令栱交，一跳华栱与令栱）	齐心交互斗
小斗类型	小斗 B 型	小斗 E 型	小斗 H 型	小斗 G 型
基本尺寸	220×185—190×130	225×195—200×130	250×205×130	220×220×80
复原材分	17 份 ×14 份 ×10 份	17 份 ×15 份 ×10 份	19 份 ×15 份 ×10 份	17 份 ×17 份 ×10 份
特点	截纹斗，长方形	华栱与令栱交互斗为顺纹，与梁栿交为截纹，长方形	顺纹，长方形	无顺截纹关系，正方形

注：以木质最旧的栱 D 型用材 200—205 毫米 ×130—133 毫米，每份约 130—133 毫米，复原小斗份数。

c. 挑斡

由于各挑斡用材均为 200 毫米 ×130 毫米，靴楔小且样式差异不大，故难以分型。挑斡自铺作二跳华栱上端缝心起挑，至下平槫下挑一材两栔与通长替木。其作法与苏州地区的琵琶撑类似。苏州地区琵琶撑的作法有三种：①琵琶撑与下昂通长作；②琵琶撑抵内十字栱上与升口垫

❶ 该术语来自文献 [13]：19，第四章牌科："升料则以栱料扁作。"

以楣插子；●③琵琶撑抵及外十字栱处和十字栱断作，后廊身内与十字栱相托。从图8可见，二山门挑斡为上述第二种类型，挑斡不与屋面平行，挑斡的斜向角度是由屋面坡度以及挑斡后尾所挑一材两栔共同决定。根据现状，跳斡的斜向角度在25°—27°以内。由于挑斡始自二跳华栱心，挑斡头部至檐槫下皮高一材；而至于下平槫下挑一材两栔与通长替木，而尾部至下平槫下皮约两材一栔；由此推算挑斡与檐椽的斜度并不平行。

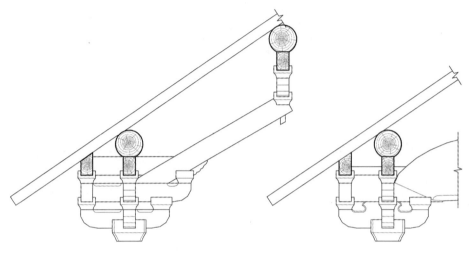

图8 现状柱头与补间铺作侧视图
（作者自绘）

Ⅱ. 梁栿

二山门的梁栿有心间前后四乳栿、剳牵；两山丁乳栿、丁剳牵。

1）乳栿分型

以梁广、厚，挖底，以及梁头、梢扁作栱厚的尺寸差异；以及梁头梢卷杀与梁底样式，梁舌的有无等为线索分型如下（表7，附图4）。

表7 乳栿综合分型表　　　　　　　　　　　　　　　　（单位：毫米）

乳栿分型	尺寸（广、厚）	梁头（广、厚）	挖底	式	木质新旧	梁底样式	梁背样式	计数	
								心间	两山
A 型	615×200	387×130	70	—	旧1	底两侧抹斜棱	梁头卷杀大于梁梢	0	1
B 型	645×200	372×120	60	—	旧2	梁底作琴面	梁梢卷杀大于梁头	0	1
C 型	640×220	350×127	30	—	微旧	作半梁舌与圆势	梁头卷杀大于梁梢	2	0
D 型	660×235	345×125	20	—	新	作半梁舌与圆势	梁头卷杀大于梁梢	2	0

注：木质新旧分级：旧1——木质严重糟朽；旧2——木质稍糟朽，微旧，新。

● 该术语来自文献 [13]：18，第四章牌科："撑之下端，架于十字栱之升口，填以三角形之楣插子。"

以上四种乳栿型，梁背卷杀各不相同。斜项的倾斜度也各不相同，斜向的起点至柱心的水平长度不同，准其下所承托的斗栱（或梁垫❶）的出跳长度亦不同。根据木质新旧大致判断，其构件类型的年代先后关系为：乳栿A型＞（早于）乳栿B型＞乳栿C型＞乳栿D型。从构件的尺寸我们可以看出：梁高度与厚度越来越高，梁底挖底逐渐变小，到乳栿D型之挖底已接近《营造法原》记载的半寸（附图4）。

又根据刘敦桢先生《苏州古建筑调查记》中1936年所摄照片，现根据现状判断：图9拍摄于后檐东梢间，其拍摄到了东丁乳栿、劄牵，以及东平柱缝北乳栿梁底。而图10则拍摄于前檐心间，拍摄到了西平柱缝南乳栿与劄牵。结合此次调查结果对比发现：西平柱缝南乳栿与劄牵与现状一致。而东平柱缝北乳栿似梁底不作圆形梁舌，梁底平直；与现状作圆形梁舌，梁底作琴面不相吻合。再者，现东平柱缝北乳栿（乳栿D型）木质棱角分明，锯痕明显。故东平柱缝北乳栿殆为1957年及以后所更换。

图9 后檐东梢间：东丁乳栿、劄牵
（文献[8].图版十七丙）

图10 前檐心间视角：西平柱缝南乳栿与劄牵
（文献[8].图版十八丙）

根据现场调查结果，乳栿各型分布可以看出，木质糟朽最严重的乳栿A型位于与西山丁乳栿部位，其次稍糟朽的B型分布于东山丁乳栿部位，而微旧的C型与1957年的更换的D型则分布与前后檐心间平柱缝分位。可见在修缮时，视觉显眼的位置更换和修缮的频率较高。而稍隐秘的两山丁乳栿则得以保留早时期乳栿类型。

2）劄牵分型

以斜项有否，劄牵梁广厚、头梢厚度尺寸差异，梁底作法不同等为线索分型如下（表8，附图5）。

表8 劄牵综合分型表 （单位：毫米）

劄牵类型	尺寸（广、厚）	梁头（广、厚）	挖底	式	木质新旧	梁底样式	斜项样式	计数	
								心间	两山
A型	420×130	260×130	65	—	旧2	两侧刻单线一道，底平直	不作斜项	0	1
B型	530×140	265×125	65	—	旧1	底向内作梁舌，舌中微起棱	仅面向心间一侧作斜项	1	0

❶ 该术语来自文献[13]：22，第五章厅堂总论："梁端之下垫木材，搁于柱或坐斗，谓之梁垫。"

劄牵类型	尺寸（广、厚）	梁头（广、厚）	挖底	式	木质新旧	梁底样式	斜项样式	计数	
								心间	两山
C 型	540×130	275×123	65	—	微旧	底向外作半圆形梁舌	仅面向心间一侧作斜项	3	0
D 型	450×175	275×125	50	—	新	不作圆形梁舌圆势❶	两侧作斜项	0	1

注：木质新旧分级：旧1——木质严重糟朽；旧2——木质稍糟朽，微旧，新。

综合上述分型：劄牵 B、C 型梁背卷杀样式接近，唯梁底梁舌不同。劄牵 A、D 型同为丁劄牵，而劄牵 A 型没有斜项，D 型有斜项；且劄牵 A 型用料厚度小于劄牵 D 型。现根据木材的新旧，其年代前后关系大致判断为：劄牵 A 型＞（早于）劄牵 B 型＞劄牵 C 型＞劄牵 D 型。

根据现场调查结果，最早的劄牵 A 型分布于西山丁劄牵的部位。1957 年更换的 D 型位于东山丁劄牵的部位。位于中间的 B 型与 C 型则位于前后檐心间平柱缝部位。

Ⅲ. 阑额与顺栿串

二山门的阑额有三型：以阑额入柱榫头回肩作法的不同（图 11），阑额广厚尺寸差异为线索分型如表 9（附图 6）。

a. 阑额分型

根据刘敦桢先生《苏州古建筑调查记》中所摄照片（图 1、图 2）判断，心间阑额原为月梁型阑额，与现状直阑额不符。故现心间阑额，C 型直阑额为 1957 年所更换。根据表 9 可知阑额 A 型分布与阑额各个部位。1957 年更换的阑额 C 型仅位于前后檐心间部位。从 A1 与 A2 型差异可知，心间与梢间阑额的设计尺寸不同。且根据刘敦桢先生所摄照片，其样式亦是有差异的，即心间月梁型阑额、梢间直阑额。

表9　阑额综合分型表　　　　　　　　　　（单位：毫米）

阑额分型	尺寸（广、厚）	式	木质新旧	阑额榫头入柱回肩样式	计数				
					前檐	后檐	东山	西山	心间
A 型	290—305×135—145	A1	旧1	阑额入柱两侧作大回肩	2	1	1	2	0
	440—450×140	A2	旧1	阑额入柱两侧作大回肩	0	0	0	0	1
B 型	310—320×120—125	—	旧2	阑额直肩入柱	0	1	0	1	0
C 型	360—405×160—170	—	新	阑额入柱两侧作小回肩	0	0	0	0	2

注：木质新旧分级：旧1——木质严重糟朽；旧2——木质稍糟朽，微旧，新。

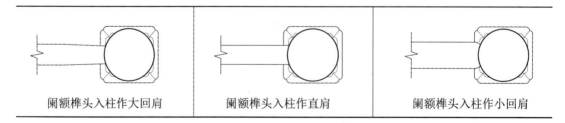

阑额榫头入柱大回肩　　　　　阑额榫头入柱作直肩　　　　　阑额榫头入柱作小回肩

图 11　现状阑额榫头入柱回肩样式
（作者自绘）

❶ 该术语来自文献 [13]：22，第五章厅堂总论。

b. 顺栿串分型

其分型与阑额相同（表10）。

表10 顺栿串综合分型表　　　　　　（单位：毫米）

顺栿串分型	尺寸（广、厚）	式	木质新旧	入柱交接样式	计数			
					前檐	后檐	东山	西山
A 型	285—305×148	—	旧1	阑额入柱两侧作大回肩	0	0	1	1
B 型	400—405×160—170	—	新	阑额入柱两侧作小回肩	2	2	0	0

注：木质新旧分级：旧1——木质严重糟朽；旧2——木质梢糟朽，微旧，新。

对比刘敦桢先生《苏州古建筑调查记》中1936年所摄二山门室内照片（图9，图10），心间东西平柱缝均没有此顺栿串及其上隔架科，再则根据心间东平柱南顺栿串底刻字可知，此顺栿串 B 型为1957年修缮时所添加。根据现状调研可知，木质糟朽严重的顺栿串 A 型仅存于两山丁乳栿下，且前后檐心间平柱缝分位的乳栿下没有顺栿串。这也符合梢间放置金刚像的设计。而后添加的顺栿串对金刚像有视线上的遮挡。

Ⅳ.柱子

柱子两内中柱高约5625毫米，柱径约450毫米；柱子上下均作卷杀，是为梭柱。其上部卷杀大于下部卷杀。两内中柱应为同类型的柱子。其余檐柱，由于二山门四周有墙体，故能扫描到整个柱子的就只有前后檐心间四平柱。四平柱的柱径约370毫米；柱高由于其下柱础高度不同，其柱高亦不相同；柱头卷杀均为栌斗底卷杀呈覆盆状，其卷杀样式微差，难以辨别其各型（图12）。

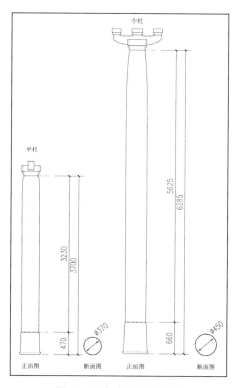

图12 现状内中柱与平柱
（作者自绘）

Ⅴ. 柱础

柱础分型：以柱础的样式差异，础高与径的尺寸差异，以及风化程度差异为线索分型。

二山门的柱础有两种类型：一种是元代常见的高磉硕形柱础的样式；另一种是在明代常见的鼓磴柱础＋高磴柱础的样式。此外，二山门前檐东西梢间墙体下残存石地栿一段（表11，图13）。

表11　柱础综合分型表　　　　　　　　　　（单位：毫米）

柱础分型	尺寸（高、直径）	式	柱础样式	计数				
				前檐	后檐	东山	西山	内中柱
A型	高470，直径455	A1	高磴柱础的样式	0	0	0	1	0
	高660，直径530	A2	高磴柱础的样式	0	0	0	0	2
B型	鼓磴高140，直径530；高磴高340，直径380；总高480	—	鼓磴柱础＋高磴柱础的样式	3	3	0	0	0

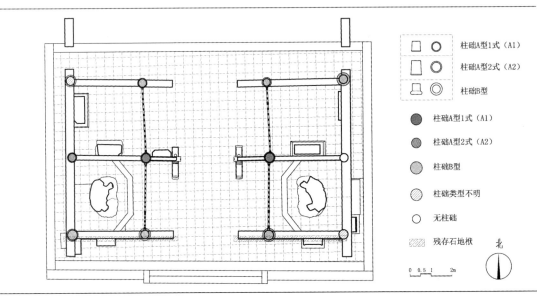

图13　柱础与残存石地栿现状分布图

（作者自绘）

三、二山门现状各构件分期

研究目的与意义：首先，确定各类构件各型之间的关系，判断哪些构件为同时期构件。其目的是层析二山门各时代所叠加的构件。本文以二山门作为线索，进而分析苏州地区各时期建筑的样式、用材、尺度设计甚至构造特点等。其次，对各时期修缮构件进行分期，对了解古代木构建筑修缮方式、方法、特点也具有意义。

研究方法：以构件之间的关联性为线索，确定不同类型构件中，各型之间的时代关系。不同种类构件之间的关联性，主要从以下几个方面展开：

1）样式的关联性：同时期的构件，会表现出样式上的关联性。例如，栱头卷杀样式、栱眼的样式等。不同种类的栱，在同一次建造或修缮过程中，会表现出样式的一致性。这固然与设计和加工相关联；同一次修缮过程中同一样式的设计，相同模板的使用，甚至同一加工流程等是同时期构件样式上表现一致的原因。

2）尺寸的关联性：同时期的构件，尺寸有非常明显的关联性。在《营造法式》记载中，有以材、栔、份为模数，把不同构件的尺寸关联起来的特点。例如二山门，乳栿与其下承托它的一跳华栱、丁头栱之间的尺寸关联：乳栿绞于铺作中，乳栿梁头和梢均需扁作成栱厚；再者，其斜项的水平长度也与其下华栱或丁头栱出跳长度相关联。又如，不同类型散斗与栱的关系，可以依靠栱端坐斗所留尺寸，建立起不同类型栱与不同类型散斗之间的联系。而通过用材大小的不同，可以判断不同类型乳栿、剳牵、栱、小斗之间的关系。不同种类构件尺寸的关联性，同样也受到设计、加工等多方面因素影响。

3）构造的关联性：构造的关联性，主要表现为榫卯的关联性。同时期的榫卯有构造交接相吻合的特点，不同时期榫卯构造交接表现出各种不协调的痕迹，例如加楔、拔榫等。

1. 各类构件类型之间的关系

本节以上文中各类构件的分型，以及本次三维扫描与现场调查所得样式和尺寸数据等为重要依据，以构件之间设计与加工的关联性为线索进行探讨。其中，由于用材的尺寸与诸多种类构件的尺寸相关联，故现以用材的尺寸不同为主，辅以样式的差异、木质的新旧，判断各类构件各型间的时代联系如下。

1）1957年修缮时所更换的构件类型。用材A型：185毫米×125毫米（足材265毫米）；用材E1、E2型165毫米×110毫米（足材245毫米）（表12）。

表12　1957年修缮时所更换的构件类型分析表

	栱A、E1、E2型	小斗A、C、D型	栌斗方形A1、B1，长方形D型	乳栿D型	剳牵D型	阑额C型	顺栿串B型
构件数量	97	274	16	2	1	2	4
总数量	156	346	40	6	6	11	6
比率	62.18%	79.19%	40.00%	33.33%	16.67%	18.18%	66.67%

各种类构件是为同一时期依据：

a. 栱：栱A型断面185毫米×125毫米（足材265毫米）；栱类型E1、E2断面为165毫米×110毫米（足材245毫米）。

b. 小斗：小斗A型斗高125毫米，斗进深185毫米，为断面185毫米×125毫米（栱A型）的栱枋扁作。小斗C型，斗高110毫米，斗面阔进深均为165毫米，为断面为165毫米×110毫米（栱E1型）栱枋扁作。

c. 栌斗：对比刘敦桢先生《苏州古建筑调查记》1936年所摄二山门心间铺作照片（图1，图2），其栌斗骑于阑额上（栌斗咬于阑额至斗欹深），与现状不符。故知现状心间铺作栌斗正方形A1型为1957年所更换。

d. 乳栿：乳栿 D 型同是与刘敦桢先生《苏州古建筑调查记》1936 年所摄内部照片比较得知为 1957 年所更换（见上文分析）。此外有乳栿头、梢扁作栱厚 125 毫米，与栱 A 型用材大小一致；木质新等判断依据。

e. 劄牵：劄牵 D 型其劄牵梁头、梢扁作栱厚度 125 毫米，与用材 185 毫米 ×125 毫米所用材厚尺寸一致；木质新。

f. 阑额：阑额 C 型，对比刘敦桢先生《苏州古建筑调查记》1936 年所摄二山门心间照片（见上文分析），原心间为月梁型阑额，与现状直梁阑额不同，故亦为 1957 年所更换。此外，其厚 165 毫米，其厚度与用材 165 毫米 ×110 毫米的材广同。顺栿串同阑额，对比刘敦桢先生《苏州古建筑调查记》1936 年所摄室内照片（图 1，图 2），以及该顺栿串底所刻 1957 年修缮字样可知，亦为 1957 年新加（见上文分析）。

2）用材 B 型：180 毫米 ×120 毫米（表 13）。

表 13　用材 B 型同时期构件类型分析表

	栱 B 型	小斗	栌斗	乳栿 B 型	劄牵	阑额 B 型	顺栿串
构件数量	12	—	—	1	—	2	
总数量	156	—	—	6	—	11	
比率	7.69%			16.67%		18.18%	

各种类构件是为同一时期依据：

a. 栱：栱 B 型，木质旧；栱断面为 180 毫米 ×120 毫米。

b. 小斗无此时期的类型；和栌斗类型都有模仿原有构件尺寸的特点，故难判断哪些小斗型是该时期修缮所更改。

c. 乳栿：乳栿 B 型主要依据乳栿头梢扁作栱厚的尺寸为 120 毫米，以及上文中分类与木质的新旧关系判断。

d. 阑额：阑额 B 型的厚度为 120 毫米，与该时期用材厚度相同。

e. 劄牵和顺栿串均无此时期的类型。

3）用材 C 型：183 毫米 ×124 毫米（表 14）。

表 14　用材 C 型同时期构件类型分析表

	栱 C 型	小斗	栌斗	乳栿	劄牵 C 型	阑额	顺栿串
构件数量	11	—	—	—	3	—	—
总数量	156	—	—	—	6	—	—
比率	7.05%	—	—	—	50.00%	—	—

各种类构件是为同一时期依据：

a. 栱：栱 C 型，木质旧；栱断面为 183 毫米 ×124 毫米。

b. 小斗与栌斗类型不明，原因与上同。

c. 劄牵：劄牵 C 型主要依据劄牵头梢扁作栱厚的尺寸为 123 毫米，以及前文中分型与木质的新旧关系。

d.乳栿、阑额、顺栿串均没有该时期的类型。

4）用材 D 型：200 毫米 ×130 毫米强（足材 280—285 毫米）（表 15）。

表 15　用材 D 型同时期构件类型分析表

	栱 D 型	小斗B,E,G,H 型	栌斗长方形A、B 型	乳栿 A 型	劄牵 A 型	阑额 A 型	顺栿串 A 型
构件数量	21	94	14	1	1	7	2
总数量	156	346	40	6	6	11	6
比率	13.46%	27.17%	35.00%	16.67%	16.67%	63.64%	33.33%

各种类构件是为同一时期依据：

a.栱：栱 D 型，木质旧；栱断面为 200 毫米 ×130 毫米强（足材 280—285 毫米强）。

b.小斗：小斗 B、E、G、H 型，斗高均为 130 毫米（见上文小斗分类）。

c.栌斗：栌斗长方形 B 型，其面阔进深为 395 毫米 ×360 毫米 ×220 毫米，合每份 13 毫米，为 30 份 ×27 份 ×17 份。再者，该类型斗为栌斗中木质最旧的类型（见上文分析）。

d.乳栿：乳栿 A 型，其梁头、梢扁作栱厚 130 毫米，梁厚 200—205 毫米；即其梁厚为用材 200 毫米 ×130 毫米一材广，梁头、梢厚一材厚。

e.劄牵：劄牵 A 型，其劄牵梁不作斜项；梁厚为 130—135 毫米，为 200 毫米 ×130 毫米的一材厚。

f.阑额，顺栿串：阑额、顺栿串 A 型，广 295 毫米 × 厚 145 毫米；合一份 13 毫米，为 22 份 ×11 份。

5）用材 E 型：186 毫米 ×128 毫米（表 16）。

表 16　用材 E 型同时期构件类型分析表

	栱F 型	小斗F 型	栌斗	乳栿 C 型	劄牵 B 型	阑额	顺栿串
构件数量	9	32	—	2	1	—	—
总数量	156	346	—	6	6	—	—
比率	5.77%	9.25%	—	33.30%	16.67%	—	—

各种类构件是为同一时期依据：

a.栱：栱 D 型，木质旧；栱断面为 186 毫米 ×128 毫米。

b.小斗：小斗 F 型，斗高为 126—128 毫米；木质旧。

c.栌斗：由于各时代修缮的栌斗有模仿原有栌斗尺寸的痕迹，故难判断其那种类型的栌斗是用材 186×128 毫米时期所修缮的类型。

d.乳栿、劄牵：乳栿 C 型、劄牵 B 型，乳栿与劄牵梁头、梢厚 127 毫米，与用材 186 毫米 ×128 毫米约为同一时期所修缮。

e.阑额、顺栿串均没有该时期的类型。

2.构件类型分期结果

根据以上主要几种构件类型进行的时代分期，其中用材 B、C、E 型修缮具体对应哪个历史时期，由于其用材尺寸差异不明显，难以使用以用材复原营造尺的方法判断。故综合上文中构件分类，根据木质新旧判断的构件类型年代前后关系，并结合历代修缮记录（上文所提从元代至今有明确记载的 6 次修缮），对各构件类型分期如下：

用材 D 型：200 毫米 ×130 毫米强（足材 280—285 毫米）的相关构件类型可能为始建年代的构件。

用材 E 型：186 毫米 ×128 毫米的相关构件类型可能为元代改建时构件。

用材 B 型：180 毫米 ×120 毫米的相关构件可能系明嘉靖和天启间修缮所更换的构件。

用材 C 型：183 毫米 ×124 毫米的相关构件可能为清末道光年间修缮所更换之构件。

用材 A 型：185 毫米 ×125 毫米（足材 265 毫米），165 毫米 ×110 毫米（足材 245 毫米），为公元 1957 年修缮时期更换和新添加之构件。

以上构件类型的时代分期，是从构件尺寸、样式、痕迹、木质新旧以及文献记载等角度进行的综合判断，准确的年代仍需做 C14 年代测定，以上研究可作为将来 C14 测年取样的参照。

四、二山门各时期构件年代纯度分析

1. 同类构件中各类型所占比率

根据上文分析，虎丘二山门大致划分为五个时期，其中时代清晰构件数量最多的分别为以下两个时期：

1）1957 年修缮所更换和新增加的构件，其更换构件有摹用原有构件尺寸的特点，用材185 毫米 ×125 毫米，足材 265—270 毫米；新添加的构件用材 165 毫米 ×110 毫米左右，足材245—250 毫米。

2）最早的一个时期的构件类型，其用材 200—205 毫米 ×130—133 毫米；足材有 280—285 毫米。

这两个时期同类构件中各类型所占比率如表 17、表 18。

表 17　1957 年修缮更换和添加构件所占比率分析表

	栱 A、E1、E2 型	小斗 A、C、D 型	栌斗方形 A1、B1；长方形 D 型	乳栿 D 型	劄牵 D 型	阑额 C 型	顺栿串 C 型
构件数量	79+6+12=97	193+13+68=274	9+1+6=16	2	1	2	4
总数量	156	346	40	6	6	11	6
比率	62.18%	79.19%	40.00%	33.33%	16.67%	18.18%	66.67%
总修缮构件数量	396	总构件数量	571	比率	69.35%	—	—

表 18　最早时期的构件所占比率分析表

	栱 D 型	小斗 B、E、G、H 型	栌斗长方形 A1、B	乳栿 A 型	劄牵 A 型	阑额 A 型	顺栿串 A 型
构件数量	21	48+32+10+4=94	10+4=14	1	1	6	2
总数量	156	346	40	6	6	11	6

	栱 D 型	小斗 B、E、G、H 型	栌斗长方形 A1、B	乳栿 A 型	劄牵 A 型	阑额 A 型	顺栿串 A 型
比率	13.46%	27.17%	35.00%	16.67%	16.67%	54.55%	33.33%
保留构件总数	139	总构件数量	571	比率	24.34%	—	—

从表 17、表 18 中数据可知，其中 1957 年这次修缮构件更换率高达 69.35%，年代最早一类构件类型的构件占有率只有 24.34%，剩下其他类型构件占有率不到 7%；由此可知二山门其他各个时期修缮的构件数量较少。其中，1957 年更换乳栿 2 根。对比刘敦桢先生 1936 年所摄内部照片，根据其梁底平直作法，不作半圆梁舌等样式来看，其被更换的乳栿亦有可能是最早一种乳栿 A 型的构件；再者，月梁型阑额亦是此次修缮中被更换为直阑额；还有内额上襻间铺作，由原来栌斗令栱素枋，改为苏州地区常见的一字牌科之一斗六升牌科，以及更换梁栿加高梁背等，致使二山门屋面坡度改变。其结果是现状二山门最早时期的构件纯度仅 24.34%。综上，1957 年这次修缮，比以往修缮构件的更换数量要多，甚至改变了屋面坡度。

2. 二山门构件更换与修缮规律

综合以上构件的分型分期，总结其构件的更换和修缮有以下规律：

1）单个构件：首先，单个构件的修缮在与构造相关的尺寸方面会按照原有构件尺寸修缮。例如与结构交圈相关的材广、栔高受橑檐枋约束的出跳长度等尺寸。其次，在没有构造约束的尺寸和样式方面，则表现出不同时代、不同谱系工匠的自身设计特点。例如泥道栱与慢栱栱长尺寸，在各时期栱型的尺寸上呈现差异。此外，还有视觉因素的考虑。例如长方形栌斗，其视觉正面的面宽大多保持了 390—399 毫米的尺寸，而在视觉难以触及的斗进深方面却有着不同的尺寸，有 330 毫米、350 毫米、360 毫米等，其反映出工匠在修缮时，对视觉因素的兼顾。

2）组构件：组构件如柱头铺作、补间铺作。由于一朵铺作在修缮时可以整组拆卸和组装，故常常同种类型出现在一组构件中。例如栱 C 型，在表现为同一朵铺作中，泥道栱、慢栱、华栱均为栱 C 型的特点。

3）整体构架：二山门整体构件的修缮规律，主要表现为屋面坡度的调整。二山门构架不用驼峰和蜀柱，唯一能调节坡度的因素就是梁背的高度，这与苏州《营造法原》记载的扁作厅堂提栈的设计方法一致。从乳栿和劄牵的分型我们可以看出，其中关系到下平槫高度的乳栿的高度，由最早的乳栿 A 型的 615 毫米到 1957 年更换的乳栿高度约 675 毫米，中间出现两种乳栿高约 640 毫米，其梁栿的高度增加了 60 毫米。再者，内额上铺作增加了一足材的高度，则改变了二山门正脊的高度。

4）构件更换特点：檐部更换和修缮的构件较内部多。例如檐部更换栱构件数量为 73，约占栱构件总数量的 21%。其次，心间平柱缝分位的梁栿、阑额、顺栿串、柱础等添加、更换和修缮的构件数量较两山多。而两山则保留了较多的早期构件。例如西山丁乳栿、丁劄牵、栿背铺作以及柱础均为最早类型。此外，更换构件有成组、成榀特点。例如 1957 年修缮时，前后檐心间补间铺作几乎整组被更换；再者，心间两榀屋架构件亦更换修缮较多，其梁栿、栿背铺作等均被更换；甚至心间内额上斗栱除两心柱上柱头栌斗外均被更换。

小结

本文首先对虎丘二山门的平面、构架现状进行了分析；然后以样式、尺寸、修缮痕迹以及材质新旧为线索，以设计、加工、组装等为角度，对现状中历代修缮的构件进行了分型。其次在分型的基础上，结合构件之间的关联性（设计、加工、组装等），对不同构件类型进行了分期，最后结合文献对不同时期的构件进行了时代的划分。二山门构件分五期，结合木质新旧与文献对应大致判断其各自年代。

最后，在构件的分型、分期的基础上，对二山门的现状中修缮构件比率、其可能系原有始建年代构件的纯度进行了分析和探讨。其中 1957 年的修缮，构件更换率高达 69.35%，比之前任何一次修缮更换的构件数量都要多，而年代最早的一类构件保有率仅 24.34%。最后，总结了二山门构件更换和修缮的规律。

参考文献

[1] [宋] 范大成，纂. 汪泰亨，等，增订.《吴郡志》五十卷 [M]. 南京：原江苏古籍出版社，1986.

[2] [明] 李翊纂.《续吴郡志》二卷 [[M]. 张氏《适园丛书·五集》刻本.

[3] [明] 王宾，撰. 茹昂，重辑.《虎丘山志》二卷 [M]. 成化二十二年刘辉刻本.

[4] [明] 文肇祉.《虎丘山图志》四卷 [[M]. 明刻本.

[5] [明] 林世远，修. 王鏊，等，纂.《姑苏志》六十卷 [M]. 正德元年刻本.

[6] [清] 周风歧，修. 顾治禄，纂.《虎邱山志》二十四卷 [M]. 乾隆三十二年刻本.

[7] [清] 陆肇域，任兆麟. 虎阜志 [M]. 苏州：古吴轩，1995.

[8] 刘敦桢. 苏州古建筑调查记 [J]. 中国营造学社汇刊，第六卷第三期，1936.

[9] 陈从周. 姚承祖《营造法原》图 [M]. 上海：同济大学建筑系刊行，1979.

[10] 梁思成. 清式营造则例 [M]. 北京：中国建筑工业出版社，1980.

[11] 梁思成.《营造法式》注释 [M]. 北京：中国建筑工业出版社，1983.

[12] 陈明达.《营造法式》大木作制度研究 [M]. 北京：文物出版社，1985.

[13] 姚承祖，原著. 张至刚（张镛森），增编. 刘敦桢，校阅. 营造法原 [M]. 北京：中国建筑工业出版社，1986.

[14] 张十庆. 中国江南禅宗寺院建筑 [M]. 武汉：武汉教育出版社，2002.

[15] 马炳坚. 中国古建筑木作营造技术 [M]. 北京：科学出版社，2003.

[16 张十庆. 宁波保国寺大殿：勘测分析与基础研究 [M]. 南京：东南大学出版社，2012.

[17] 祝纪楠，编著. 徐善铿，校阅.《营造法原》诠释 [M]. 北京：中国建筑工业出版社，2012.

[18] 潘谷西.《营造法式》初探（一）[J]. 南京工学院学报，1980（4）：35-51.

[19] 张十庆.《营造法式》变造用材制度探析 [J]. 东南大学学报，1990（20）：8-14.

[20] 张十庆.《营造法式》变造用材制度探析（Ⅱ）[J]. 东南大学学报，1990（20）：1-7.

[21] 张十庆. 南方上昂与挑斡作法探析 [J]. 东南大学学报，1996（20）：31-46.

[22] 乔迅翔.《营造法式》大木作功限研究 [J]. 建筑史（建筑史论文集），2009（24）：1-14.

[23] 関口欣也.中世禅宗様仏堂の内部架構法（2）[J].日本建築学会論文報告集,昭和41年（123）: 55-75.

[24] 関口欣也.中世禅宗様仏堂の斗拱（1）[J].日本建築学会論文報告集,昭和41年（128）: 43-56.

[25] 坂本忠規.禅宗様斗棋の設計方法について[J].日本建築学会計画系論文集,2009（635）: 241-247.

泥道栱分型	构件三视图
泥道栱A型	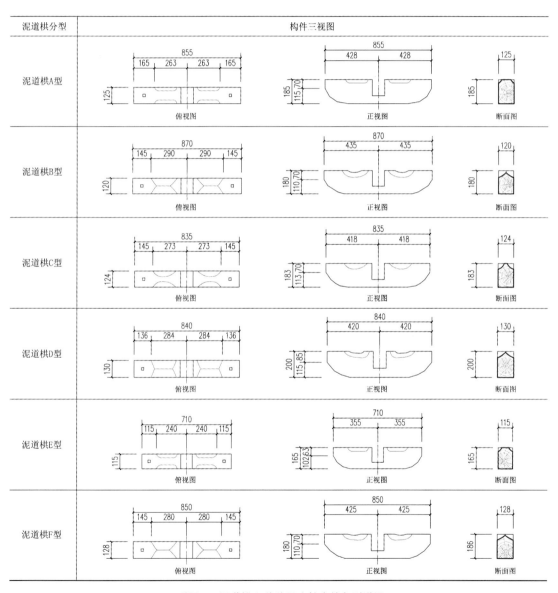
泥道栱B型	
泥道栱C型	
泥道栱D型	
泥道栱E型	
泥道栱F型	

附图1 泥道栱六种差异比较大的各型详图
（作者自绘）

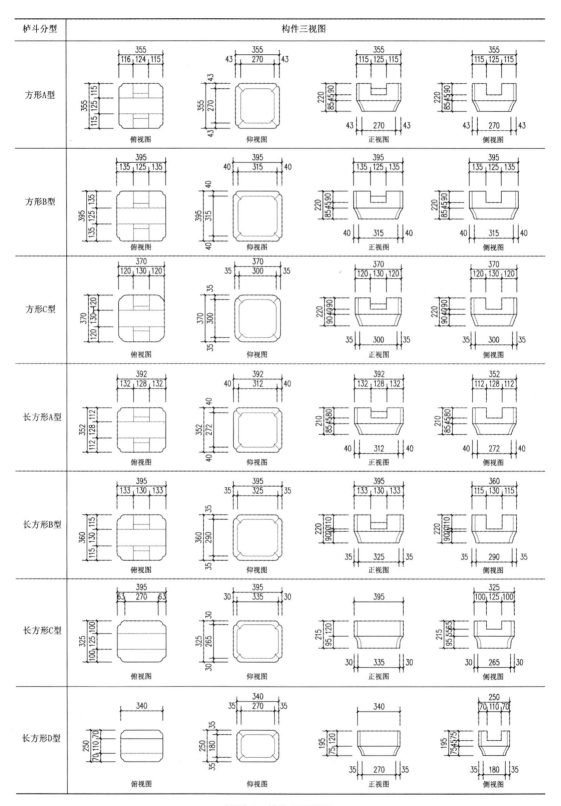

附图 2　栌斗各型详图

（作者自绘）

小斗分型	构件三视图
小斗A型	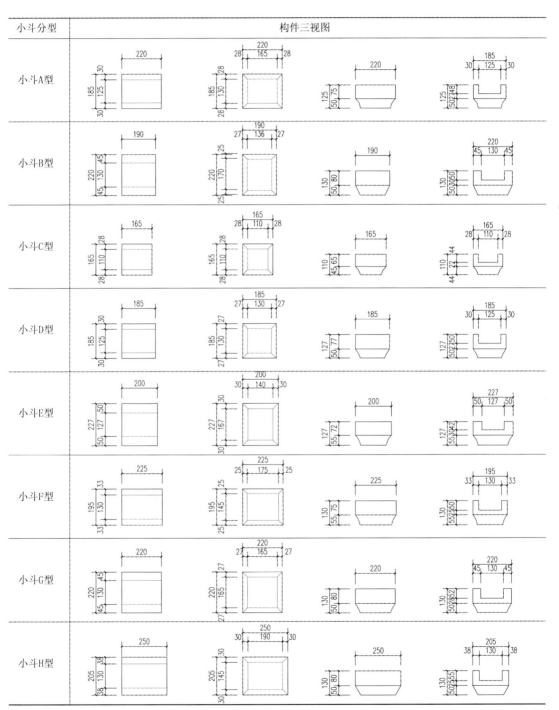
小斗B型	
小斗C型	
小斗D型	
小斗E型	
小斗F型	
小斗G型	
小斗H型	

附图 3　现状小斗各型详图
（作者自绘）

苏州虎丘二山门构件分型分期与纯度探讨

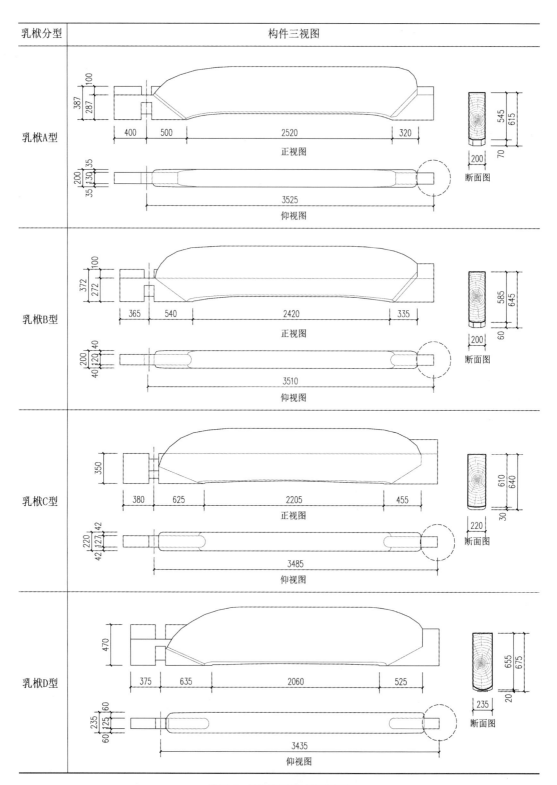

附图 4 现状乳栿各型三视图
（作者自绘）

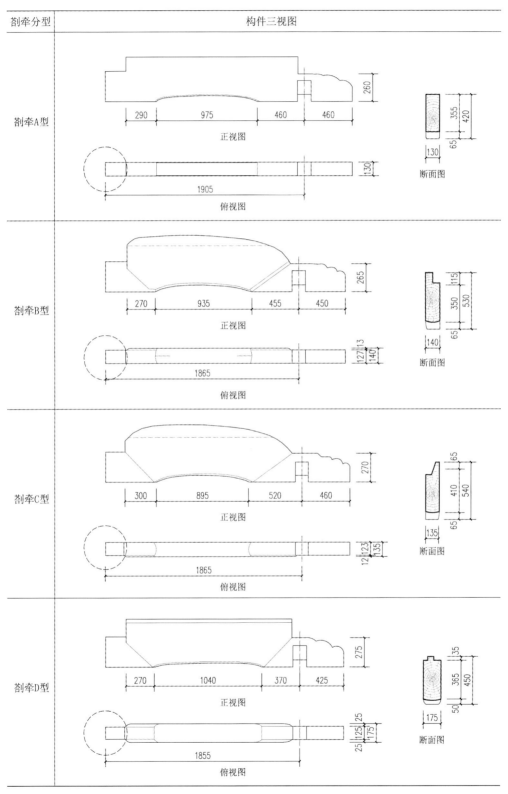

剳牵分型	构件三视图

剳牵A型

正视图

俯视图

断面图

剳牵B型

正视图

俯视图

断面图

剳牵C型

正视图

俯视图

断面图

剳牵D型

正视图

俯视图

断面图

苏州虎丘二山门构件分型分期与纯度探讨

附图5　现状剳牵各型分布图
（作者自绘）

阑额分型	构件三视图

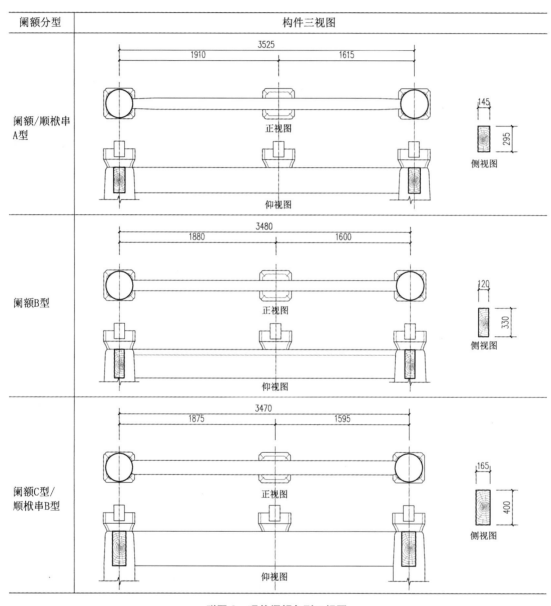

阑额/顺栿串 A型

3525
1910 1615
正视图
仰视图
145
295
侧视图

阑额B型

3480
1880 1600
正视图
仰视图
120
330
侧视图

阑额C型/顺栿串B型

3470
1875 1595
正视图
仰视图
165
400
侧视图

附图6 现状阑额各型三视图
（作者自绘）

佛教建筑研究

见于史料记载的几座两宋寺院格局之复原探讨[❶]

王贵祥

（清华大学建筑学院）

摘要：本文从两宋时代历史文献中爬梳整理出了这一时期有关 7 座佛教寺院较为详细的史料记载，依据史料描述的情况及相关尺寸与尺度，参照同时代其他寺院基本平面格局的一些类似特征，对这 7 座寺院的建筑平面及空间格局的可能原状进行了一些推测性的复原探讨，大体还原出了这几座寺院的基本空间布置样态。这一研究对于理解两宋时期佛教寺院平面布局的一些基本特征，或有一定的帮助。

关键词：两宋时期，史料文献，寺院格局，建筑配置，复原探讨

Abstract: This research explores the possible original plans of seven Buddhist temples found in historical literature of the Northern and Southern Song dynasties. Based on knowledge of similar Buddhist temples from that period, the author studied the ground plans and spatial arrangements of these seven temples and recovered them to their original state. Although this remains purely hypothetically for the moment, the recovery research serves to understand the characteristics of temple plan and building arrangement of Northern and Southern Song Buddhist temples.

Keywords: Northern and Southern Song dynasties, historical literature, Buddhist temple plan, building arrangement in a Buddhist temple, discussion of building recovery

　　两宋时期寺院保持较为完整者，似乎仅有河北正定隆兴寺。其寺前为山门，山门以内为大觉六师殿（遗址），其后为寺院中的正殿摩尼殿。正殿之后是一座清代所建的戒坛，与戒坛相对峙的是寺院后部的主阁——大悲阁及两侧的挟阁——东为御书阁，西为集庆阁。大悲阁前左右对峙有双阁，即慈氏阁（东）与转轮藏殿（西）。其中大觉六师殿布置在寺院中轴线上，这样的例子在两宋寺院中比较少见；主殿之后的法堂位置上布置了戒坛，应该是后世修改的结果；方丈院没有布置在寺院中轴线的后部。除了以上这三个方面的差异之外，山门的主体部分为金代遗构，其余如主殿、大悲阁、大悲阁两侧的左右挟阁、大悲阁前对峙的双阁等，都体现了宋代寺院的典型特征（图 1）。

　　时代大约接近者，有几座辽金时代寺院，如河北蓟县独乐寺、山西大同善化寺、山西朔州崇福寺等，还较多地保存了一些辽金时代寺院主体部分的建筑与空间配置关系，其他两宋、辽金时期佛教寺院内的木造建筑遗构，多已经是隐藏于经过重建或改造的后世寺院格局中的孤零零的单体了。也就是说，即使一座寺院中有一或两座两宋或辽金时期的单体建筑，但其寺院内的基本建筑配置与空间格局，很可能已经是明清时代重建后的产物了，其中究竟尚存有多少两宋或辽金时代寺院布局的基本特征，仍然是一个十分难以厘清的问题。因而，从史料的记载中，发现并梳理出若干这一时期有关寺院内建筑配置与空间格局描述的记载，并对其可能的原状进

---

❶ 本文为本人主持的国家自然科学基金资助项目《文字与绘画史料中所见唐宋、辽金与元明木构建筑的空间、结构、造型与装饰研究》（项目批准号：51378276）成果。

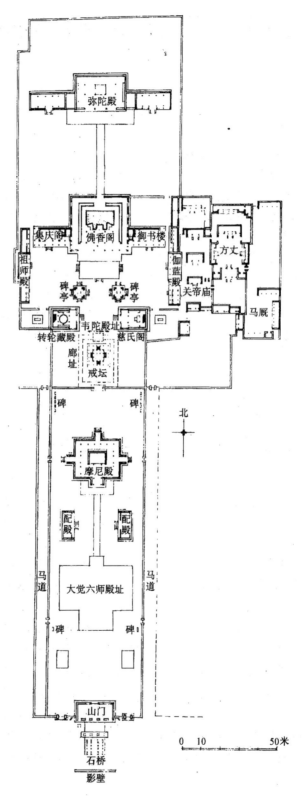

弥陀殿

集庆阁　佛香阁　御书楼

祖师殿

伽蓝殿

方丈

关帝庙

马厩

碑亭　碑亭

转轮藏殿　韦陀殿址　慈氏阁

廊址

戒坛

碑　碑

北

摩尼殿

配殿　配殿

马道　马道

大觉六师殿址

碑　碑

山门

石桥

影壁

0　10　　　　50米

图1　正定隆兴寺总平面图

（郭黛姮. 中国古代建筑史·第三卷 [M]. 北京：中国建筑工业出版社，2003.）

行探索，对于更为深入地理解两宋时期寺院建筑布局特征，应该是有一定的帮助的。

基于上面的分析及有限的史料记载，我们可以尝试着对几座史料记载稍微详细一点的寺院平面做一个简单的分析与还原，以弥补现存实例在两宋寺院遗存上的过分缺失。

见于记载的几座寺院布局探讨

自唐代以来，佛教寺院就开始出现一些以较为规整的院落为基本空间单元的组织形式。如唐代长安、洛阳城内的一些寺院，原本就布置在城市方整的里坊之内，故其寺院格局也比较方正。著名的长安大兴善寺就是这类寺院的一个典型例子，而长安西明寺，因其占有四分之一坊的面积，其寺院空间也因占有里坊内的 1/4 区块，而变成了东西较长，南北较狭的格局，从而使寺院不仅在纵向上，并且在横向上，都被分割成若干个庭院。

也许正因为唐代城市里坊中这种规整寺院的影响，后世两宋、辽金时期寺院，在条件许可的情况下，往往也表现出一种较为规整的空间布局模式。如寺院中的主要殿阁一般会沿一条中轴线设置，形成前后排列的若干院落，而在中轴线院落的两侧，则会设有东西跨院；如果地形允许，东西跨院也有可能呈规整的排列，只是院落空间尺度可能会比中轴线上的院落要小一些。

如此形成的寺院地块，大约是一个南北略长、东西略狭的平面形式。史料中提到了一些寺院基址的长宽尺度，如在一些情况下，其基址地块的东西宽度大约相当于其南北长度的 2/3。例如，一座寺院若南北长 90 丈，其东西的宽度会在 60 丈左右。其南北长与东西宽的比例，大约为 1.5∶1。

还有一个有趣的例子或也可以说明这种南北较长、东西较狭两者之间可能存在某种比例关系的情况，在两宋时代的建筑组群设置中可能是一种刻意的设计。如史料中提到的北宋东京著名的玉清昭应宫，其基址也是一个南北较长、东西稍狭的地块：“凡宫之东西三百一十步，南北四百三十步。……凡宫殿门名无虑五十余所，皆御制赐名，亲书填金。”❶ 值得注意的是，这块有 500 多亩大小的地块，其南北的长度是东西宽度的 1.4 倍左右。也就是说，这座巨大道宫基址的南北长度与东西宽度的比例，大约为 1.4∶1。

这样一种地形比例，其实又与古代人习惯的方圆相涵的思想产生了某种联系。因为，以其宽度为一个方形，这个方形的斜长，或者说这个方形外接圆的直径，恰恰是其边长的 1.4 倍左右。此即宋《营造法式》上所提到的“取径图”：“若用旧例，以围三径一、方五斜七为据，则疏略颇多。今谨按《九章算经》及约斜长等密率修立下条：诸径围斜长依下项：圜径

❶ 文献 [2].［宋］李攸. 宋朝事实. 卷 7. 道释. 清武英殿聚珍版丛书本.

❶ 文献 [2].[宋] 李诫.营造法式.营造法式看详.取径图.清文渊阁四库全书本.

七，其围二十有二。方一百，其斜一百四十有一。"❶ 所谓方五斜七，或方一百，其斜一百四十有一，其实指的都是古代中国人所习用的方圆相割之术。这一比例被广泛应用于建筑平面与剖面、立面的各种尺度比例中。从玉清昭应宫地块中大略近似的这一长宽比，或也可以隐约发现，其中可能存在的某种设计意向。

无论如何，两宋时代人，在建筑组群中可能会将一座建筑群的南北长度设置为大约相当于其东西宽度的 1.4 或 1.5 倍，从而有利于其用地范围内的是建筑空间组织。这样的地块，一般都可能形成一个有中心庭院与中轴线庭院序列、同时亦有尺度稍小的两侧跨院的布局模式。关键是，这种模式尤其适合于佛教寺院的空间组织。

这样一种对称化、规整化、庭院化的空间组织模式，一直影响到后世明清建筑组群的空间模式。中国古代建筑在空间组织上的这一特点，曾被我们的东邻朝鲜李王朝时期的著名学者朴趾源（1737—1805 年）所注意，他特别谈到了两国建筑在空间组织上的差别：

> 中原屋宇之制，必除地数百步，长广相适，铲划平正，可以测主安针盘，然后筑台。台皆石址，或一级，或二级三级，皆砖砌，而磨石为甃。台上建屋，皆一字，更无曲折附丽。第一屋为内室，第二屋为中堂，第三屋为前堂，第四屋为外室，前临大道为店房，为市廛。每堂前左右翼室，是为廊庑寮厢，大抵一屋，长必六楹、八楹、十楹、十二楹。两楹之间甚广，几我国平屋二间，未尝随材长短，亦不任意阔狭，必准尺度为间架，皆五梁或七梁，从地至屋脊，测其高下，檐为居中，故瓦沟如建瓴，屋左右及后面冗檐，以砖筑墙，直埋椽头，尽屋之高，东西两墙，各穿圆窗，西南皆户，正中一间，为出入之门，必前后直对。屋三重四重，则门为六重八重。洞开则自内室门至外室门，一望贯通，其直如矢。所谓"洞开重门，我心如此"者，以喻其正直也。❷

❷（ 朝鲜 ）朴趾源（1737—1805 年）. 热河日记 [M]. 四册. 首尔：文艺院，2012：58. 转引自：白昭薰. 明朝与朝鲜王朝地方城市及建筑规制比较研究 [D]. 清华大学，2013.

❸ 文献 [2]. [宋] 释赞宁. 宋高僧传. 卷 28. 兴福篇第九之三. 大宋东京观音禅院岩俊传. 大正新修大藏经本.

关于这种由中轴线庭院系列，附带左右跨院系列的空间模式，也在宋代僧人赞宁的《宋高僧传》中加以了暗示。赞宁在提到北宋东京观音禅院时，描述这座寺院："慈柔被物，暨乎自狭而广，实三院一门也。二堂东西，恒不减数百众。五十年眇，计供僧万百千数。京城禅林，居其甲矣。"❸这显然也是一座规模颇为宏大的禅院，但这里的"三院一门，二堂东西"的空间表述，不正暗示了其一座三门之内有包括中轴线庭院与两侧跨院在内的三路庭院，正与"三院一门"的空间格局相吻合；而其两侧可能各有一堂，例如，西为僧堂，东为斋堂，恰好也构成了"二堂东西"的建筑配置。

1.晋州玉兔寺

《全宋文》中收入了令狐杲于北宋乾德三年（965 年）所撰《大宋晋州神山县重镌玉兔古寺实录》，可知这是在一座唐武德二年（619 年）所创道观——玉兔观的基础上,于武则天圣历元年(698年)改道观为佛寺的。北宋初年,这座寺院又得到了重修,相关记述中与寺院规模与空间有关的描述十分简单:"玉兔寺者,元即玉兔观也。……其寺周围一里二百五十步矣。"❶这里唯一能够确定的数据是,这座寺院周回的长度有1里250步。以北宋初年的1里为360步推算,这座寺院的周回长度为610步(305丈)。

这样一个面积,可以暂时想象为152.5步左右见方的一块方形地块。以5尺为一步,152.5步合762.5尺(即76.25丈)。想象其主殿可能是一座5开间殿堂,五开间的通面广大约在7—9丈,则主殿之前的庭院至少可能是宽15丈、深18丈的尺度,两侧再有庑房,以庑房进深为4.5丈计,则两侧庑房总进深为9丈,如此,可以将这座寺院基址的宽度推测为大约24丈(折合为48步),则其寺院基址的纵深就可以有257步(约128.5丈)。当然,这里所说的,仅仅是按单一轴线布置其纵深方向的建筑的情况,实际上,如前面所分析的,两宋寺院往往至少有三条纵向的轴线,包括中轴线一路以及两侧跨院的两路纵轴线。以保证可以有足够的空间为寺院配置相应的服务性、功能性建筑。

假设其中轴线上布置有三门、佛殿、法堂、方丈等建筑,大约组成了4进院落。而横长方向,则可以组织三组院落。以中轴线院落宽度为24丈,先将中轴线上主要建筑控制在依序有5座殿堂4进院落的基本格局上,其主殿面广为5间,通面广约在9丈左右,进深仍可以在7丈左右;其前三门为3间,面广约5丈余,暂定进深3丈左右,两者间主庭院的宽度可能为15丈,两侧庑房总深9丈,寺院总宽可以达到24丈。第一进院落总进深约为25丈。而此后的第二、第三进院落分别适当加大,如法堂进深5.5丈,其前庭院进深15丈,经藏阁(或大悲阁、毗卢阁等)进深6丈,其前院落进深16丈,方丈寝堂进深3丈,其前庭院仍保持12丈进深。相应建筑尺度不做大的调整。则寺院总进深正可控制在92.5丈。

如此算下来的寺院周回余量为120丈,以2相除,则面广为60丈。减去前面设定的寺院中轴线部分总面宽24丈,尚余36丈。与寺院中轴线两侧总面宽为24丈相比较,如果作对称式处理,或可以将两侧跨院的面宽控制在18丈。如此则可以使其寺通进深为92.5丈(185步),通面广为60丈(120步)。从而保证了寺院周回总长度为305丈(610步)。

两侧跨院前后可以均分为5个院落,每进院落的通进深(包括建筑物)为18.5丈(37步),与其宽度18丈,大体相洽。两侧庭院中,大致可以按照西僧堂、东斋堂布置,紧邻僧堂可以设经堂;而接待游方僧人的云水堂则可以配置在斋堂附近。此外,还可以按在西侧设罗汉堂,东侧设水陆院,并将僧寮布置在西侧,而将库院、厨房布置在东侧的大致规律来配置。而三门内主佛殿之前左右,还可以对峙设立两座楼阁,这样就可以大致构成一座较为规整的、与其"周回一里二百五十步"的记载在空间与尺度上比较接近的北宋早期寺院的基本空间格局(图2,图3)。

❶ 文献[1].卷49.令狐杲.大宋晋州神山县重镌玉兔古寺实录.第3册:196.

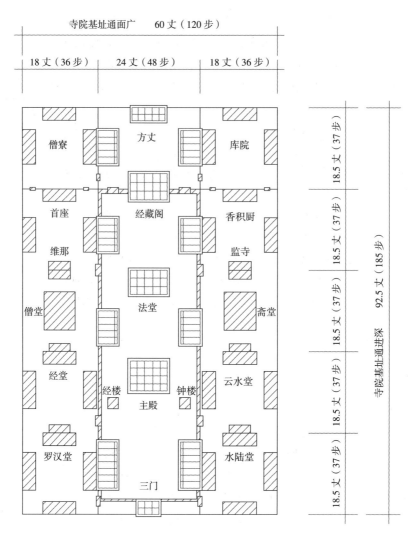

寺院基址通面广　60丈（120步）

18丈（36步）　24丈（48步）　18丈（36步）

僧寮　　方丈　　库院

首座　　经藏阁　　香积厨

维那　　　　　　监寺

僧堂　　法堂　　斋堂

经堂　　　　　　云水堂

　　经楼　　钟楼

罗汉堂　　主殿　　水陆堂

三门

18.5丈（37步）　18.5丈（37步）　18.5丈（37步）　18.5丈（37步）　18.5丈（37步）

寺院基址通进深　92.5丈（185步）

图2　北宋晋州玉兔寺平面推测复原图
（作者自绘）

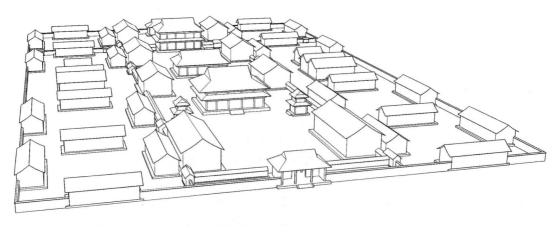

图3　北宋晋州玉兔寺复原鸟瞰外观示意图
（吴嘉宝 绘）

2. 沅州同天寺

湖南麻阳，北宋时曾称锦州城，隶沅州所辖。锦州城内有寺，熙宁八年（1075 年）创寺，赐额"同天"："八年，即城之东隅为浮屠寺，诏赐额同天，……又因寺之故基，增斥而芟除荒秽，筑垣而基之者，纵一百八十三步，其广一百二十四步。伐木于山，役工于徒，凡朴斫甄治、板籍汙漫之事，与夫土木全覧、髹形黝垩之费，未尝以干吾民。至是二十年，而栋宇穹然崇成，自门闶至殿寝，与夫庖厨湢库庾、便斋宴室，以数计之，为屋二百四十有五。"[1]

这座寺院在平面尺度上的记述，几乎是最为精准的。其寺基址范围为通进深 183 步、通面广 124 步。以两步为一丈计，其寺通进深为 91.5 丈，通面广为 62 丈。从上下文看，这应该是一个南北长、东西狭的矩形。我们仍然以前面所用的空间逻辑来推测，参照其文字中所记载的"自门闶至殿寝，与夫庖厨湢库庾、便斋宴室，以数计之，为屋二百四十有五"，将寺院分为沿中轴线布置的诸院落及两侧跨院。

中轴线上应有三门、大殿、法堂、大悲阁（或毗卢遮那殿及卢舍那殿与经藏阁）、方丈寝堂，共 5 座建筑，4 进院落。以其寺三门为 3 开间，进深 3.5 丈。寺主殿为 7 开间，面广 10 丈余，进深 6 丈；殿前庭院进深 25 丈，面广 18 丈。法堂为 5 开间，进深亦为 6 丈，其前庭院为 15 丈；其后大悲阁进深 6 丈；其前庭院 15 丈；其后方丈寝堂，进深 3 丈，其前庭院 12 丈。如此分配的寺院通进深恰好可以控制在 91.5 丈。再来看面广。其寺主殿为 7 开间，假设平均每间为 1.55 丈的间广，总面广为 10.85 丈。其前可能有左右对峙的双阁，如经阁与钟阁。则其前庭院的宽度约为 18 丈，两侧各有廊屋，进深为 4 丈，合为 8 丈，则中轴线及两庑总宽度为 26 丈。以寺基总宽为 62 丈，则两侧各余 18 丈的宽度。故可以认为两侧跨院面广各为 18 丈。将两侧进深方向，按 91.5 丈的纵深长度均分为 5 个院落，则每个院落的进深为 18.3 丈。也就是说，中轴线主要建筑两侧，各有 5 个长 18.3 丈、宽 18 丈的较小的跨院。其中布置有庖室、厨房、斋堂、库院、宴室、客堂等服务性、后勤性建筑。可能还会有僧堂、寮房、首座、维那、监院等等的起居性或管理性用房。

这样的布置，使这座长 183 步（91.5 丈）、宽 124 步（62 丈）的寺院基址，恰好与当时寺院的基本建筑配置相吻合。由此或也可以从一个侧面说明，这种透过寺院规制与空间逻辑，及建筑与庭院的基本尺度关系所进行的探讨性复原推测，是能够在一定程度上接近历史真实的（图 4，图 5）。

前面提到的晋州玉兔寺，其经过分析的基址南北长 92.5 丈、东西宽60 丈（总面积为 5550 平方丈，合近 92.5 亩），与这座南北长 91.5 丈、东西宽 62 丈（5673 平方丈，约合 95 亩）的同天寺，其实在基址规模与建筑及庭院空间配置上是十分接近的，也就是说，这座同天寺的精准记录，对于我们前面依据寺院周回尺寸所作的空间分析，在一定程度上是一个验

❶ 文献 [1]. 卷 2707. 黄叔豹 . 同天寺记 . 第 125 册：217.

见于史料记载的几座两宋寺院格局之复原探讨

寺院基址通面广　62丈（124步）

18丈（36步）　26丈（52步）　18丈（36步）

僧寮	方丈　厢房　厢房	库堂	18丈（36步）
首座　维那	大悲阁　配殿　配殿	监院　庖室	18丈（36步）
僧堂	法堂　配殿　配殿	斋堂	18丈（36步）
看经堂	主殿	宴室	18丈（36步）
接待院	经楼　钟楼　配殿　配殿　三门	水陆堂	18丈（36步）

寺院基址通进深　91.5丈（183步）

图4　湖南沅州同天寺平面推测复原图

（作者自绘）

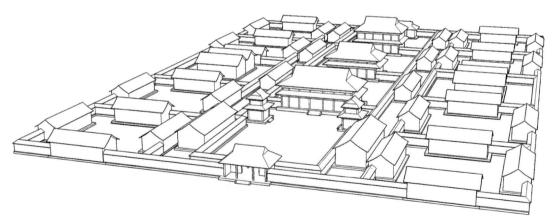

图5　宋代湖南沅州同天寺复原鸟瞰外观示意图

（吴嘉宝绘）

证。相同的规模还见于明代人所记载的另外一座唐宋古碑中记录的禅寺："大风折古桑一株，旦而发之根柢，得古负重断碑，披而读之，乃唐中和间居士吴言舍舍为寺，其基广九十三亩，时刺史王公表请额，为景清禅院，而天圣，则宋时重建，以年为号者，非此莫知其原。" ❶

因其面积与晋州玉兔寺、沅州同天寺基本相同，相信也是一座纵深约为90丈余、面广约为60丈，可以将中轴线分为4进院落，并将两侧跨院分为若干个院落的寺院。由这样三座时代比较接近、分布地域距离相对较远，基址面积却几乎相同的宋代寺院记载，或也可以猜测，至少在北宋时期这种通进深约为90丈、通面广约为60丈、基址面积约为90亩、大约分为三路、4—5进院落的寺院，很可能是一种比较多见的寺院形式。

3. 建康保宁禅寺

据宋人周应合撰《景定建康志》，宋代建康城内的保宁禅寺，其前身为三国时所创的建初寺，南北朝时寺侧建有凤凰台。并且曾先后更名为"祇园寺"、"白塔寺"，说明寺内曾有白塔。北宋太平兴国间（976—984 年）赐额保宁禅寺，其后"祥符六年增建经、钟楼、观音殿、罗汉堂、水陆堂、东西方丈，庄严盛丽，安众五百，又建灵光、凤凰、凌虚三亭，照映山谷，围甃砖墙五百丈，茂林修竹，松桧蓊蔚。" ❷

至南宋建炎元年，这座寺院曾一度改为行宫，之后，曾经做过大规模重建："留守马光祖重建殿宇，及方丈、观音殿、水陆堂、厨堂、库院，移钟楼冠青龙首，增建廊屋横直一十八间。" ❸ 此外，宋人叶梦得曾撰《轮藏记》："建康府保宁寺当承平时于江左为名刹，……堂殿门庑，追复其旧而一新之。最后作转轮藏。" ❹ 这些就是有关建康保宁寺的大致历史记载。

这是一座有经阁、钟楼、转轮藏殿、观音殿、罗汉堂、水陆堂、东西方丈的寺院，其四周环绕的砖墙有 500 丈之长。即使按一个方形的平面推算，其每面的长度亦在 125 丈左右，合 250 步，快接近一里见方的大小了，折合有 260 亩左右的面积，比晋州玉兔寺大了许多。

文献中所述的这些建筑，除了钟、经二楼可能位于寺院主殿之前，观音殿可能在寺院中轴线上之外，其余如罗汉堂、水陆堂、库院、东西方丈寝堂等，可能都布置在寺院两侧。因此，仍然需要设定，这座寺院有前后三门、三门内有佛殿。因其是一座古寺，其前又曾被称为白塔寺，则佛殿前可能有一座佛塔，佛殿后为法堂，法堂之后为方丈寝堂，既有东西方丈寝堂，则中轴线上当设方丈寝堂。根据宋代建筑的一般布局规则，可以猜测，其中轴线上依序为三门、佛塔、大殿、法堂、观音殿、方丈寝堂。其后可能还有灵光、凤凰、凌虚三座亭子。沿轴线大约有 7 座建筑、6 进院落。在主殿前还对称布置有钟楼与经楼。以其后来将钟楼移至了青龙之位，说明这座寺院的钟楼位于寺院主殿前的东侧。

寺院两侧的建筑，首先有罗汉堂、水陆堂，此外，因其安众五百，可

❶ 文献 [2]. [明] 释德清 . 憨山老人梦游集 . 卷十一 . 序 . 清顺治十七年毛褒等刻本 .

❷ 文献 [3]. 史部 . 地理类 . 都会郡县之属 . [宋] 周应合 . 景定建康志 . 卷46. 寺院 .

❸ 文献 [3]. 史部 . 地理类 . 都会郡县之属 . [宋] 周应合 . 景定建康志 . 卷46. 寺院 .

❹ 文献 [3]. 史部 . 地理类 . 都会郡县之属 . [宋] 周应合 . 景定建康志 . 卷46. 寺院 .

能有规模较大的僧堂。此外，则是东西方丈寝堂、厨堂、库院。

先来看中轴线部分，仍然设想三门为 5 开间，进深 4 丈，其内为主殿，殿前有古塔、塔布置在三门与主殿之间，殿前左右还设置有钟楼与经楼。因为这是一座敕建名寺，且曾经作为帝王的行宫，故推测其主殿为 9 间，面广约 14 丈，进深约 9 丈。其后为法堂，因寺内僧众有 500 人，且佛殿宏大，故其法堂为 7 间，堂进深约为 7 丈，其前庭院进深为 18 丈。法堂之后为观音殿，殿亦为 5 间，进深为 6 丈左右，殿前的庭院深 15 丈。其后为方丈寝堂，进深约为 4 丈，寝堂前庭院为 12 丈。方丈寝堂之后设想为对称布置的三亭，其中央一亭，设想为 6 丈见方，假设其亭属于寺院后部的园林部分，则其亭与方丈寝堂间的距离应该较大，则可以将布置有亭子的后部园林空间的进深控制在 25 丈。将这一粗略估计的中轴线建筑尺度叠加，则为 151 丈。将其数取整为 150 丈，则推测其寺院总进深为 150 丈。如此，若设想寺院平面为一个规整的矩形，以其寺周回 500 丈计，则其寺总面宽为 100 丈。

再来观察寺院中轴线建筑群的面宽。其寺主殿为 9 间，通面广约为 14 丈，其前庭院深为 25 丈，殿前两侧可能有新增廊屋"横直一十八间"。由于主殿前院落比较大，可以推测，这里应该是在每一侧有 18 间廊屋，两侧共有 36 间。由于主殿尺度较大，如果要围合成一座包括佛塔在内的大院落，则其廊屋的间距亦应该比较大。设想其间距为 2 丈，则两侧各有 13 间廊，形成一个进深 26 丈的院落，所余 5 间廊，分别布置在主殿与三门两侧。也就是说，主殿之前，三门之内，可以形成一个廊院。廊院的进深约为 26 丈，殿前东西有钟楼与经阁，且殿前还有塔，则其前廊院宽度亦应该比较宽。假设宽度亦为 25 丈。在廊院之前的两侧，还可能有庑房，在庑房之南，还需要布置一道门，这可以是一座面广三间的门殿，可以称之为外三门。以中心廊院及其前庑房的进深推算，则中轴线主要庭院总宽度可以控制在 40 丈左右。

如此，以寺院通面宽为 100 丈，则两侧跨院的宽度余量为 60 丈，可以均分为 30 丈宽。而寺院通进深为 150 丈，可以在 30 丈的宽度下，沿进深方向各布置若干个庭院，例如，将纵深方向分为 6 个院落，平均每个院落的进深约为 25 丈。其中前 5 个院落主要布置寺院内的功能性用房，在这左右 10 个院落中，左侧可以有水陆堂院、厨堂院、库院、东方丈院，右侧可以有罗汉堂院、转轮藏殿院、僧堂院、西方丈院。此外，当然还有如首座、维那、监院、客堂、祖师堂以及其他服务性、功能性的房间，大体上可以将两侧的院落充满。

两侧轴线的最后，仍然是园林部分，可以将三座亭子，分别设置在寺院三条轴线的末端，例如，其左为灵光亭，其右为凌虚亭，中央则为凤凰亭。环绕三座亭子等园林空间的院落，亦可以有 25 丈的进深空间，从而将寺院后部整合为一个较为完整的寺院园林。

这样一种依据建筑与空间逻辑推测而出的寺院，与其寺周回总长为 500 丈、内有 500 僧人以及若干建筑物等的记述，大体上还是比较接近的（图 6，图 7）。

寺院基址通面广 100 丈（200 步）

30 丈（60 步）　40 丈（80 步）　30 丈（60 步）

灵光亭　　凤凰亭　　凌虚亭

西方丈院　　方丈　　东方丈院

首座　　观音殿

僧寮院　　　　　　库院

法堂

僧堂院　　　　　　厨堂院

转轮藏院　　主殿　　客堂院

经阁　佛塔　钟楼

罗汉堂　内三门　水陆堂

外三门

25 丈（50 步）

25 丈（50 步）

25 丈（50 步）

25 丈（50 步）

25 丈（50 步）

25 丈（50 步）

寺院基址通进深 150 丈（300 步）

图 6　建康保宁禅寺平面推测复原图
（作者自绘）

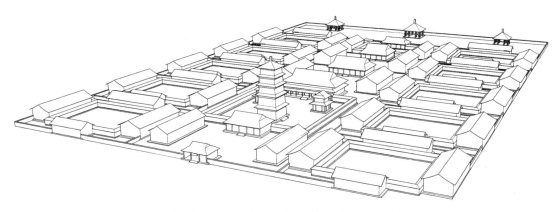

图 7　宋代建康保宁禅寺复原鸟瞰外观示意图
（吴嘉宝 绘）

4. 四明天宁报恩禅寺

另外一座见于文献记载的规模较大的宋代寺院，是四明的天宁报恩禅寺："四明天宁报恩禅寺，直郡治西百武而遥，基广一顷三十亩有奇。……日有所营，月有所建，岁有所成。积劳十年，外门、中殿、法堂、丈室、斋坐之宇，休息之寮，而观音阁，而净土院，庖廪、湢涸、轩廊、序房，昔庳者崇，昔隘者辟，昔黯黮者爽豁。至于像设，则位置整严，金碧绚烂。至于梵呗，则时节击撞，音奏洪远。"❶ 寺址在四明郡治之西不远处，基址面积为"一顷三十亩"。以一顷为百亩计，则其寺范围为130亩，较之前面提到的接近百亩的玉兔寺与同天寺，大约有其1.5倍左右的大小规模。

为了分析的方便，不妨先将这130亩的用地折算为平方丈，以1亩约为60平方丈计，130亩可折合为7800平方丈。这里也许可以借鉴一下前面分析的几个寺院的长宽比例，如晋州玉兔寺，南北长92.5丈、东西宽60丈；史料记载比较精准的沅州同天寺，南北长91.5丈、东西宽62丈；而通过其周回长度与空间逻辑分析而得出的建康保宁寺，南北长150丈、东西宽100丈。透过这三个寺院案例，可以看出，如果将寺院基址范围的长宽比例控制在3∶2左右，似乎是一个比较适当的寺院空间配置选择。

以其面积为7800平方丈，则若设定其南北纵深长度为100丈，而东西横长宽度为78丈，则恰好使其长宽尺寸与面积数吻合，而比例也大略接近3∶2。且是一个比较容易把控的长宽尺寸。

仍以寺院中轴线上在纵深方向有6座建筑物来做估算，其前为三门，以5开间计，进深约为4丈。其内主殿，称为中殿。因寺院基址较大，这座中殿的规模似乎要稍大一些，仍以7开间计，面广可能有10丈余，进深约在7丈左右。其前庭院空间的纵深方向，应有接近28丈的长度，而面广方向可能有24丈左右。

中殿之后为法堂，以5开间设定，其面广约为9丈，进深约为6丈，其前庭院纵深应有18丈左右。法堂之后可以配置一座楼阁，如引文中提到的观音阁。其面广进深可以为5间，长为9丈余，深为6丈左右，其前庭院进深长度约为16丈。寺院主阁之后，可能是方丈室，这里称为"丈室"。其开间可以为5间，进深在4丈左右。其前庭院也控制在12丈。这样一种建筑规格与庭院尺度的累积纵深长度恰好可以控制在100丈。

再来看东西横长方向。以其通面广约10丈的中殿之前庭院，纵深接近28丈计，则庭院宽度为24丈是一个适当的尺度选择。中殿两侧可以用廊屋（轩廊）与三门相接，廊屋的进深控制在3丈，则中轴线建筑群通面广可控制在30丈左右。中殿之后各院落的两侧可以用庑房，形成左右两序（序房）的合院效果。如此使得在东西宽度方向的长度余量为48丈，两侧均分，每侧可以有24丈的面宽。然后，可以将纵深方向100丈的长度，均分为4段，则两侧跨院的每一进院落，可以有25丈的总进深。这左右8座院落中，在西侧可能有净土院、僧堂院和僧寮院（休息之寮），以及首座、维那的用房，在东侧可能有斋堂、庖厨（庖）、库院、客堂（斋坐之宇）或浴室（湢）、监院等接待、服务与管理性用房。至于东司（涸）、仓廪（廪），也可能分散在左右两侧（图8，图9）。

❶ 文献[1].卷8114.陈着.天宁报恩禅寺记.第351册：86.

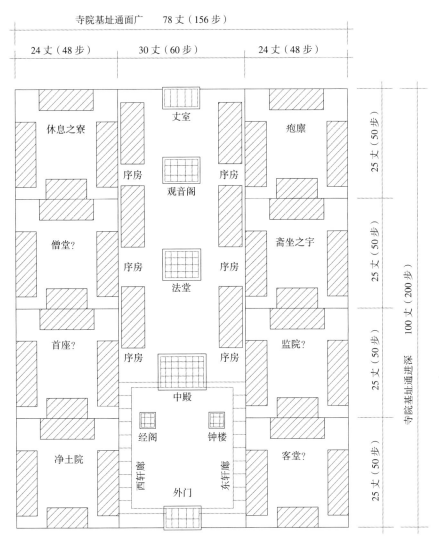

图 8　四明天宁报恩禅寺平面推测复原图

（作者自绘）

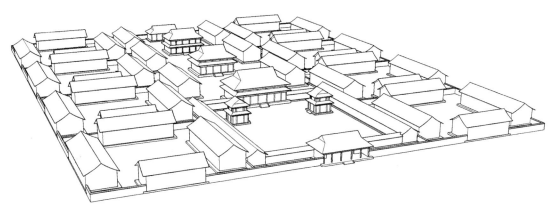

图 9　宋代四明天宁报恩禅寺复原鸟瞰外观示意

（吴嘉宝 绘）

5. 浙川兴化寺

北宋文人欧阳修在明道二年（1033 年）的一篇文字中，记录了浙川县（今河南南阳）一座称为兴化寺的寺院。据欧阳修的记述，这座寺院始创于隋仁寿四年（604 年）："号法相寺。太平兴国中改曰兴化，屋垣甚壮广。"❶

其文并没有详细描述寺院的基址与建筑，笔墨主要落在了寺院内新修的行廊上。其中仅仅描述了两侧廊子的具体间数，但细咀嚼之，或也有助于我们理解这座寺院空间布局的某些特征："兴化寺新修行廊四行，总六十四间，匠者某人，用工之力凡若干，土木圬墁陶瓦铁石之费，匠工佣食之资凡若干。"❷

行廊，应当指的是寺院纵深方向布置的廊子。若分 4 行设置行廊，则似乎是在中轴线之外两侧，各有一路跨院，也就是说，有 3 路庭院。大约每行应有 16 间廊子。以每间廊子的间距为 1.5 丈计，由行廊联系的前后进深，约有 24 丈。这或许揭示出了寺院前部主要庭院的基本尺度。即其寺院中轴线前部为主殿，主殿前有一个 24 丈左右进深的庭院。为了保证寺院空间的整齐统一，其前部两侧的侧院，也用了连廊，进深亦为 24 丈，共 16 间。

这样一种分析基于两个原因：一是，欧阳修提到，这座寺院的"屋垣甚壮广"，说明寺院基址规模是很大的。16 间的行廊，很可能只覆盖了寺院主殿之前的空间；二是，这座寺院为隋代初创的古寺，其寺院空间中，很可能保持了隋唐两代寺院的一些特征，如唐代寺院习惯使用的回廊院做法。其中心廊院两侧，还会有东廊院、西廊院。这里既然要修 4 行行廊，显然是要保持这种旧有的格局。

由此给予我们的暗示是，唐宋时期，较为规整的寺院很可能都是按左、中、右三路轴线铺展其前后院落的。中路为中轴线庭院组群，主要布置三门、佛殿、法堂、方丈室之属；左路为东侧组群，布置斋堂、厨库、客堂之属，也许还包括水陆堂、云水堂等建筑；右路为西侧组群，布置僧堂、寮房、罗汉堂以及转轮藏等建筑。

以其中心庭院面广 24 丈，则可以将两侧庭院控制在 18 丈，从而使寺院通面广控制在 60 丈左右。如此，参考前面的寺院基址比例，还可以想象其寺院通进深在 90 丈左右。参照前面寺院空间的布局模式，也可以大致推想出这座寺院后部的空间分布（图 10，图 11）。

这虽然不能算是一座完整的寺院，但其前部 4 条行廊将寺院划分成三路的空间特征，在一定程度上为对前面所分析的几座北宋寺院空间模式，又提供了某种进一步的佐证。

6. 怀州十方胜果寺

古怀州为河内地，自十六国时期至南北朝的北魏、东魏、北齐时期，

❶ 文献 [1]. 卷 741. 欧阳修. 浙川县兴化寺廊记. 第 35 册：141.

❷ 文献 [1]. 卷 741. 欧阳修. 浙川县兴化寺廊记. 第 35 册：141.

寺院基址通面广　　　60丈（120步）

18丈（36步）	24丈（48步）	18丈（36步）

方丈

经藏阁

法堂

正殿

三门

僧寮　首座　维那　僧堂　罗汉堂

库院　监院　庖厨　斋堂　水陆堂

经阁　钟楼

18丈（36步）

21丈（48步）

21丈（42步）

30丈（60步）

90丈（180步）

寺院基址通进深

图 10　浙川（南阳）兴化寺平面推测复原图

（作者自绘）

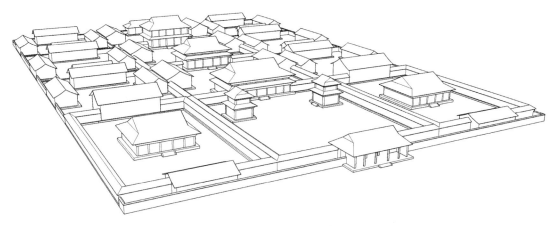

图 11　宋代浙川（今南阳）兴化寺复原鸟瞰外观示意图

（吴嘉宝绘）

直至隋唐、五代,这里的佛教寺院建造活动一直十分活跃。宋人李洵所撰《怀州修武县十方胜果寺记》记录了一座北宋寺院,使我们可以了解到古怀州地区宋代寺院的一些特征。

李洵的文字中描述的这座寺院,隋唐时代可能称为长寿寺,其寺的基本格局为"八院分处",这显然是一种包括若干子院的唐代寺院格局,但北宋时期已经变成了一座十方禅寺:"前代本长寿之□,我朝锡胜果之号。仍旧贯有八院分处,从近制为十方住持。……陶甓伐木,云集川流,起绍圣三年九月,止四年之二月日。"[1] 重建工程始于北宋绍圣三年(1096年),完成于绍圣四年(1097年)。

关于北宋这次重建,作者做了比较详细的描述:"除前殿五间有三世像,后殿七间有千佛像,砖塔九层,大门五间,洎钟楼即旧外,为左右偏门六间,前殿东西□□□间,后殿东西挟室六间,左庑贯厅与讲堂二十有九间,右庑贯厅与僧堂二十有九间。钟楼在前庭之□□右□□城以偶之,厨库下舍,靡不完洁。总逾百楹,皆创置也。窈然其□深,焕然其严丽,风烟改色,梵呗联响。居者增精进之心,来者起歆慕之色。缭垣矗直,绳桓于外,纵为八十步,冲为四十五步。最厥费为缗钱二千有畸,何其用钜而功速欤?"[2]

先来看这座寺院的基址情况,其寺南北纵长为80步(40丈),东西横宽为45步(22.5丈)。也就是说,这不是一座很大的寺院,或者说,这里重建的只是其"八院分处"中的一座子院。寺基南北长40丈、东西宽22.5丈,用地面积大约为15亩。

再来观察寺院的建筑布局。寺院的前部为三门殿,三门为5开间;三门左右各有一座偏门,所谓"左右偏门六间",其实是每侧各为3开间。寺内有一座9层砖塔。这可能与前面提到的建康保宁禅寺一样,是保持了隋唐时期"殿前塔"格局的一座寺院,故这座砖塔应该是位于三门以内、前殿之前的位置上。寺院主殿似为前殿,为5开间,前殿内供奉的是三世佛;前殿之后有后殿,后殿为7开间,后殿内供奉千佛,故称"千佛殿"。前殿与后殿的两侧各有挟屋,以"后殿东西挟室六间"的记述,可以反推出前殿缺字部分记录了同样的事情。即前殿东西两侧各有挟屋3间。

在寺院中轴线之外,各有左右庑房,其文所谓"左庑贯厅与讲堂二十有九间,右庑贯厅与僧堂二十有九间",说明左右庑房与贯厅呈对称式布置,相应的讲堂(左)与僧堂(右)亦呈对称式布置。下面面临的问题是,如何布置这对称设置的讲堂与僧堂,及与之相连的庑房贯厅。

先从宽度上来分析,前殿为5开间,面宽可以控制在7丈左右,其左右有3间挟屋,面宽可以分别控制在4丈。这种殿挟屋的形式,是可以紧贴在一起的,故前殿及其左右挟屋的通面广在15丈余。这里不得不提到其后殿,后殿为7开间,其面广约为10丈余,两侧亦各

❶ 文献 [1]. 卷 2786. 李洵. 怀州修武县十方胜果寺记. 第 129 册: 154.

❷ 文献 [1]. 卷 2786. 李洵. 怀州修武县十方胜果寺记. 第 129 册: 154.

有 3 开间的挟屋，则每侧挟屋的面宽宜控制在 3 丈，从而使其通面广接近 17 丈，如果将这看作是寺院中轴线建筑的面宽，因其东西总宽仅为 22.5 丈，故其两侧仅余 5.5 丈，也就是说，每侧各有 2.75 丈的余量。如果再在两侧廊房与后殿挟屋之间留出一点空隙，则两侧廊房的进深只能有 2.2 丈。可以在廊房之前留出一个 0.8 丈的前廊，则廊房进深仅有 1.4 丈。

这样狭窄的宽度，也说明了两侧的庑房、贯厅、讲堂、僧堂，都不可能作跨院式的空间处理，而只能作东西两序南北顺身式的布置方式。故这里可以将讲堂与僧堂看作是两座东西向布置的配殿，配殿的南北两个方向上，连以庑房、贯厅。这里的贯厅，或许可以理解为过厅。

由于讲堂与僧堂是比较正规的殿堂，需要有一定的空间容量，不可能仅仅有 2.2 丈的进深。因次，可以理解为这是两座位于主要殿堂之前庭院两侧的配殿，其进深可以向庭院内凸进。而两侧庑房的进深，则可以控制在 3—3.5 丈。然而，已知其寺前殿之前有钟楼，以与钟楼对峙而立的另外一座楼阁，另外还有一座 9 层高的砖塔，故讲堂与僧堂的位置，似乎只能布置在前后殿之间的庭院两侧了。

假设讲堂与僧堂分别位于寺院前后殿之间，各为 5 开间，通面广亦为 7 丈左右，进深可以控制在 4.5 丈余。由于每侧庑房与贯厅共有 29 间，除去 5 间庑房，还应有 24 间的贯厅需要布置。我们或可以把贯厅理解为前殿两侧挟屋与东西庑房之间的廊房，贯通前后庭院空间。设想贯厅间广为 1.3 丈，24 间的通进深为 31.2 丈，加上讲堂、僧堂的面广长度，则左右庑房与贯厅（廊房）的南北总长约为 38 丈，与寺院 40 丈的通进深，仅有 2 丈的余量。

由于前殿之前有 9 层砖塔及钟楼等建筑，则前殿之前的庭院南北总深（包括前后建筑的中线以内部分）为 17.5 丈左右。后殿至前殿南北总长（包括后殿进深及前殿进深的一半）为 10 丈。再加上三门、前殿、后殿的进深，可以将寺院通进深控制在 40 丈以内（图 12，图 13）。

前殿之前，还布置有一座 9 层砖塔与左右双阁。其中一座阁为钟楼，另外一座文字缺失，似乎为"□城"，两宋时代以"城"称"阁"者极为罕见，故这里无法弄清这是一座什么楼阁。但至少可以说明，在两宋寺院主殿前的双阁确实有多种可能的组合。

今日怀州胜果寺仅余前殿之前的 9 层八角楼阁式砖塔（图 14），且因河水泛滥造成地表升高，其塔地面以上部分仅余 8 层。这座塔的高度，一说为 27.26 米（合宋尺 8.71 丈），另外一说为 26.15 米（8.35 丈）。这样一个高度，与其长宽约 20 丈的庭院空间应该是十分匹配的。这座塔的各层叠涩出檐，造型简洁，收分洗练，颇具北宋砖塔的优雅风韵，或也可以使我们在一窥这座北宋寺院遗痕之时，对当时寺院的建筑与空间产生某种联想。

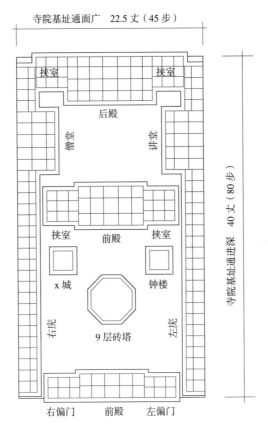

寺院基址通面广　22.5 丈（45 步）

挟室　　　　　挟室

后殿

僧堂　　　讲堂

挟室　　前殿　　挟室

x 城　　　　钟楼

右庑　　　　　左庑

9 层砖塔

寺院基址通进深　40 丈（80 步）

右偏门　　前殿　　左偏门

图 12　怀州修武县十方胜果寺平面推测复原图
（作者自绘）

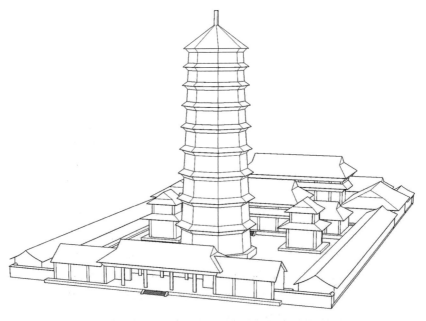

图 13　北宋怀州修武县十方胜果寺复原鸟瞰外观示意图
（吴嘉宝 绘）

图 14　怀州修武县十方胜果寺塔现状外观
（河南省文物局.河南省文物志 [M].北京:文物出版社，2009.）

7.汀州定光庵

福建龙岩市武平县岩前镇有一座均庆寺,传说北宋乾德二年（964 年）,福建同安人郑自严来到了这里的狮岩下结茅为庵,因其曾经灭蛟龙、降猛虎、除水患、兴修水利、拯救生灵,受到了民众的崇拜与信仰,被信众称为定光古佛的化身。北宋真宗朝（998—1022 年）又敕封郑自严为"均庆护国禅师",又为寺院赐额"南安均庆院"。

宋人周必大嘉泰三年（1203 年）撰《汀州定光庵记》，记录了这座寺院创建之始因："按定光泉州人，姓郑，名自严。年十七为僧，以乾德二年驻锡武平县之南安岩，禳凶产祥，乡人信服，共创精舍，赐额'均庆'。淳化二年，距岩十里别立草庵居之，景德初，又迁南康郡之盘古山。汀守赵遂良机缘相契，即州宅创后庵，延师往来，至八年终于旧岩。"**❶** 其文中也谈及南宋寺庵重建的简单情况："庆元二年，郡守陈君晔增创拜亭及应梦堂。……乃衮施利钱二千余缗，以明年三月十七日鸠工，为正殿三间，博四丈二尺，深亦如之；寝殿三间，博三丈，深居其半；应梦堂三间，廊庑等总十有八间，官无一毫之费。逮六月讫工。"**❷** 可知，庵重建于南宋庆元二年（1196 年）。

这显然是一座小庵，主殿开间、进深均为 3 间，各为 4.2 丈。庵有寝殿，亦为 3 间，面广 3 丈，进深仅有 1.5 丈。另有应梦堂 3 间，尺寸不详。以其尺度可能会介乎寝殿与主殿之间，可以想象其殿面广、进深在 3.6 丈左右。此外，还有一座拜亭，可能是布置在其庵的主殿之前的。遗憾的是，引文中再没有提到其他的建筑物，甚至不知道是否有三门之设。

引文中提到了两侧共有廊庑 18 间，或可以帮助我们推想一下其庵的纵向尺度。假设这 18 间廊庑，包括了主殿前两侧的庑房及连接庑房的庑廊，庑房亦设想为每侧 3 间，则每侧尚余廊子 6 间。如果将连廊的北端与应梦堂前檐找齐，将两侧庑房布置在主殿前与庵门之间的位置上，而将拜亭布置在主殿与庵门之间居中的位置上，大略是一个可能的布局。

设想主殿前两侧的 3 间庑房，面广 4.8 丈（当心间 1.8 丈，两侧各 1.5 丈），则庵门与主殿之间的庭院空间距离可以设想为 7.2。其间可以布置一个 2 丈见方的拜亭。庑房以北有 6 间联廊，以每间廊间广为 1.5 丈计，则其长 9 丈。设想这 6 间侧廊位于主殿之后，应梦殿之前，故这一长度限定了应梦堂南檐与主殿南北中线的距离。主殿进深 4.2 丈，设想应梦殿面广 3 间，长 3.6 丈，进深 3 丈。主殿中线距离应梦殿前檐的距离为 6 间连廊的面广，共为 9 丈，其间当有 6.9 丈的庭院空隙。可以在这 6.9 丈的中间位置布置寝殿，其殿面广 3 丈，进深仅 1.5 丈。可知，主殿与应梦殿之间还有 5.4 丈的纵深余量。平均分布在寝殿前后，则各有 2.7 丈的距离。

至于这座寺庵的面广，以主殿通面广 4.2 丈，设想其前两侧庑房的东西距离为 7.2 丈，庑房进深 3 丈，则庵通面广为 13.2 丈。以其庵门面广 3 丈，进深为 1.5 丈，其应梦堂进深亦为 3 丈计，则从庵门前檐至应梦堂后檐的均庆庵通进深为 22.8 丈（图 15，图 16）。

这样一种推测性复原，只是对其庵原状的尽可能接近，可以使我们对一座小规模的南宋佛教寺庵有一个大略的印象。好在这座均庆寺尚存，只是所存主殿是一座清代遗构，其格局也已经不再是南宋时的样貌了（图 17）。

❶ 文献 [1]. 卷 5151. 周必大 . 汀州定光庵记 . 第 231 册: 273.

❷ 文献 [1]. 卷 5151. 周必大 . 汀州定光庵记 . 第 231 册: 273.

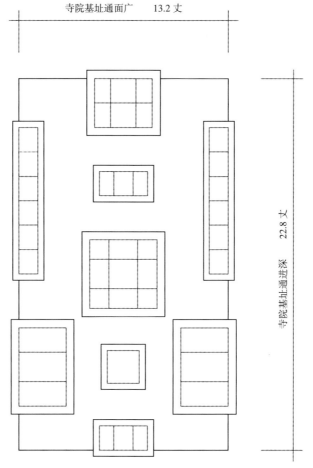

寺院基址通面广　　13.2 丈

寺院基址通进深　22.8 丈

图 15　福建汀州定光庵平面推测复原图

（作者自绘）

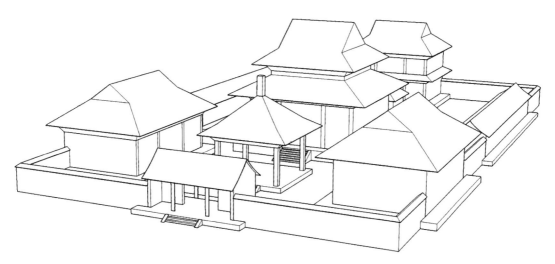

图 16　宋代福建汀州定光庵复原鸟瞰外观示意图

（吴嘉宝 绘）

图 17　福建武平均庆寺现状外观
（曹春平 摄）

参考文献

[1] 曾枣庄，刘琳．全宋文 [M]. 上海：上海辞书出版社，2006.

[2] 刘俊文．中国基本古籍库（电子版）[DB]. 合肥，黄山书社，2006.

[3] 文渊阁四库全书（电子版）[DB]. 上海：上海人民出版社，1999.

《续高僧传》中建康及荆州几所佛寺的平面布局 [1]

杨 澍

（清华大学建筑学院）

摘要：本文以唐道宣所著《续高僧传》为主要材料，选取书中 8 座佛寺——位于建康的大爱敬寺、大智度寺、同泰寺、大庄严寺和开善寺以及位于荆州的上明东寺、长沙寺和四层寺——对其平面布局中塔、佛殿、讲堂、阁等的位置关系做出示意性复原。同时将复原结果与汉地佛寺布局演变的规律进行对比，以期丰富现有对早期佛寺平面布局发展的认知。

关键词：南朝佛寺，大爱敬寺，同泰寺，平面格局，《续高僧传》，道宣

Abstract: This paper explores the changes in layout of early Chinese monasteries by studying eight Buddhist monasteries recorded in *Continued Biographies of Eminent Monks* written by Daoxuan in the Tang dynasty—namely Da'aijing si, Dazhidusi, Tongtaisi, Dazhuangyansi and Kaishansi, all situated in Jiankang, as well as Shangmingdongsi, Changshasi, and Sicengsi located in Jingzhou. The paper restores the arrangements of pagoda, Buddha hall, lecture hall and multi-storied pavilion in these monasteries, and compares them with what we know about Han-Chinese Buddhist architecture. This offers new light to the understanding of composition and development of Buddhist monasteries in early China.

Keywords：Buddhist monasteries of the Southern Dynasties, Da'aijingsi, Tongtaisi, site layout, *Continued Lives of Eminent Monks*, Daoxuan

《续高僧传》是唐代高僧道宣（596—667 年）著述的一部僧人传记。全书共辑录由萧梁至初唐 140 余年间共 400 余位僧人的事迹。书中内容不仅反映了南北朝后期至初唐的宗教历史和宗教生活，全书文字间对佛寺建筑也多有涉及。本文从《续高僧传》中选取 8 座建筑相关记载较为详细的寺院，并结合其他文献资料，对这些佛寺的平面布局做出示意性复原。与此同时，本文将复原出的 8 座寺院置于整个汉地佛寺寺院布局演变的过程之中，对其所处的阶段和位置进行了梳理和探讨。

一、《续高僧传》所载建康地区的 5 所佛寺 [2]

1. 钟山大爱敬寺

《续高僧传》卷一《梁扬都庄严寺金陵沙门释宝唱传》记载："自武帝膺运……为太祖文皇于钟山北涧建大爱敬寺，糺纷协日临睍百丈。翠微峻极流泉灌注，钟鲸遍岭□凤乘空。创塔包岩壑之奇，宴坐尽林泉之邃。结构伽蓝同尊园寝，经营雕丽奋若天宫。中院之去大门延袤

---

❶ 本文为国家自然科学基金资助项目《文字与绘画史料中所见唐宋、辽金与元明木构建筑的空间、结构、造型与装饰研究》（项目批准号：51378276）成果。

❷ 本文 8 座寺院的排列顺序依据其在《续高僧传》一书中出现的先后而定。

七里，廊庑相架檐溜临属。旁置三十六院，皆设池、台，周宇环绕。千有余僧四事供给。中院正殿有栴檀像，举高丈八。匠人约量晨作夕停，每夜恒闻作声，旦视辄觉功大，及终成后乃高二丈有二。相好端严色相超挺，殆由神造屡感征迹。帝又于寺中龙渊别殿造金铜像举高丈八。"❶

大爱敬寺，寺址在今江苏省南京市之钟山。《南史》曰"武帝于钟山西造大爱敬寺"❷，《续高僧传》称大爱敬寺建于钟山北涧，南宋张敦颐《六朝事迹编类》记其位于钟山之北高峰上。❸根据《续高僧传》的记录，大爱敬寺占地面积广大，中院与大门相距七里地。以六尺一步，三百步一里，并南朝梁"俗间尺"一尺等于 0.2474 米计❹，梁武帝时期的七里地约合 3.1 千米。大爱敬寺在这 3.1 千米的距离之内皆建有廊庑。中院旁有 36 个别院，每个别院内都设立水池、楼台，并且四周房屋环绕。大爱敬寺中院正殿内有高 2.2 丈的栴檀佛像，另一个可能位于别院之中的龙渊别殿内有高 1.8 丈的金铜佛像。

《全上古三代秦汉三国六朝文》收录梁简文帝《大爱敬寺刹下铭》曰："以普通三年岁次壬寅二月癸亥朔八日庚午，建七层灵塔，百旬既笄，千龛乃设。"❺可知大爱敬寺建有 7 层高塔。《六朝事迹编类》记载大爱敬寺建于梁武帝普通元年（520 年），这一时间可能为大爱敬寺的建成时间，由此推知该塔是在寺院建设完成之后再行建造的，若这一时间是大爱敬寺开始建设的时间，则耗时"百旬"，并于梁普通三年（522 年）建成之灵塔当与寺院同时规划设计并建设施工。道宣《律相感通传》记载："梁僧佑于上云居、栖霞、归善、爱敬四处立坛。"❻僧佑，梁朝僧人，以律学见长。梁慧皎《高僧传》录有其传，称其"以天监十七年五月二十六日卒于建初寺"❼。以上归善寺建于东晋，上云居寺和栖霞寺建于萧齐❽，而大爱敬寺建于梁普通元年（520 年），此时距僧佑天监十七年（518 年）迁化已一年有余。若此条史料可信，当可由此判断《六朝事迹编类》所载普通元年是指该寺的建成时间，寺中的 7 层灵塔在寺院完工之后才开始建设。❾大爱敬寺塔共 7 层，从其高度及重要性来看，这座灵塔理应位于大爱敬寺中院的轴线之上。然而塔与中院正殿的位置关系文献未有描述。道宣《续高僧传》称大爱敬寺"创塔包岩壑之奇，宴坐尽林泉之邃"，宴坐，即坐禅❿，反映在寺院布局中当是指禅堂一类的建筑，先记灵塔后叙禅堂是否能够作为灵塔位于禅堂前端的旁证？⓫即便如此，塔与正殿的前后位置依然无法确定。《续高僧传》文中明确表达该寺中院正殿内立高二丈有二的栴檀像，龙渊别殿中又有高一丈八尺的金铜像，而七层灵塔——据《大爱敬寺刹下铭》所述——

❶ 文献 [1]. [唐] 释道宣. 续高僧传. 卷一. 大正新修大藏经本：2-3.
❷ 文献 [1]. [唐] 李延寿. 南史. 卷二十二. 列传第十二. 清乾隆武英殿刻本：258.
❸ [宋] 张敦颐. 六朝事迹编类 [M]. 南京：南京出版社，1989：84.
❹ 梁方仲. 中国历代户口、田地、田赋统计 [M]. 北京：中华书局，2008：739.
❺ 文献 [1]. [清] 严可均. 全上古三代秦汉三国六朝文. 全梁文. 卷十三. 民国十九年景清光绪二十年黄冈王氏刻本：4582.
❻ [唐] 释道宣. 律相感通传 [M]// 大正新修大藏经. 第 45 卷. 诸宗部（二）. 石家庄：河北省佛教协会，2009：879.
❼ 文献 [1]. [南北朝] 释慧皎. 高僧传. 卷十一. 大正新修大藏经本：142.
❽ 蒋少华. 六朝建康佛寺考 [M]// 贺云翱. 长江文化论丛. 第 8 辑. 南京：南京大学出版社，2012：134.
❾ 除此之外，梁武帝《游钟山大爱敬寺》一诗也可作为大爱敬寺先建寺、后立塔的旁证。该诗描绘了梁武帝初次礼拜大爱敬寺的经过，未提及 7 层塔。
❿ 丁福保. 佛学大辞典 [M]. 北京：文物出版社，1984：866.
⓫ 宿白先生《隋代佛寺布局》一文中引用《续高僧传》描写隋代禅清寺布局的文字称"先记九级，后叙堂殿，似乎也可作为前塔后殿之旁证"。参见：宿白. 隋代佛寺布局 [J]. 考古与文物，1997(02)：30.

为"四将五龙，翘勤翼卫；八臂三目，顶带护持"❶，并没有设置佛像或者供奉舍利的描写。从这个层面来说，无论塔在正殿前方或后方，大爱敬寺内用于礼拜的主体建筑都应包括中院正殿而不仅仅是佛塔。在没有更多资料进行推断的情况下，本文的平面布局示意图（图1）按照现有对南北朝时期佛寺平面布局的认知将7层塔绘于正殿之前。

❶ 文献[1].[清]严可均.全上古三代秦汉三国六朝文.全梁文.卷十三.民国十九年景清光绪二十年黄冈王氏刻本：4583.

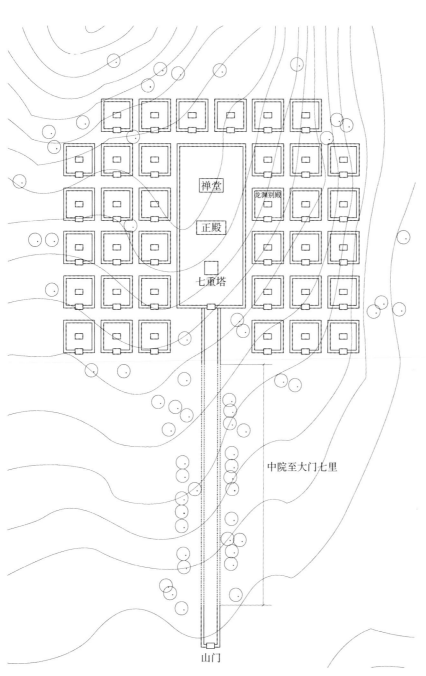

正殿

禅堂

龙渊别殿

七重塔

中院至大门七里

山门

图1 大爱敬寺平面复原示意图

（作者自绘）

❶ 傅熹年.中国古代建筑史第2卷·三国、两晋、南北朝、隋唐、五代建筑[M].北京:中国建筑工业出版社,2009:130.

另外需要指出,《续高僧传》中记载大爱敬寺"结构伽蓝同尊园寝"。园寝,通常指帝王陵墓的地上建筑。基于目前的认知,南朝帝陵地上部分的规制是在前端设置长1000米以上的神道,神道两侧依次立有麒麟、墓表和石碑,神道尽头可能还建有前殿。❶道宣称大爱敬寺寺院结构与帝陵园寝类似,可能是因为该寺大门与中院相距七里并用廊庑相连的这一形式与帝陵的神道有异曲同工之处。现存文献记录和考古发掘并没有关于南朝帝陵地面建筑的信息,《续高僧传》的记载或许能从侧面反映其帝陵当中有"祠屋"这类建筑的存在。同时,寺院与园寝结构相似,也说明尽管大爱敬寺依山临水而建,但其整体布局应该还是保持着类似园寝和宫殿般对称的形式。联想到大爱敬寺是梁武帝为其父追福所立,其建造之初是否即特意采用园寝之形式也未可知。

2. 大智度寺

❷ 文献[1].[唐]释道宣.续高僧传.卷一.大正新修大藏经本:3.

《续高僧传》卷一《梁扬都庄严寺金陵沙门释宝唱传》又载:"又为献太后,于青溪西岸建阳城门路东起大智度寺。京师甲里爽垲通博,朝市之中途,川陆之显要。殿堂宏壮宝塔七层,房廊周接华果间发。正殿亦造丈八金像。以申追福。五百诸尼四时讲诵。"❷

大智度寺,寺址在今江苏省南京市。根据《续高僧传》的记载该寺位于建康城建阳门外青溪西岸的一块高地之上。寺院殿堂宏伟壮丽,正殿内安放高1.8丈的金像。寺内建有7层宝塔,房屋和廊庑连接成院落,院落中间种植花卉和果树。大智度寺中共有500位比丘尼"四时讲诵",所以寺内至少有一个讲堂。同时,参照大爱敬寺千位僧人36院的设置,大智度寺可能有别院18所。

大爱敬寺与大智度寺同时建造,分别是梁武帝为亡父、亡母追福所设,两寺中均建7层宝塔,则二者寺院格局也很有可能彼此相仿。在本文的绘图(图2)中依照大爱敬寺的布局,将大智度寺的宝塔绘于正殿之前。同时需要说明,与大爱敬寺相同,在大智度寺中安放丈八金像的是正殿,而塔内置像情况不明,这意味着正殿是这座寺院中非常重要的主体建筑。

3. 同泰寺

❸ 文献[1].[唐]释道宣.续高僧传.卷一.大正新修大藏经本:3.

《续高僧传》卷一《梁扬都庄严寺金陵沙门释宝唱传》记载:"又以大通元年,于台城北开大通门,立同泰寺。楼阁台殿拟则宸宫,九级浮图回张云表,山树园池沃荡烦积。"❸

同泰寺,寺址在今江苏省南京市。与该寺相关的文献较多,现罗列如下:

《建康实录》卷十七记曰:"大通元年……帝创同泰寺,寺在宫后别开一门名大通门对寺之南门",该卷又引《舆地志》曰:"(寺)在北掖门外路西,寺南与台隔,抵广莫门内路西。梁武普通中起,是吴之后苑、晋

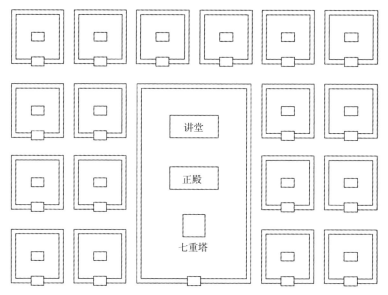

讲堂

正殿

七重塔

图2　大智度寺平面复原示意图
（作者自绘）

廷尉之地。迁于六门外，以其地为寺。兼开左右营，置四周池堑、浮图九层、大殿六所、小殿及堂十余所。宫各像日月之形，禅窟禅房山林之内，东西般若台各三层。筑山构陇，亘在西北，栢殿在其中。东南有璇玑殿，殿外积石种树为山，有盖天仪，水随滴而转。起寺十余年，一旦震火焚寺唯余瑞仪、栢殿，其余略尽。即更构造而作十二层塔，未就而侯景作乱，帝为贼幽馁而崩。"❶

《南史》卷七《梁本纪中》记曰："大通元年……帝创同泰寺……三月辛未幸寺，舍身，甲戌还宫，大赦，改元大通……中大通元年……秋九月癸巳幸同泰寺，……以便省为房，素床瓦器……甲午，升讲堂法坐，为四部大众开涅盘经题……乙巳，百辟诣寺东门奉表，请还临宸极……"❷又有"大同元年……四月……壬戌幸同泰寺，铸十方银像并设无碍会秋"，"三年……五月癸末幸同泰寺，铸十方金铜像设无碍法会"❸以及"及中大同元年，同泰寺灾……四月十四日而火，火起之始，自浮屠第三层……"❹

道宣《集神州三宝感通录》有荆州瑞像安置于同泰寺的描写："中大通四年三月。……至二十三日届于金陵……从大通门出入同泰寺……勅于同泰寺大殿东北起殿三间两厦，施七宝帐座以安瑞像。又造金铜菩萨二躯。筑山穿池，奇树怪石，飞桥栏槛，夹殿两阶。又施铜镬一双，各容三十斛。三面重阁宛转玲珑。中大同二年三月。帝幸同泰设会开讲。历诸殿礼黄昏始到瑞像殿。……及同泰被焚。堂房并尽。唯像所居殿存焉。"❺《续高僧传》卷二十九《周鄘州大像寺释僧明传》也记录了这件事。

《六朝事迹编类》记曰："梁武帝改年号大同，起同泰寺，在台城内。穷

❶　文献 [1]. [唐] 许嵩 . 建康实录 . 卷十七 . 清文渊阁四库全书本: 273.

❷　文献 [1]. [唐] 李延寿 . 南史 . 卷七 . 清乾隆武英殿刻本: 84-85.

❸　文献 [1]. [唐] 李延寿 . 南史 . 卷七 . 清乾隆武英殿刻本: 87.

❹　文献 [1]. [唐] 李延寿 . 南史 . 卷七 . 清乾隆武英殿刻本: 92.

❺　[唐] 释道宣 . 集神州三宝感通录 [M]// 大正新修大藏经 . 第 52 卷 . 史传部（四）. 石家庄: 河北省佛教协会, 2009: 415.

❶ [宋] 张敦颐. 六朝事迹编类 [M]. 南京：南京出版社，1989：84.

❷ 江晓原，钮卫星. 天学史上的梁武帝 [J]. 中国文化，1997（15、16）：129.
❸ （日）山田庆儿. 古代东亚哲学与科技文化 [M]// 山田庆儿. 山田庆儿论文集. 沈阳：辽宁教育出版社，1996：169-172.

❹ 袁敏，曲安京. 梁武帝的盖天说模型 [J]. 科学技术与辩证法，2008（2）：87.

❺ （日）山田庆儿. 古代东亚哲学与科技文化 [M]// 山田庆儿. 山田庆儿论文集. 沈阳：辽宁教育出版社，1996：170.

竭帑藏，造大佛阁七层，为火所焚……自大通以后，无年不幸同泰寺。"❶

综合以上各条文献，可对同泰寺之沿革和布局有一个大致的推断。同泰寺，建于梁武帝大通元年（527 年），其处所原为吴国宫殿后苑及东晋廷尉之所在。该寺整体格局仿照宸宫建造，各个殿堂都采用日、月的形状，整个寺院遍布山、树、园、池，是一座高度园林化的寺宇。同泰寺四周置有池堑，院内起 9 层塔，设大殿 6 所，小殿和堂 10 余所；大院东西各有 3 层高的般若台，禅窟和禅房建造在山林之内。根据《六朝事迹编类》的记载，同泰寺中还曾建有高达 7 层的大佛阁。

不同于上述大爱敬寺及大智度寺，同泰寺的特点在于"楼阁台殿拟则宸宫"。宸宫，多指帝王的居所，联系到《建康实录》中"宫各像日月之形"，此处之宸宫应指代星空。梁武帝本人通晓天学之道❷，曾在长春殿集群臣讲义，提出新的天文学说。日本学者山田庆儿认为同泰寺乃梁武帝根据其天象论所创立，寺院的平面能够与该理论一一对应。❸ 在梁武帝的天象理论中，大陆周围是四大海，四大海之外有金刚山，又有黑山。金刚山在南，黑山在北，两山在东西方向连为一体，环绕在四大海周围。北极和王城都在黑山与金刚山相连的南北轴线上。日月绕山而转（其轨道最南端在黑山与金刚山之间，最北端在黑山以北），太阳出山为白昼，落山为黑夜。❹ 山田庆儿称，同泰寺四周的池堑即为四大海，九层浮图是须弥山，位于寺院西北的山是黑山，柏殿是北极或者印度，璇玑殿是中国，璇玑殿周围的积石是金刚山。如果将梁武帝的天象理论与山田庆儿的叙述进行对照就会发现，在武帝的宇宙模型中，黑山和金刚山都在四大海之外，而同泰寺四周设立池堑，西北方和东南方的山石都在池堑范围中，不大可能如山田庆儿所述是黑山和金刚山；其次，武帝的模型中没有须弥山出现，如果同泰寺平面与其天象论完全对应则 9 层塔不应是须弥山。最后，《续高僧传》称同泰寺模拟宸宫，《建康实录》记载其宫各像日月之形，这说明同泰寺的平面布局是模拟天体排布的，其殿宇应对应日、月等天体，而非比对印度、中国等地理位置。如此看来，说同泰寺平面与武帝天象论完全对应❺ 似乎并不能成立。但正如道宣所述，同泰寺格局的确"拟则宸宫"，只是此"宸宫"并非武帝自创的天象论，如下文所论述，同泰寺模仿的很有可能是印度佛教的宇宙模型。

印度佛教的世界观至迟在西晋时已传入中国，西晋法立与法炬所译《楼炭经》以及后秦佛陀耶舍与竺佛念所译之《长阿含经》中均有佛教世界及宇宙结构的叙述。佛经中的宇宙模式，亦即所谓的"须弥山说"，大致可概括为：大地的中心是须弥山，山外另有七山环绕，各山高度依次降低。最外圈另有一山叫铁围山，围绕着世界的边缘。日、月及众星环绕须弥山转动，由此形成了昼夜。根据中国学者江晓原和钮卫星的研究，"须弥山说"又可追溯至古代印度教的圣典《往世书》。在《往世书》中，大地的中央是迷卢山（即须弥山），迷卢山外有七圈大陆和七圈大海间隔环绕。迷卢

山的顶端是北极星之所在，日、月、星辰及五大行星以迷卢山为轴心在其各自的轨道（即天轮）上旋转运行。❶

上述梁武帝的天象论虽与佛经中的宇宙模式不尽相同，但从其中出现的黑山、金刚山或铁围山等名词来看，他显然对佛教的世界观非常熟悉并且受其影响颇深。❷在同泰寺的平面中共有大殿6所，东南方向名"璇玑"，指代的应是北斗星。其余5殿目前只知西北方向名"柏殿"，应是梁武帝的舍身之处，这5殿可能象征的是五大行星。又有东西般若台各3层，或许分别代表日、月。这6殿2台所环绕的，自然是象征着须弥山——也就是北极星——的9层塔了。根据《建康实录》的记载，6所大殿中璇玑殿的方位是东南，柏殿的方位是西北，两座般若台的方位是东和西，那么剩余4所大殿最有可能的方位即为东北、西南、南和北。如此一来，就形成了一个太阳、月亮、五大行星和北斗七星环绕北极星的平面布局，亦即上文所述佛教与印度教中的宇宙模型。同时需要指出，北极星位居中央，并被众星环绕的这一模式，亦与孔子所谓"譬如北辰，居其所而众星共之"或者《史记·天官书》的"中宫天极星，其一明者，太一常居也"❸并不矛盾。而杨泉《物理论》中："北极，天之中……极南为太阳，极北为太阴。日、月、五星行太阴则无光，行太阳则能照……"❹若反映在平面图里，亦可被视为是这种布局。因此，史料中所载同泰寺"楼阁台殿拟则宸宫"、"宫各像日月之形"，无论是从佛教或是中国传统天文思想的角度，都可以推导向九层浮图位于中央、6殿和东西般若台环绕其外的这一平面格局。

至此，同泰寺的空间模式逐渐清晰。有别于大爱敬寺（甚至包括大智度寺）"中院＋别院"且中院内"佛塔-大殿-禅堂"线形排列的形式，同泰寺的平面是以9层塔为中心，各个殿台楼阁分散布局的。可以想象，6所大殿之外的10余所小殿和堂恐怕也并非安置于各个别院，它们可能分布在离九层浮图更远的地方，象征着散落在天空中的其他星辰。所以，按照上文的推测，尽管同泰寺浮图前方建有大殿，但是却并不应采用通常意义上的"前塔后殿"或者"前殿后塔"模式来理解。在这座寺院里，象征着须弥山以及北极星的9层高塔应是整个建筑集群的绝对中心。需要指出，道宣《集神州三宝感通录》所记载的瑞像殿建造于中大通四年（532年），此时距同泰寺落成已近五年；又该瑞像殿仅为三间，恐怕并不能位列"大殿"。道宣所记"于同泰寺大殿东北起殿三间两厦"，根据上文的推想，此瑞像殿应位于6所大殿所围合区域的东北方向。此外，《六朝事迹编类》记载同泰寺曾有"大佛阁七层，为火所焚"，这一信息不载于其他文献，可能是同泰寺始建时所造，焚毁之后未再重修，在本文的平面布局示意图（图3）中暂不绘出。

最后需要说明，《续高僧传》中对同泰寺"山树园池沃荡烦积"的描写，以及《建康实录》里"筑山构陇，亘在西北……殿外积石种树为山"等的

❶ 江晓原，钮卫星.天学史上的梁武帝[J].中国文化，1997（15、16）：133.

❷ 铁围山来自《楼炭经》，黑山与金刚山均在《华严经》中出现。

❸ 文献[1].[汉]司马迁.史记.卷二十七.清乾隆武英殿刻本：328.

❹ 同上。

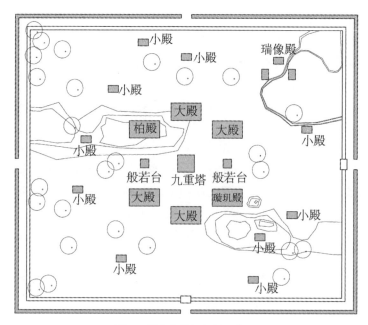

图 3 同泰寺平面复原示意图

（作者自绘）

中国建筑史论汇刊·第壹拾肆辑

记录，都表明了同泰寺是一座园林特征浓郁的寺院。然而同泰寺建在东晋廷尉的故地之上，梁简文帝《大法颂》中"兹寺者，我皇之所建立，改大理之署，成伽蓝之所；化铁绳为金沼，变铁网为香城"❶似乎又暗示了同泰寺中的部分建筑可能是由原大理寺改建而成的。因此，在本文平面图的绘制中，仍旧保留了寺内主要建筑间的对称关系。

4. 大庄严寺

《续高僧传》卷五，《梁杨都庄严寺沙门释僧旻传》记载："天监末年，下敕于庄严寺建八座法轮……庄严讲堂，宋世祖所立，栾栌增映，延袤遐远……以庄严寺门及诸墙宇古制不工……并加缮改，事尽弘丽。"❷

庄严寺，寺址在今江苏省南京市。

梁释宝唱《比丘尼传》卷三《建福寺智胜尼传》云："时庄严寺昙斌法师弟子僧宗、玄趣。共直佛殿。慢藏致盗，乃失菩萨璎珞及七宝澡罐。"❸

《南史》卷七十《虞愿传》云："帝以故宅起湘宫寺，费极奢侈。以孝武庄严刹七层，帝欲起十层，不可立，分为两刹，各五层。"❹

《全上古三代秦汉三国六朝文》收录江总撰写的《大庄严寺碑》曰："前望则红尘四合，见三市之盈虚，后睇则紫阁九重连双阙之耸峭。"❺

又有《建康实录》引《塔寺记》曰："宋大明中路太后于宣阳门外太社西药园造庄严寺。"❻以及清人所撰《南朝寺考》记录："宋孝武大明三年路太后于宣阳门外太社西药园造寺，名庄严，建塔七层，寺前有市。"❼

根据上述文献，庄严寺建于南朝宋大明年间（457—464 年），具体位

❶ 文献 [1]. [清] 严可均. 全上古三代秦汉三国六朝文. 全梁文. 卷十三. 民国十九年景清光绪二十年黄冈王氏刻本: 4577.

❷ 文献 [1]. [唐] 释道宣. 续高僧传. 卷五. 大正新修大藏经本: 67.

❸ 文献 [1]. [南北朝] 释宝唱. 比丘尼传. 卷三. 大正新修大藏经本: 15.

❹ 文献 [1]. [唐] 李延寿. 南史. 卷七十. 列传第六十. 循吏. 清乾隆武英殿刻本: 756.

❺ 文献 [1]. [清] 严可均. 全上古三代秦汉三国六朝文. 全隋文. 卷十一. 民国十九年景清光绪二十年黄冈王氏刻本: 6175.

❻ 文献 [1]. [唐] 许嵩. 建康实录. 卷八. 清文渊阁四库全书本: 97.

❼ 杜洁祥. 中国佛寺史志汇刊 [M]. 第 1 辑. 第 2 册. 南朝佛寺志. 台北: 明文书局, 1980: 176.

置在建康城宣阳门外太社西药园内。该寺起塔7层,佛殿中有佛像及菩萨像,寺内还设有讲堂。梁天监末(502—519年),高僧僧旻在庄严寺建造法轮8座,并修葺了寺门和围墙。从江总《大庄严寺碑》"后睇则紫阁九重连双阙之耸峭"看,该寺可能还建有9层高阁,高阁左右两边连接双阙,形成了一个近似"一阁二楼"式的布局。庄严寺位于建康城宣阳门外太社西侧,《建康实录》卷七引《舆地志》曰:"次正中宣阳门,……门三道,上起重楼,悬楣上刻木为龙虎相对,皆绣栭藻井。"❶ 可见寺北宣阳门即为重楼,但宣阳门两侧并无双阙之设。然而又有《景定建康志》卷二〇引《宫苑记》:"晋成帝修新宫,南面开四门……正中曰大司马门,门三道,其三重楼,直对宣阳门。"❷ 并《梁书》卷二记载梁武帝于天监七年(508年)正月"戊戌,作神龙、仁虎阙于端门、大司马门外"。所以建康宫城之端门其形式实为高阁并双阙❸,加之"紫阁"多指代帝王之居所,故江总文中所记"紫阁九重连双阙之耸峭"亦很有可能是指建康宫城之端门。因此从以上文献并不能判断出大庄严寺定有高阁之设,在本文的平面布局图中亦不绘出。

大庄严寺中七重塔、佛殿和讲堂的位置关系从文献中无法辨明,从其建筑形制判断三者均应位于寺院中轴线上。该寺大殿内安置有佛像和菩萨像,塔中是否置像尚不可知,从宋明帝仿照大庄严寺立塔的记载来看,此时佛塔在寺院中还占有相当重要的位置。宋赞宁所撰《宋高僧传》卷十九《唐升州庄严寺惠忠传》记曰:"……天宝初年始出,止庄严。忠以为梁朝旧寺庄严最盛,今已岁古雕残,兴怀修葺,遂于殿东拟创法堂。"❹ 可见南朝时期庄严寺内并未建立法堂,且佛殿东侧空间尚有较大富余,当时可能建有僧房或别院。在平面布局示意图(图4)中,大庄严寺轴线上各建筑以塔 - 殿 - 堂的顺序进行绘制。

❶ 文献 [1]. [唐] 许嵩 . 建康实录 . 卷七 . 清文渊阁四库全书本: 77.
❷ 文献 [1]. [宋] 周应合 .（景定）建康志 . 卷二十 . 城阙志一 . 清文渊阁四库全书本: 169.
❸ 实为四阙两两相对。
❹ 文献 [1]. [宋] 释赞宁 . 宋高僧传 . 卷十九 . 大正新修大藏经本: 227.

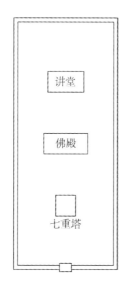

图 4　大庄严寺中心院落平面复原示意图
(作者自绘)

5. 钟山开善寺

《续高僧传》卷五，《梁钟山开善寺沙门释智藏传》记载："圣僧宝志迁神，窆穸于钟阜，于墓前建塔寺，名开善，敕藏居之……又请于寺讲大涅盘……又于北阁更延谈论……又于寺外山曲别立头陀之舍六所，并是茅茨，容膝而已。" [1]

开善寺，寺址在今江苏省南京市钟山独龙阜明孝陵范围之内。

梁僧慧皎所作《高僧传》卷十《梁京师释保志传》云："至天监十三年冬，于台后堂谓人曰：菩萨将去。未及旬日无疾而终。……因厚加殡送葬于钟山独龙之阜，仍于墓所立开善精舍。勅陆倕制铭辞于冢内，王筠勒碑文于寺门。" [2]

《六朝事迹编类》载："梁武帝天监十三年，以钱二十万，易定林寺前冈独龙阜，以葬志公。永定公主以汤沐之资，造浮图五级于其上。十四年即塔前建开善寺。" [3]

由以上文献可知，梁天监十三年（514年）冬，名僧宝志迁化，葬钟山独龙阜，永定公主出资于其墓所造五级浮图。第二年（515年），塔前创立精舍，敕僧人智藏迁居该处，此即开善寺之始。

开善寺寺门内立有王筠所撰碑铭。智藏曾在此寺为武帝讲《大涅盘经》，寺内应有讲堂。法筵结束之后"又于北阁更延谈论"，则讲堂后当有一阁。不同于后世为容纳高大佛像所造之重阁，开善寺的北阁与讲堂相比显然开放程度较低，其平日之功能可能更接近于"禅堂"，即僧徒修行的场所。在寺院外的山曲之处，另建有6所茅草屋顶的头陀之舍用来苦行，这一头陀之舍与开善寺的关系可能与大型佛寺里别院和中院的关系相类似，只是此处"别院"（头陀之舍）与"中院"（开善寺）相隔一段距离，且"别院"的形式可能是6座分散而立的茅舍，而并非是四周绕以院墙的真正的"院落"。

此外，《续高僧传》卷十六，《梁钟定林寺释僧副传》又载："梁高素仰清风。雅为嗟贵。乃命匠人考其室宇，于开善寺以待之。恐有山林之思故也。" [4] 这里写的是梁武帝仰慕僧副和尚之清风，将其安置于开善寺居住，又担心他思念山林中的环境，故命令匠人考察其在定林下寺的房间，以同样的形式在开善寺建造。根据道宣的记录，僧副在开善寺的居所是"环堵之室，蓬户瓮牖"，这样形式的房屋在开善寺内很可能也是以"别院"形式存在的。这条记录同时也暗示开善寺的寺院环境及其僧房建筑可能都较为规整，恐怕并无太多山林之趣。

现有文献中没有开善寺佛殿的记录，《高僧传》中称开善寺为"开善精舍"，则其最初很可能只是作为僧人的修行场所而建立的，并没有佛像和佛殿的设置。此外，《六朝事迹编类》记载开善寺在唐乾符年间（874—879年）改为宝公院，亦可视作该寺规模较小、未立佛殿的旁证。

❶ 文献 [1]. [唐] 释道宣. 续高僧传. 卷五. 大正新修大藏经本: 71.

❷ 文献 [1]. [南北朝] 释慧皎. 高僧传. 卷十. 大正新修大藏经本: 128.

❸ [宋] 张敦颐. 六朝事迹编类 [M]. 南京: 南京出版社, 1989: 82-83.

❹ 文献 [1]. [唐] 释道宣. 续高僧传. 卷十六. 大正新修大藏经本: 217.

至此，可以对钟山开善寺的平面布局进行一个大致的梳理。开善寺，寺院坐北朝南，中院轴线之上依次建有山门、讲堂和北阁；寺内立僧房，另有别院供释僧副居住。北阁之后，亦即寺院之外，是宝志和尚的5层墓塔。寺外山曲之处另建有6所头陀之舍。由此可绘出钟山开善寺在南朝萧梁时期的平面布局示意图（图5）。需要指出的是，开善寺在宋太平兴国年间（976—983年）更名为"太平兴国禅寺"，宝志和尚亦被加封为"道林真觉菩萨"。寺院逐步受到皇室及权贵的重视，最终位列宋元十刹之一，成为响彻一方的东南名寺。然而在这—过程中，开善寺曾被数次焚毁又重新修建，其寺院格局恐与道宣所记之南朝寺院关联甚微，故不列入本文的讨论范围。

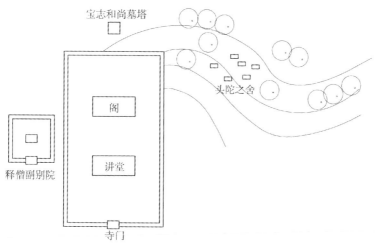

图5　开善寺平面复原示意图

（作者自绘）

二、《续高僧传》所载荆州地区的三所佛寺

1. 荆州上明东寺

《续高僧传》卷九《隋荆州龙泉寺释罗云传》记载："昔释道安于上明东寺造堂七间，昙翼后造五间。连甍接栋横列十二。云此堂中讲四经三论各数十遍"❶同传又有"沙门道颙即云之兄也。……于上明东寺起重阁，在安公驴庙北。"❷

上明东寺，寺址在荆州上明，即今湖北松滋。

《高僧传》卷五《昙翼传》记曰："后互贼越逸侵掠汉南，江陵阖境避难上明，翼又于彼立寺。"❸

道宣《律相感通传》中详细记载了荆州河东寺的布局，此河东寺即为上明东寺，《律相感通传》记曰："翼法师度江造东寺，安长沙寺僧，西寺安四层寺僧。符*坚败后。北岸诸地还属晋家。长沙、四层诸僧各还本寺。

❶ 文献[1].[唐]释道宣.续高僧传.卷九.大正新修大藏经本:118.
❷ 同上.

❸ 文献[1].[南北朝]释慧皎.高僧传.卷五.大正新修大藏经本:59.

＊原文如此，实应为"苻"。——编者注

东西二寺因旧广立。……殿一十二间，唯两柱通梁五十五尺。栾栌重迭。……自晋至唐，曾无亏损。殿前有四铁镬，各受十余斛以种莲华。殿前塔宋谯王义季所造。塔内塑像及东殿中弥勒像，并是忉利天工所造。西殿中多金铜像，宝帐飞仙珠幡华佩，并是四天王天人所造。……寺房五重，并皆七架。别院大小合有十所，般舟、方等二院庄严最胜。夏别常有千人。寺中屋宇及四周廊庑等，减一万间。寺开三门，两重七间。两厢殿宇横设，并不重安。约准地数，取其久固，所以殿宇至今三百年余无有损败。东川大寺唯此为高，映曜川原，实称壮观也。"**❶**

由以上文献可知，上明东寺，是僧人昙翼为避江陵之难于上明所建。"互贼"不知何许人，根据学者杨维中的考证，"互"字或为"丕"字误，所谓"互贼越逸侵掠汉南"是指苻丕侵犯襄阳一事。**❷**《高僧传》卷五《昙徽传》中"后随安在襄阳。苻丕寇境，乃东下荆州止上明寺"**❸**或可印证此说。据《晋书》记载，东晋太元三年（378年）二月，苻坚遣苻丕围攻襄阳，上明东寺当于此年立寺。**❹**

结合《律相感通传》和《续高僧传》中的记载，到了初唐时期，上明东寺已经发展成为中院与别院组合的布局形式。中院中大殿12间，乃道安所造7间殿堂和昙翼所造5间殿堂相连而成。殿前塔建于刘宋时期，塔内布置塑像。中院内另有东、西二殿，东殿中安放弥勒像，西殿中为金铜像。《律相感通传》里"塔内塑像及东殿中弥勒像，并是忉利天工所造"的描述虽不可信，但或许暗示了东、西二殿与塔是同一个时期建造的。《续高僧传》中记载隋代沙门道颙于上明东寺起重阁，在安公驴庙北。根据二传所记，安公驴庙应指道安首次立寺之所，也就是7间殿堂的地方。因此，隋代所立重阁应在上明东寺中院大殿的后方。除去中院内的塔、殿和重阁，上明东寺内另有寺门两重7间，寺房五重七架，又有大小别院10所，其中般舟院和方等院两个别院最为壮丽。

这里有一个值得单独讨论的问题。根据《续高僧传》的记载，道安在上明东寺造堂7间，昙翼又造5间与之相连，形成了一个面阔12间的大型殿堂，隋代僧人罗云曾在此堂中讲解"四经"和"三论"各数十遍。这个殿堂也就是《律相感通传》中记载的"殿一十二间"，该传中直接记此殿为昙翼所造。从该殿堂在隋代的使用情况看，这似乎是个讲堂而并非佛殿。上文已述，上明东寺是东晋太元三年（378年），为避襄阳之难并安置长沙寺僧人由昙翼于上明建造的。太元八年（383年）苻坚败后昙翼及原长沙寺僧又回到江陵，上明东寺得以保留而后逐步发展壮大。应该说，短短五年内，在这个似乎有些临时性质的寺院里首先建立更加必要的讲堂而非佛殿，是非常合乎情理的。但若这12间大殿是讲堂，上明东寺里用来安放礼拜对象——佛像——的建筑物是什么呢？《律相感通传》中明确记载："殿前塔宋谯王义季所造。塔内塑像及东殿中弥勒像，并是忉利天工所造。西殿中多金铜像，宝帐飞仙珠幡华佩，并是四天王天人所

❶ [唐]释道宣. 律相感通传 [M]// 大正新修大藏经. 第45卷. 诸宗部（二）. 石家庄：河北省佛教协会，2009：875.

❷ 杨维中. 东晋时期荆州佛寺考 [M]// 觉醒. 觉群佛学 2009. 北京：宗教文化出版社，2010.

❸ 文献 [1]. [南北朝] 释慧皎. 高僧传. 卷五. 大正新修大藏经本：60.

❹ 关于上明东寺立寺年代的详细考证请参考：杨维中. 东晋时期荆州佛寺考 [M]// 觉醒. 觉群佛学 2009. 北京：宗教文化出版社，2010.

中国建筑史论汇刊·第壹拾肆辑

造。"义季，《南史》中记其为衡阳文王，南朝宋元嘉十六年（439年）至二十一年（444年）为荆州刺史。❶ 上明东寺殿前之塔可能就是义季在任的这段时间建造的。❷ 从塔内安放有塑像的记载来看，此时的上明东寺还可视为保持着以塔为主体、佛徒入塔观像的"天竺旧状"。然而或许是因为塔内空间实在狭小，所以在立塔的同时，又在塔的东、西两侧分别建造殿堂，安放弥勒像和金铜像。这也就是《律相感通传》中叙述了殿前塔及东、西二殿中的塑像，却没有任何关于大殿中佛像记录的原因。因为在上明东寺中院里的大殿实为讲堂，而与后世佛殿功能相当的是大殿前的塔以及塔两侧的东殿和西殿。

从现有关于早期佛寺布局演变的研究中可以看到，早期佛教寺院在从以塔为中心的"前塔后殿"演变到以佛殿为中心的"前殿后堂"的过程中，曾经出现过双塔分立或塔殿并重等多种模式。与已知案例不同，上明东寺提供了一个"前为一塔二殿，后为讲堂"的新版本，也就是说，为了解决塔内空间不足的问题，在塔的两侧建造两个配殿与塔同时安置佛像，在空间上仍然是以塔及其配殿为主体，这一点是值得注意的（图6）。

❶ 文献[1].[唐]李延寿.南史.卷十三.列传第三.清乾隆武英殿刻本：159.
❷《高僧传》卷十三《释昙光传》亦记载："释昙光……随师止江陵长沙寺……宋衡阳王义季镇荆州，求觅意理沙门共谈佛法……"。引自：文献[1].[南北朝]释慧皎.高僧传.卷十三.大正新修大藏经本：165。

《续高僧传》中建康及荆州几所佛寺的平面布局

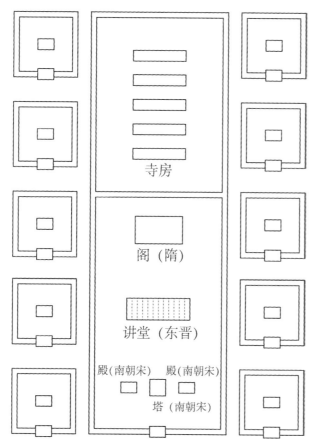

图6 上明东寺平面复原示意图
（作者自绘）

根据以上论述，荆州上明东寺的建造经过可概括如下：东晋太元年间（376—396 年），沙门昙翼创建寺宇，立讲堂 12 间；刘宋元嘉年间（424—453 年），衡阳文王义季于讲堂前建塔并东、西二殿安置佛像；至隋代，沙门道颙于讲堂后又起重阁；由晋至初唐的近 300 年间，上明东寺之殿宇有增无减，终于发展成为拥有五重寺房，10 所别院的荆州第一大寺。

2. 荆州长沙寺

《续高僧传》卷十六《后梁荆州长沙寺释法京传》记载："殿宇小大千五百间，并京修造，僧众凑集千有余人。长沙大寺，圣像所居，天下成最，东华第一……净人远志亲睹像从京房返于大殿。"❶同卷《陈钟山开善寺释智远传》又载："释智远……居荆州长沙寺禅坊。为法京沙门之弟子也。"❷

长沙寺，寺址在江陵，即今湖北省荆州市。

《高僧传》卷五《晋荆州长沙寺释昙翼传》云："晋长沙太守滕含，于江陵舍宅为寺，告安求一僧为纲领。……翼遂杖锡南征缔构寺宇。即长沙寺是也。后互贼越逸侵掠汉南。江陵阖境避难上明，翼又于彼立寺。群寇既荡复还江陵，修复长沙寺……翼常叹寺立僧足而形像尚少……晋太元十九年甲午之岁二月八日。忽有一像现于城北……"❸同卷《晋荆州长沙寺释法遇传》曰："……止江陵长沙寺，讲说众经，受业者四百余人"❹又同书卷三《昙摩密多传》曰："以宋元嘉元年展转至蜀。俄而出峡止荆州，于长沙寺造立禅阁，翘诚恳恻祈请舍利。旬有余日遂感一枚，冲器出声放光满室。"❺

《名僧传抄·昙翼传》曰："晋长沙大守荆洲胜舍……翼贞锡南征，至即缔构。一年功毕，名长沙寺。……后还长沙寺，复加开佑造大塔，并丈六金像，未有舍利。祈请累年，忽尔而得。……因往巴陵君山伐木……改先小塔更立大塔，又铸丈六金像……"❻

道宣《集神州三宝感通录》卷中记载："东晋穆帝永和六年岁次丁未……二月八日夜有像现于荆州城北。长七尺五寸，合光跌高一丈一尺……有长沙太守江陵滕晙（一云滕含）以永和二年，舍宅为寺额表郡名……翼贞锡南征谛构一载，僧宇虽就而像设弗施。……及闻荆城像至，欣感交怀曰："斯像余之本誓也。必归我长沙"……弟子三人捧之飒然轻举遂安本寺……至晋简文咸安二年始铸华跌。晋孝武帝太元中，殷仲堪为刺史，像于中夜出寺西门……齐永元二年。镇军萧颖胄与梁高共荆州刺史南康王宝融起义时，像行出殿外将欲下阶……梁天鉴末，寺主道岳与一白衣净塔边草次，开塔户乃见像绕龛行道……及大开堂像亦在座……天保三年，长沙寺延火所及，合寺洞然烟焰四合……开皇十五年，黔州刺史田宗显至寺礼拜。像即放光。公发心造正北大殿一十三间，东西夹殿九间。……柱径三尺，下础阔八尺……大殿以沈香帖遍，中安十三宝帐，并以金宝庄严，乃至椽桁

❶ 文献 [1]. [唐] 释道宣. 续高僧传. 卷十六. 大正新修大藏经本：228.

❷ 文献 [1]. [唐] 释道宣. 续高僧传. 卷十六. 大正新修大藏经本：227.

❸ 文献 [1]. [南北朝] 释慧皎. 高僧传. 卷五. 大正新修大藏经本：59-60.

❹ 文献 [1]. [南北朝] 释慧皎. 高僧传. 卷五. 大正新修大藏经本：60.

❺ 文献 [1]. [南北朝] 释慧皎. 高僧传. 卷三. 大正新修大藏经本：37.

❻ [梁] 释宝唱. 名僧传抄 [M]. 南京金陵刻经处，2001.

藻井无非宝花间列。其东西二殿瑞像所居，并用檀怙，中有宝帐花炬，并用真金所成，穷极宏丽天下第一。大业十二年……其年朱粲破掠诸州……大殿高临城北，贼上殿上射……其夜不觉像踰城而入至宝光寺门外立……贼散后看像故处一不被烧灰炭不及。今续立殿，不如前者。"❶

道宣《释迦方志》卷下记曰："晋太元中沙门昙翼者。于荆州造长沙寺。寺成而未有佛像。……入同泰寺又加供养……晚还荆州本寺。夜出绕塔降灵非一。"❷

又有道宣《律相感通传》云："梁僧佑于上云居栖霞归善爱敬四处立坛。今荆州四层寺刹基、长沙刹基、大明寺前湖中并是戒坛。"❸

长沙寺，本东晋长沙太守滕含之宅，沙门昙翼于其处创建寺宇，寺名"长沙"。根据学者杨维中的考证，长沙寺应创建于东晋兴宁三年（365年）道安到达襄阳至太元三年（378年）昙翼奔赴上明这一时间区段内。❹结合以上有关文献，可对长沙寺由晋至唐的历史沿革及寺院布局演变做一简要梳理。长沙寺，由沙门昙翼于长沙太守滕含之宅耗时一年建立。太元三年（378年）昙翼避难上明造上明东寺，至太元八年（383年）方又返回。昙翼回到长沙寺后开始在寺内建造大塔，并造丈六金像，从其入巴陵君山伐木的记载来看，此塔可能为木构，且丈六金像应是置于塔中。晋太元十九年（394年），"荆州瑞像"现于江陵城北，长沙寺僧人迎之入寺，根据现有文献，此像安于寺内佛殿中。此时之长沙寺当为佛塔－大殿－讲堂的寺院布局。

南朝宋元嘉年间（424—453年）罽宾僧人昙摩密多曾在寺内建立禅阁祈请舍利。到了西梁时期（555—587年），沙门法京于此修建大小殿宇1500间，长沙寺遂成一方大刹。根据现有资料，在这一时期长沙寺内应设有塔、大殿、讲堂、禅阁、可能建在别院中的小殿以及僧人居住的禅坊等。西梁天保三年（564年），长沙寺为火所焚。❺隋开皇十五年（595年），黔州刺史田宗显为寺造正北大殿13间，并东、西夹殿9间。隋大业十二年（616年）大殿再次遭到焚毁。至道宣成书之际长沙寺再次立殿，但规模不及田宗显所造。

西梁天保三年长沙寺焚毁之后寺内存留建筑情况不明，从隋开皇年间田宗显所造大殿被称为"正北大殿"这一信息看，当时大殿之前尚应有其他建筑。道宣《律相感通传》中记载"今荆州四层寺刹基、长沙刹基、大明寺前湖中并是戒坛"，说明在道宣时期长沙寺内仍然有塔，且此塔建造在戒坛之上，显然是重修。前文已述，昙翼最初建造且置有丈六金像的大塔可能为木结构，根据目前的材料判断，该塔很可能在西梁天保三年的火灾中被焚毁，后又以戒坛为基础建造新塔。长沙寺中戒坛建于何时没有文献记录。道宣唐乾封二年（667年）建造在终南山上的石质戒坛上下3层，底层边长2丈9尺8寸，最上层边长7尺❻；日僧圆仁在唐州开元寺戒坛院中所见戒坛上下2层，下层边长2丈5尺，上层

❶ [唐]释道宣.集神州三宝感通录[M]//大正新修大藏经.第52卷.史传部（四）.石家庄：河北省佛教协会，2009：416.

❷ 文献[1].[唐]释道宣.释迦方志.卷下.大正新修大藏经本：61.

❸ [唐]释道宣.律相感通传.大正新修大藏经.第45卷.诸宗部（二）.石家庄：河北省佛教协会，2009：879.

❹ 杨维中.东晋时期荆州佛寺考[M]//觉醒.觉群佛学2009.北京：宗教文化出版社，2010.

《续高僧传》中建康及荆州几所佛寺的平面布局

❺ 因为释法京传没有记载长沙寺被焚毁一事，所以认为法京扩大寺院再焚毁之前。

❻ [唐]释道宣.关中创立戒坛图经并序.大正新修大藏经.第45卷.诸宗部（二）.石家庄：河北省佛教协会，2009：811.

❶（日）圆仁．入唐求法巡礼行记 [M]．上海：上海古籍出版社，1986．

边长 1 丈 5 尺 ❶。目前虽然无法判断长沙寺中戒坛尺寸，但其尺度显然不能与面阔 13 间，仅柱径就有 3 尺，且用 13 顶宝帐安置佛像的正北大殿相比。反观昙翼造寺之时，建大塔立丈六金像，而放置于佛殿中的荆州瑞像仅高 7 尺 5 寸。两相对比，无论佛塔与佛殿的前后关系如何，在由晋至隋唐的漫长岁月里，长沙寺从以佛塔为中心到以佛殿为中心的寺院布局发展过程应该说是非常明确的。在本文的平面布局示意图（图 7）中将塔绘制于殿前。

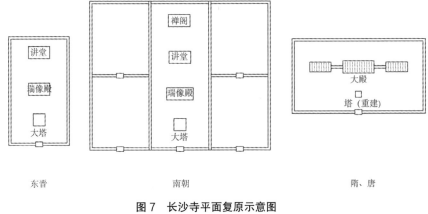

东晋　　　　　　　南朝　　　　　　　隋、唐

图 7　长沙寺平面复原示意图
（作者自绘）

3. 荆州四层寺

《续高僧传》卷二十《荆州四层寺释法显传》记载："释法显……会觌隋炀征下回返上流，于四层寺大开禅府，徒侣四百蔚尔成林。……属炎灵标季，荐罗戎火，馁残相望，众侣波奔。显独守大殿确乎卓尔……自尔宴坐道安梅梁殿中三十余载……此堂有弥勒像，并光趺高四十尺，八部围绕，弥天之所造也，其宝冠华帐供具经台，并显所营。"❷

❷［唐］释道宣．续高僧传．卷二十．大正新修大藏经．第 50 卷．史传部（二）．石家庄：河北省佛教协会，2009：599．

四层寺，寺址今不可考。《续高僧传》卷九《隋荆州龙泉寺释罗云传》曰："沙门道颙即云之兄也。……于上明东寺起重阁，在安公驴庙北。传云：'安公乘赤驴从上明往襄州檀溪，一夕返覆，捡挍两寺并四层三所，人今重之名为驴庙。'此庙即系驴处也。"❸ 襄州檀溪，即檀溪寺，道安于襄阳大富张殷之宅立其寺，建塔 5 层并起房四百。传说道安骑赤驴在一夜之间往返上明和襄州，捡挍上明东寺、檀溪寺和四层寺 3 所寺庙。又有道宣《律相感通录》云："翼法师度江造东寺，安长沙寺僧，西寺安四层寺僧"。由此判断，四层寺应地处襄阳和上明之间，且与上明东寺距离不远，但隔江而立。

❸ 文献 [1]．[唐]释道宣．续高僧传．卷九．大正新修大藏经本：118．

梁朝释宝唱所著《名僧传·昙斌传》记载："昙斌……元嘉二年乃往江陵，憩于辛寺。……后于四层寺中食竟，登般若台读经，倦卧，梦见一人，白银色相好分明，似是弥勒。"❹

❹［梁］释宝唱．名僧传钞 [M]．南京金陵刻经处，2001．

道宣《律相感通传》又载："梁僧佑于上云居、栖霞、归善、爱敬四处立坛。今荆州四层寺刹基、长沙刹基、大明寺前湖中并是戒坛。"❶

另有《梁朝傅大士颂金刚经序》曰："金刚经歌者，梁朝时傅大士之所作也……武帝……深加珍仰因题此颂，于荆州寺四层阁上至今现在。"❷

四层寺，创建年代不明。由上述文献知，四层寺中有道安梅梁殿。又苻丕犯襄阳时昙翼在上明造寺安置四层寺僧人。故该寺至少在东晋道安时期已经建立，并且与道安密切相关，很可能是道安或其僧徒所建。

现存有关四层寺的记载较少，目前仅知道安时期寺内建有梅梁殿，该殿有高达40尺❸的弥勒像，从法显"宴坐道安梅梁殿中三十余载"的记载来看，道安梅梁殿应该是类似禅堂的建筑。南朝宋元嘉时期(424—453年)四层寺中有般若台，梁武帝时可能立有阁，至隋唐之际四层寺中有大殿、梅梁殿以及建在戒坛之上的塔。清华大学王贵祥教授判断四层寺之名很可能来源于该寺初建之时寺中的主要建筑物——四层佛塔。❹参照上文对长沙寺戒坛塔基的分析，荆州四层寺很可能也经历了一个从"以四层佛塔为中心，后立禅堂"到"塔毁，以大殿为中心并在戒坛之上重新建小塔"的变化过程。本文的平面布局示意图（图8）将此两阶段分别绘出。

❶ ［唐］释道宣．律相感通传．大正新修大藏经．第45卷．诸宗部（二）．石家庄：河北省佛教协会，2009：879.

❷ 梁朝傅大士颂金刚经[M]// 方广锠．藏外佛教文献·第9辑．北京：宗教文化出版社，2003：104.

❸ 这一尺寸可能为误记。

❹ 王贵祥．东晋及南朝时期南方佛寺建筑概说[M]// 王贵祥，贺从容．中国建筑史论汇刊·第伍辑．北京：中国建筑工业出版社，2012：52.

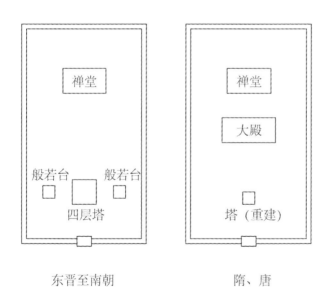

东晋至南朝　　　　　　隋、唐

图8　四层寺平面复原示意图
（作者自绘）

三、小结

至此，可根据文内分析将以上8座佛寺中心院落的平面布局及其演变绘制成下图（图9）。

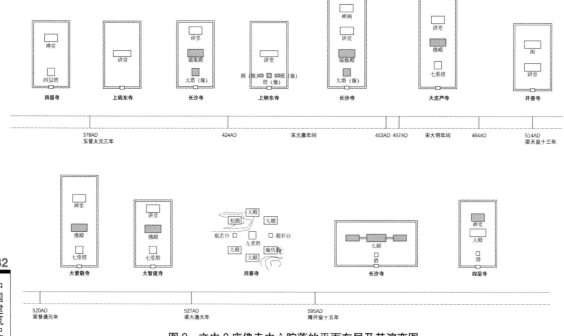

图 9　文中 8 座佛寺中心院落的平面布局及其演变图
（作者自绘）

　　从图 9 可以看出，以上 8 座佛寺体现出的布局演变符合目前对早期寺院建筑布局情况的认知。东晋时期创建的荆州长沙寺与四层寺均以佛塔为中心，长沙寺大塔内还放置丈六金像，及至隋唐，二寺当中的主要建筑物均变为大殿，佛塔仅用戒坛作为基础进行重建。宋元嘉时期的上明东寺可视为这个变化过程中的第一种过渡形式，该寺在佛塔两侧建造配殿，与塔同时安置佛像，以解决塔内空间不足的问题。第二种过渡形式是梁武帝建造的大爱敬寺和大智度寺，此二寺虽仍然建造有宏伟壮丽的七级浮图，但从其寺中主要佛像放置于大殿这一事实来看，寺院的中心已经开始向大殿转移。除此之外，钟山开善寺代表了以精舍作为主体的小型佛寺之典型布局，而拟则宸宫的同泰寺则是寺院建筑发展过程中的一朵奇花，与其他几座寺院相比，对其布局影响更大的是君主的权威而非建筑发展的自然规律。

　　另外需要指出，荆州和建康虽相距甚远，但东晋至南朝时期此二处均为佛教重镇，彼此之间交流频繁，故二地之佛寺布局发展当不存在明显的提前或滞后关系，这也是将 8 所寺院排列在一张时间表上进行讨论的前提。

　　受文章篇幅所限，本文仅以《续高僧传》为线索对其中着墨较多的 8 座佛寺进行平面布局示意性复原，并尝试讨论其在汉地佛寺布局演变过程中所处的阶段与位置。在今后的研究当中希望能将这一问题继续深入，用更多案例对本文进行补充，以期进一步丰富对早期汉地佛寺建筑布局的认识与理解。

参考文献

[1] 刘俊文.中国基本古籍库（电子版）[DB].合肥：黄山书社，2006.

[2] [宋]张敦颐.六朝事迹编类[M].南京：南京出版社，1989.

[3] 宿白.东汉魏晋南北朝佛寺布局初探[M]// 田余庆.庆祝邓广铭教授九十华诞论文集.石家庄：河北教育出版社，1997.

[4] 宿白.隋代佛寺布局[J].考古与文物，1997（02）：29-34.

[5] 王贵祥.东晋及南朝时期南方佛寺建筑概说[M]// 王贵祥，贺从容.中国建筑史论汇刊·第伍辑.北京：中国建筑工业出版社，2012.

[6] 王贵祥.北朝时期北方地区佛寺建筑概说[M]// 王贵祥，贺从容.中国建筑史论汇刊·第陆辑.北京：中国建筑工业出版社，2013.

[7] 王贵祥.隋唐时期佛教寺院与建筑概览[M]// 王贵祥，贺从容.中国建筑史论汇刊·第柒辑.北京：中国建筑工业出版社，2013.

《续高僧传》中建康及荆州几所佛寺的平面布局

辽南京大昊天寺的营建历程及空间格局初探 ^❶

李若水

（北京联合大学应用文理学院）

摘要： 辽南京大昊天寺，是由契丹后族萧瑰家族出身的高僧志智发愿、萧瑰家族和辽道宗出资，历经数十年营建的寺院，是辽代中晚期最大的国家营建寺院之一，能够代表佛教信仰鼎盛的辽道宗时期的最高规格。本文由大昊天寺相关的文献记载入手，回溯其营建背景和营建历程，厘清其寺院位置、规模和布局，从而了解辽代高等级佛教寺院的规制及其与皇室、贵戚家族间的密切联系，深化对辽代佛教寺院建筑的认识。

关键词： 大昊天寺，营建历程，空间格局，功德主

Abstract: Dahaotian Temple, located in the southern capital of the Liao dynasty, is representative for highest-rank architecture of Emperor Daozong's reign. The eminent Buddhist monk Zhi Zhi—a descendent of the Xiaogui's family, the maternal line of the royal Khitan tribe—was in charge of construction. This aristocratic family and also Emperor Daozong acted as patrons of the temple project. After decades of construction, Dahaotian Temple was one of the largest national temples in the mid-to late-Liao dynasty. Through textual analysis of historical literature, the paper investigates background and construction process of Dahaotian Temple, as well as its location, architectural scale, and layout, with the aim of increasing our knowledge about building standards of high-rank Liao architecture and the relationship between temple and patron.

Keywords: Dahaotian Temple, construction process, spatial layout, patrons

辽代是佛教信仰高度发达的时代，尤其在辽兴宗、道宗时期，皇帝、贵族普遍虔信佛教，耗费巨资兴造规模宏伟的寺院。其中建寺活动最为集中的为辽南京析津府，即辽代文献所称之燕京。燕京早在唐、五代时期就是北方佛教信仰的中心，又是辽代经济、社会发展水平最高的城市之一，因此在辽代建造了许多高规格寺院。元代人回顾了辽代燕京地区的情况，称："绀修之园，金布之地，宝坊华宇，遍于燕蓟之间。其魁杰伟丽之观为天下甲。"^❷

位于燕京的大昊天寺，是由契丹贵族出身的高僧妙行大师志智发愿营建的寺院。建寺工程得到了辽道宗、秦越国大长公主、懿德皇后等皇族的出资支持，是辽代中晚期最大的国家营建寺院之一。大昊天寺的营建始于清宁五年（1059年），于大安九年（1093年）完成，历经数十年，不论寺院建筑的规模等级，还是佛像壁画、供具陈设的精美奢华程度，大昊天寺无疑都能够代表佛教信仰鼎盛的辽道宗时期的最高规格。

有关大昊天寺的记载，在宋至清的文献中数见不鲜，最为翔实的当属成文于辽代建寺后不久的四通石刻文献，即咸雍三年（1067年）寺院初成时，翰林学士王观奉敕所撰的《燕京大昊天寺碑》（后文简称《寺碑》）；寿昌末年（1100年）由乾文阁待制孟初所撰的《燕京大昊天寺传

---

❶ 本文属北京社科基金研究基地项目"辽金时期京津冀地区佛教寺院发展与分布"，项目编号：16JDLSC002。

❷ [清] 缪荃孙. 顺天府志 [M]. 影印版. 北京：北京大学出版社，1983：15.

菩萨戒故妙行大师遗行碑铭》(后文简称《遗行碑》);成文于乾统八年（1108年），立石于金大定二十年（1180年），由妙行大师门人即满所撰的《大昊天寺建寺功德主传菩萨戒妙行大师行状碑》（简称《行状碑》）和金代昊天寺沙门广善所撰的《中都大昊天寺妙行大师碑铭》❶（后文简称《大师碑》）。四通石刻所载的史实基本一致而又互有补充，综合四种文献，可知大昊天寺营建的基本情况。

一、大昊天寺的营建历程

《行状碑》中详述"大昊天寺建寺功德主"妙行大师志智的出身：

> 师契丹氏，讳志智，字普济，国舅大丞相楚国王之族。……有秦越国大长公主，乃圣宗皇帝之女，兴宗皇帝之妹，懿德皇后之母，知师性善，于楚国□□□□□□□□五岁也。越妙年，遇海山守司空辅国大师赴阙，因得参觐。……遂撒手渺云海，沧浪升鳌岛，依司空为师。❷

可知志智为契丹贵族，是国舅大丞相楚国王族人。由于其在幼年时即表现出心向佛法的迹象，因此得到了的秦越国大长公主的关注，虽碑文有缺字，但由其中"知师性善，于楚国□□□□□□□□五岁也"推测公主很可能收养了志智。其后志智得拜高僧朗思孝为师，推测也是由公主引荐的结果。碑文中记志智立志出家时：

> 三请已，公主殊不许。师慕道愈切，数日不食。公主知师志不可夺，悯而从之❸。

可见公主对志智的爱怜之情。大长公主后舍宅并出资为其建寺，除了崇佛之心，也应出于与志智的亲近关系。

根据碑文，志智大师在结束了他的云游生活回到燕京时：

> 已欲营大刹一区，而胜处未获，且先如法造经一藏。❹

知其早有营建大寺的计划，但苦于不具备条件。清宁五年（1059年），秦越大长公主随辽道宗前往燕京，舍燕京之宅，出资支持志智大师建寺：

> 秦越大长公主首参大师，便云弟子以所居第宅为施，请师建寺。……及稻畦百顷，户口百家，枣栗蔬园，井□器用等物。皆有施状。又□□□择名马万匹入进，所得迥赐，示归寺门。❺

向道宗进献名马，将道宗的回赐施于志智，意在促使辽道宗成为志智建寺的间接施主，提高大昊天寺的规格。这一建寺计划在大长公主去世后，由其女宣懿皇后继承，并得到了辽道宗的支持：

> 清宁五年，未及进马、造寺，公主薨变。懿德皇后为母酬愿，施钱十三万贯，特为奏闻，专管建寺。道宗皇帝至□五万贯。敕宣政殿学士王行已□□□□其寺。❻

由此，大昊天寺的营建工程由大长公主个人资助升级为辽道宗与皇后

❶ 该碑文无明确年代，但从其标题"中都大昊天寺"，可知应在1153年金迁都中都后。另外据《全辽文》说明，此碑附行状碑后，书文的"比丘义藏"与立石的"讲经比丘觉琼"均相同，推测应与《大昊天寺建寺功德主传菩萨戒妙行大师行状碑》同时建立。

❷ [辽]即满.大昊天寺建寺功德主传菩萨戒妙行大师行状碑[M]//向南.辽代石刻文编.石家庄：河北教育出版社，1995：586.

❸ [辽]即满.大昊天寺建寺功德主传菩萨戒妙行大师行状碑[M]//向南.辽代石刻文编.石家庄：河北教育出版社，1995：586.

❹ 同上.

❺ 同上.

❻ 同上.

❶ [辽]王观.燕京大昊天寺碑[M]//向南.辽代石刻文编.石家庄:河北教育出版社,1995:330.

❷ 同上.

❸ 据向南考证"留守同知尚父大王"为耶律仁先.

❹ 罗炤.有关《契丹藏》的几个问题[J].文物,1992(11):56.

❺ [辽]即满.大昊天寺建寺功德主传菩萨戒妙行大师行状碑[M]//向南.辽代石刻文编.石家庄:河北教育出版社,1995:586.

❻ [辽]即满.大昊天寺建寺功德主传菩萨戒妙行大师行状碑[M]//向南.辽代石刻文编.石家庄:河北教育出版社,1995:587.

出资、派遣高官主持的国家工程。根据《寺碑》,这项工程"三霜未逾而功告毕"❶,即工程正式开始于咸雍元年(1065年)左右。完成时的大昊天寺"栋宇廊庑,亭槛轩牖,薨檐栱桷,栏楯槏栌,皆饰之以丹青,间之以瑶璧。金绳离其道,珠网罩其空。"❷是一组非常壮丽华美的建筑。寺院完成之时,辽道宗还亲笔为其题写了寺名和碑文(即上述王观奉敕所撰《寺碑》)。

然而大昊天寺在完成的当年即失火烧毁,由时任"留守同知尚父大王"❸上书禀奏后,得到辽道宗旨意"依旧修完",懿德皇后再次为其出资。此次修造工程,与弘法寺契丹藏的雕造同时进行,负责人同为汝州团练使李存裔,丰润天宫寺塔内发现的咸雍五年(1069年)《妙法莲花经》尾记中记他"衔诏命,庚止燕都弘法萧蓝,实正司于提点昊天精刹,乃兼职于兴修"❹。可知昊天寺的重修与初建一样,都由皇帝亲自指派的官吏负责。又经过两三年时间,约在咸雍六年(1070年)再建完成。❺此时大昊天寺建筑崭新,器物精美,陈设奢华,"严谨之最,甲于人间"。❻

大安九年(1093年),志智大师又于寺院中庭加建一座佛塔,并计划在塔内熔铸丈六银佛,这一计划在寿昌六年(1100年)大师坐化后,被道宗改为铜像,由国家出资3万余贯,铸佛后的余铜还铸造洪钟一口,设于钟楼之上。至此,整个大昊天寺的建设工程全部完成,而建寺时的欠款,在天祚帝时才用为道宗祈福所设度坛的收入还清(图1)。

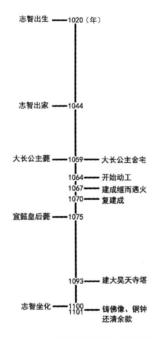

图1 大昊天寺营建过程示意图
(作者自绘)

二、大昊天寺的位置

据辽碑中"秦越大长公主舍棠阴坊第为寺"❶，可知大昊天寺在辽南京城中位于棠阴坊。虽然今日已难以确知辽南京的坊巷布局，但根据明清两代对昊天寺址的记载，是能确定昊天寺与明清北京城的相对位置关系的。再根据辽南京与明清北京城的位置关系，不难推测大昊天寺在辽南京城的位置。

据《京师五城坊巷胡同集》，明代昊天寺所在的宣北坊"在新城广宁门里西北角"❷，清人戴璐《藤阴杂记》称"昊天寺，近西便门……今寺久作农田"❸，李有棠《金史纪事本末》称"悯忠寺、昊天寺，在今宣武门南，与广宁门相近"❹，于敏中《日下旧闻考》称"昊天寺故基在西便门大街之西，今已废为农田，古迹久湮。"由这些记载可知明清时昊天寺址在北京南城西便门大街以西，靠近西便门和广宁门。清代陈僖在其《燕山草堂集》中称"假寓于京师孤僻隅之昊天寺"❺，说明昊天寺在北京城的一个角落里，与上述位置也是相符的。而陈僖诗作中又有"张掖门东宣武西，北过线阁草萋萋。昊天寺里栖迟处，依旧荒坟种菜畦"❻的描述，其中"北过线阁"一句说明了昊天寺的位置在线阁以北，清代之"线阁"又称"燕阁儿"，《明一统志中》称之为"燕角儿"，是辽南京皇城燕角楼的故址❼。据《辽史》辽南京皇城"东北隅有燕角楼"❽，因此可以确定大昊天寺位于辽南京皇城东北隅之北。若对照今天北京城的街道，则昊天寺的所在地当在宣武门西大街、广安门北大街、广内大街和西便门内大街所围合而成的区域中（图2）。

❶ [辽] 孟晖.燕京大昊天寺传菩萨戒故妙行大师遗行碑铭 [M]//[元] 孛兰肹，撰.赵万里，校辑.元一统志.北京：中华书局，1966：23.

❷ [明] 张爵.京师五城坊巷衚衕集 [M].北京：北京古籍出版社，1982：16.

❸ [清] 戴璐.藤阴杂记 [M].卷七.清嘉庆石鼓斋刻本.

❹ [清] 李有棠.金史纪事本末 [M].清光绪二十九年李杼鄂梓刻本.

❺ [清] 陈僖.燕山草堂集 [M].卷二.清康熙刻本.

❻ [清] 陈僖.燕山草堂集 [M].卷二.清康熙刻本.

❼ [清] 于敏中.日下旧闻考 [M].卷六十.清文渊阁四库全书本.

❽ [元] 脱脱，等.辽史 [M].北京：中华书局，1974.

图2　大昊天寺位置示意图
（作者自绘）

三、大昊天寺的殿堂布局

昊天寺的主要殿堂布局，在《寺碑》中所记甚详：

中广殿而崛起，俨三圣之睟容，傍层楼而对峙，奁八藏之灵编，重扉研启，一十六之声闻列于西东，遝洞异舒，百二十之贤圣分其左右。❶

金代《大师碑》中又记：

又于九间殿后□□间堂前（前）创造宝塔一所。❷

结合其他文献，可知大昊天寺的主要殿堂布局情况：

1. 寺院中心之九间佛殿，殿中供奉"三圣"

佛像题材中常并称"三圣"的组合有"西方三圣"、"东方三圣"、"华严三圣"等，而辽代之佛教信仰中，华严信仰最盛，现存辽代寺院实例中属华严信仰的，不但有以"华严"为名的大同华严寺，也有金代延续了辽代像设制度设三圣殿的善化寺。志智所属的宗派可通过其师"海山大师"郎思孝的著述而见：据高丽《义天录》中所记郎思孝的著述，可知其不属某单一宗派，而是各宗兼学，而犹崇华严。❸志智作为思孝之徒，其学问应直接来源于思孝，因而对于《华严经》也会有相当的研究。同时，资助建寺的皇帝道宗自己就是一位虔诚的华严信徒，不但亲自研习华严经，著有《御制华严经赞》❹御书《华严经五颂》❺，还在西京兴建大华严寺。因此，大昊天寺主殿中所设佛像，应是结合志智自身所学，并迎合辽道宗崇佛倾向的华严三圣像，即中尊为毗卢遮那佛，左为文殊菩萨，右为普贤菩萨。大昊天寺回廊中所设之"一百二十贤圣"与门前所设之"五十三参"均为华严经题材，与寺内正殿的像设主题一致。

2. 殿前庭院两侧设双经楼

殿前双楼对峙的格局，应是对隋唐制度的承继，表现这种格局的建筑形象在敦煌初唐时期的经变图中即可见到（图3），盛唐之后的经变图中更是大量表现这种布局的寺院形象（图4）。这一寺院格局在与辽同时的北宋得以延续，宋人记汴梁宫城正殿大庆殿时，称其"庭设两楼如寺院"，❻恰说明殿庭设两楼也是北宋寺院的常见布局方式。徐萍芳先生注意到，表现唐代及以前寺院的图像中，佛殿前两侧对峙的殿阁都与回廊不相结合，而从宋代开始出现了佛殿前殿阁与回廊结合的新形式，如东京大相国寺在宋仁宗天圣九年（1031年）以后于殿前回廊两侧添建了东西配殿。❼从现存辽金遗构大同善化寺中文殊、普贤二阁与回廊址的关系来看，辽代佛殿前两侧的楼阁应与回廊结合，是辽宋时期寺院布局在唐代基础上发生的演变，因而大昊天寺殿前两阁也应是与回廊结合的形式。另外，据文献记载，大昊天寺殿前双阁均为经楼，功能与之前的唐代寺院有所不同。唐代寺院中多为钟楼、经藏二楼对峙。图4所示寺院中，左侧楼上就清楚画出铜钟，

❶ [辽]王观.燕京大昊天寺碑[M]//[元]李兰肹,撰.赵万里,校辑.元一统志.北京:中华书局,1966:23.

❷ [金]广善.中都大昊天寺妙行大师碑铭[M]//陈述.全辽文.北京:中华书局,1982:302.

❸ [日]神尾弌春.契丹佛教文化史考[M].满洲文化协会,1938:99.

❹ [元]脱脱,等.辽史[M].北京:中华书局,1974:267.

❺ [元]脱脱,等.辽史[M].北京:中华书局,1974:274.

❻ [宋]孟元老.东京梦华录[M].卷一.清文渊阁四库全书本.

❼ 徐萍芳.北宋开封大相国寺平面复原图说[M]//徐萍芳.中国历史考古学论丛.台北:允晨文化实业股份有限公司,1995:439-458.

标明其功能为钟楼。但双经楼的设置，在辽代寺院中并非孤例，由文献可知咸雍八年（1072年）兰陵郡夫人所建之静安寺即"双其楼，则修冗路藏，洎圣贤诸传章疏钞记之部在焉"❶，同为双经楼相对的格局。大昊天寺经楼中所藏之经，应是志智大师在建寺之前所造之经。❷ 南京是辽代雕印佛经的中心，大昊天寺经楼除藏经之外，可能也设有雕版印经的场所。应县木塔辽代秘藏《佛说八师经》有题名"大昊天寺福慧楼下成造"（图5），很可能即为在大昊天寺经楼中所雕印，而"福慧楼"可能即为大昊天寺一经楼之名。另外，志智大师圆寂后，大昊天寺又将熔铸铜佛之余铜熔铸了巨钟，并"架诸隆楼"❸，此时可能在寺中另建钟楼，或将原有经楼的一座改为钟楼。

❶ ［辽］耶律兴公. 大辽大横帐兰陵郡夫人建静安寺碑 [M]// 向南. 辽代石刻文编. 石家庄：河北教育出版社，1995：361.

❷ ［辽］即满. 大昊天寺建寺功德主传菩萨戒妙行大师行状碑 [M]// 向南. 辽代石刻文编. 石家庄：河北教育出版社，1995：586.

❸ ［辽］即满. 大昊天寺建寺功德主传菩萨戒妙行大师行状碑 [M]// 向南. 辽代石刻文编. 石家庄：河北教育出版社，1995：586."像成之日，铜货有余。复诏郢匠，陶冶洪钟。铜斤巨万，一铸而就。式样规模，胜若天造。架诸隆楼，扣以桯杆，殷若雷动。"

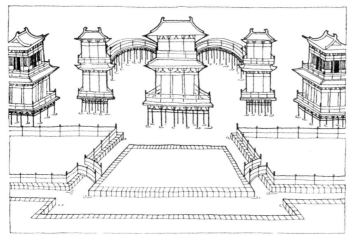

图3 敦煌莫高窟初唐第205窟北壁阿弥陀经变的佛寺

（萧默. 敦煌建筑研究 [M]. 北京：机械工业出版社，2002：41.）

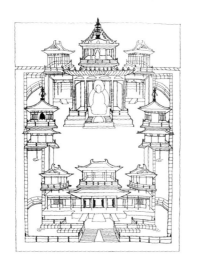

图4 敦煌莫高窟中堂第361窟南壁阿弥陀经变的佛寺

（萧默. 敦煌建筑研究 [M]. 北京：机械工业出版社，2002：58.）

图5 《佛说八师经》题名

（山西省文物局，中国历史博物馆. 应县木塔辽代秘藏 [M]. 北京：文物出版社，1991：197.）

3. 院落回廊

由《寺碑》中"邃洞异舒，百二十之贤圣分其左右"，可知大昊天寺院落环以回廊，两侧设置一百二十圣贤像。辽代大型寺院中供奉一百二十贤圣之例，除大昊天寺外，金初奉国寺《宜州大奉国寺续装两洞贤圣题名记碑》中也可见：

当亡辽时，寺有僧曰特进守太傅通敏清慧大师捷公，以佛殿前两庑为洞，塑一百二十贤圣于其中。……而四十二尊庄严未毕，自辽乾统七年距今三十余岁矣。❶

可知奉国寺自乾统七年（1107年）起塑造供奉一百二十贤圣。而与大昊天寺同在燕京的奉福寺，于金代重修之时，也在两廊供奉了一百二十贤圣。

翼以洞廊，前属于门，以楹记者三十有二，取华严经所记一百二十贤圣名号，刻木而为之像。❷

知供奉一百二十贤圣的做法自辽晚期至金代一直延续。

一百二十贤圣像之题材源自《华严经》，而根据1972年于兴城白塔峪塔附近发现的《觉花岛海云寺空通山悟寂院塔记》，该塔地宫中刻有"一百二十贤圣五佛七佛名号"❸，根据陈术石先生2012年在兴城白塔峪塔地宫中的录文，一百二十贤圣包括六佛、十大菩萨、善财童子、十地菩萨、四加行菩萨、十回向菩萨、十行菩萨、十住菩萨、十信菩萨、辟支迦佛陁、罗汉、欲界十三天王众、天龙八部、二十五神众等。❹兴城白塔峪塔所属的空通山悟寂院是觉华岛海云寺之坟院，志智出家之初即随海山大师前往觉华岛海云寺，因此该寺中的一百二十贤圣之信仰，必然是大昊天寺之一百二十贤圣的直接源头。

一百二十贤圣这样一组人数众多的大型群像显然具有非常震撼的视觉效果，元代的《大元国大宁路义州重修大奉国寺碑》形容奉国寺之一百二十贤圣：

弁冕端严，剑矛森淬，势若飞动，状如恚嗔，发竖冠冲，奋扛鼎移山之力，目圆眦裂，贺鞭霆御风之威，使观者悚然怖慑，莫敢而前。❺

这是由于一百二十贤圣中除了佛、菩萨像外，还有大量作武将装扮，神色威严的天部、神

---

❶ 建筑文化考察组. 义县奉国寺 [M]. 天津：天津大学出版社，2008：190.

❷ [元] 李兰肹，撰. 赵万里，校辑. 元一统志 [M]. 北京：中华书局，1966：34.

❸ 向南. 辽代石刻文编 [M]. 石家庄：河北教育出版社，1995：451.

❹ 参考博客"风雨行进"2013年12月26日博文《兴城白塔峪塔地宫铭刻与辽代晚期佛教信仰》，一百二十贤圣名号为：清净法身毗卢遮那佛、圆满报身卢舍那佛、释迦牟尼佛、弥勒尊佛、阿弥陁佛、妙觉如来、等觉菩萨、常住尊法文殊师利菩萨、普贤菩萨、观世音菩萨、大势至菩萨、虚空藏菩萨、地藏菩萨、华□□□菩萨、善财童子、□□□□万菩萨、法云地菩萨、善慧地菩萨、不动地菩萨、远行地菩萨（下缺）现前地菩萨、难胜地菩萨、焰慧地菩萨、发光地菩萨、离垢地菩萨、欢喜地菩萨、世第一加行菩萨、忍加行菩萨、顶加行菩萨、暖加行菩萨、法界无量回向菩萨、无嗔解脱回向菩萨、真如相回向菩萨、等随顺一切回向菩萨、坚固善根回向菩萨、无尽藏回向菩萨、一切处回向菩萨、诸佛回向菩萨、不坏回向菩萨、离众相回向菩萨、真实行菩萨、善法行菩萨、难得行菩萨、无苦行菩萨、善现行菩萨、无行乱行菩萨、无屈挠行菩萨、无违逆行菩萨、饶益行菩萨、欢喜行菩萨、灌顶住菩萨、法王子住菩萨、童真住菩萨、不退住菩萨、正心住菩萨、方便住菩萨、贵生住菩萨、修行住菩萨、持地住菩萨、发心住菩萨、愿心菩萨、不退心菩萨、回向心菩萨、护法心菩萨、戒心菩萨、慧心菩萨、定心菩萨、念心菩萨、精进心菩萨、信心菩萨、辟支迦佛陁、一切阿罗汉、宾头卢圣僧、大目天王众、广果天王众、遍净天王众、光音天王众、大梵天王众、他化自在天王众、化乐天王众、兜率天王众、夜摩天王众、三十三天王众、四大天王众、日宫天子众、月宫天子众、乾闼婆众、鸠盘荼众、诸天龙众、夜叉神王众、摩睺罗迦王众、紧那罗王众、迦楼罗王众、阿修罗王众、主宝神众、主地神众、主城神众、主道神众、主行神众、主昼神众、主□神众、主夜神众、主方神众、主稼神众、主药神众、主林神众、主山神众、南无主空神众、南无主风神众、南无主雨神众、南无主火神众、南无主水神众、南无主江神众、南无主海神众、南无主河神众、南无身神众、南无执金刚神众、南无主地灵祗神众、南无阎罗天子众。

❺ 建筑文化考察组. 义县奉国寺 [M]. 天津：天津大学出版社，2008：190.

众像之故。从建筑方面考虑，容纳这样一组群像所需的长廊也必须有足够的空间，辽金碑记中，常称寺院中回廊为"洞"，大昊天寺碑中称"邃洞异舒"，奉国寺碑中称"以佛殿前两庑为洞"，奉福寺碑中称"翼以洞廊"，另有咸雍六年（1070 年）之《洪福寺碑》称"又于东西厢有洞廊二坐，内塑罗汉各五十余尊"❶。这些碑记中之"洞"显然不是洞窟之意，当是由两廊之纵深空间而来。上引文献中提到的塑像数目，或为一百二十贤圣，或为两侧各五十余尊罗汉，都为尊数众多的群像。奉国寺碑记所记回廊间数"旁架长廊二百间，中塑一百二十贤圣"❷，又称"四贤圣洞一百二十间"❸，推测回廊中的尊像陈设方式应是每间供奉一尊。即便金代奉福寺供奉体量较小的木雕贤圣像，也需回廊三十二间。结合大昊天寺的总体规模，其供奉一百二十贤圣的方式如与奉国寺相同，则东西回廊至少应各有 60 间，四面总间数也应在二百间左右。

4. 殿后设堂

由《大师碑》可知昊天寺殿后尚有堂，功能可能为讲堂或称"法堂"，根据碑文缺失的字数判断堂的间数很可能为 11 间。参考奉国寺元代碑文中也记当时有"七佛殿九间、后法堂九间"❹，前佛殿后法堂布局的形成应在唐代之前，文献中所记辽代寺院也多采用这种做法，如大安九年（1093 年）所建之景州陈公山观鸡寺，"严其正殿，所以拟瞻依也；敞厥后堂，所以延讲侣也。"❺又如乾统七年（1107 年）之栖灵寺，"中其殿也，小也□□，俭而中礼。……后其堂也，雕槛卓荦，镂栱□藏。"❻

讲堂在寺院中主要作为僧众的讲经习业之所，与佛殿相比实用性更强，属于寺内最重要的建筑。单就辽代文献中所见，就有一些小型寺院仅设讲堂而不设佛殿，称作"讲院"。也有先造讲堂，其后很久才加建佛殿的寺院，如新仓镇（今天津宝坻区）之广济寺。❼大昊天寺讲堂之位置，根据大安九年加建佛塔时"又于九间殿后□□间堂肯（前）创造宝塔一所"❽以及"大安九年，于寺中庭，师欲随力崇建佛塔"❾，可见建塔前佛殿后讲堂前的位置属于"中庭"，讲堂与佛殿均居于寺院之核心院落。

5. 殿前设置两重寺门

据《寺碑》中"重扉研启，一十六之声闻列于西东"，推测主殿前有两重门，第二重门设罗汉像。根据文献，北宋汴梁之大相国寺也有"三门"及"第二三门"❿，可知两重寺门的做法是宋辽时期大型寺院常用的规制。

大昊天寺的门中设置罗汉像，是以雕塑还是壁画的形式不得而知，但十六罗汉也是辽代寺

❶ ［辽］李夏，等.洪福寺碑 [M]// 向南.辽代石刻文编.石家庄：河北教育出版社，1995：344.
❷ 建筑文化考察组.义县奉国寺 [M].天津：天津大学出版社，2008.
❸ 建筑文化考察组.义县奉国寺 [M].天津：天津大学出版社，2008：192.
❹ 建筑文化考察组.义县奉国寺 [M].天津：天津大学出版社，2008：192.
❺ ［辽］志延.景州陈公山观鸡寺碑铭 [M]// 向南.辽代石刻文编.石家庄：河北教育出版社，1995：452.
❻ ［辽］佚名.朔县杭芳园栖灵寺碑 [M]// 向南.辽代石刻文编.石家庄：河北教育出版社，1995：575.
❼ ［辽］宋璋.广济寺佛殿记 [M]// 向南.辽代石刻文编.石家庄：河北教育出版社，1995：177.
❽ ［金］广善.中都大昊天寺妙行大师碑铭 [M]// 陈述.全辽文.北京：中华书局，1982：302.
❾ ［辽］即满.大昊天寺建寺功德主传菩萨戒妙行大师行状碑 [M]// 向南.辽代石刻文编.石家庄：河北教育出版社，1995：586.
❿ 王贵祥.北宋汴京大相国寺空间研究及其明代大殿的可能原状初探 [M]// 王贵祥，贺从容.中国建筑史论汇刊.第玖辑.北京：清华大学出版社，2014.

院中常设题材之一，其表现形式多种多样，如河北易州圣塔院"塑罗汉十六尊，置于东堂之内"❶，固安县广宣法师曾"绣罗汉一十六尊"❷。1972年，在辽构独乐寺观音阁下层发现的明代十六罗汉壁画，也是根据下层元以前壁画描绘的，其最初绘制的时间或可追溯到辽统和二十七年（1009年）重修观音阁时❸，应可作为大昊天寺罗汉像的形象参考。

6. 寺院中庭建木塔

大昊天寺咸雍三年（1064年）形成的格局，在大安九年（1093年）增建宝塔后发生了较大的改变。从文献可知，这座塔建于佛殿后、讲堂前，外观上"六檐八角，高二百余尺，相轮横空，栏槛缥缈"，结构上"所用柱础，采范阳山石"❹，可知其高二百余尺，共六檐，是一座雄伟的木构楼阁式塔。昊天寺塔元代称为"宝严塔"，元人留下的数篇登临昊天寺塔的诗作，不但说明该塔是可以登临的，更包含不少对塔外观和内部结构的具体描写，如郝经之《登昊天寺宝严塔》描述了塔内部的木构层叠错落、其上绘有艳丽的彩画的形象：

瑰奇入霄汉，缔构穷土木。……错落金鲸鳞，蹭蹬木蚖腹。致身知几层，但觉重锦来。巧碎雕镂心，力尽撑拄骨。……丹青杂珠琲，新若手未触。❺

而刘敏中所作之《登昊天寺宝严塔》生动描写了登临昊天寺塔时的空间感受：

中盘一穴暗通天，忽到无生古佛前。琪树宝花眠瑞兽，翠环金锁□飞仙。❻

"中盘一穴暗通天"说明塔的中部有结构繁复、光线昏暗的部分，而穿过这一部分就会"暗通天"，这很可能是对塔内部暗层（平座层）的描述，昊天寺塔于两个明层中设有一个"中盘"，这样的构造也与我们通过现存遗构蓟县独乐寺观音阁、应县佛宫寺释迦塔对辽代木构楼阁的认识相符。"忽到无生古佛前"说明在塔的明层中供奉有佛像。"琪树宝花眠瑞兽，翠环金锁□飞仙。"说明佛像四周装饰华丽的奇花瑞兽飞仙。如上文所述，在志智大师坐化后，其弟子又完成其遗愿，在塔中添设了丈六铜佛，由此可知昊天寺塔是一座内设佛像、可以登临的木塔，其空间的主要功能在于供奉佛像。道宗时期，辽境建塔之风盛行，但根据石刻文献和现存大量佛塔实例来看，当时所建的多为无法进入的砖砌密檐塔，主要意义在于瘗葬舍利，因此大昊天寺之塔在当时应该也有其特殊性。

如将大昊天寺之塔与现存建于清宁二年（1056年）的应县佛宫寺释迦塔进行对照，就可发现它们极其相似。外观上，昊天寺塔"六檐八角"，而佛宫寺塔也是平面八角形，五个明层的檐加底部一层副阶之檐，恰为六檐；高度上，昊天寺塔高"二百余尺"，佛宫寺塔经实测，由台基底至塔刹顶的高度为66.67米，如按照其营造尺长为0.297米进行折算❼，则高约224尺，二者十分相近；内部陈设上，昊天寺塔"合沓三天神，倚迭万国佛"。❽各层设置数量众多的佛像、护法天神等，而应县木塔的一层至五层内槽中，也都设有佛坛，分别安置五组不同的佛像；建筑结构上，昊天

❶ [辽]佚名.易州重修圣塔院记[M]// 向南.辽代石刻文编.石家庄：河北教育出版社，1995：531.

❷ [辽]佚名.广宣法师塔幢记[M]// 向南.辽代石刻文编.石家庄：河北教育出版社，1995：435.

❸ 宿白.记新剥出的蓟县观音阁壁画[M]// 宿白.魏晋南北朝唐宋考古文稿辑丛.北京：文物出版社，2011：376-378.

❹ [辽]即满.大昊天寺建寺功德主传菩萨戒妙行大师行状碑[M]// 向南.辽代石刻文编.石家庄：河北教育出版社，1995：586.

❺ [元]郝经，撰.秦雪清，点校.郝文忠公陵川文集[M].卷三.太原：山西人民出版社，2006.

❻ [元]刘敏中.中庵集[M].钞本.卷二十二诗.北京图书馆藏本.

❼ 张十庆.古代建筑的尺度构成探析（二）——辽代建筑的尺度构成及其比较[J].古建园林技术，1991(03).

❽ [元]郝经，撰.秦雪清，点校.郝文忠公陵川文集[M].卷三.太原：山西人民出版社，2006.

寺塔有"一穴暗通天"的平座层，而佛宫寺塔也于每两个明层之间设有暗层；昊天寺塔"错落金鲸鳞，蹭蹬木虬腹"❶的观感，若对应佛宫寺塔各铺作层的错落密布，也是十分贴切的。

7. 中心院落以外的建筑与陈设

大昊天寺中心院落以外的建筑文献中所见甚少，但由《行状碑》中记：

> 咸和六年，延寿太傅大师攉人传付戒本。门人左僧录道谦等，徒众当代，英玉无暇，繁妙行师真僧宝□□□□□惟渠踵武。太傅曰然，遂以戒本授师，自后随方开放，度人无数。❷

可知咸雍六年（1070年）后志智大师于寺中开坛授戒，因此大昊天寺中当设有戒坛殿或戒坛院。元代高僧乞演也曾奉旨主持过大昊天寺戒坛❸，这一建置在元代尚存。寺院中也应设有方丈、僧寮等僧人日常生活空间，很可能布置于中心院落两侧或法堂之后。

另外，寺前还建有志智大师独创之十余寻高铜制幡竿，《行状碑》中称其"对立各十余寻，前古未有，以师巧慧造立，众皆慊服"❹，由于其独特性，这对幡竿在燕京城中极负盛名，金元时期的文学作品中涉及昊天寺，必然会提及铜幡竿，如由宋元话本改编之小说《杨思温燕山逢故人》中，即有：

> 思温行至昊天寺前，只见真金身铸五十三参，铜打成幡竿十丈，上有金书"勅赐昊天悯忠禅寺"。思温入寺看时，佛殿两廊尽皆点照，信步行到罗汉堂，乃浑金铸成五百尊阿罗汉。❺

小说中虽然将昊天寺和燕京的另一名刹悯忠寺嫁接成了"昊天悯忠禅寺"，但其中提到的十丈铜幡竿，显然是从真实原型而来的。另外，在元杂剧中，还有一出《昊天塔孟良盗骨杂剧》，写杨继业战死后，尸首被辽兵吊在幽州昊天寺塔尖上折磨，而杨六郎受其父托梦告知此事，与孟良前去盗骨的故事。其中提及昊天寺时的唱词中也有：

> 石攒来的柱础和泥掇，铜铸下的幡杆就地拔。❻

幡竿本为寺庙前常设之物，但多为木制，大昊天寺的十余寻高的铜铸幡竿，必然耗铜量大、造价昂贵，将其铸造和竖立起来也需要相当高的技术水平，因此不但在辽代被视为奇观，直到金元时期还被津津乐道。

最后《杨思温燕山逢故人》中还提到大昊天寺前有"真金身铸五十三参"，寺内有五百罗汉堂。"五十三参"的内容来源于华严经，与大昊天寺整体的佛像设置相符。五百罗汉的题材在与大昊天寺同时的北宋东京大相国寺中也可见。话本属文学作品，无法证实这两处建置真实存在于昊天寺中，但也能作为辽金常见寺院格局之参考（图6）。

---

❶ [元]郝经，撰. 秦雪清，点校. 郝文忠公陵川文集[M]. 卷三. 太原：山西人民出版社，2006.

❷ [辽]即满. 大昊天寺建寺功德主传菩萨戒妙行大师行状碑[M]// 向南. 辽代石刻文编. 石家庄：河北教育出版社，1995：586.

❸ [元]赵孟頫. 大元大崇国寺佛性圆明大师演公塔铭松雪斋集[M]//[元]赵孟頫. 松雪斋集. 北京：中国书店，1991："至成宗（元成宗1265—1307年）时……復受诏，主昊天寺戒坛。"

❹ [辽]即满. 大昊天寺建寺功德主传菩萨戒妙行大师行状碑[M]// 向南. 辽代石刻文编. 石家庄：河北教育出版社，1995：586.

❺ [明]冯梦龙. 古今小说[M]. 卷二十四. 明天许斋刻本.

❻ [元]朱凯. 昊天塔孟良盗骨杂剧[M]//[明]臧懋循. 元曲选. 明万历刻本. 今人认为孟良盗骨故事发生在今北京西南良乡之昊天塔。但由该曲唱词，可知故事发生于幽州城内昊天寺。良乡昊天塔虽同为辽代建筑，但在辽代应位于良乡县城外，且由清光绪之《良乡县志》可知清代良乡之塔尚称为多宝塔，塔下寺院为法象寺。由幽州大昊天寺沿革可知，其在元代仍为大都中一声名显赫的大寺院，该曲作者很可能以大昊天寺为故事发生的背景。而曲中唱词特别提到石柱础、铜幡竿等建筑构件，与《行状碑》中着力描写的志智前往范阳采运柱础石，以巧慧造立铜幡竿的两件事似有对应关系，也可能是受到《行状碑》的影响。元杂剧来源于话本，可能是话本作者曾亲见昊天寺，但毕竟话本杂剧都属于文学作品，有很多虚构因素，仅在此提出作为参考。

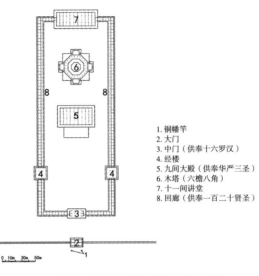

1. 铜幡竿
2. 大门
3. 中门（供奉十六罗汉）
4. 经楼
5. 九间大殿（供奉华严三圣）
6. 木塔（六檐八角）
7. 十一间讲堂
8. 回廊（供奉一百二十贤圣）

图 6　大昊天寺中心院落平面布局示意图
（作者自绘）

四、大昊天寺的营建与萧瑰家族

建成耗费巨资的大昊天寺，不容忽视的客观条件是创建者志智大师的贵族身份。辽代贵族崇佛建寺之风盛行，而志智大师所属的"国舅大丞相楚国王"之族，是当时与皇族耶律氏比肩，"一门生于三后，四世出于十王"[1]的契丹权贵萧氏阿古只家族。其功德主"秦越国大长公主"与其女儿"宣懿皇后"也与此家族紧密相关。《辽史》中关于外戚萧氏家族的谱系记载十分混乱，难以据此确定这几位人物的具体姓名和相互关系。但在近期，尤其是关山辽墓的考古发掘中，先后出土了几位阿古只家族成员的墓志，其中所记家族谱系甚详，足以补正《辽史》的记载。经由多位辽史学者的考证，《行状碑》中出现的几位人物的身份已逐渐清晰："国舅大丞相楚国王"为辽兴宗仁懿皇后之父萧孝穆，"秦越国大长公主"为辽兴宗之妹、萧孝惠之妻槊古。[2]现将与大昊天寺营建有关的人物谱系整理如图 7。[3]

由谱系图可见，"国舅大丞相楚国王"萧孝穆与舍宅为志智建寺的大长公主之夫、助缘修建大昊天寺的宣懿皇后之父萧孝惠是兄弟。萧孝穆与萧孝惠分别为辽兴宗与辽道宗时的国舅，又曾于辽兴宗时同时分任南北院枢密使，执掌辽国军政大权，他们的其余兄弟子侄也均身居高位，是辽圣宗至道宗前期七十余年间始终大权在握的外戚家族。收养志智的槊古公主，既为辽道宗之姑母，又是辽道宗宣懿皇后之母。而志智若为萧孝穆子侄辈，则与宣懿皇后为堂兄妹，且由于志智幼年即为槊古公主收养，与宣懿皇后也关系密切。雄冠燕京的大昊天寺正是在这样一个显赫家族，尤其是槊古公主及其女宣懿皇后的支持下得以建成的。

❶ ［辽］张臣言.萧德温墓志 [M]// 向南.辽代石刻文编.石家庄：河北教育出版社，1995：371.

❷ 相关考证如：阎万章.辽道宗宣懿皇后父为萧孝惠考 [J].社会科学辑刊，1979（02）；向南.辽史公主表补证 [J].社会科学辑刊，1987（6）；万雄飞.辽秦国太妃晋国王妃墓志考 [J].文物，2005（1）；辽宁省文物考古研究所.关山辽墓 [M].北京：文物出版社，2011.

❸ 为简明起见，仅列入与大昊天寺关系紧密的人物。

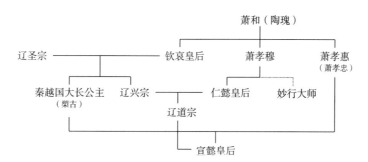

图 7 大昊天寺营建相关人物谱系
（作者自绘）

　　另外，上文提到大昊天寺塔与佛宫寺塔之间有极高的相似性，这除了反映辽代木塔构造陈设的共性，似乎也因为它们本身就存在紧密联系。从二塔的营建者来看，主持建造大昊天寺塔的志智大师是"国舅大丞相楚国王"萧孝穆之族；而兴造佛宫寺塔者，据陈明达先生推测，为兴宗之皇后仁懿皇后，正是萧孝穆之女。《契丹国志》中称"兴宗皇后萧氏，应州人，法天皇后弟枢密楚王萧孝穆之女也"❶，陈明达先生认为应州或为仁懿皇后的出生地或汤沐邑❷，由现存佛宫寺之雄大规模，可以肯定其营建必有权贵背景，应与仁懿皇后联系紧密。由《辽史》可知萧孝穆一辈兄弟五人中四人均去世于重熙十二年（1043 年），萧孝穆之次子撒八去世于清宁年初（1055 年），长子知足也在清宁二年（1056 年）时被道宗所恶，外放为东京留守。萧孝穆家族在兴宗时期备受恩宠，盛极一时。但伴随着道宗的即位，萧孝穆家族也经历了由盛转衰的重要转折，仁懿皇后在此时花费巨资兴建应县"宝宫寺"，又采用了其父称号之"宝"字，一方面是为其父兄祈求冥福，另一方面或也包含着对家族未来的担忧和对家道再兴的期望。兴建昊天寺塔的志智与萧孝穆、仁懿皇后同族，又为该族中唯一的出家人，他很可能了解甚至亲见为其家族祈福而建的应州宝宫寺。志智大师重熙十三年（1044 年）即随海山大师于觉华岛出家，文献中记清宁五年（1059 年）建寺前，他曾"几十年间，常行分卫，不受接请"，又曾"遍历名山，咨参胜友"❸，在其游方的途中，很可能到过应州，见到新建成不久的宝宫寺，从而在兴建大昊天寺塔时，以其族亲仁懿皇后所建之木塔为蓝本。

　　联系大昊天寺塔的塔名，可进一步了解志智于大安九年（1093 年）兴建大昊天寺塔之用意。由上引郝经、刘敏中之诗作题名，可知该塔在元代被称为"宝严塔"，辽代文献中没有明言大昊天寺塔之名，但也很可能元代塔名是从辽代一直延续的。而由金人王寂《辽东行部志》记，辽懿州城中有宝严寺，其建寺由来，根据王寂与寺僧溥公的对话：

　　徘徊登览，顾谓溥公曰："此寺额宝严，人复呼为药师院者何故？"溥曰："尝闻老宿相传此

---

❶ [宋]叶隆礼，撰.贾敬颜，林荣贵，校.契丹国志[M].北京：中华书局，2014.

❷ 陈明达.应县木塔[M].北京：文物出版社，2001：22.《辽史》中记萧孝穆"称国宝臣，目所著文曰宝老集。"参见：[元]脱脱，等.辽史[M].萧孝穆传.点校本.北京：中华书局，1974：1331.宿白先生据此推测，曾称"宝宫寺"的佛宫寺很可能具有萧孝穆一族的家寺的性质。参见：宿白.独乐寺观音阁与蓟州玉田韩家[M]// 宿白.魏晋南北朝唐宋考古文稿辑丛.北京：文物出版社，2011。

❸ [辽]即满.大昊天寺建寺功德主传菩萨戒妙行大师行状碑[M]// 向南.辽代石刻文编.石家庄：河北教育出版社，1995：586.

辽药师公主之旧宅也。共后施宅为寺，人犹以公主之名呼之。今佛屋，昔之正寝也；经阁，昔之梳洗楼也。" ❶

可知宝严寺是辽代"药师公主"舍宅而建。"药师公主"之名不见于《辽史》，但宝严寺所在之懿州，恰为舍宅兴建大昊天寺的秦越国大长公主槊古的投下州，据《辽东行部志》载：

> 懿州，宁昌军节度使，古辽西郡柳城之域，辽圣宗女燕国长公主初古所建。公主纳国舅萧孝惠，以从嫁户置立城市，遂为州焉。❷

在秦越国大长公主去世后的清宁七年（1061 年），懿州就由长公主之女宣懿皇后进献于国家 ❸，因此最可能在懿州中建宅并舍宅为寺的"药师公主"，就是大长公主槊古。虽并无槊古公主名"药师"之记载，但辽人起名常用佛号，槊古公主之女宣懿皇后即名"观音"，很可能"药师"是槊古公主之别名。另外，王寂在宝严寺经阁上所见炽圣佛坛与二十八宿图，出自辽代名家、宫廷画师田承制，也能证明其确为贵族所建之寺院。❹ 因此懿州宝严寺或为槊古公主舍懿州之宅而建，或为槊古公主去世后由其女宣懿皇后所建。

如应州宝宫寺是仁懿皇后为其亡故父兄祈福所建，则大昊天寺塔也极可能是志智大师为清宁五年（1059 年）去世的槊古公主和大康元年（1075 年）被赐死的宣懿皇后祈福所建，因而采用了槊古公主投下州城中所建宝严寺之名。志智大师所建之大昊天寺，虽名义上为道宗敕建，但其御笔碑文中言明其性质是"遵遗托而荐冥福也"，是为大长公主祈福的性质，因此最主要的支持者先为大长公主，后为宣懿皇后，建寺的绝大部分费用都为她们所施，道宗本人仅助缘 5 万贯，以及御书匾额碑铭作为支持。这一情况在道宗赐死宣懿皇后后表现得更为明显，在大安九年（1093 年）开始建塔这样一项大型工程时，志智大师似乎并未得到道宗或国家的出资，又恰逢灾年，因而"日计二百余工。而廪室如悬磬，至第三□迨绝" ❺。最后是靠众多平民信士助缘才得以完成。志智大师遗愿在塔中所铸之银佛，也被道宗换成铜佛。因此在秦越大长公主、宣懿皇后去世之后，志智大师所崇建之佛塔，应该意在对秦越大长公主与宣懿皇后的纪念和祈福。

五、辽代之后的大昊天寺

大昊天寺在辽亡后的金元两代一直雄踞于燕京城，当时的文献中多见其相关记载。据赵子砥《燕云录》记，金初宋钦宗、宋徽宗被俘至燕京后：

> 七月上旬于昊天寺相见，亲王东序，驸马西序，道君居在左面，渊圣居右面，皇太子祁次南面，西酒五盏，自早至午，礼毕而归。❻

可见金初时昊天寺依旧规模宏大，可以进行大型礼仪活动。

在元代，昊天寺虽被隔在大都城外，但由于当时辽金故城所在地域依旧繁荣，加之元代诸

❶ [金] 王寂. 辽东行部志 [M]// 贾敬颜. 五代宋金元人边疆行记十三种疏证稿. 北京：中华书局，2004.
❷ [金] 王寂. 辽东行部志 [M]// 贾敬颜. 五代宋金元人边疆行记十三种疏证稿. 北京：中华书局，2004.
❸ [元] 脱脱，等. 辽史 [M]. 点校本. 北京：中华书局，1974：474："懿州，宁昌军，节度。太平三年越国公主以媵臣户置。初曰庆懿军，更曰广顺军，隶上京。清宁七年宣懿皇后进入，改今名。"
❹ [金] 王寂. 辽东行部志 [M]// 贾敬颜. 五代宋金元人边疆行记十三种疏证稿. 北京：中华书局，2004.
❺ [辽] 即满. 大昊天寺建寺功德主传菩萨戒妙行大师行状碑 [M]// 向南. 辽代石刻文编. 石家庄：河北教育出版社，1995：586.
❻ [宋] 徐梦莘. 三朝北盟会编 [M]. 影印清许涵度刻本. 上海：上海古籍出版社，1987.

帝屡次出资于昊天寺大兴法事 ❶，因此昊天寺仍为大都的一处胜地。❷ 昊天寺的高塔，也成为燕京的一处盛景，如郝经在《登昊天寺宝严塔》中所言，"六年五入燕，空为眼中物。于今始一登，顿觉超凡俗。" ❸ 又如选择昊天寺塔作为故事背景的元曲《昊天塔孟良盗骨杂剧》，❹ 虽然事实上昊天寺塔开始建造时，宋辽澶渊之盟已过去九十年，距杨六郎抗辽的时代也已甚远，故事安排是不符史实的。但这样的设计恰说明，昊天寺塔应是当时大都城中人们所熟知的标志性建筑。

元至大二年（1309 年）十一月，昊天寺发生火灾 ❺，之后是否予以修复并无文献记载，但根据存世延祐三年（1316 年）供养钱背面铸"大昊天寺"四字来看，至少在延祐三年昊天寺还存在。❻ 元末之后，随着北京南城的逐渐萧条，昊天寺便随之逐渐荒废了。明代加筑北京南城后，昊天寺被隔绝在南城偏僻之隅，且由明代南城城垣位置来看，新筑城垣很可能侵占了原昊天寺的基址。由《析津日记》所记：

> 原昊天寺，辽刹也。碑记无一存者，访之惟有万历间山阴朱敬循一碑，其建置本末俱不详。塔址已为居民所侵，寺门一井泉特清冽，不下天坛夹道水也。❼

可知昊天寺在明末清初时尚存塔址和寺门，缩小成为一座小寺。康熙年间陈僖假寓于昊天寺时，已是"暮鼓晨钟，荒烟古树"的荒凉景象。❽ 而在乾隆时，这座在辽代曾光耀燕京的大刹就已完全湮没于农田之中了。❾

燕京大昊天寺，始建于辽道宗，兴盛于辽、金、元三代，虽然在今天已经踪迹无存了，但通过对其营建历程的回溯，我们得以了解在佛教信仰如日中天的辽道宗时期，高等级佛教寺院的建立与皇室、贵戚家族间的密切联系。大昊天寺的规模和布局，也能代表辽代最高等级佛教寺院的情况，从而使我们对辽代佛教寺院建筑有更进一步的认识。

---

❶ ［元］释念常.佛祖通载 [M]. 大正新修大藏经本.卷二十一："丁未（1246 年），贵由皇帝即位，颁诏命师（佛日圆明大师）统僧，赐白金万两，师于昊天寺建大会为国祈福。……辛亥蒙哥皇帝即位……丙辰（1256 年）正月，奉圣旨建会于昊天寺。"又［元］释祥迈.大元至元辨伪录 [M]. 元刻本.卷三："（蒙哥皇帝）又令胜庵主发黄金五百两白金万两于昊天寺大作佛事，七日方满，饭僧万余也。"元代的《佛祖通载》《释氏稽古略》均称"金大定年二十四年二月，大长公主降钱三百万建昊天寺，给田百顷，每岁度僧尼十八。"并称引自本寺碑刻。因为这两则文献都甚略，其中"大长公主"、"三百万"、"给田百顷"等说法，又均与辽代即满所撰《行状碑》类同，似乎是因为《行状碑》立石于金大定年间而产生的误读，而非金代另有大长公主出资重建了昊天寺。

❷ ［清］李有棠.金史纪事本末 [M]. 卷三十九："辽金故都，在今城南面，而元代尚有遗址，……如悯忠寺、昊天寺，在今宣武门南，与广宁门相近，元人称为南城古迹。"

❸ ［元］郝经，撰.秦雪清，点校.郝文忠公陵川文集 [M]. 卷三.太原：山西人民出版社，2006.

❹ ［元］朱凯.昊天塔孟良盗骨杂剧 [M]//［明］臧懋循.元曲选.明万历刻本.

❺ ［元］张养浩.归田类稿 [M]. 清文渊阁四库全书本.卷二："至大二年（1309）十一月，昊天寺无因而火。"

❻ ［清］李佐贤.古泉汇 [M]. 刻本.利津李氏石泉书屋.清同治三年.利集.卷十六："刘燕庭云：有延祐三年钱，背'大昊天寺'四字，应是当时铸钱施于寺中者。"又见于孙仲汇.元代供养钱考 [J]. 中国钱币.1986（01）：43-48.

❼ ［清］于敏中.日下旧闻考 [M]. 清文渊阁四库全书本卷.五十九.引《析津日记》："原昊天寺，辽刹也。碑记无一存者，访之惟有万历间山阴朱敬循一碑，其建置本末俱不详。塔址已为居民所侵，寺门一井泉特清冽，不下天坛夹道水也。"

❽ ［清］陈僖.燕山草堂集 [M]. 卷二.清康熙刻本.中国科学院图书馆藏.

❾ ［清］于敏中.日下旧闻考 [M]. 清文渊阁四库全书本卷.五十九："昊天寺故基在西便门大街之西，今已废为农田，古迹久湮。"

建筑考古学研究

从河南内黄三杨庄聚落遗址看汉代乡村聚落的组成内容与结构特征 [1]

林 源　崔兆瑞 [2]

（西安建筑科技大学建筑学院）

摘要： 河南内黄三杨庄遗址是迄今发现的保存最为完好的汉代乡村聚落遗址，内涵十分丰富，据此可以对汉代乡村聚落的形态、结构及特征加以研究，结合其他已发现的汉代乡村聚落遗址，可知汉代乡村聚落的基本结构单元是由田地、生活和生产设施及庭院共同组成的，整个聚落即是由若干个这样的基本单元、聚落内部道路与聚落所在的自然环境等构成的一个生产与生活单位，是社会和自然环境中的自给自足的生活圈和生产圈。

关键词： 汉代，乡村聚落，聚落形态，基本结构单元

Abstract: Sanyang village, Neihuang, Henan province, is the best-preserved site among the known Han village settlements. The site provides rich information and a starting-point for the study of morphology, structure and characteristics of Han villages. This paper, based on investigation of the village along with other similar sites, suggests a combination of field and farmyard that provided living space and production facilitates as the basic unit of the Han village. The whole village, comprising several such living and working units, inner traffic routes, and the natural setting around them, was thus a self-sufficient economic and life form embedded in the social and natural environment of the time.

Keywords: Han dynasty, village settlement, settlement morphology, basic structural unit

内黄三杨庄汉代乡村聚落遗址（图 1）位于河南省安阳市内黄县梁庄镇三杨庄村北、内黄县城西南约 30 公里处，黄河在其东南方向约 45 公里处。这一地区在西汉时濒临黄河，遗址即是因黄河的一次大规模洪水泛滥，致使黄河改道，被厚积的河道淤沙深埋，因而得以比较完整地保存下来的。由于建筑物的夯土墙体是被河水浸泡后垂直塌落的，没有遭受洪水的直接冲击，塌落屋面上的部分筒瓦与板瓦仍呈扣合状态，庭院周边的田垄也保留着耕种时的面貌。黄河改道南移后在原故道形成了一条季节性的小河——硝河，20 余年前断流，2003 年 6 月在进行硝河河道开挖引黄工程时意外发现了这处遗址。2003 年 7—12 月、2004 年、2005 年河南省文物考古研究所对其进行了考古勘探及局部清理发掘，共发现了 4 处庭院建筑遗址（即一至四号庭院建筑遗址，图 2）、耕作农田遗址（大规模排列整齐的田垄）、道路遗址等。2006—2010 年，在 4 处庭院建筑遗址周围约 100 万平方米的范围内又探出了 10 余处汉代庭院建筑遗址与道路、湖塘、河道等遗址，并出土有各种生活

---

❶ 本课题研究得到 2012 年度国家自然科学基金项目的资助项目批准号：5110 8365。

❷ 作者单位为西安建筑科技大学建筑设计研究院。

中
国
建
筑
史
论
汇
刊
·
第
壹
拾
肆
辑

❶ 文献 [5].

❷ 文献 [9]. 此处遗址发现了西汉时期的一处房址、三座圆囷（土壁，直径 1.25～0.8 米不等）和两口水井；东汉时期的 4 处房址、九座圆囷（直径 2.9—3.6 米不等）和一座方仓（砖壁，近方形，边长 3 米余）、一口水井、一段水道、两条卵石铺砌的道路。

❸ 东北博物馆 . 辽阳三道壕西汉村落遗址 [J]. 考古学报，1953（1）. 三道壕遗址占地约 1000 平方米，发掘面积 10000 平方米。在发掘范围内发现了六处居住址、十一口水井、两段卵石铺砌的道路（宽度约 7 米）及五座同时期的砖窑遗址。

❹ 其他汉代聚落遗址，有江苏高邮邵家沟汉代遗址，仅存有两处陶井及灰坑窖穴，出土有筒瓦、板瓦及瓦当等建筑构件。还有四川阿坝九寨沟阿梢垴汉代聚落遗址，仅发现了一组居住房屋建筑遗存。

❺ 价值 · 发掘 · 保护 · 展示——专家畅谈河南内黄三杨庄汉代农田和庭院建筑遗址 [N]. 中国文物报，2006 年 2 月 17 日第 003 版.

用具、生产用具（铁器、石器、陶器）等。❶ 这是目前我国首次考古发现的、性质明确的大规模汉代乡村聚落遗址，2005 年被评为全国十大考古新发现之一，2006 年公布为全国重点文物保护单位（第六批），并被列入"十一五"国家大遗址重点保护项目。

图 1　三杨庄汉代乡村聚落遗址的位置图
（作者自绘）

目前发现的汉代聚落遗址数量非常有限，主要有河南洛阳西郊汉代居住遗迹❷、辽宁辽阳三道壕西汉村落遗址❸，虽然还发现有其他的汉代聚落遗址，但其中发现的有关聚落和建筑的信息都很少。❹ 所以，三杨庄遗址对于研究汉代乡村聚落和建筑极为重要，如徐苹芳先生所说："我们以前对汉代社会是什么样子，特别是广大农村到底是什么样子，不清楚，文献上记载也不清楚，缺乏对此的描写。三杨庄遗址发掘后，给人以新的启示……这么大面积的汉代建筑实物和面积这么大、这么规整的田垄，非常难得，所以说它非常的重要。"❺

图 2　一号庭院建筑遗址考古照片
（内部资料）

一、三杨庄聚落的类型、性质

根据与城邑的关系可以将聚落分为城市聚落和乡村聚落两种基本的类型。《汉书·食货志》："在野曰庐，在邑曰里。（师古曰：庐各在其田中，而里聚居也。）" ❶ 由颜师古注可知，各家建在自己田地中的宅称为"庐"，散布于乡野田地中。而建在城邑里的、聚而居之的宅则组成为"里"，设有围墙和里门。三杨庄聚落中的各处庭院均散布于田地当中，相隔较远，相距最近的三号、四号庭院之间也有 25 米的距离。虽然目前整个聚落未全部发掘，范围尚未廓清、总体布局也不明晰，但就已进行考古勘探的 100 余万平方米范围内发现的几条聚落内部的道路与田间散布的各处庭院建筑来看，可以肯定的是三杨庄聚落不属于城市聚落，而是乡村聚落，聚落中的各处庭院即是文献中所称的乡村住宅——"庐"。

淹没前的三杨庄聚落是建在黄河的河滩地上的，因此有观点认为其性质属于临时性的聚落而非永久性的聚落。要确定三杨庄聚落的性质，需要了解汉代的土地利用与管理情况。汉时，根据垦殖情况全国土地大致可分为三种，一是无法开垦的土地，包括居邑、道路、林泽等；二是可以开垦但未开垦的土地，称为草田，即荒地；三是垦田。根据所有权的不同土地又有公有和私有的区别，居邑、道路、林泽和草田全属公有。垦田中一部分为公有一部分为私有，公有的垦田即公田。河滩地属于未开垦的草田，为公有。但汉时政府允许将开发河滩荒地所得的耕田分与农民，以鼓励对沿河荒地的开发垦殖。此种情况在战国时即已存在。《汉书·沟洫志》中

❶ 文献 [14]. 卷二十四. 食货志.

❶ 文献[14].卷二十九.
沟洫志.

❷ 汉之黎阳在今之河南
浚县以东。金堤在内黄县
东部,是黄河堤堰之一,
秦时始修。北至大名(今
河北邯郸东南),南接滑
县、浚县,绵延数百里,
现在内黄境内还留存有金
堤遗迹。内黄县境中的泽
即黄泽,周围筑有黄泽堤。

❸ 文献[14].卷二十九.
沟洫志.

❹ 内黄地区历史悠久,
上古五帝中的颛顼、帝喾
曾建都于此,三杨庄遗址
以西约1000米处现存有
二帝陵。夏商两代属冀州,
商王河亶甲在这里建有兦
阳聚,西周初是康叔(周
文王子,武王弟)的封
地——卫,春秋时属晋,
战国时属魏,名黄(因境
内有黄泽),又名繁阳。
秦时属魏郡。汉高祖九年
(前198年)在此地置内
黄县和繁阳县,均属魏郡,
县治地处黄河以北并濒临
黄河。

贾让的"治河三策"就记述了战国时在河滩地筑堤、垦田、营宅的情况:"盖堤防之作,近起战国,雍防百川,各以自利。……河水东抵齐堤,则西泛赵、魏,赵、魏亦为堤去河二十五里。虽非其正,水尚有所游荡。时至而去,则填淤肥美,民耕田之。或久无害,稍筑室宅,遂成聚落。"❶贾让还提及他在黄河滩地所见的这种情况:"近黎阳南故大金堤,从河西西北行,……民居金堤东,为庐舍,往十余步更起堤,从东山南头直南与故大堤会。又内黄界中有泽❷,方数十里,环之有堤,往十余岁太守以赋民(师古曰:以堤中之地给与民),民今起庐舍其中,此臣亲所见者也。"❸说明至汉时,在河湖滩地开垦耕地并筑宅定居也是普遍的,三杨庄遗址的所在区域即是属于黄河河堤之内的草田,农民们在此开垦并定居,故不能据此断定其为临时性聚落。❹同时,就已清理发现的聚落中庭院建筑的平面布局、所使用的材料与建造做法和技术,以及水井和厕等生活设施来看也明显不是用作短期居住的(图3)。

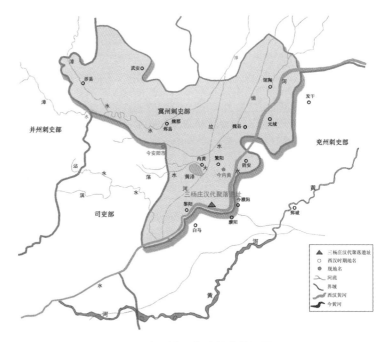

图3 西汉时期三杨庄聚落的位置图
(作者自绘)

所以,保存较为完好的三杨庄聚落可以为了解、研究汉代的乡村聚落与乡村庭院建筑提供可信的实物资料与信息。

二、三杨庄聚落的基本结构单元及组成内容

三杨庄遗址的地理位置为东经114°45′97″—100″,北纬

35° 40′ 57″—59″。这一区域属于暖温带大陆性季风气候，四季降水变化很大，夏季降水量大，冬、春两季降水稀少，春季干旱多风沙，土壤水分蒸发量大，抗旱和灌溉必不可少。作为华北平原的一部分，这里属于黄河流域的冲积平原，地形平坦，起伏较小，海拔高度一般在50—70米。流经该区域的水系有黄河、卫河、汤河、硝河、漳河等，均自西南流向东北，其中与三杨庄遗址关系最为密切的是黄河。历史上黄河在内黄境内来回改道，最终形成了这一区域沙碱坡洼的地貌和土质特征。

根据竺可桢先生对两汉时期气温的推断，西汉时期这里平均气温约15℃，最冷月平均气温约为 –0.7℃，最热月平均气温约28.6℃；东汉时期平均气温约12.8℃，最冷月平均气温约为 –2.9℃，最热月平均气温约26.4℃。❶ 虽然这些数值只是对当时气温平均情况的推测，但仍可以据此得知两汉时期三杨庄遗址所在地区气候较为温暖，少有极端气温出现，适宜居住及户外生产与活动。三杨庄聚落即是在这样的气候、自然环境条件下，在黄河滩地开垦耕种、聚居营宅而形成的乡村聚落。

三杨庄聚落目前考古勘探的总面积约100万平方米，发现了14处庭院建筑遗址，散布在广大的田地中（图4）。道路发现了三条，最宽一条大道约为20米，推测应为聚落内部的主干道。二号庭院建筑遗址前有一条东西向的道路（距二号庭院南大门约42米），宽度约为8米，可能是聚落内的次级干道。因发现的道路有限，尚难以对聚落的整体结构进行分析，但4处庭院建筑遗址及周围田地的清理、发掘所提供的信息使我们可以比较清晰地确定聚落基本的结构单元及其组成内容。这一基本单元即是由田

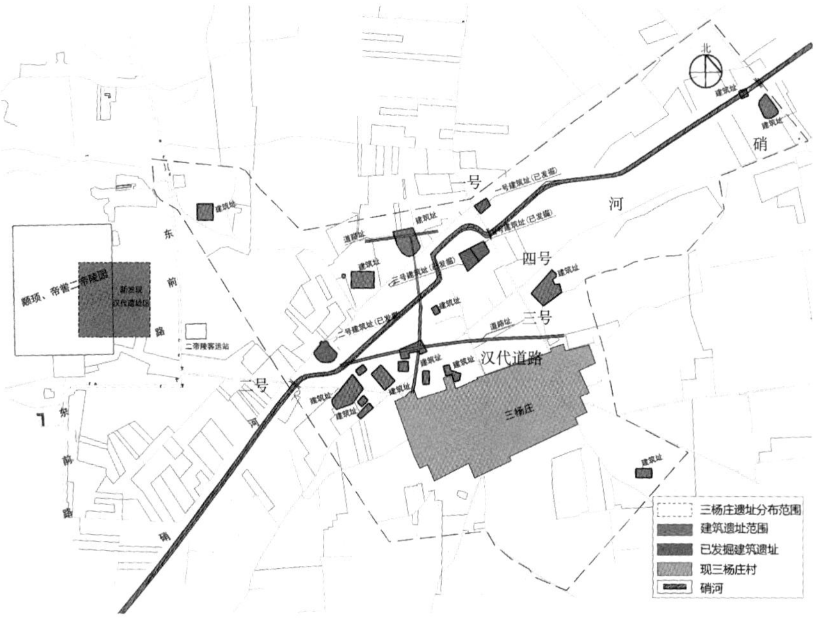

❶ 竺可桢.中国近五千年来气候变迁的初步研究[J].考古学报，1972（1）：15–38.

图4 三杨庄聚落中的庭院建筑遗址与道路遗迹分布图
（作者自绘）

地、生活和生产设施、庭院组成的，这些组成要素是由聚落所处的自然地理环境与当时的社会状况、生产力水平、生产方式及生活模式等因素共同决定的。它们在空间上相互依存，在使用上密切关联，构成了聚落居民日常生活、生产劳作的物质空间环境。

三、田地

田地是聚落的基本组成要素。庭院与生活、生产设施均位于田地中，被田地围绕。就一个基本单元来说，如二号、三号庭院，田地分布于宅的东、北、西三面。❶ 之所以三面围绕，应是因为南面有道路，由此与聚落内其他空间相联系。

已发现的各处庭院均不毗邻，相距较远❷，距离大小不等，分布也无规律，散布于田地中。这种分布格局应该是因为各家田地面积大小不同造成的，而各家田地多少不均的原因可能是由于田地不是由政府统一分配的。辽宁辽阳三道壕西汉村落遗址中的各处居址也是互不相连，呈无规律分布，各居址都向南或稍偏东、西开门，各居址之间距离不等，近的 15 米，远的 30 多米或更远。与三杨庄遗址不同的是，在这些分散的居址中间的不是田地而是砖窑和道路。

四、生活 / 生产设施

聚落基本单元中的生活 / 生产设施包括水井、水塘或水沟、树木、活动场地及窑。这些设施基本上都是既为生活服务又为农业生产及手工业生产服务的。

1. 水井

水井提供饮用水并具灌溉功能。就考古清理进行得较充分的二号、三号庭院建筑遗址来看，水井都位于庭院南门（大门）外。二号庭院建筑遗址中水井距离庭院南门约 9 米，三号庭院距离近 8 米。两处水井的做法相同，均是砖砌圆形竖井，井壁用条砖侧立错缝斗角横砌（图 5）。井口内径近 1 米。不同的是二号庭院的水井周围放射状平铺一层砖作为井台，但三号庭院的水井周围未发现井台。二号庭院外从井台还有通向南大门的砖铺小道。

在其他的汉代聚落遗址中，如辽宁辽阳三道壕西汉村落遗址中发现的11 口水井，有的位于居址范围内，有的在居址范围外；位于居址外的水井应该是用于灌溉的。三杨庄遗址中这些位于庭院外的水井，应是主要提供饮用水的。

❶ 在庭院东、西两侧和北侧均清理出排列整齐的大面积田垄遗迹。田垄的宽度大致在 60 厘米左右，多为南北向，少量为东西向（主要是位于房后的田垄）。

❷ 二号庭院在一号庭院西南，二者相距约 500 米。一号庭院在三、四号庭院以北，相距约 100 米。三号庭院和四号庭院距离最近，仅 25 米，大致呈东西并列的关系。

从井中取水需要使用机具。汉时普遍使用桔槔和辘轳，桔槔汲绠短，适用于浅井，而辘轳汲绠不受限制。在各地出土的汉代陶井模型中多见有井亭，井亭中设辘轳。三杨庄遗址内的水井上均未发现井亭与汲水设施的遗迹，如何取水尚待探究。

图 5　三号庭院建筑遗址南门外的水井
（河南内黄三杨庄汉代聚落遗址第二处庭院发掘简报 [J]. 华夏考古，2010（3））

2. 水塘或水沟

水塘或水沟均位于庭院外。因黄河的漫溢泛滥，滩地上会形成盐渍化程度不同的土壤，同时也造成河滩高地或缓岗等不同的地形。岗地不易受涝和盐碱化，但易受旱。而低洼处由于盐分的积累则会发生较严重的盐碱化。这些洼地无法耕种及种植草木，往往被利用来作蓄水池以在干旱时灌溉周围田地。二号庭院建筑遗址中庭院西侧发现有一椭圆形的水池（南北约 23 米，东西约 16 米），周围紧邻田地，池深较浅，约为 0.5—0.9 米，池底坑洼不平。池壁较直，表明是经过人工处理的。这应该就是利用低洼积水处做的蓄水池。二号庭院建筑遗址以西 500 多米处还发现有一处直径约 200 米的平面形状不规则的陂塘 ❶，也应是利用地形修造的池塘。三号庭院建筑遗址的庭院东、西及北侧均发现有水沟环绕。四号庭院建筑遗址虽然仅清理了局部，但在庭院东侧也发现有水沟，这些水沟同样都是起着蓄水及灌溉的作用，同时庭院内的生活废水、雨水也可以通过暗沟排入（图 6～图 9）。

❶ 文献 [7].

图 6　一号庭院建筑遗址鸟瞰　　　　图 7　二号庭院建筑遗址鸟瞰
（内部资料）　　　　　　　　　　　　（内部资料）

❶ ［汉］赵岐，注 .［宋］孙奭，疏 . 孟子注疏 [M]. 十三经注疏（全二册）. 据清阮元校刻本影印 . 卷第一上 . 北京：中华书局，1980：12.

❷《汉书·卷五·景帝纪》："三年春正月，诏曰：农，天下之本也。黄金、珠玉，饥不可食，寒不可衣，以为币用，不识其终始。间岁或不登，意为末者众，农民寡也。其令郡国务劝农桑，益种树，可得衣食物。"十二年三月诏曰："道民之路，在于务本。朕亲率天下农，十年于今，而野不加辟。岁一不登，民有饥色，是从事焉尚寡，而吏未加务也。吾诏书数下，岁劝民种树，而功未兴，是吏奉吾诏不勤，而劝民不明也。……。"转引自：［汉］赵岐，注，［宋］孙奭，疏 . 孟子注疏 [M]. 十三经注疏（全二册）. 据清阮元校刻本影印 . 卷第一上 . 北京：中华书局，1980：12.

❸ 文献 [14]. 卷二十四 . 食货志 .

❹ 同上。

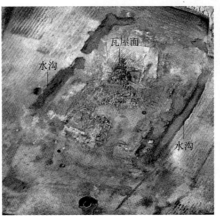

图 8　三号庭院建筑遗址鸟瞰　　　　图 9　四号庭院建筑遗址鸟瞰
（内部资料）　　　　　　　　　　　　（内部资料）

3. 树木

4 处庭院的外围均发现有树木遗迹，如一号庭院的北侧和东侧有树桩遗迹，二号庭院的东侧发现有五根南北向排列的树桩遗迹（树径 14—16.5 厘米），三号庭院的北侧有两排树桩遗迹、东侧有一排树桩遗迹，四号庭院的北侧和西侧各有成排的树桩遗迹。

种树在古代社会一直都非常受重视，《孟子·梁惠王》中即说："五亩之宅，树之以桑，五十者可以衣帛矣。"❶汉时亦如是，如景帝就曾多次下诏提倡种树。❷对于种树政府还有更具体的规定，《汉书·食货志》载："田中不得有树，用妨五谷。"❸为便于耕种，田中是不能种树的。就三杨庄遗址来看，树木遗迹均是在宅院周围发现的，田地中是没有的。

种植桑树一直受到提倡，种桑就可养蚕，《汉书·食货志》："还庐树桑，菜茹有畦，瓜瓠果蓏殖于疆易。鸡、豚、狗、彘毋失其时，女修蚕织，则五十可以衣帛，七十可以食肉。"❹根据三号庭院建筑遗址中发现的泥块上的树叶痕迹可知桑树为多，这也是与文献的记载相符的。除桑树之外还发现有榆树。

在庭院周围植树，也利于创造良好的居住环境。黄河滩地上风沙现象较为普遍，植树可起到防风固沙的作用。由于目前考古发掘范围有限，难以了解整个聚落内的植树情况，也无法得知田地的外围是否种有林木（图10）。

图10　左图，四号庭院外的树桩遗迹；右图，出土的留有树叶痕迹的泥块
（内部资料）

4. 活动场地

此处所称的活动场地是指庭院外部的空场地。就目前考古清理较充分的二号庭院来看，南大门以南至聚落内部的一条东西向干道之间即为一片活动场地，范围为东西约39米，南北约42米。各个庭院外部的活动场地是聚落不可缺少的组成内容，是各个家庭进行劳动及各种活动的场地。它不仅是个空场地，而且包含有各种生活及生产设施。如二号庭院的活动场地中有水井，水井西侧约3米、距庭院南大门约10米处另有一遗迹，是由四垛砖（每垛砖由4块东西顺放的砖叠摞而成）围合成的一个小场地，平面为长方形，东西1.25米 × 南北1米。四垛砖的中间堆放着两端打磨为圆弧形、中部有凹槽的小砖块，场地的地面没做处理，考古报告推测为编织草席或竹席的遗迹❶；水井东南还发现了一处可能是拴系牛、马的场地遗迹。❷

对于农耕聚落来说，开敞的空场地是不可缺少的，其主要的用途是作为粮食的打场、晾晒场地。当时粮食的防潮技术有限，把粮食摊开晒透是非常重要的粮食保存措施。一些季节性采集的食物也需要有场地进行集中的、及时的加工处理。另外，某些手工业，如编织等，也需要有宽敞的场地来进行。同时，庭院外的活动场地也是庭院内部的生活及生产活动的延伸空间。应该还具有连通宅院与聚落内部道路的作用，是由聚落内部道路进入各家宅院的过渡空间。所以，活动场地的功能用途是多方面的。二号

从河南内黄三杨庄聚落遗址看汉代乡村聚落的组成内容与结构特征

❶ 文献 [2].
❷ 文献 [7].

庭院外活动场地中出土的陶瓮、陶水槽、陶盆，用于加工粮食的石器，如石磙、圆形石臼等生活器物和生产工具都说明了活动场地的多样功能。

5. 陶窑

在聚落的组成内容中，二号庭院以西约 500 米处，发现有疑似陶窑一处 **❶**。设在聚落内的陶窑可能是烧制生活用器物的，也可能是烧制砖瓦等建筑材料的。在辽宁辽阳三道壕西汉村落遗址中发现了与居住址同时期的 5 座砖窑遗址，分布在各居住址之间，据考古报告推断，这些砖窑是用于专业生产而不仅仅是为满足聚落内部需求的 **❷**。要明确三杨庄聚落中的陶窑是只为聚落内部服务的还是具有其他功能的、是某个家庭私有的还是聚落共有的等问题尚需有更多的考古信息（图 11）。

❶ 文献 [7].

❷ 东北博物馆. 辽阳三道壕西汉村落遗址 [J]. 考古学报, 1953（1）: 119-126. "由这两座窑室和三种共有的附属建筑所组成的整个的窑业生产体系，只有出现了一组有计划有组织的烧窑专业劳动力，利用两窑轮烧的情况下才能有的。可以看出是这种窑业已经由农民副业生产的情况渐渐转向专业化了。"

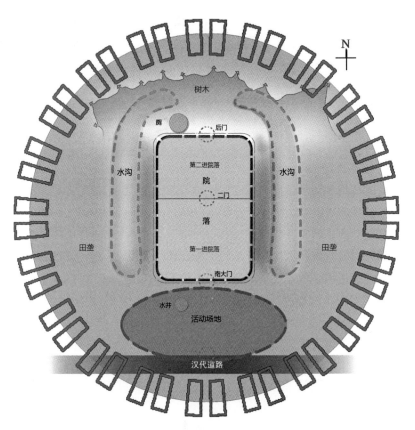

图 11 三杨庄聚落基本单元模式图
（作者自绘）

五、庭院

在三杨庄聚落遗址中庭院是基本细胞，它和围绕庭院的田地以及庭院外围的生活 / 生产设施共同构成聚落的基本结构单元，包含着最基本的生

活 + 生产空间的构成要素，体现的是家庭结构、社会关系、生活模式以及个人空间与社会空间的关系。

庭院的主要组成内容是院墙和大门，房子，院子 / 场地。

1. 房子

在庭院这个结构层次上，基本的组成细胞是房子，房子和院子 / 场地共同构成庭院。三杨庄聚落中的庭院都有围墙围合。根据考古清理较充分的二号和三号庭院来看，庭院是南北方向的，略有偏转，尚未完全清理的一号、四号庭院的方向也是同样。庭院的大门开设在南院墙上。在二号和三号庭院建筑遗址中，大门均是直接在院墙上开设的，未设门屋。

4 处庭院中单体建筑的方位以坐西朝东为多，除二号庭院中位于第一进院落的东房（坐东朝西）和位于第二进院落的正房（坐北朝南）外，其余的均是坐西朝东。

就目前清理的 4 处庭院建筑遗址来看，庭院均是两进的。❶ 第一进庭院内，三号庭院发有一座单体房屋，在南大门的西侧；二号庭院则在南大门东西两侧各有一座，根据坍塌的瓦屋面判断这两座单体房屋应是对称的，形成类似东西厢房的对称格局。第二进院内单体房屋的数量，一号、三号、四号庭院均发现有一座（根据留存的墙基判断应是两开间，且两个开间宽度是不均等的），而二号庭院有两座，一是坐北朝南，另一是坐西朝东。坐北朝南的这座房子应是正房，坐西朝东的这座可能是厨房。❷ 这4 处庭院中单体建筑的面积一般在 30 平方米左右，二号庭院中的正房最大，为 58 平方米（图 12）。

庭院中房子的数量是由家庭结构、家庭成员的数量决定的。秦汉时期的家庭多为五口之家。如《汉书·食货志》中载晁错所言："今农夫五口之家，其服役者不下二人，其能耕者不过百亩，百亩之收不过百石"。❸历史文献中关于人口数量的官方记载以户为单位，据《汉书·地理志》《后汉书·郡国志》等记载的户口资料分析可知两汉时的户均人口在五人左右。❹ 在望山汉简、居延汉简、敦煌汉简、凤凰山汉简中亦记录有不少汉时的户口资料，其中提到的家庭人口数多在三至四人。❺ 因各个地区经济发展的不平衡，不同地区家庭人口也会存在一定的差异。三杨庄聚落的几处庭院中单体建筑的数量基本能够容纳五口之家。而 4 处庭院中规模最大的二号庭院应是人口较多的或是家庭成员构成较为复杂的家庭居住的。

2. 厨房与仓房

组成庭院的各个单体房屋并不都是居室。除居室外，仓房和厨房也是必需的组成要素。在乡村聚落里，仓房是不可缺少的，除贮存粮食外还主要用来存放生产工具及生活用具。在洛阳西郊汉代居住遗迹中发现了西汉时期的三座圆囷、东汉时期的八座圆囷和一座方仓，均与住宅毗

❶ 根据考古报告，一号庭院建筑遗址现考古清理的部分是第二进院落，第一进院落尚未清理。

❷ 二号庭院第二进院落中坐西朝东的西房若作居室使用较局促，且由庭院去往后门时必须由此穿过，故推测西房并非居室而是家庭中的公共性空间，很有可能是厨房。就画像砖石、出土器中所见，厨房在院落建筑组群中的位置并不固定，有在主房后的、有在厢房位置的、有自成一个相对独立的区域位于院落一隅的。另外西厢房西墙外发现有一条砖砌排水暗道，埋设在房基下，穿过西墙将水排往院外。因为厨房排水量大，所以才专设了排水道。

❸ 文献 [14]. 卷二十四. 食货志.

❹ 户均人口在 5 人左右主要根据《汉书·地理志》、《后汉书·郡国志》等文献记载的全国总户数和总人口数进行计算，可知两汉时户均人口在4.8—5.7 人之间，由此推断户均人口大致在 5 人左右。

❺ 徐扬杰. 中国家族制度史 [M]. 北京: 人民出版社, 1992: 155.

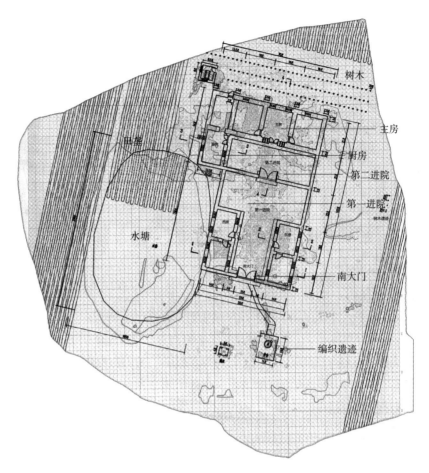

图中标注：
树木
主房
厨房
第二进院
第一进院
南大门
编织遗迹
田垄
墙
水塘

图 12　二号庭院建筑遗址复原平面图
（作者自绘）

❶ 文献 [9].

❷ 东北博物馆. 辽阳三道壕西汉村落遗址 [J]. 考古学报, 1953（1）: 119-126.

连，距离仅几米。仓内贮存的有谷物，还有瓮、瓶、罐等器物和石臼、石磨等粮食加工工具及刀、犁、铲、锄等工具，有的仓内还发现藏有数千枚五铢钱。❶辽宁辽阳三道壕西汉村落遗址中的六处居住址除第二居住址外其余均发现有毗邻住房的土窖，每处居住址的土窖数量均多于一个，大小深浅不一、分布位置各异❷，应是为满足不同的贮存要求而设的。但是在三杨庄的庭院遗址中未发现仓房，而且仅仅根据出土器物和建筑自身的状况（材料、构件、建造做法等）尚无法明确判断各个单体建筑的具体使用功能，现在只能根据各个单体建筑在整体庭院中的方位对它们做区分和命名。在一至四号庭院中没有哪个单体建筑可以明确为厨房或仓房的，二号庭院中第二进院落的西房之所以推测为厨房是依据多方面信息综合分析后确定的（见前页注 2）。二号庭院主房西侧的房间是一通过性的空间，去往院外的厕及田地需由此穿行，是一个通道性质的空间，推测同时也可兼作贮藏空间使用。不过就各庭院中单体建筑的数量来看，除了二号庭院，其他几个庭院若是居住五口之家，除了居室外已经没有充足的房屋来作厨房及仓房了，可能是以其他方式解决的，如厨房与居室合设等。但贮存粮食的空间应是专有的。推测可能是一、三、四号庭院的家庭人口较少，第一进院落内的西房即可用作仓房。但是即使作仓房也只能贮存工具和用具，不适于作粮仓，因为粮仓在建造做法上不同于其他房屋。故关于仓房的问题仍有待探究（图13）。

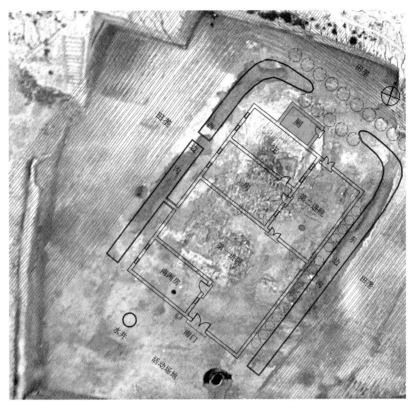

图13 三号庭院建筑遗址复原平面示意图
（作者自绘）

3. 院子

院子是庭院内部的室外活动场地。就院子来看，第一进院子面积均大于第二进，有较大的空地，这应是进行家庭内部的生产活动、家务劳动及其他活动的场地。还可能作为农具、粮食加工工具等的堆放、贮存场地。如前文所述，若第一进院落里有仓房，那就确实需要有宽大的场地进行粮食加工及处理。而第二进院子相对狭小、紧凑，应该不是作为家庭内部生产活动的主要场所，但同样也是室内空间的延伸和补充（图14）。

4. 厕

厕是基本的生活设施，兼可积肥。就其他的汉代聚落遗址中的厕以及出土明器来看，汉代乡村住宅中的厕多是与畜栏或畜圈合建在一起的，这

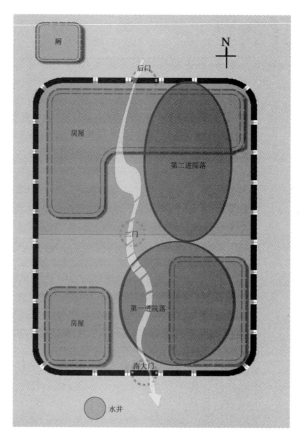

图 14　庭院建筑组成内容模式图
（作者自绘）

是农村常用的积肥方式，独立的厕很少见。而三杨庄遗址中的二号、三号庭院的厕都是独立设置的，没有与畜栏或畜圈合设，这是与其他汉代聚落遗址不同之处。这几处厕均位于院外的西北位置，四号庭院建筑遗址尚未进行完全的清理与揭露，但在院北偏西位置发现有一处遗迹，与三号庭院遗址类似，推测也为厕。庭院的北院墙上开有后门，由庭院通往厕。二号庭院的厕遗址的南部、东部有墙体坍塌及瓦片堆积，推测是有屋顶的厕。

聚落既是人的集聚空间，也是与居民和居住地直接相关的各种生活与生产设施的集合体，它的形成和发展是自然、经济和社会诸条件影响的结果。由三杨庄乡村聚落遗址及其他目前发现的两汉时期的乡村聚落遗址可知，汉代的乡村聚落的基本结构单元是由田地、生活和生产设施（水井、水塘或水沟、树木、活动场地及窑等）与庭院共同构成的，整个聚落即是由若干个这样的基本单元、聚落内部道路与聚落所在的自然环境构成的一个生产与生活单位，是一个处在社会与自然生态共同作用下的环境中自给自足的生活圈和生产圈。关于三杨庄乡村聚落的形态与结构尚有不少问题需要深入探索及解决，对于汉代乡村聚落的形态和结构及组织特征的研究也有待考古工作继续展开、考古信息增加后，方能更为具体和全面地进行。

参考文献

[1] 中国科学院自然科学史研究所.中国古代建筑技术史 [M].北京:科学出版社,2000.

[2] 河南省文物考古研究所,内黄县文物保护管理所.河南内黄三杨庄汉代聚落遗址第二处庭院发掘简报 [J].华夏考古,2010(3):19-31.

[3] 内黄县志编纂委员会.内黄县志 [M].郑州:中州古籍出版社,1993.

[4] 刘叙杰.中国古代建筑史(第一卷)·原始社会夏、商、周、秦、汉建筑 [M].北京:中国建筑工业出版社,2001.

[5] 河南省文物考古研究所,内黄县文物保护管理所.河南内黄县三杨庄汉代庭院遗址 [J].考古,2004(7):34-37.

[6] 孙机.汉代物质文化资料图说 [M].上海:上海古籍出版社,2008.

[7] 刘海旺,朱汝生.河南内黄三杨庄遗址发掘取得新收获 [N].中国文物报,2009-01-28(002).

[8] 刘海旺.首次发现的汉代农业闾里遗址——中国河南内黄三杨庄汉代聚落遗址初识 [M]//《法国汉学》编辑丛书委员会.考古发掘与历史复原(法国汉学·第11辑).北京:中华书局,2006.

[9] 郭宝钧.洛阳西郊汉代居住遗迹 [J].考古通讯,1956(1):18-26.

[10] 考古研究所洛阳发掘队.一九五四年秋季洛阳西郊发掘简报 [J].考古通讯,1955(5):25-33.

[11] 刘振东,张建锋.西汉砖瓦初步研究 [J].考古学报,2007(3):339-358.

[12] 江苏省文物管理委员会.江苏高邮邵家沟汉代遗址的清理 [J].考古,1960(10)18-23.

[13] 吕红亮,李永宪,陈学志,范永刚,杨青霞,王燕.汉代川西北高原的氐人聚落:九寨沟阿梢垴遗址考古调查试掘的初步分析 [J].藏学学刊.第6辑,2010:125-136.

[14] [汉]班固,撰.[唐]颜师古,注.汉书 [M].北京:中华书局,1962.

古代城市与园林研究

从"游牧都市"、汗城到佛教都市：明清时期呼和浩特的空间结构转型

包慕萍

（东京大学生产技术研究所）

摘要：本文论述了在 16 世纪 70 年代内蒙古土默特部的阿勒坦汗与明朝议和、与西藏的格鲁派佛教领袖索南嘉措会见，以及创建达赖喇嘛转世制度的政治举措的背景之下，建造呼和浩特汗城的经过，阐明了阿勒坦汗的呼和浩特城与敖伦斯木并用的游牧都市体系。随后，至 18 世纪 20 年代为止，呼和浩特城经历了向佛教都市功能转变的历史时期。本文分析了呼和浩特作为游牧王城的空间结构，以及它向佛教都市转型后的空间结构变迁和对前者的空间上的继承。

关键词：蒙古，呼和浩特，游牧文明，佛教都市，空间结构，明清时期

Abstract：In 1572 the Mongolian ruler Altan Khan built a fortified city, modeled on Dadu (present-day Beijing), and named it Hohhot, which means "blue city". Soon after, in 1578, Altan Khan met Tibetan Buddhist monks of the Gelug school at Khoko Nor and established the Dalai Lama Chakravarti system, which introduced Tibetan Buddhism to Mongolia. In 1579, Altan Khan founded Ikh Dzuu, the first Tibetan Buddhist temple in Mongolia. Hohhot became the premier imperial city of southern (now inner) Mongolia and it retained this status until 1720s. This paper investigates the changes in Hohot's spatial layout from the time when the city was a royal capital of a nomadic civilization to its time as a Buddhist center.

Keywords：Mongolia, Hohhot, nomadic civilization, Buddhist city, spatial structure, Ming and Qing dynasties

以土默特草原为根据地的阿勒坦汗 [1]（altan qaran，1507—1585 年）是元朝以后统一蒙古的达延汗 [2] 的孙子，他虽然不是统帅左右翼蒙古的大汗，但是被封为右翼蒙古汗，其实力已经超越了当时的蒙古大汗。1553 年（嘉靖三十二年）北京增建外城是众所周知的史实，而 1550 年（嘉靖二十九年）阿勒坦汗率兵包围北京城 3 个月，要求开市的战役正是筑城的直接起因。

统领着右翼蒙古的阿勒坦汗，创建了以游牧为主、农耕为辅的牧农王国。他接纳的从山西逃亡而来的官民以及受到明朝政府镇压的白莲教信徒们在土默特草原上筑"板升" [3] 为堡，经营着辅

---

[1]　蒙古语文献《阿勒坦汗传》《蒙古源流》中亦有记载。明史中把阿勒坦汗音译为"俺答汗"，详见：[明] 瞿九思 . 万历武功录 俺答传 [M]. 北平：文殿阁书庄，1935-1936 年（据万历年刊本重印）.

[2]　阿勒坦汗的祖父 dayun qaran，即"大元汗"，明朝记为"达延汗"，于 15 世纪末 16 世纪初重新统一了蒙古，重新编制了六大游牧集团即六万户（tumen）。其中，察哈尔（caqar）、喀尔喀（qalqa）、兀良哈（uriyangqan）三万户为左翼，鄂尔多斯（ordus）、土默特（tumed）、永谢布（yungsiyebu）三万户为右翼。

[3]　蒙古语"bayising"（板升）意为固定房屋，是与可移动的蒙古包相对的建筑称谓。蒙古语用 bayising 来称呼汉人移民建造的不可移动的房屋，之后转义为定居的村、城、堡等。

❶ 详见：珠荣嘎.阿勒坦汗传[M].呼和浩特：内蒙古人民出版社，1991：120。

❷ 详见：[明]王士琦.三云筹俎考[M].卷之二.封贡考.（国立北平图书馆善本丛书，国立北平图书馆编 第1集）.上海：商务印书馆，1937。

❸ 详见：青木富太郎.萬里の長城[M].東京：近藤出版社，1972。

助性的农业经济生活。❶

阿勒坦汗于16世纪后半叶，推出了影响蒙古历史发展进程的若干重大决策。其一是与明朝结束了长期且频繁的战争关系，明朝提出交出叛逆者即白莲教领袖赵全等人，以此为开放右翼蒙古的朝贡贸易的条件。这样，右翼蒙古和明朝之间达成了著名的《隆庆议和条约》（1571年）。"隆庆议和"意味着右翼蒙古与明朝之间由敌对关系演变为朝贡互市关系。❷ 和议之后，明朝开放了大同左卫北威远堡、水泉营，宣府的万全，右卫的张家口，陕西的有原立场堡等沿长城的关口，在关口与右翼蒙古进行互市贸易。图1为明朝《三云筹俎考》附图中的威胡堡（今大同的少家堡），在其北的长城关口，原图注有"市场"二字，即为互市口之一。长城外还详细地记载了蒙古各部落的名字。《三云筹俎考》的作者是当时大同巡抚王士琦，他根据自己的所见所闻著述了此书，记录内容截至1613年。图1非常明确地显示了17世纪初长城内外农耕文化及游牧文化沿长城一线各为一体的分布状况。

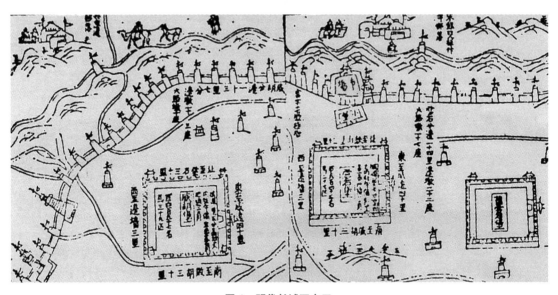

图1 明代长城互市口

（[明]王士琦.三云筹俎考[M].卷之三.险隘考.附图威胡堡.上海：商务印书馆，1937.）

阿勒坦汗与明朝议和的政治举措，对土默特草原地带来说，意味着从秘密走私贸易走向正式的、官方肯定的朝贡贸易的新的历史阶段。从互市的马匹交易量来看，除了民间的买卖，仅官方就在第一年购买了7030匹蒙古马，第二年为7845匹，第三年为19303匹。第四年即1574年（万历二年），明朝官方购买了第一年交易量近4倍的27170匹马。❸ 可见互市的贸易额逐年倍增，促进了蒙古和明朝的互补性的经济交流。长城的性质也因之改变，由军事防卫的功能转变为市场和税收的关口。

阿勒坦汗的朝贡期为每年一次，由60人陪同，经由居庸关入北京城。1580年（万历八年）7月阿勒坦汗朝贡之时，贡上500匹马（其中的30匹为供天子使用的最优良的马匹）、镀金鞍辔以及弓、箭等。而万历帝则以龙蟒官服、宫廷特需品的丝绸等作为答谢。可见，进京朝拜只是一个确定帝与王之间的君臣秩序的仪式，而长城互市口的贸易往来才是真正的实利所在。

与南邻的明朝确定和平关系之后，阿勒坦汗又把目光投向了西方，即西藏。阿勒坦汗的第二个重大举措则是把藏传佛教再次引入了蒙古。元朝时虽然引进了藏传佛教，但是当时主要限于贵族阶层信仰，一般蒙古民众主要信仰萨满教。

最先来到蒙古向阿勒坦汗传授佛教的是 1571 年来自青海阿木多的阿兴喇嘛（asing lam-a❶）。阿兴喇嘛向阿勒坦汗说法，并劝说阿勒坦汗邀请西藏格鲁派佛教领袖索南嘉措。阿勒坦汗的侄孙、鄂尔多斯部的呼图克台·彻辰·洪台吉也进言阿勒坦汗效仿忽必烈与八思巴喇嘛之例，力求实行政教并举的朝政。于是，阿勒坦汗命驻地青海的四子宾图于 1575 年在青海湖边建造了佛寺以备迎接大师的到来。之后，亲赴青海，于 1578 年会见了西藏格鲁派佛教领袖索南嘉措。说法和会谈历时一年之久，在此，阿勒坦汗创建了达赖喇嘛转世制度。阿勒坦汗封索南嘉措为达赖喇嘛（索南嘉措为三世，一世、二世为追认），而索南嘉措封阿勒坦汗为"察克喇瓦尔第诺们汗——转轮法王"❷。这样，右翼蒙古成为格鲁派藏传佛教的大施主。

从此，阿勒坦汗及其后裔在蒙古推行藏传佛教，废除萨满教。特别是三世达赖喇嘛在内蒙古传教途中涅槃之后，阿勒坦汗的曾孙被认定为转世的四世达赖喇嘛，这更促进了藏传佛教在蒙古的普及。因此，经阿勒坦汗导入的藏传佛教，信者不再限于上层社会，而是彻底地扎根于蒙古，对其后的蒙古社会产生了深远的影响。

以上阿勒坦汗决策的两大历史事件，不仅对蒙古社会，对蒙古传统"游牧都市"与建筑也产生了深刻的影响。本文将剖析在以上的历史性变革时期，蒙古的城市和建筑的空间结构随之发生了怎样的演变。

一、游牧社会的都市空间构造

阿勒坦汗的时代，是以游牧业为主的社会结构，因此它的城市和建筑的空间结构也与游牧的生产和生活方式息息相关。本小节试图将游牧社会中的城市空间结构作一概括的分析。

1. 由一定数量的宿营地构成的都市体系

16 世纪的土默特草原是以阿勒坦汗为首的蒙古传统的政权统治体系，即实行领主制，各台吉等为部落长，赠与他们领地和管理权。各部落之间虽有习惯上的境界线，但是土地是公有的，实行"公共放牧"❸。这种土地公有制的习惯法一直延续到土默特草原被纳入到清朝统治之下的 17 世纪中叶。而这个土地制度是蒙古可以保持游牧生产和生活的关键所在，也

❶ 蒙占语罗马字转写参照：吉田顺一，等. アルタソ・ハーソ伝訳注 [M]. 东京：風間書房，1998。

❷ 珠荣嘎. 阿勒坦汗传 [M]. 呼和浩特：内蒙古人民出版社，1991：120.

❸ 土默特左旗土默特志编纂委员会. 土默特志·上卷 [M]. 呼和浩特：内蒙古人民出版社，1997：140.

❶ 代表性著作如（德）马克思·韦伯（Karl Emil Maximilian Weber）在其著作《城市的类型学》（日译本《都市の類型学》，東京：創文社，1964；中译本《非正当的支配：城市的类型学》，桂林：广西师范大学出版社，2005.）中对城市的定义。

❷ 小长谷有纪.中国フロンティア地域における都市的集落の発生と変容——草原フロンティアの場合 [M]// 中国文明のフロンティアゾーンにおける都市的集落の発生と変容——その比較地誌学の研究.平成 13-16 年度科学研究费补助金"基盘研究 A（2）".课题番号 13308003 研究报告书，2005：171-190.

❸ カルピニ·ルブルク，著.護雅夫，訳.中央アジア·蒙古旅行記 [M]. 桃源社，1965：183-184.

❹ 详细参见：（苏联）H. 茹科夫斯卡娅.蒙古人的空间观和时间观研究 [J]. 蒙古学资料与情报，1991（4）：19 - 25. 原文载于：蒙古人传统文化的范畴和符号系统 [M]. 莫斯科：科学出版社，1988.

与城市与建筑的形态直接相关。

游牧的生产方式具有移动性高、空间分布广的特征。而形成城市的第一个要素就是人口的集中。因此以往的学者认为，农耕文明才会促使城市的产生，而游牧文明没有城市。❶可是，游牧社会中也有人口要集中到一起的内在需要。其中一个集中的理由来自游牧生产本身，即牧民在夏季时有一些生产必须是一定数量的住户共同协作才能完成，因此他们需要集中到一起，形成动态的聚落。所谓动态是指每年集中到一起的住户不尽相同。他们把这个聚落称为"浩特"，这也是蒙古语"浩特"演绎为"城市"的词源。此外，在游牧社会中还有另一种集中的原因。即人们因某一服务中心的吸引而集中到一起。据日本文化人类学、蒙古学学者小长谷有纪的分析❷，草原城市有两个形成途径。其一是不经过农耕化的过程，由于各种功能的集中，而导致城市的产生；其二是首先出现农耕化现象，接着游牧业也逐渐定居，导致城市的产生。为了区别一般的农耕文明的定居城市，本文把以游牧文化、可移动要素为主体的都市称为"游牧都市"。

另外，游牧社会的移动也可划分为为了生产的移动和作为生活方式的移动这两大类。作为生活方式的大量人口的非生产性的移动，他们的移动不是线性向前的，而是按照四季等条件的需求确定一定数量的宿营地，这样，集团人口在这些宿营地之间循环移动，形成一个完结的都市体系。最浅显的实例就是元大都和元上都，分别为冬季和夏季使用的两个都市合为一体，才是忽必烈汗的首都的全貌。

那么，游牧社会的可以移动的都市又是怎样移动，在新的宿营地又如何保持它的空间组织的一定性呢？很遗憾阿勒坦汗时代没有这方面的记录。在此只能参照更早的、鲁布鲁克的记载。❸首先，在他的记载中我们可以得知，游牧集团从一个宿营地移动到下一个宿营地的时候，保持着移动以前的空间秩序。在这里用汉语笼统地把都市的落脚地写成"宿营地"，在很多汉语蒙古学文献中写成"居民点"，而蒙古语有更为精确的单词对宿营地的性质做更明确的规定。比如，斡尔朵（Ordo）、浩特（Hot）、库伦 (Khuree)，等等。斡尔朵（Ordo）本意是宫帐，同时也有汗的宿营地之意，也指构成斡尔朵的人群。斡尔朵中主要是汗的亲戚、侍卫、随从、仆役以及附属于汗的游牧民。❹而"浩特"和"库伦"都有围起来的空间的意思。"浩特"是为了生产协作，一定数量的住户聚集到一起形成的聚落，在 13 世纪的文献中就已经转意为"城市"。"库伦"本来是游牧民狩猎或者军事行动时的宿营方式，宿营阵呈圆环形，中央居王者，周围居手下，把木车联在一起放在最外围，以防野兽或敌人的袭击。"浩特"与"库伦"的区别在于，"浩特"是移动集团在各据点之间循环移动中的一个据点，而"库伦"是移动集团的人群本身。"浩特"是宿营地之一，因此在那里必须要建设必要的设施。而"库伦"本身是移动的，并且它有空间上的规定，即它是圆形的，并且构成"库伦"的人群都跟随一位最高的首领，首领居中，因此"库伦"往往被命名为"某某的库伦"。

这样，游牧社会的集团性移动可以归纳为两类。其一是在一定数量的宿营地之间，在一定时期内同一人群循环移动及使用。比如，阿勒坦汗的冬季城市为呼和浩特，而夏季城市为今百灵庙镇附近的阿伦斯木，这两个据点因季节的不同而循环使用，构成阿勒坦汗的"游牧都市"体系。

另一类是同一个集团，以数年或者十几年的周期移动到不同的宿营地的"游牧都市"。比如说喀尔喀蒙古的佛教领袖哲布尊丹巴活佛的都市大库伦（今乌兰巴托的前身，图2），在1719年至1735年的16年间，移动过11次，且地点不尽相同。在1736年至1778年的43年间，移动了9次。[1] 当然，大库伦也因为人口的增加以及人口中定居民族成分的增加导致移动的距离和次数减少。

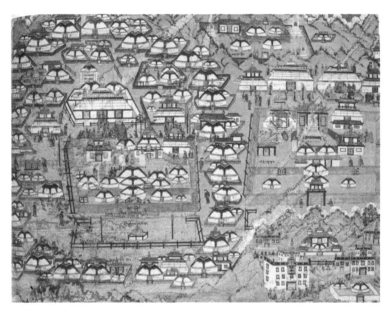

图2 19世纪中叶的大库伦（今乌兰巴托的前身）绘画（局部）

（モンゴル．曼荼羅3[M]，東京：新人物往来社，1990：54图．）

2."游牧都市"的空间结构

那么，可以移动的"游牧都市"的空间结构又如何呢？这是一个难题。因为构成"游牧都市"的建筑主要是可以移动的建筑，如蒙古包等，一般没有基础，搬走了也不留痕迹，考古学也束手无策。因此，如果没有绘画或者文字的记载，就彻底地变成无形的过去。在蒙古草原上考古发掘出来的城市遗址中，除了几处大型设施的遗址之外，往往空地很多。可以推测这些空地就是安扎蒙古包等移动建筑的地方。[2]

由移动建筑构成的城市街区是如何布局的？根据苏联时代的学者维克托若娃的研究[3]，可

[1] Л. ДГЭРСРЭН. УЛААНБААТАР ХОТЫН ТХ ЭЭС[M]. УЛААНБААТАР: ХЭВЛЭЛИЙН "ТЭМЖИН НОМЧ" ТОВЧООНООС ЭРХЛЭН ГАРГАВ, 1999: 34-38.

[2] （苏联）维克托若娃，著．白荫泰，译．蒙古的居民点和住宅的民族文化特点[J].蒙古学信息，1993（2）：7－11.本文作者对鲜卑人、契丹人、蒙古人的城市遗址进行了研究，认为大部分没有建筑痕迹的空地是安置蒙古包的街区。

[3] （苏联）维克托若娃，著．白荫泰，译．蒙古的居民点和住宅的民族文化特点[J].蒙古学信息，1993（2）：7－11.原文载于：蒙古人的种族起源与文化源流[M].莫斯科，1980.

以做以下说明。首先，宿营地分为中央区、左翼区和右翼区。汗的斡尔朵居中央区，两翼的街区不是方形而是细长的矩形。街坊之间的道路为3米宽，同一街坊及其近邻的居民多为亲属关系。一个街坊中最年长者、最受尊重的人居住在街坊的最西侧的南面。不仅一个街坊内的住户按照身份排列所用地的位置，各条街坊也按照住户身份的地位高低由西向东以及由南向北的秩序排列。各户都用木板把自己的宅地围起来，在院子中自由地安扎蒙古包。

这样一个由蒙古包构成的城市街区景象，我们可以在1912年绘制的蒙古国大库伦的鸟瞰图❶中体会（图3）。城市呈圆形，哲布尊丹巴活佛的宫帐布置在圆心之处，紧随着外围为蒙古各盟、旗扎萨克❷的宫帐，并以西为尊。活佛宫帐前是空旷的矩形广场。城区分为左翼和右翼。每一个街坊都是东西细长的矩形条状平面形式。❸

根据1877年居住在大库伦的俄国蒙古学学者阿·马·波兹德涅耶夫的记录，当时城市的主要人口——喇嘛僧为12900人。他们又分别属于7个寺院（达仓）的29个僧团。喇嘛僧在城中的居所不可以随便定位，他们必须居住在自己所属寺院的地界上，往往围绕着所属寺院而居。❹城市中的商业以及娱乐空间都是在预留的空地上随时搭帐篷构成。

图3　1912年大库伦绘画（中心部）

（蒙古国博格达汗宫殿博物馆藏"博格达汗共戴二年（1912年）首都库伦图"，以"the capital of Mongolia, beginning of the 20th century"为题印刷出版，edited by G.LHANASUREN，Technical editor B.ADILBERKH, Ulanbator, 1985. 原图为彩色）

---

❶ 松川節. 図説モンゴル歴史紀行 [M]. 東京：河出書房新社，1998：72-82. 对此图有概略的解说。

❷ 扎萨克为地方最高管理者，类似于今日的盟长、旗长。

❸ 本小节意在阐明佛教再次传入蒙古之前，游牧社会中的可以移动的"游牧都市"的空间结构，而以上大库伦的实例已是佛教再次传入蒙古之后的活佛库伦城。因此，宗教的教义和僧侣的阶层结构都影响着城市空间布局。但是，目前还没有更早的"游牧都市"的形象资料，并且可以说大库伦的空间结构基本是以往"游牧都市"的构架，因此以它为例叙述了"库伦"类型的游牧都市的空间结构。

❹ Л. ДГЭРСРЭН. УЛААНБААТАР ХОТЫН ТХЭЭС[M]. УЛААНБААТАР: ХЭВЛЭЛИЙН "ТЭМЖИН НОМЧ" ТОВЧООНООС ЭРХЛЭН ГАРГАВ. 1999：42-44.

二、阿勒坦汗的王城（汗城）建设

阿勒坦汗在世期间，除了他的宫帐宿营地之外，曾经建设过几处王城。然而，有据可考的只有大板升和呼和浩特的建设。阿勒坦汗与和明朝议和之前建造了大板升，而呼和浩特是议和之后建造的。

1. 大板升的建设

在阿勒坦汗统治下的土默特草原集聚定居的汉人村落，自称"堡"，蒙古语称"板升"，以区别蒙古人的可以移动的居住点。蒙古语中"板升"作为定居的村落、城镇的用法一直延续到清朝。今内蒙古赤峰市巴林右旗的大板镇就是一例。❶

16 世纪 50 年代大量汉人从山西亡命而来，包括镇守山西边境的、白莲教信徒的将领们。来亡头目有赵全、吕鹤（吕老祖）、丘富、李自馨等人。《万历武功录》卷七"俺答列传"记载山西静乐出身的吕鹤善风水术，丘富之弟丘仝善梓人艺，李自馨善蒙、汉语，被封为"小书记"（文书之意）。头目们各领部众，各居自己的"板升"。❷ 具体来说，赵全的"板升"方五里，拥众三万，马五万，牛三万，收获两万斛（石）。李自馨的"板升"规模二里，拥众六千。丘富"起室屋三区，治禾数十余顷。"❸16 世纪 50 年代至 70 年代的 20 余年间，在今呼和浩特周围形成了 12 位汉人大头目的八大"板升"以及小头目的 32 个小"板升"，人口近 10 万。

这些汉人智囊于 16 世纪 50 年代为阿勒坦汗建造了壮丽的"三区楼房"。接着，1565 年赵全等人拥戴阿勒坦汗为皇帝，驱使众人建造了"朝殿九重"。上栋之时以中国天子之礼连呼万岁，因大风而终止工程。第二年再次复工，终于在 1566 年（嘉靖四十五年）3 月阿勒坦汗的大板升城竣工。其详细的情节如《万历武功录》第 7 卷所录：

> 其三月，全与自馨·彦文·天麒等，遣汉人，采大木十围以上，复起朝殿及寝殿，凡七重。东南建仓房凡三重，城上起滴水楼五重，令画工绘龙凤五彩，艳甚。已于土堡中，起大宅凡一所，大厅凡三重，门二。于是，题大门曰石青开化府，二门曰咸震华夷，已建东蟾宫、西凤阁，凡二重。滴水土楼凡三座，亦题其楼曰沧蛟腾，其绘龙凤，亦如之。❹

此外，方逢时的《云中处降录》❺中记载了"全为俺答建九楹之殿于方城板升"。通过以上史实可知，赵全、李自馨等人为阿勒坦汗建造的大板升为方形，宫殿最初按照中国帝王的礼制建造了"九楹朝殿"，因事故而中断，最终改成王制的"七重朝殿"，重新开工并竣工。而彩画则是皇帝级别的龙凤五彩。

---

❶ 据巴林右旗志编辑委员会. 内蒙古自治区地方志 巴林右旗志 [M]. 呼和浩特:内蒙古人民出版社,1990.1648 年（清顺治五年）顺治帝的姐姐淑慧公主远嫁巴林右翼旗扎萨克色布腾（成吉思汗 21 世孙），从北京带来 300 户匠户（银匠、铁匠、木匠、画匠、瓦匠等）自成定居集镇，称为"板升"。之后在其南形成"下板升"，在其北形成"上板升"，1691 年康熙帝的二女荣宪公主出嫁巴林右旗时，形成"中板升"，蒙古语对这些"板升"的统称为"大板升"，即今大板镇名的由来。

❷《明实录》嘉靖三十九年七月庚午条"大同右卫大边之外，由玉林旧城而北，经黑川二灰河一，历三百余里，有地曰丰州，崇山环合，水草甘美。中国叛人丘富赵全李自馨等居之。筑城建墩，构宫殿甚宏丽。开良田数千顷，接东胜川，虏人号板升。板升者华言城也"。

❸ [明] 方逢时. 大隐楼集 [M]. 十六卷. 沈阳:辽宁人民出版社,2009.

❹ 对大板升的建设过程，青木富太郎. 万里の長城 [M] 東京:近藤出版社,1972;83-90. 有详细的史料考证。

❺ 薄音湖、王雄编辑点校. 明代蒙古汉籍史料汇编（第 2 辑）[M]. 呼和浩特:内蒙古大学出版社,2006-09.

阿勒坦汗大板升的城址是否就是之后建造的呼和浩特的前身，学者之间对此说法各异。根据史料记载，大板升的周围有汉人头目的板升，笔者利用 20 世纪 10 年代的地图考察了呼和浩特周围地带的 25 余处板升地名的分布状况 ❶，判明这些板升均围绕着阿勒坦汗后来建造的呼和浩特城址。因此，阿勒坦汗的大板升的城址即是呼和浩特城前身的可能性很大。

2. 汗城：呼和浩特城的建设

阿勒坦汗与明朝缔结了朝贡互市关系的第二年，即于 1572 年（蒙古历水申年）开始建造呼和浩特城。蒙古语的《阿勒坦汗传》❷ 中对建城之事有如下记载：

名圣阿勒坦汗于公水猴年，

又倡导仿照失陷之大都修建呼和浩特。

商定统领十二土默特大众，

以无比精工修筑（此城）。

于哈鲁兀纳山阳、哈敦木伦河边，

地瑞全备的吉祥之地，

巧修拥有八座奇美楼阁的城市，

及玉宇宫殿之情如此这般。❸

这就是阿勒坦汗正式建造的汗城，名为呼和浩特（Hohhot）。❹ 对上文做进一步的解释的话，哈鲁兀纳山为阴山山脉中的山峰，现在俗称大青山。呼和浩特城选址在北依大青山、河流环绕的风水宝地。城中除了有八座楼阁外，还有阿勒坦汗的宫殿，可以说是设施齐全的汗城。从阿勒坦汗起的城名呼和浩特中，我们也可以体会它是汗城的意味。蒙古语中"呼和"为青之意，即蒙古人信仰的"天"之色。"浩特"为城市之意。直译为"青城"，也可以理解其隐含着的"天都"之意。呼和浩特城于 1575 年（明万历三年）竣工。此时明朝赠"归化城"之汉名。

阿勒坦汗为什么在与明朝缔结朝贡开市盟约的第二年开始建造呼和浩特城呢？传记中有"仿照失去的大都"字句。除了这一段落以外，《阿勒坦汗传》中不时地出现把阿勒坦汗比喻成忽必烈汗的转世再生的字句。可见仿照大都建造呼和浩特城的目的之一是再兴北元蒙古的政治举措之一。

第二个建城的理由可以从经济方面来探求。1576 年（万历四年）12 月，阿勒坦汗向明朝的大同巡抚郑洛 ❺ 提出在呼和浩特城内新建与明朝贸易的市场。❻ 也就是说把本来在长城关口的市场，移到呼和浩特城中。由此可以窥见阿勒坦汗建造新城有壮大经济方面的打算。

❶ 详见包慕萍东京大学博士论文第一章（包慕萍. モンゴル地域フフホトにおける都市と建築に関する歴史的研究（1723-1959）—周辺建築文化圏における異文化受容 [D]. 东京：東京大学，2003.）

❷《阿勒坦汗传》为编译后的通称，原名为"erdeni tunumal neretu sudur orusiba"。

❸ 珠荣嘎. 阿勒坦汗传 [M]. 呼和浩特：内蒙古人民出版社，1991：85-88. 日文译注本（吉田顺一，等. アルタン＝ハーン伝訳注 [M]. 东京：風間書房，1998.）中对蒙古原文进行了罗马字母转写。

❹ 乔吉. 蒙古佛教史 北元时期（1368-1634 年）[M]. 呼和浩特：内蒙古人民出版社，2008：33-45. 考辨美岱召才是阿勒坦汗建造的呼和浩特城，指出现在的呼和浩特在阿勒坦汗时代被称作"哈斯呼和浩特"（如玉的呼和浩特）。此结论尚待进一步考查。笔者从建筑和城市的角度来看，美岱召虽然有城墙，但不是一个城市的选址。而且，城墙北即为山麓，没有再建后面涉及的 20 里罗城的用地规模。阿勒坦汗仿照大都建造的是城市和宫殿，而关于美岱召的各种历史记载仅为佛教寺院。

❺ 郑洛，《抚夷纪略》的作者，《明史》222 卷有其传记。明隆庆年间为山西参政，是积极促进蒙古和明朝议和的官员之一。

❻［明］郑洛. 扶夷纪略 [M].// 薄音湖，王雄. 明代蒙古汉籍史料汇编第二辑. 呼和浩特：内蒙古大学出版社，2000。"丙子万历四年十二月，答房王求新城开市及不治通事罪条款：我为款贡大事筑城，意在久远。圣上赐我城名，给我字扁，须是每春秋二季军民出边，在我城内交易给粮食，望乞早行题请。"

阿勒坦汗时代的呼和浩特城虽然只有一重，但实际上原本有修建罗城的计划。根据郑洛《抚夷纪略·答虏王修城讨人夫》条，1581 年（万历九年）2 月阿勒坦汗的来信中提出了讨人夫协助修建 20 里罗城的请求。

> 辛巳春二月，虏王议修罗城方二十里。群酋惧役重不能支，乃唆虏王城工须汉人助始得完。王乃使屈儿克首领、土骨赤、实留素等持王书。书云：顺义王俺答顿首、顿首军门郑老大人，我通贡十年来秋毫无犯，适迎佛归化城，欲于城外修罗城周围二十里，望大人助夫五千名、车五百辆、匠役三百名、各色颜料、钢铁、夫匠、食米一一给付……。❶

郑洛仅照例送去每年的颜料，没有提供人大或者其他材料。而且，阿勒坦汗于同年的 12 月病逝，享年 76 岁。最终则没能实现建造罗城的计划。

只有单重城墙的阿勒坦汗的王城呼和浩特又是怎样的空间结构呢？如今以往的城区部分被称作旧城，有一个角落还遗留着城墙的断壁。城呈方形，规模为 2 里见方。以当时的 1 里为 1800 尺、1 尺为 32 厘米来换算的话，一边正好是 900 尺即 288 米。边长 900 尺是作为王城的理想数字。然而，以我们熟知的历代内地王城的规模来看，288 米的边长显得过小。笔者首先把呼和浩特城和蒙古大汗林丹汗的汗城规模作一比较。林丹汗于 1604—1634 年在位，他是北元时代最后一位大汗。❷林丹汗的首都名为"奥其尔图·查干·浩特"❸，直译为"有金刚的白色浩特"——即白城。据考古发掘，它被断定为在内蒙古赤峰市阿鲁科尔沁旗所在地的白城遗址。白城遗址为内外两重城墙，内城为 255 米见方的方形❹（图 4），与阿勒

❶ 薄音湖.呼和浩特城（归化）建城年代重考 [J].内蒙古大学学报（哲学社会科学版），1985（2）：35–39.

❷ 在与皇太极的战争中，林丹汗败走青海，他的儿子额哲把元朝印玺和黄金的马哈嘎拉神像这两个象征着蒙古政权正统性的宝物移交给皇太极，北元时代因此结束。

❸ 森川哲雄.モンゴル年代記 [M].東京：白帝社，2007：245.

❹ 张松柏.阿鲁科尔沁旗白城明代遗迹调查报告 [M]// 内蒙古文物考古研究所.内蒙古文物考古集.北京：中国大百科全书出版社，1994：677-687.另外，此文的外城实测尺寸大小和图示的尺度有出入，不知何者为准。内城的数字和图上尺寸一致。

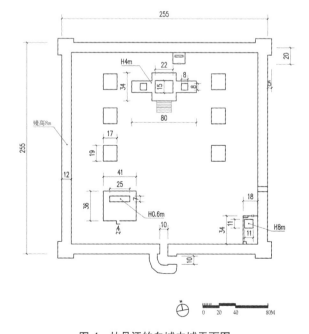

图 4　林丹汗的白城内城平面图
（作者根据张松柏的考古调查报告略图及文字记录重新绘制）

坦汗的呼和浩特城没有太大的出入。可见，边长 250—300 米是北元时代蒙古草原上汗城（王城）的普遍性规模。

3. 呼和浩特城的空间构造

俄国使者白科夫于 1655 年途经呼和浩特时对它有所描述。[1] 据白科夫记述，呼和浩特城是土城，在南北城墙的中央各有一城门（图5），连通南北城门的大街宽 34 米多，城内外有很多砖结构的佛教寺院（喇嘛寺）。南、北城门外是市场。除了有牲畜市场，还有买卖中国物产[2]的小卖店。稍后的 1688 年，张鹏翮与钱良择奉使俄罗斯，途经呼和浩特。张鹏翮在《奉使俄罗斯记》中写道："城周围可二里，唯仓库及副都统署瓦屋，余寥寥土屋数间而已。"[3] 钱良择在《出塞纪略》中对呼和浩特作了如下描述："归化城……城广如中华之中县……唯官仓陶瓦，砖壁坚致，余皆土屋，空地半之。"[4] 以上记录都是阿勒坦汗建城近百年以后的情形，共同的特征是城内除了必要的官署建筑和寺庙之外，空地很多。可以想象那些空地在阿勒坦汗的时代应该是安置蒙古包的街区。

❶ 森川哲雄. 一七世紀前半の帰化城をめぐって [M]// 護雅夫. 内陸アジア・西アジアの社会と文化. 東京：山川出版社，1983：384-386.

❷ 此处俄文原文即为中国，意为长城以南的内地物产。

❸ 张鹏翮. 奉使俄罗斯记 [M]// 王锡祺. 小方壶斋与地丛钞. 第三帙. 日本东京大学东洋文化研究所藏本.

❹ 张良择. 出塞纪略 [M]// 张潮，等. 昭代丛书. 辛集卷 23. 上海：上海古籍出版社，1990.

图 5　20 世纪 30 年代的呼和浩特北城门（今不存）
（讲谈社. 新支那写真大观. 东京：讲谈社，1939：136.）

要更详细地分析呼和浩特的城市空间结构，我们只好借助比阿勒坦汗建城晚 300 余年的 1897 年才绘制的"归化城街道图"。当然，因为这份图离阿勒坦汗建城时间久远，因此拿它来阅读阿勒坦汗时代的城市空间结构必须要意识到城市空间哪些是原初的遗迹，哪些是随着时间的流逝而产生了变化的遗迹。首先，我们看一下不受时间影响的周围环境。从图中我们可以看出，呼和浩特北依山脉，由北部流下的河流从背面包抄过来，河流环绕城区东西。在今日的地图上，小黑河和大黑河横贯城区南部，城区西边的河流现名"扎达盖河"（宽阔的河）。这些河流名称虽然与《阿勒坦汗传》记载中的"哈敦木伦"（蒙古语"黄河"之别称）的称谓不同，但是它们都是黄河的支流，与历史名称也并不矛盾，当然今后还需进一步考证地理名称的历史演变。总体上来说，这里具备阿勒坦汗传记中描述的风水宝地的瑞相（图 6），并且和大库伦以及其他蒙古城市的选址条件也很相似。

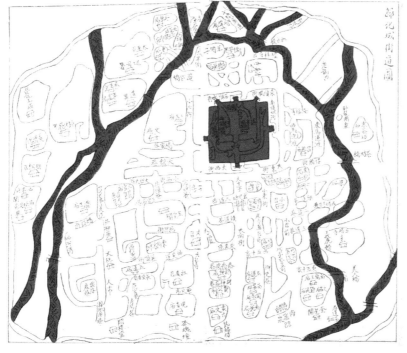

图 6　呼和浩特汗城的立地环境

（作者以《归化城厅志》卷首"归化城街道图"为底图绘制）

呼和浩特城的外城是清朝 1691 年增建的，每边长约 400 米❶，所以在此仅关注内城。内城中央大街的西边稍偏北的位置，布置着阿勒坦汗后裔的王府，和它对称地布置在东边的是土默特蒙古议事厅。阿勒坦汗时代王府的位置应该是汗的宫殿，而议事厅之地应该是朝政所在。它们的大门都不朝南开，而是对着中央大街，即分别朝东和朝西开设。

城市的中心是露天开放的官设骆驼市场。❷1715 年 5 月为了设置军事

❶ 阿·马·波兹德涅耶夫.蒙古及蒙古人 [M]. 第 2 卷 . 呼和浩特：内蒙古人民出版社，1983：107–108. 书中记载在固山衙门的大厅中有增建呼和浩特城的蒙古文石碑。碑文中写到康熙三十年（1691年），左右翼土默特及六大召（佛教寺院）的喇嘛、台吉直接管辖的三个苏木（地方行政）的人们联名向工部申请增建外城，得到允许，自筹资金而建。

❷ 阿·马·波兹德涅耶夫.蒙古及蒙古人 [M]. 第 2 卷 . 呼和浩特：内蒙古人民出版社，1983：115.

中国建筑史论汇刊·第壹拾肆辑

❶ 范昭达.从西纪略[M]//呼和浩特市民族事务委员会.民族古籍与蒙古文化.总第一至二期:6.

❷ 土默特左旗土默特志编纂委员会.土默特志·上卷[M].呼和浩特:内蒙古人民出版社,1997:594.

❸ 王晓华.江上波夫考察阿伦斯木古城随记[J].内蒙古文物考古,1992(7):130.关于阿伦斯木,在《蒙古高原横断记》(东亚考古学会蒙古调查班,1937年),《オロンスムーモンゴル帝国のキリスト教遺跡》(横浜ユーラシア文化館,2003年)有详细介绍。

❹ 明张鼐撰写的《辽夷略》中有"今诸酋皆虎墩兔憨约束之，牧地直广宁去寨十余里，而市赏皆广宁镇远关"。这里的"虎墩兔憨"即呼图克图汗，林丹汗的别称。《辽夷略》再录于《内蒙古史志资料选编》第二辑(内部资料),1~19页。

台站，与兵部尚书范时崇随行的范昭达途经呼和浩特。他在《从西纪略》中写道："城广二里许，地颇肥饶，人皆朴野，牛羊骡马，贸易中外。唯土房龌龊不堪耳。"❶这里提到的"牛羊骡马，贸易中外"正表明了草原物产贸易的特征。

靠近北城门位置上，安置了"税局"，对经由呼和浩特的驼队等商人进行征税。阿勒坦汗时代的征税情况不详，我们可以参考乾隆年间的记录。在1761年（乾隆二十六年）之前，过了长城关口来呼和浩特贸易者，以及来自蒙古盟旗到呼和浩特卖家畜者，都要在土默特都统政府登记交付"交易记档税"。税收率如下。

> 房一处，地一块，或买卖人一口，征收制钱九百五十文。骆驼每峰抽收制钱九十五文。马、牛、骡、驴每匹抽收制钱十九文。绵羊、山羊每只抽收制钱五文。❷

通过以上的分析我们可以总结出呼和浩特的空间结构特征。城市为方形，中央大道连接南北城门，其左右分别为左右两翼。阿勒坦汗的宫殿位于偏北的西侧，蒙古人以西为尊，这样符合蒙古人空间习俗的布局。东侧即左翼是官署之地。城市中央是骆驼市场，南北城门外也是露天市场，最主要的商业空间没有建造店铺，而是露天广场，这是"游牧都市"商业空间的特征。而且，从牲畜的税价来看，队商使用的骆驼最贵，约是马匹的5倍。这也间接表明草原上的经济活动主要是远隔地的中继贸易，因此官设的市场卖骆驼而非其他牲畜，并且市场居于城市的心脏地段，在宫殿和官署的前面。

但是，值得注意的是，呼和浩特是阿勒坦汗在冬季主要使用的城市，在夏季，阿勒坦汗和游牧民要到大青山北草原上的阿伦斯木城避暑。❸蒙古人避暑移居的时候，汉人留守城及板升。同样地，林丹汗的冬营地是白城，而夏季要到广宁（现辽宁省北镇）北驻帐。❹按不同季节分别使用的城市合二为一，才是蒙古汗王城的完整体系。

三、佛教都市：藏传佛教与蒙古都市的形成

在阿勒坦汗时期，佛教再次传入蒙古，阿勒坦汗及其家族以及其他蒙古贵族纷纷建造寺院，装点佛像，这一时期是引进佛教的初始阶段。此时佛教是受蒙古王公保护的宗教，佛教领袖虽然有一些权利，但是社会权利还是集中在蒙古汗的手中。而当南蒙古被纳入清朝的统治之下，清朝终止了阿勒坦汗后裔的世袭制度，改制实行都统制度。削弱蒙古汗权的同时，清朝政府积极地扶持藏传佛教，后期把活佛的权利提升到高于蒙古汗王权利的程度。因此，藏传佛教的兴盛也导致蒙古高原上诞生众多的佛教寺院与佛教都市，成为17世纪至18世纪初蒙古城市发展的时代特征。阿勒坦汗时期呼和浩特成为南蒙古（1691年清朝命名为内蒙古）的佛教中心城市，而北蒙古即喀尔喀蒙古的重要佛教都市是在蒙古帝国首都哈剌和林原址上

建造的额尔德尼召（今为世界遗产）和大库伦（乌兰巴托的前身）。对呼和浩特而言，这一历史时期是它从阿勒坦汗的王城向佛教都市转型的过程。

1. 香灯地与佛教都市

在蒙古语中有一个单词"juu ni hot"直译为"召之城"，也可以解释成"寺院都市"，也就是本文所说的佛教都市。在 20 世纪 40 年代以前，内蒙古有很多地名如百灵庙（今百灵庙镇）、贝子庙（今锡林浩特市）、王爷庙（今乌兰浩特市）等，这些名称不仅仅指寺院，同时也指以寺院为中心发展起来的城市，是寺院名的同时也是都市名。

并不是所有建造了寺院的地方都能发展成佛教都市。以寺院为根基演变成城市有以下几个条件。首先，寺院要有一定的规模，其下有一定数量的喇嘛人口。同时，在政治和经济上还要有一定的特权。这样的寺院才会逐渐发展成为城市。蒙古的佛教都市发展可以大分为 16 世纪 80 年代至 17 世纪 30 年代和 17 世纪 30 年代以后两个时期。纳入清朝的统治之下的时间节点是断代的指标。

在前一时期，蒙古的佛教都市可以说是从以往的"游牧都市"的空间构成上掺入了新的佛教要素而形成新的空间结构。后期受到清朝的统治时，蒙古社会根本性的变化集中在土地所有制的变化上。原来各部落公共拥有游牧地，部落长等贵族以大施主的身份向寺院捐赠属民与财产。当时汗或者部族长在自己的斡尔朵（王府、宫殿）的近旁常常并设寺院。然而，清朝时期，政府把蒙古牧地全部收为都统政府所有，剥夺了原来领主们的支配权。继续让牧民游牧也变成了"恩赏游牧"。不仅如此，清朝把回收的土地易为他用。让从长城以南移民而来的流民们在蒙古开垦，或者拨地建造满洲八旗城，或者划为国有牧场，等等。以土默特旗为例，30 万顷的土地中，适宜放牧和耕种的土地为 17 万顷。然而，1743 年清朝划出开垦地、皇室用地、军马场等合计 10 万余顷，蒙古人的牧地仅剩 14000 顷。牧地缩小到如此地步，当然游牧的生产方式就不能得以维持，那么，这意味着"游牧都市"在土默特草原的悄然退场。

在缩小游牧使用的牧地的同时，清朝扶持在蒙古的佛教势力，由理藩院赠与蒙古寺院以土地，这些土地俗称"香灯地"，正式的称呼是"召庙香火养赡地"。"召庙"中的"召"在蒙古语和藏语中是"佛"的音译。拉萨的大昭寺和呼和浩特的大召寺，虽然使用的汉字不同，意义是一样的。在蒙古多用"召"来称呼藏传佛教寺院，以区别内地的佛教寺庙。

康熙至乾隆年间即 17 世纪后半到 18 世纪是理藩院向内蒙古寺院赠与"香灯地"的最盛期。坐落在呼和浩特城区及郊外的 11 处寺院在 1743 年得到了理藩院赠与的香灯地。

  ……以上寺二十一座俱坐落本城附近。乾隆八年奉特旨赏给香灯、地亩，以资讽经僧徒养赡。❶

❶ [清]贻谷,修.高赓恩,纂.绥远省土默特志 [M].光绪三十四年（1908 年）刻本.台北:成文出版社影印, 1968:103.

各寺院的香灯地大小不尽相同。呼和浩特的席力图召（1585年创建）在达尔罕贝勒旗内的下属寺院周围有1709顷土地。呼和浩特北郊外的庆缘寺（1606年创建）有600顷土地。而内蒙古四大寺院之一的包头武当召（1749年建）有3900顷土地。对这些土地，寺院拥有绝对的管理权。寺院除了拥有土地，还有寺领属民，蒙古语称阿勒巴特。这些属民在寺院的土地上放牧或者劳役，支持着寺院的经济。❶

清朝政府还对有些寺院委任了行政管理权利。这样的寺院掌握着政教合一的权利，因此，这类大规模的寺院都发展为佛教都市。寺院的喇嘛印务处掌握着管理僧侣和属民的权利，并且拥有司法权。除了重大刑事犯罪和偷盗需要向地方政府报告，其他的民事和刑事案件由喇嘛印务处审理。在理藩院则例中规定"如徒众过五百名,而庙宇相距该旗在五百里以外者,并准其给予印信,以资弹压。"❷

佛教都市的空间构成无疑与佛教的组织体系和寺院的规定息息相关。首先，藏传佛教寺院中的喇嘛过着集团生活。因此，僧侣人数众多。大寺院设有显宗学部（却伊拉扎仓）、密宗学部（卓德巴扎仓）、时轮学部（洞科尔扎仓）、医药学部（曼巴扎仓）和菩提道学部（喇嘛日木扎仓）。❸各个学部有自己的佛殿与经堂，各学部的喇嘛居住在所属学部拥有的地段上，往往围绕着自己的学部形成居住区。因此，考察藏传佛教寺院的时候，需要分析各个寺庙的组织机构，才可以深入地分析它的空间组织。在当今很多论述藏传佛教建筑的著述中，经常看到"非中轴对称"、"自由布局"的说法。这些都是没有深入研究寺庙组织机构，从建筑的表象归纳出的经不起推敲的看法。

呼和浩特城南有八大寺院，喇嘛僧都在各自寺院的周围居住。管理城市中所有召庙的总管理权即扎萨克权在阿勒坦汗最初创建的大召中，以后移到席力图召。❹呼和浩特的扎萨克大喇嘛于1819年时管辖25处寺院。❺

佛教都市的组成部分，并不仅仅是寺院本身，城市中也有很多服务于寺庙的工匠作坊、店铺等存在，只是，在城市中会有僧侣区域和俗人区域的区分。

2. 呼和浩特佛教寺院的建设

阿勒坦汗把藏传佛教再次导入蒙古，并于1579年如他向三世达赖喇嘛起愿的那样，在呼和浩特城外的南方建造了最初的佛教寺院。寺中供奉尼泊尔匠人塑造的银质释迦牟尼像，于1580年竣工。❻蒙古语称此寺院为"juu sikamuni sum-e"，音译为"召释迦牟尼苏莫"，意译为"释迦牟尼佛寺"。"sum-e"即"寺"之意。后世因着蒙古语的俗称Ikhe juu，汉语音译为"伊克召"，意译为大召（图7），使用至今。阿勒坦汗在世的时候，呼和浩特仅仅建造了大召。因此，当时呼和浩特城的性质还是汗城。

❶ 德勒格.内蒙古喇嘛教史[M].呼和浩特:内蒙古人民出版社,1998:268-271.

❷ 杨选第,金峰,校注.[清]理藩院,修.理藩院则例[M].卷60.喇嘛事例五.呼和浩特:内蒙古文化出版社,1998:427.

❸ 長尾雅人.蒙古学問寺[M].東京:全国書房刊,1947:118-132.

❹ 从1819年开始喇嘛印务处归绥远将军衙门管辖。这意味着呼和浩特的佛教权限转为满洲将军的下级。

❺ 金峰.呼和浩特十五大寺院考[M]//土黙特志编纂委员会.土黙特史料.第6集.1982:110-125.原始资料为蒙文语版嘉庆二十二年"呼和浩特掌印扎萨克大喇嘛印务处档案",大召所藏。

❻ 吉田順一,等.アルタン＝ハーン伝訳注[M].東京:風間書房,1989:187.

图7 呼和浩特大召朝克沁独宫东侧面

（作者摄于 2006 年）

　　阿勒坦汗过世后，其长子辛克都隆洪台吉邀请三世达赖喇嘛来呼和浩特为阿勒坦汗做法事。为了迎接三世达赖喇嘛，于 1585 年在大召东侧距离约百步远的地方建造了新寺，即席力图召（Shireetu-juu，法座之意，图8）。1621 年阿勒坦汗的五世孙俄木布洪台吉又在席力图召东侧百步之遥的地方建造了巴嘎召（Baga-juu，小召之意）。这些寺院都在清朝统治南（内）蒙古之前建造，并且都是阿勒坦汗及其后裔所建，更进一步说，都是成吉思汗黄金家族们创建的，它们奠定了呼和浩特成为佛教都市的雏形。并且，三个寺院在不同时期分别掌握过呼和浩特扎萨克大喇嘛印，可见它们在呼和浩特的佛寺和僧侣中的重要地位。

　　进入清朝统治以后，于 1661 年（顺治十八年）在呼和浩特城外西河岸处建造了朋苏克召（已毁）。1664 年（康熙三年）在大召以南又建拉布齐召（Rabji-juu，宏庆召），1669 年（康熙八年）在南城门外大西街处又建造了乃莫齐召（Emchi-juu，药师佛寺）。1710 年（康熙四十九年）在宏庆召（已毁）的东侧建造了绰尔齐召（Tsorji-juu，已毁）。五塔寺建于 1727 年（雍正五年），因有金刚宝座塔而得名，这是呼和浩特市中心区内建造的最后一个大规模寺院（图9）。从以上的寺院建造过程可以看出，进入清朝统治时期，康熙年间是呼和浩特的佛教寺院发展的高峰时期。1727 年建造的五塔寺意外地成为呼和浩特建造召庙高潮的结束语。届时呼和浩特已有遍布城区的七大寺、八小寺计 15 个寺院，此外还有 24 个属寺。五塔寺之后，虽然有所建设，但都是小规模的属庙，大多数是对已有召庙的修复工程。

图 8　呼和浩特席力图召朝克沁独宫正面
（作者摄于 1998 年）

图 9　呼和浩特五塔寺之金刚宝座塔
（作者摄于 2006 年）

　　为什么佛教寺院的建设高潮期截止在 1727 年？无独有偶，1727 年正好是清朝和俄国签订《恰克图条约》的年份。这个条约使得蒙古草原变成中国和俄国之间的远隔地贸易的中继地。同时，在 1723 年（雍正元年），一改以往的封禁政策，清朝政府在呼和浩特设立附属于山西管辖的"归化城厅"，管理从长城南流入的汉人、回民等内地移民。这一举措并不是偶然的现象。雍正元年是清朝政府改变周边各民族地区统治方针的元年。即改变了以往对这些地区采取的"以夷治夷"的统治策略，在西南地区开始实行"改土归流"政策，在台湾设置附属于福建管辖的厅政，在蒙古实行有限制的移民政策。这些政治与经济上的变革正好与呼和浩特的寺院建设终结期吻合。康熙初年，管辖呼和浩特全部寺院的喇嘛印务处扎萨克大喇嘛的掌印设在大召，这意味着寺庙的管理权利与土默特都统权利并驾齐驱，甚至后来居上。而 18 世纪 20 年代以后不再有大规模的寺院建设，扎萨克大喇嘛也归属为绥远城（今呼和浩特新城区）八旗将军的管辖之下。因此，康熙初年至 18 世纪 20 年代是呼和浩特由汗城向佛教都市转型的时期。

3. 呼和浩特作为佛教都市的空间结构

钱良择在 1688 年经由呼和浩特的时候，目睹了呼和浩特作为佛教都市的辉煌。"城南居民稠密，视城内数倍……俗最尊信喇嘛，庙宇林立，巍焕类西域之天主堂，书番经于白布，以长竿悬之……中一庙尤为壮丽，金碧夺目，广厦七楹……正中直上斗，顶及四壁皆画山水，人物、鸟兽、云霞、神佛、宫殿，亦类西洋画。"❶ 从钱良择的描绘，我们可以知道呼和浩特城南已经是人口稠密的市街区了，且规模大于城内之一倍，喇嘛寺院林立，寺院壁内满布类如西洋画的壁画。

从 1580 年竣工的大召开始，到 18 世纪 20 年代的五塔寺，仅大寺院就有 15 座。这些城市中密布的寺院建筑使得呼和浩特城变成了蒙古人称的"召城"——即佛教都市。呼和浩特与五当召、百灵庙、贝子庙这类佛教都市的空间结构方式不同。后者以单一性的寺院组织逐渐演化为城市。在空旷的草原上建造的寺院，因藏传佛教寺院里的僧侣众多，导致草原上突如其来地出现人口众多的寺院建筑群。这些宗教人口吸引一些作坊和商铺坐落在寺院周围，因此逐渐发展为城市。而呼和浩特原本是阿勒坦汗的汗城，从汗城的基础上如何演变为佛教都市呢？

要分析这一城市空间的转型，必须首先要搞清楚所谓 15 大寺院在呼和浩特中的准确位置。大召、席力图召留存至今，小召的遗址即今呼和浩特玉泉区小召小学所在位置。确定了阿勒坦汗祖孙三代建造的重要寺院的位置以后，我们可以知道阿勒坦汗时代没有把寺院建造在汗城的城内，而是建在了城外南方。可是，许多曾经佛名远扬的寺庙在清末时就已破败，"文化大革命"时期更是遭到了毁灭性的破坏。所以，在 1998 年至 2002 年期间，笔者利用了呼和浩特 20 世纪 10 年代、20 世纪 30 年代的历史城市地图以及现代几幅比例尺为 1：1000 的城市航测地图，对照文献，走访街巷，终于把主要寺院的位置在城市地图中确定下来（图 10）。理清了 15 大寺院在城市中的位置之后，它们的布局最初令人费解，因为各个寺院的朝向各异，相互之间也看不出来横平竖直的对位关系。然而，经过分析，最终发现了寺院之间的布局规律。如图 11 所示，它们是以呼和浩特的汗城为中心，

❶ ［清］钱良择. 出塞纪略[M]// ［清］.昭代丛书.辛集卷 23. 上海：上海古籍出版社，1990.

在城外呈环状排列，并且，初期建造的大召、席力图召、小召以及后期建造的寺院虽然前后错位，但是都分布在距阿勒坦汗建造的汗城中心900米的圆环上。康熙年间建造的宏庆召、绰尔齐召、朋苏克召以及最后建造的大寺——五塔寺分布在距汗城中心1350米处的圆环上。

这种圆形空间布局方式，与游牧都市时代的"库伦"的空间结构相同，当然也让人们不由自主地联想到佛教的曼陀罗构图。但是，这里的中心不是佛寺，而是汗城。因此，与其说与曼陀罗相似，不如说与汗王居中的"库伦"空间构造更为接近。

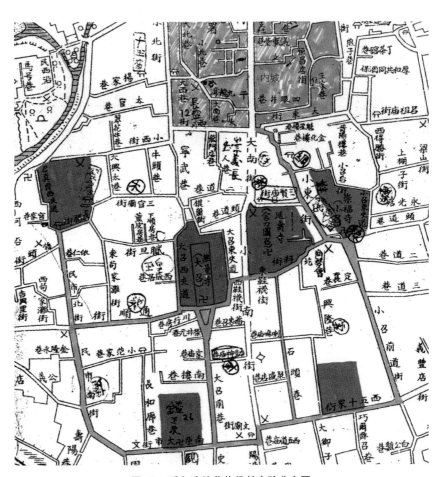

图10　呼和浩特藏传佛教寺院分布图
（作者以1939年的1：10000呼和浩特城市地图为底图绘制）

4. 佛教都市对游牧都市空间的继承

虽然汗城还处于城市的构图中心，但是佛教都市的时代，城市的中心性功能已经转移到南面的佛教寺院区了。那么，佛教都市继承了阿勒坦汗时代的"游牧都市"的哪些空间特征？

第一，在1723年以前清朝政府禁止汉人移民的时期，呼和浩特的寺

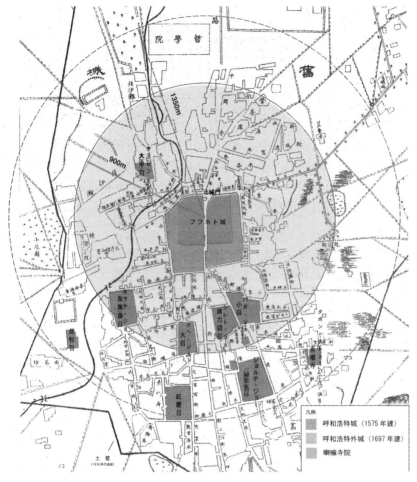

图 11　呼和浩特汗城与藏传佛教寺院的空间结构分析图

（作者绘制，底图为 1942 年的 1 : 10000 的呼和浩特城市地图）

院殿堂的周围分布着喇嘛居住的蒙古包街区。就如同在草原地带的佛教都市，如喀尔喀蒙古的大库伦、内蒙古的百灵庙（在达尔罕茂明旗）、乌审召（在乌审旗）、王爷庙（在今乌兰浩特市）等其他草原上的佛教寺院一样，一直到 20 世纪 40 年代还可以看到类似景象的存在。另外，在《阿勒坦汗传》中记述着三世达赖喇嘛来到呼和浩特的时候，住在席力图召附近的"白库伦"中❶，毫无疑问这是宫帐，而不是固定的房屋。

　　关于寺庙周围有蒙古包驻扎的史实性文献记载可以追溯到明末。冯瑷著《开原图说》记载着"建寺起楼供佛，其砖瓦木石，皆所房中国匠人为之，造作寺观有甚华丽者。……谓之楼子。房营帐多在楼子旁"。❷虽然这个记载不是关于呼和浩特，而是开原❸即旧喀喇沁旗所在地，喀喇沁属兀良哈部。从以上的记载可以得知，明末即 17 世纪前半时，兀良哈部也建造佛楼，且"房营帐"即蒙古人的营帐就在佛楼的旁边。

　　第二，游牧都市的祭祀、商业、娱乐空间都是露天场地。在佛教都市，

❶　吉田順一，等 . アルタン＝ハーン伝訳注 [M]. 東京：風間書房，1998：96，193，194，398.

❷　[明] 方逢时 . 大隐楼集 [M].16 卷 . 沈阳：辽宁人民出版社，2009.

❸　开原本是蒙古喀喇沁左翼后旗之地，清末因汉人开垦变为农业地带。今属辽宁省。

这类空间也保持了以往的空间形式。非日常性的祭祀、娱乐空间由临时搭建的各种类型的帐篷——蒙古语分别有固有名称，如"maikhan"（迈罕）、"cacar"（察查尔）等——构成，待仪式或节日完毕之后再回收帐篷。市场则是每日早上搭帐篷，晚上收回帐篷。每一座大寺院正门前都有很大的空场，这在呼和浩特演变成今日的寺庙前的城市广场。这也是寺庙作各种宗教仪式的特定空间。

第三，佛教传入的初期，常常使用蒙古包作为寺庙的殿宇使用，特别是在受定居文化影响较少的北部草原，这种现象更为普遍。为了争取空间，蒙古包式佛堂的规模也逐渐向大型化发展。但是，随着清朝理藩院对蒙古土地的控制以及移动限制的加剧，内蒙古草原上的寺院走向定居变成一种大趋势。上文中已经分析过，导致定居的原因在于内蒙古大部分的草原土地被清朝征用，游牧经济不能维持而使然。但是，寺院还是保持了夏季在下属的寺院进行宗教活动的习俗。即寺院也有冬、夏有别的不同活动据点。比如，呼和浩特的席力图召在夏季就在郊北的乌素图召或者大青山北召河边的锡拉木伦召做佛事。

第四，佛教都市呼和浩特把方形的阿勒坦汗城变成了圆形的空间结构。但是，它们之间并非毫不相干，而是因为使用同一个几何中心而成为有机的整体。另外，以往在城门外以及城内中心形成的牲畜、皮毛市场等也被继承下来。

四、结语

元朝退居草原以后，进入"北元"时期。在达延汗没有统一蒙古的时候，人们称彼时为"小汗时代"。因此也没有蒙古帝国或者元朝时的国力去兴建如哈剌和林或者元大都那样的帝都。而16世纪后半叶，实力雄厚的阿勒坦汗仿照忽必烈汗，力图建设政教并举的政治统治。因此，在阿勒坦汗时代，在都城建设方面仿照失去的大都建造了呼和浩特城。在宗教方面，仿照忽必烈汗和八思巴帝师的关系，会见索南嘉措，创建了达赖喇嘛的转世制度，再次向蒙古引进藏传佛教。同时，在阿勒坦汗的智囊中，不乏从山西逃亡而来的懂风水、建筑、都城建设的汉人。这一点可以说是忽必烈汗重用有着同类才能的刘秉忠等汉人幕僚的历史重现。

阿勒坦汗的汗城呼和浩特就是在这样的政治图略下建设的，遗憾的是未几年阿勒坦汗过世，罗城的建设也未能实施。之后，以大召为始的佛教寺院遍布城市，使得呼和浩特从汗城转变为佛教都市。这也意味着阿勒坦汗的政教并举的政治图略在呼和浩特最终没能实现，因为虽然佛教兴起了，但是清朝撤销了阿勒坦汗后裔的世袭制度，并且通过加强宗教权力来削弱蒙古的地方政权。

当然，蒙古地方政权与藏传佛教并非是完全对立的两个体系，并且，随着藏传佛教在蒙古的普及，它本身也逐渐蒙古化，变成蒙古佛教。这些特征在蒙古的佛教都市和建筑上也有明显的反映。首先通过藏传佛教的媒介，西藏的建筑艺术和技术传入蒙古。但是，正如本文中所叙述的那样，在蒙古"游牧都市"和可移动的建筑文化的基础上，吸收了外来的文化和技术，形成了草原类型的佛教都市空间结构。本文虽然主要以呼和浩特为例，讲述了佛教传来对城市和建筑的影响，但是，实际上它代表了蒙古17世纪至18世纪前半时期城市和建筑发展的时代特征。

参考文献

[1] [明] 瞿九思. 足本万历武功录 [M]. 卷八. 俺答列传（上·中·下）. 台北: 艺文印书馆，1980.

[2] [明] 王士琦. 三云筹俎考 [M]. 卷之二. 封贡考（国立北平图书馆善本丛书，国立北平图书馆编 第1集）. 上海: 商务印书馆，1937.

[3] 薄音湖，王雄. 明代蒙古汉籍史料汇编 [M]. 第一辑，第二辑呼和浩特: 内蒙古大学出版社，1994.

[4] 五世达赖喇嘛阿旺洛桑嘉措，著. 陈庆英，马连龙，等，译. 一世——四世达赖喇嘛传 [M]. 北京: 中国藏学出版社，2006.

[5] 珠荣嘎，泽注. 阿勒坦汗传 [M]. 呼和浩特: 内蒙古人民出版社，1991.

[6] 土默特左旗土默特志编撰委员会. 土默特志上·下卷 [M]. 呼和浩特: 内蒙古人民出版社，1997.

[7] 内蒙古师范大学图书馆. 归化城厅志上中下卷 [M]. 呼和浩特: 远方出版社，2011.

[8] 乔吉. 蒙古佛教史 北元时期 1368-1634[M]. 呼和浩特: 内蒙古人民出版社，2008.

[9] 金峰. 呼和浩特十五大寺院考 [J]// 土默特志编撰委员会. 土默特史料第6集. 呼和浩特，1982: 110-125.

[10] 德勒格. 内蒙古喇嘛教史 [M]. 呼和浩特: 内蒙古人民出版社，1998.

[11]（苏联）H·茹科夫斯卡娅. 蒙古人的空间观和时间观研究 [J]. 蒙古学资料与情报，1991（4）: 19-25.

[12]（韩）金成修. 明清之际藏传佛教在蒙古地区的传播 [M]. 北京: 社会科学文献出版社，2006.

[13] 田村實造，等. 明代满蒙史料——明實録抄（蒙古篇）5－8卷[M]. 京都: 京都大学文学部刊，1956-1958.

[14] 和田清. 東亜史研究（蒙古篇）[M]. 東京: 東洋文庫，1959.

[15] 萩原淳平. 明代蒙古史研究 [M]. 京都: 同朋社，1980.

[16] 萩原淳平. ダヤン・カーンとアルタン・カーン [M]//. 日本と世界の歴史13. 東京: 学習研究社，1970: 266-269.

[17] 吉田順一，ほか．アルタン＝ハーン伝訳注 [M]. 東京：風間書房，1998.

[18] ワルター・ハイシッヒ．モンゴルの歴史と文化 [M]. 田中克彦，訳．東京：岩波書店，1967.

[19] 井上治．『少保鑑川王公督府奏議』に見えるアルタンと仏教 [J]. 東洋学報，1998（6）: 80-1.

[20] 青木富太郎．万里の長城 [M]. 東京：近藤出版社，1972.

[21] 長尾雅人．蒙古学問寺 [M]. 東京：全国書房刊，1947.

[22] 森川哲雄．モンゴル年代記 [M]. 東京：白帝社，2007.

[23] 江上波夫．世界各国史 12 北アジア史 [M]．東京：山川出版社，1956.

[24] 江上波夫．世界各国史 16 中央アジア史 [M]．東京：山川出版社，1987.

[25] 梅村坦．世界史リブレット 11 内陸アジア史の展開 [M]．東京：山川出版社，1997.

[26] 岩井茂樹．十六・十七世紀の中國邊境社会 [M]// 小野和子．明末清初の社會と文化．京都：京都大學人文科學研究所，1996.

[27] 包慕萍．モンゴルにおける都市建築史研究—遊牧と定住の重層都市フフホト [M]. 東京：東方書店，2005.

[28] 包慕萍．モンゴル地域フフホトにおける都市と建築に関する歴史的研究（1723-1959）—周辺建築文化圏における異文化受容 [D]. 東京：東京大学，2003.

[29] N. ツルテム．モンゴル．曼荼羅 3 寺院建築 [M]，東京：新人物往来社，1990.

[30] Л .ДГЭРСРЭН. УЛААНБААТАР ХОТЫН ТХЭЭС[M].УЛААНБААТАР: ХЭВЛЭЛИЙН "ТЭМЖИН НОМЧ" ТОВЧООНООС ЭРХЛЭН ГАРГАВ, 1999.

基于数字化技术的圆明园造园意匠研究 [1]

贾珺 贺艳 [2]

（清华大学建筑学院）

摘要：圆明园是清代最重要的一座皇家园林，历经浩劫，目前仅余遗址，缺少实体景象传世。清华大学相关研究团队近年来通过数字化的手段对圆明园进行信息采集与整合，在此基础上复原出建筑、山水、植物景观的二维图纸和三维图像，从空间、尺度等层面进行综合分析，由此对圆明园造园意匠展开深入的探讨，取得若干富有新意的成果。本文从信息整合、复原探索、虚拟景象和量化分析4个方面对研究的历程和主要成果进行综述，总结经验，为同类研究和现代景观设计提供参考和借鉴。

关键词：圆明园，造园意匠，数字化，虚拟复原，量化分析

Abstract: Today Yuanmingyuan, the most important imperial garden of the Qing dynasty, is only a field of ruins, short of physical remains. In recent years, with the help of digital technology, the research group of Tsinghua University collected new information and digitally restored the buildings, rockeries, water landscapes, and plants of Yuanmingyuan, producing 2D drawings and 3D images and exploring the underlying design ideas through a comprehensive analysis of space and scale. The paper introduces the process and results of this work from four aspects—information integration, restoration study, virtual scenery, and quantitative analysis—and sums up the experiences for future reference for similar studies and modern landscape design.

Keywords: Yuanmingyuan, design idea, digitization, virtual restoration, quantitative analysis

一、引言

位于北京西北郊的圆明园始建于清代康熙年间，雍正帝继位后扩建为皇家御苑，之后一百三十多年间五朝皇帝在此园居理政，不断增葺改建，在圆明园及其附园长春园、绮春园中共设有一百多个主题景区，楼台精丽，山水灵秀，花木繁盛，集中展现了清代宫廷建筑艺术和园林艺术的杰出成就，被誉为"万园之园"。咸丰十年（1860年）圆明园惨遭英法联军焚掠，后又连经各种浩劫，逐渐沦为废墟。

圆明园是清代帝王长期举行仪典、处理政务和起居生活的场所，同时成为清代宫廷文化的主要载体和对外文化交流的重要窗口，在造园艺术方面成就极高，不但是中国古典园林数千年悠久传统的继承者，同时也借鉴了同时期南北方其他地区的园林佳作，堪称中国园林艺术的集大成者，其独特性、丰富性和复杂性为其他任何一座园林所无法替代，自民国以来一直是中外学术界研究的热门领域，成为建筑、园林、历史、考古、文物、美术各学科重要的研究对象。因为其"国耻纪念地"的特殊属性，其遗址保护问题以及是否复建的问题也一直受到社会各界

❶ 本文为国家自然科学基金项目"基于数字化技术平台的圆明园虚拟复原与造园意匠研究"（项目批准号：51278264）的相关成果。

❷ 作者单位为北京清城睿现数字科技研究院。

的广泛关注，存在较大争议。

相比颐和园、避暑山庄、北海等主体景观尚存的清代皇家园林而言，圆明园已经基本全部被毁，其实体景观除了正觉寺的几座殿堂和西洋楼的残垣断壁之外，只剩下大片面目全非的遗址。传世的《圆明园四十景图》《西洋楼铜版画》等宫廷画作与样式房图样以及晚清以来的老照片提供了珍贵的旧景图像，但相对于圆明园宏大的规模和复杂的景观而言，这些图像资料数量很少，取景角度亦有局限，只能算是以管窥豹，百不及一，不仅无法充分展示其盛期的园林风貌，同时也严重制约了遗址保护工作和各领域的学术研究。

有鉴于此，清华大学建筑学院与北京清城睿现数字科技研究院（前身为清华同衡城市规划设计研究院建筑与城市遗产研究所）共同组成的研究团队近年来一直致力于以数字化的手段对圆明园展开全面研究，具体内容包括信息采集与整合，虚拟复原建筑、山水与植物原貌，并在此基础上进行量化分析，取得了若干富有新意的成果，在景象展示、遗址保护和造园意匠研究三个方面均具有重要的意义。

数字化主要指利用计算机和人工智能的相关技术，对于人类和自然界各类信息进行收集、整理、加工、保存、利用和传播的过程。从1992年联合国教科文组织推动"世界记忆"项目以来，世界各地都在大力推进数字化技术在古代文化遗产领域的应用，建立相应的数据库，虚拟复原原物景象，促进学术研究和文物保护工作，并通过计算机和网络向公众展示。在缺乏地面实物的遗址型文化遗产项目中，数字化技术尤其具有很高的应用价值。国内外在利用数字化技术整理史料、推进学术研究与遗产保护、虚拟复原文物建筑和虚拟展示方面已有很多成功的案例，如埃及金字塔和中国北京故宫、敦煌莫高窟等，但在历史园林领域则较少出现相关成果。园林是一种综合性的艺术创造，除了建筑之外，还包含假山、水景、植物等内容，复杂程度超过单纯以建筑物为主的文化遗产项目，数字化技术应用前景广阔但同时也会遇到更多的挑战。本项目选择圆明园作为数字化研究的对象，在相关领域具有填补空白的意义。

本课题组通过数字化技术平台，广泛收集和整理圆明园相关历史文献信息和遗址测绘资料，经过详细考证后，对圆明园三园一百多个景区均进行了虚拟复原，生动再现了其鼎盛时期的景象，以图画、动画等形式通过网络和主题展览向公众进行全面展示，以增加社会各界对圆明园的了解程度，有利于普及传统文化和爱国主义教育，深受欢迎，取得了显著的社会效益。

圆明三园是国家级考古遗址公园，也是最具代表性的遗址类文化遗产，对其建筑遗址和山形水系、植物风貌的保护长期面临着巨大的困难。通过数字化手段，可以精确地对遗址进行调查、测绘和材料检试，取得大量的第一手资料，综合各种技术手段，设计出合理的保护方案并模拟实施效果，极大地提高了遗址保护工程的科学性，同时对于遗址的日常监测、维护、管理也有很大帮助。

截至目前，学术界对圆明园的研究虽然成果丰硕，但主要以文献考证和艺术风格分析为主，与紫禁城、颐和园等其他重要的皇家建筑群研究相比，深度明显不足——资料零散，缺乏整合，尚未对遗址以及散落构件进行精密的测绘，缺乏对建筑与园林原状的严谨的复原研究，更缺乏对圆明园演变历程、景观模式、空间尺度的深入分析，存在大量空白和薄弱环节，甚至在许多细节上存在一定的偏差和错误，导致对圆明园的艺术成就和文化价值认识尚显不足。因此，充分利用数字化技术对圆明园的造园意匠展开研究，可从信息整合、复原探索、虚拟景象和量化分析4个方面取得新的进展。不但丰富和完善了圆明园研究体系，还可进一步深化对中国古典园林的认识，总结历史经验，为当今的风景园林设计提供借鉴，具有重要的学术意义。本文拟对基于数字化技术平台的圆明园造园意匠研究的历程进行回顾，介绍具体的思路和方法，并对所取得的成果和经验进行初步的总结。

二、信息整合

圆明园虽然已经被毁，但其建筑基址和山形水系的轮廓尚在，并有大量的文献史料留存于世。关于圆明园的主要史料包括：雍正至咸丰五朝清帝的御制诗，清代内务府的《奏销档》《陈设档》《穿戴档》等原始档案，《日下旧闻考》等官修志书，历朝清帝的《实录》《起居注册》，清宫藏画，圆明园工程营造则例，清代大量的文人诗词笔记，西方人士的书信、回忆录、摄影图片等，其中最重要的是样式房留下的大量关于圆明园营建的画样、文字记载和烫样（模型）。将这些史料与遗址和流散文物探勘相结合，可以获得许多第一手的历史信息，帮助我们探寻圆明园的确切面貌和历史脉络。但这些史料数量极其庞杂，存在不同的载体形式，分散于国内外不同的博物馆、图书馆、档案馆、学术机构和私人手中，有相当一部分属于珍贵的秘藏，一般难以得见。此外，随着考古和研究工作的开展，又不断有新的史料和信息被发现，累积越来越多。

面对如此海量而零散的信息数据，传统的文献收集、测绘和整理方式难免出现遗漏和整理困难的情况，而通过数字化技术，则可以最大限度地实现多渠道的信息采集，建立完善且可扩充的档案数据库和快速、便捷的检索平台，在信息整合方面体现出独特的优势。

本课题组自2000年开始，即对中国国家图书馆、中国历史博物馆、故宫博物院、清华大学建筑学院图书馆与资料室、法国国家图书馆、吉美博物馆、枫丹白露博物馆、日本东京大学图书馆、美国国会图书馆等国内外机构所收藏的圆明园资料进行全面的查阅和搜集，扫描、拍摄或购买高精度的电子图档。同时，对圆明园遗址和流散文物进行追踪、勘察和测绘，综合采用传统手工方式与三维激光扫描、摄影测量、飞机航拍、遥感技术等先进方法，对遗址与相关构件进行科学的数字编号，详细记录其现存状态和残损情况。除此之外，还广泛征集一切与圆明园有关的历史文献、图纸、照片、考古发掘报告和近现代研究论著。

在此基础上，本课题组对所有信息进行数字化录入和编排处理，建立了目前最为完整的圆明园档案数据库（又称"圆明园数字档案馆"）（图1）。所有信息档案共分为9个大类，除了后续完成的复原图之外，主要包含史迹资料、样式房档案、写景图、考古报告、测绘资料、照片、研究论著和其他资料，每类再细分为若干小类，如测绘资料就包括地形测绘图、建筑测绘图、物件测绘图、遥感测绘图等子项。每一件档案在录入时都需要输入多个条目，如编号、名称、类型、载体、制作者、张数、制作时间、原始名称、原始出处、关键字、录入时间与备注等，特别从空间上将信息的附着对象划分为全园、景区建筑、部位、构件5个层级，从时间上分别采用公元纪年、清代年号或模糊纪年等不同方式处理不同的信息，尽量完整、准确地呈现其所有信息，兼顾检索的效率和覆盖面。

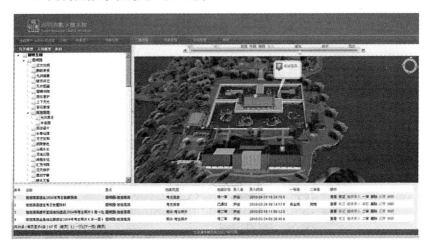

图1 圆明园数字档案馆界面
（肖金亮 绘）

数据库支持不同的电子文件格式上传。样式房图档、《圆明园四十景图》《长春园西洋楼铜版画》和历史照片主要采用高精度的 TIF 格式，大量的测绘图和地形图采用 DWG 格式，而近年征集的遗址与流散文物照片主要采用 JPG 形式。对于历史文献和考古报告进行全文录入，并进行严格校对和重新排版，生成与原文版式一致的新 PDF 文档，便于全文检索、阅读和复制粘贴。对于现代相关论著则保留扫描的 PDF 文件，主要供阅读之用。

这个数据库的建设参考了故宫博物院文档数字资源库和希腊雅典卫城修复文献资料数据库等相关范例，结合圆明园自身的特点和研究需求，利用 CityMaker-3DGIS 软件在传统数据库的基础上增加新的功能模块，不但能够容纳各种文献、图画史料，还要具备工程资料馆的功能，收录各种地形图、考古勘探图、遗址实测图与数据，并且能够提供三维虚拟图像的展示空间。其检索系统可通过网络进入，具有很强的针对性，既可为遗址保护工作提供必要的基础信息，提高其准确性和科学性，又可有限度地向公众开放，直接宣传和展示圆明园的盛期景象。❶

此项工作更重要的意义在于为圆明园学术研究提供了一个专门的信息资源总库，为钩沉史料和后续研究提供了极为坚实的基础。以圆明园四十景为例，从数据库中可以很方便地检索到每一景不同版本的图画、遗址现状、照片、样式房图、文献记录，以及整体格局与单体建筑的平立剖复原图、三维效果图乃至动画短片，最大化的同时呈现所有相关信息，清晰明了，其完备性和实用性远远超过一座纸质的图书馆或档案馆。

课题组在收集和录入信息的同时，结合数字化技术完成了大量的初步辨析和前期考证工作，其工作过程体现了独特的学术价值。例如，对目前已知的近 2000 幅圆明园相关的样式房图档电子版进行了综合信息解读和年代判定，特别对一些经典图纸所展示的格局演变、建筑做法、室内装修、周围环境等诸多方面进行细致注释，丰富了数据库的内容，本身也成为一个成功的子课题成果，于 2010 年出版《圆明园的记忆遗产：样式房图档》一书。其中最重要的发现是，判定故宫博物院所藏的样 1704 号《圆明园总平面图》（图 2）的底图绘制于乾隆四十年（1775 年）至四十二年（1777年）之间，涂改和贴样一直持续到道光十一年（1831 年），是目前已知关于圆明园年代最早的一张样式房图。图上反映了乾隆中期的圆明园全园格局以及之后多次改建的叠加关系，丰富的历史信息在数据库中得以详尽记录并分层次检索、展示，最大限度地挖掘了图档的价值。❷

又如圆明园营建持续时间漫长，关于康熙年间始建情况的史料偏少，且多有含混甚至相互抵牾之处，虽然先后有多位学者对相关问题展开考证，仍存在一些疑点和争议。本课题组利用数字化技术收集了所有相关文献记载和图像资料，考证相应的年代记录，对其中存在的疑点和确证之处进行罗列和对比，对相关问题提出进一步的思考，认为目前学术界公认的"圆明园始建于康熙四十六年"的定说确实有一些值得怀疑和讨论的地方，但目前也没有确凿证据可以推翻这一说法❸，历史的实情尚有待于进一步的史料发掘与考证。

再如 2014—2015 年针对西洋楼海晏堂进行基础信息采集过程中，先对海晏堂的铜版画、历史照片、样式房图和文献史料进行搜集和整理，还搜集了部分意大利巴洛克建筑的参考资料。同时对西洋楼遗址上散落的海晏堂石质构件进行清点、测绘和数据采集，共发现 2106 个构件，重点对

❶ 肖金亮."再现圆明园"数字档案馆系统的探索 [M]// 文献 [13]：64–71.

❷ 文献 [12]：122–127.

❸ 贾珺.关于康熙年间圆明园始建问题的考辨 [M]// 贾珺.建筑史.第 36 辑.北京：清华大学出版社，2015：75–82.

残损较少、纹饰丰富、存在组合关系的 150 个构件进行摄影、测量和三维激光扫描，记录其现存坐标位置、尺寸、材质线脚序列、石作工艺、残损度等信息项，与三维点云、现状照片一起录入数据库（图 3），在此基础上进一步通过计算机对这些分别属于台基、墙体、檐口、拱券、柱础、柱身、柱头、栏杆、扶手、地栿等不同类型的构件展开辨析和虚拟拼接工作，尤其通过铜版画和老照片的比对，可基本判定每一个构件在建筑上的原始位置和相互衔接关系，使得这些零散的构件不再是一片混乱的残石碎片，而是一个有机的整体和有效的研究标本，甚至还发现了其石料加工和组合安装的一些基本特征。这些工作都非传统的文献考证或手工测绘所能完成，正是依靠先进的数字化技术和信息整合，才能取得新的成果。

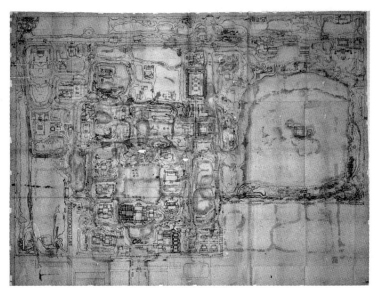

图 2　故宫博物院藏《圆明园总平面图》（样 1704 号）
（文献 [12]）

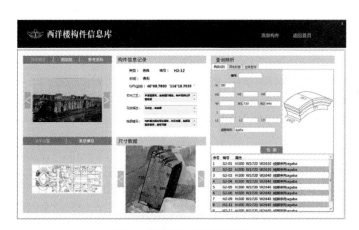

图 3　海晏堂构件信息库界面
（朴文子 绘）

三、复原探索

圆明三园实体景观基本已经不存，借助数字化技术平台，对其建筑、山水和植物景观进行复原探索是本项目研究的重要内容。

在建筑方面，课题组利用数据库所提供的综合信息，对于圆明三园各景区所有的单体建筑的原状进行考证和复原，绘制相应的平面、立面和剖面图。在研究过程中，不但关注建筑的外观造型，同时也尽可能地复原其梁枋彩画以及室内装修、陈设等内容，力图全方位地再现其历史原状。

由于工作量浩大，参与者众多，为了更好地协调团队合作关系，课题组确定了专用制图规范，对 CAD 文件的图层、线条、标注以及各种构件的表现方式都作了细致的规定。具体的建筑样式和尺度计算并未简单套用清代工部《工程做法》，而是结合《圆明园内工则例》和样式房图的记载，对圆明园的大木作、小木作、油饰彩画、室内陈设进行具有针对性的总结，同时考虑其特殊做法，不断进行试错和比较，反复推敲，真实还原其建筑的整体形象和细部特征。

圆明三园中的建筑数以千计，类型极为丰富，包括殿堂、楼阁、厅、亭、榭、轩、舫、廊，等等，每一类型又有许多不同的形式，并可组合成多元的庭院形态，其中还出现了万方安和卍字房、澹泊宁静田字房、汇芳书院眉月轩等特殊造型的建筑，而以慎德堂为代表的多卷寝殿和勤政殿（图4）为代表的理事殿室内空间繁复如迷宫，堪与西方现代建筑中的萨伏伊别墅、巴塞罗那博览会德国馆等名作相媲美。这些建筑形式大大超出《工程做法》中涉及的范畴，自成体系，蔚为大观。通过系统的复原工作，将其具体的结构和外观形象一一呈现，相当于绘制了一部清代皇家园林建筑的图典。

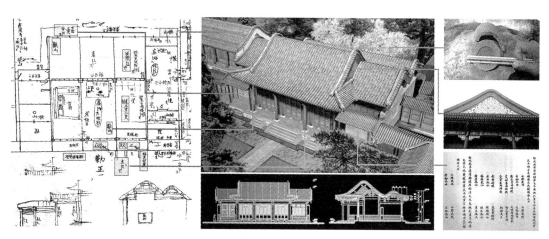

图4　勤政殿复原流程示意图
（贺艳、高明等　绘）

园中建筑的屋顶形式以卷棚歇山、悬山、硬山和攒尖顶为主，少数带正脊。课题组根据《圆明园四十景图》和其他史料判定，乾隆时期的歇山屋顶山花部分多为砖砌，而清代后期多改为木山花，还根据出土文物确定了勾头、滴水的样式。屋面大多覆盖灰色筒瓦，部分特殊建筑使用琉璃瓦。《内廷万寿山圆明园三处会同则例》记载，其筒瓦和琉璃瓦的型号各有 4 种和 6 种，遗址出土的瓦件则显示实际使用的型号更多。

门窗是外檐装修的主要内容。圆明园样式房图中附有不少门窗的详图，《圆明园四十景图》上也描绘了各种门窗样式。就其槅心图案而言，至少有步步锦、灯笼框、冰裂纹、套方、万字纹、拐子锦等，就材质而言则包含绢丝铜幔、楠柏木、高丽纸以及源自西洋的玻璃等，在复原工作中可根据建筑的性质分别加以运用。

圆明三园建筑上的彩画异常富丽，虽不及紫禁城华贵，但绝非避暑山庄那样的素雅风格。根据《圆明园画作则例》的记载，课题组参照其他皇家园林建筑的现存彩画对园中建筑的梁枋彩画分别进行定制，充分反映了不同建筑的个性特征，例如对文源阁彩画的复原就以"海屋添筹"为主题（图 5），与藏书楼的性质相符[1]；表现海外仙山之景的蓬岛瑶台大殿彩画则是"沥粉金琢墨龙方心，苏做海墁宋锦红蝠百鹤剔青碌地，退嵌押老色，找头沥粉贴金，合子宝祥花箍头楞线沥粉贴金，退嵌押老色，每丈用红金、黄金各五贴"[2]，以体现仙境殿堂的绚丽气质；位于九洲清晏中路南门位置的圆明园殿原为康熙时期赐园的正殿，悬有康熙帝所题"圆明园"匾，其彩画采用较为规整的"龙凤和玺"图案。

匾额是中国古典园林中不可或缺的一项内容。圆明三园中匾额数量极多，几乎均为历代清帝御笔所题，且制作考究，常常专门发往苏州等地加工。根据《日下旧闻考》《内务府活计档 · 油木作》和《圆明园匾额略节》的记载可以确定内外檐匾额以及石额的题名内容，少数至今尚存的石额直接拍摄原物仿制，余者依据文献并参照现存其他皇家建筑进行复制，其具体形式以黑漆金字玉匾为最多，还包括冰裂纹玉匾、古铜镏金龙匾、粉油地蓝字玉匾、锦边璧子匾、木边铜字匾、南漆匾、假大力（理）石蓝字匾、松花石匾等。

圆明三园中拥有大量的桥梁，其中碧澜桥、鸣玉溪桥等少数石拱桥尚存构件遗物，课题组利用三维激光扫描技术对这些构件进行测绘，获得准确的点云数据，再在计算机上进行虚拟拼接和填充（图 6），准确地复原了桥梁的整体造型和细节雕饰。对于其他已经不存的木板桥、石拱桥，主要根据《圆明园四十景图》和样式房图档进行推测和复原。

完成单体建筑的平立剖面和细部详图之后，利用 CityMaker 软件进行高精度的数字化模型建构工作，所有构件均忠实于 CAD 复原图，既可组合，又可拆解，还可根据需要输出各方向的立体轴测图，为进一步制作三维图像和电脑动画提供最重要的前提条件。

[1] 朱铃 . 圆明园文源阁外檐彩画复原研究 [M]// 贾珺 . 建筑史 . 第 30 辑 . 北京 : 清华大学出版社，2012: 55-66.

[2] 文献 [7]: 992.

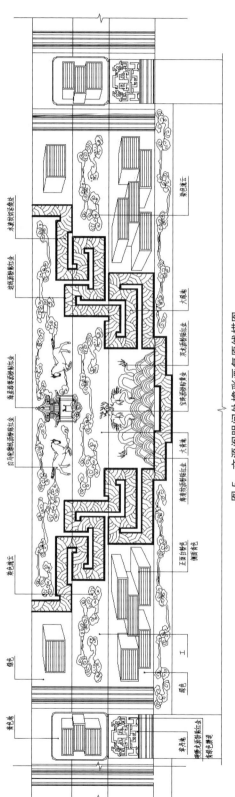

图 5 文源阁明间外檐彩画复原线描图

（朱铃 绘）

基于数字化技术的圆明园造园意匠研究

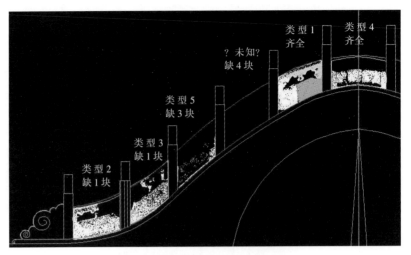

图 6　碧澜桥残件点云虚拟拼接示意图
（贺艳等 绘）

　　圆明三园是大型人工山水园林，复杂的假山和水系是其景观的重要组成部分。圆明园遭到英法联军焚掠之后，又遭到持续不断的盗石、挖山、填湖，现存山水遗址与原貌存在一定差异。课题组选择 1965 年和 1996 年圆明三园地形实测全图进行电脑数字化重描，参考 1933 年地形实测图以及其他考古资料、遗址现状调查数据和样式房图档，对其假山形态和水体轮廓进行细化探讨，确定其具体尺度，再以数字建构的方式直接建立虚拟模型（图 7）。圆明园的假山堆叠技法复杂，使用泥土、湖石和青石等材料，形成险峰秀峦、平冈小坂等不同效果，水景则包含广阔的湖面、宽窄不一的河道、方整的鱼池、动态的瀑布以及西洋水法等，在复原过程中都针对其具体特征作了相应的处理。

　　花木是圆明三园造景的另一项重要内容，品种包括乔木、灌木、草本、藤蔓、竹子以及水生植物等。张恩荫先生《圆明园变迁史探微》、法国华夏建筑研究学会主编的《圆明园遗址的保护和利用》等专著对比均有深入考证和分析。但关于植物的原始文献记载相对偏少，而且遗址上已经几乎没有旧植株幸存，加上植物生长的不确定性，导致复原的难度很大。在研究过程中，首先通过《圆明园内工则例·花果树木价值表》、《圆明园四十景图》以及少量样式房图的记载，整理出现代植物学通行的圆明三园植物表格和素材数据库；然后对各景区所种植物的品种以及配植方式加以考证，确定其主要品种和表现形式；最后结合相关景点主题、建筑空间、山水形态和帝王审美意趣，参考植物景观设计的基本原理进行复原（图 8）。由此发现圆明园植物配植的若干规律性的特点，如庭院中的花木是观赏的重点对象，往往以松、槐、桐等高大的乔木和牡丹、玉兰等珍贵花卉为主景；庭院周边中的花木起配景作用，有渲染意境的功能；而景区外围土山上和河道中的植物一般作为背景存在，起烘托、映衬的作用，同时也具有弥补山形、丰富水景的作用。

1500多块独立山石体模拟传统假山堆叠

图 7　圆明园假山复原示例
（高明等 绘）

图 8　圆明园植物复原示例
（高明等 绘）

　　各景区中的建筑、山水、植物复原完成后，需要落实各自的具体位置和景区的范围、界限，彼此衔接，组合成完整的景区格局。在各景区复原的基础上，再拼合成圆明三园的总图。考虑到圆明园各景区改建、增葺频繁，前后变化显著，针对大部分景区还复原出不同历史时期的格局，重点关注资料最集中的 6 个时期，即乾隆早期、乾隆中期、嘉庆时期、道光中前期、道光后期至咸丰时期和 1986 年之后，即其次关注康熙年间、雍正年间、乾隆后期、1860 年之后、同治重修、清末至民国、新中国成立后 7 个时期，以"时空切片"的方式进行断代研究。例如，对于"九洲清晏"、"杏花春馆"、"上下天光"、"坦坦荡荡"，分别绘出 4 个、3 个、5 个和 6 个时期的复原图，其中某些特定年代的格局首次得以清晰展现，很好地反映了圆明园动态演变的历史。

　　以"坦坦荡荡"景区为例，可说明复原探索的大致流程。"坦坦荡荡"位于圆明园后湖西侧，早在康熙时期即已修筑，旧称"金鱼池"，至乾隆时期已作改建，以长方形水池蓄养金鱼，中间建有平台和平桥，分隔成 3 块曲尺形小池，彼此有桥洞连通，水中点缀了一些山石。正殿素心堂居于南侧，其东为半亩园殿，其西为澹怀堂，北面池中平台上建五间歇山水榭，名"光风霁月"，其东北部水上另有一座四方亭，南面陆地上则有知鱼亭、双佳斋、萃景斋等附属建筑。周围土山、溪流环绕，北侧水道上有一座名为"碧澜桥"的石拱桥。此景遗址保存情况较好，考古工作者已发掘出建筑基址以及部分石栏杆、山石和摆放花盆的石座，碧澜桥也幸存部分构件。不同版本的

《圆明园四十景图》对景区风貌有生动描绘，国家图书馆和故宫博物院藏有多件该景区样式房图样，另可辑得大量文献记载，能够对其不同时期的格局演变以及各单体建筑、假山、水池和植物原状有较为清晰的了解，在此基础上复原所有殿堂、水榭、轩馆建筑和桥梁、方池，标注准确尺寸，对假山、溪流和植物，则还原其大致形态轮廓（图9）。半亩园殿是景区中一个富有特色的轩馆，样式房绘有其室内布局平面图，据此参照紫禁城宁寿宫花园中的倦勤斋，对其夹层楼座、亭式戏台、竹式栏杆以及墙壁上的通景画、天花上的天顶画、悬挂的"戏趣"匾额逐一进行严格的复原，将这一清代宫廷中室内小剧场的最早范本重新呈现出来（图10）。❶

图9 "坦坦荡荡"复原图与遗址鸟瞰照片比较
（高明等 绘）

图10 半亩园殿室内空间复原分析图
（高明等 绘）

❶ 刘川 . Re- 圆明园建筑复原设计研究——以"坦坦荡荡"景区为例 [M]// 文献 [13]：101-115.

图 11　"谐奇趣"复原模型示意图
（高明等绘）

　　再如位于西洋楼景区西侧的"谐奇趣"是园中第一座模仿西洋巴洛克风格的建筑，以三层水法殿为主楼，左右以弧形游廊连接两座八角亭，楼前辟有海棠形的喷泉水池，北面有一个四出花瓣形平面的喷泉水池，西侧设有一座蓄水楼。在复原过程中将现存构件与历史照片繁复比对，找到各自相应的位置，确定单块砖石的尺寸。还通过实验对比发现，受早期摄影器材的影响，黑白旧照片上的深色琉璃瓦实际情况应该为浅色。对于池中心竖立的翻尾石鱼、铜虾、铜鹅、铜羊、铜猫、铜鸭以及周围的石雕花瓶和水法铜人，都找到了原物或可参考的近似原型。在此基础上对整座楼阁和喷泉水池、雕塑以及附属的山石、植物全部加以复原，在很多细节上都有深度考量，准确度较高（图 11）。

　　必须承认，尽管课题组已经作了最大的努力，仍有很多景区的建筑以及山水、植物缺乏原始资料的佐证，只能依据旁证资料进行复原，还有许多值得存疑的地方。为此，课题组对所有景区以及其中的单体要素的准确度都给予评估，实事求是，不加矫饰，不贪全功。其具体标准是：掌握全部完整信息，能够全部精确再现整体造型和细节做法者，准确度定为 100%；掌握主要信息，能够相对精确掌握平面尺寸、立面形式，并可对细节进行推测者，准确度定为 75%—90%；掌握部分信息，可确定平面与立面形式，无详细数据，参考常规做法进行复原者，准确度定为 30%—50%；只掌握样式房总图上的大致格局，无其他史料，依据常规做法推测其平面、立面形式者，准确度定为 15%。按照这个标准，以上文提及的"坦坦荡荡"景区为例，其金鱼池和碧澜桥遗物保存较多且文献图像信息齐全，能够达到 95% 的复原准确度；光风霁月、素心堂、知鱼亭、四方亭分别达到 90%、85%、85% 和 80% 的准确度，周边一些附属的值房达到 20%—50% 的准确度。需要指出的是，即便是准确度较低的复原，也并非凭空捏造，仍比以往研究有所推进，再现了原有景观可能具备的形式，并可根据研究的进展予以进一步的完善和优化，提升其准确度。

复原探索实际上相当于一次利用数字化技术对圆明园进行重新设计的过程，其间遇到的各种困难同时也是发现其隐含的匠心构思和营造手法的契机，从而得以从一个新的角度解析和总结清代皇家园林建筑、掇山、理水和花木培植的设计规律，收获良多。

四、虚拟景象

在完成复原图纸和模型建构之后，下一步工作是制作出三维虚拟景象，完成从"图"到"景"的升华。在这一过程中，仍然需要对史料进行不断地解读和辨析，确定抽象的线条图上所有建筑、山石、小品、植物等实体景物的材质和色彩，通过 CityMaker 软件还原其生动具体的原貌，再现出一幅幅精美的画面，其精度可达到厘米级。

园中建筑物的不同部位采用木、石、砖、瓦、土等不同材料，木构件上另有油饰彩画，湖石和青石等不同类型的山石形态、纹理迥异，植物的种类和形色变化更是多不胜数。这些问题都可以通过数字化的手段得以解决，模型表面贴图所用素材源自实物影像和专门绘制的效果图，可逼真地表现所有景物的质感。特别对于植物造型，需要从枝干高度、树冠大小、花叶形态各方面不断予以调整，并考虑是否对建筑过度遮挡。

中国古典园林的景观在不同的季节、天气和早晚时刻的条件下可以表现出不同的观赏效果，课题组在制作虚拟图像时充分考虑到这些相关因素，努力营造出丰富的四季变化之景、阴晴雨雪之景和晨昏日夜之景，全方位展示圆明园的景致特色。

不同景区各有造园主题，所呈现出的景象也各有侧重。因此复原出的画面需要做细致的后期处理，参考古代宫廷绘画的手法，对色调反复加以调节，努力呈现既鲜艳又沉郁的风格，以体现御园端庄尊贵而又富有自然气息的神采，并突出每一景区自身的特点，如杏花春馆春花烂漫的田园村居风光（图 12）、曲院风荷莲花满池的夏日荫凉之景，等等。此外，还根据具体需要在画面上增加了水流、喷泉、行船、行人等动态效果，并制作部分代表性景区的动画短片，能够以更灵活多元的方式再现昔日景观。例如谐奇趣、海晏堂、大水法设有著名的三大西洋水法，各种动物雕塑从不同高度、不同方向喷水，水柱粗细、长短、高低各不相同，纵横交织，场面极为壮观，在虚拟景象上完全可以领略其飞扬灵动的"水剧场"效果（图 13）。

在缺乏实体景观的前提下，这些圆明园的虚拟景象在一定程度上具有替代的作用，不但给予公众直观形象的观赏机会，而且对于专业研究者而言，也提供了重新审视圆明园造园意匠的机会，成为深入研究其艺术手法的新的重要依托。

之前的圆明园研究所依据的图像资料主要就是不同版本的《圆明园四十景图》，虽然笔法精妙绝伦，但图上所呈现的圆明园盛期景象在涵盖范围和观景视角方面也具有一定的局限性：所取景区仅有 40 个，而且只呈现某一特定的侧面景象，既不是常见的人视角度，也无法表现其他的侧面，更不可能兼顾不同季节、时刻的景物变化，对不同景区彼此之间的呼应关系和远方借景相对从略，在一定程度上削弱了更大范围内的园林整体感，故而不可能全面、多维、深入地展现圆明园博大精深的造园艺术成就。而本项目所完成的大量三维虚拟景象，可望为圆明园的研究与展示工作提供更多元、更真实的图像信息，在一定程度上弥补了《圆明园四十景图》的缺憾。

图 12　杏花春馆复原效果图

（高明等 绘）

图 13　"谐奇趣"水法复原效果图

（高明等 绘）

例如"方壶胜境"是一处以仙山琼阁为主题的重要景区，位于圆明园东北端，前面所临水面与福海之间以土山间隔，自成一方天地。整个景区由一组极为富丽的楼阁建筑组成，呈严谨的对称形态，其间以石拱桥以及爬山廊、复廊连接，彼此高低错落，台基与栏杆均以汉白玉筑成，屋顶分别采用黄色、蓝色、绿色的琉璃瓦，共同呈现出一派五色斑斓、华丽之极的琼楼玉宇景象。这组建筑被特意安排在一个相对独立的环境中，没有直接依临福海的辽阔水面，所临湖面尺度不大，岸边以土山环绕，隔绝周围的视线，很可能是为了拉近游者的距离，使得游者只能在相对临近的位置仰视欣赏，进一步凸显其巍峨壮丽的效果。如果坐船来到其西南侧，抬头观瞻，可以更真切地感受到这组华丽的楼台具有摄人心魄的艺术魅力，在波光粼粼的水面倒影的映照下，体验其仙境一般的象征意蕴。以本项目所作的方壶胜境三维虚拟图景与《圆明园四十景图》所绘之方壶胜境鸟瞰图进行比较，可以很明显发现不同视角下所获得的观赏效果的差异（图14）。❶

再如通过对福海景区的复原，发现湖中的蓬岛瑶台视觉感受较为平淡（图15），不及北海琼华岛和清漪园涵虚堂更富有高低参差的艺术效果。福海四面岸边多建有临水亭榭，一般采用廊墙串联的散点方式分布，临水种植垂柳，诸岛彼此之间的距离也显得更为开阔，这样从湖中四望，显得比较宽敞。缺点是岸边缺少高大的山体和醒目的楼阁建筑，无法区分主次、形成高潮，艺术成就明显低于清漪园万寿山和佛香阁。这些直观感受从图画和遗址上无法获得，但通过虚拟景象的观赏则完全可以体会到，有助于更深入地总结圆明园造园艺术的得失。

中国建筑史论汇刊·第壹拾肆辑

❶ 贾珺，贺艳，高明.探寻多元视角下的圆明园图景[J].装饰，2015（12）：66-69.

图14 "方壶胜境"复原仰视效果图与《圆明园四十景图·方壶胜境》比较

（高明等绘）

图 15　从福海西岸望瀛洲东望蓬岛瑶台景象复原效果图
（高明等绘）

　　中国古典园林素来讲究游线的设置，主要通过游览者在园内的位置变化实现"移步换景"的目标，逐渐展现一幅幅不同的景观画面，具有很强的"历时性"特征。圆明三园规模庞大，设有水陆两套游线系统，而且很多景区都需要以动态形式来进行游赏。目前遗址公园受现实条件所限，无法完全恢复原有线路，更无法展现沿途风光原貌。而通过数字化虚拟景象的帮助，完全可以实现类似实景动态游览的仿真效果。为此，本项目在虚拟复原工作中强调"空间＋时间"的概念，将三维景象扩展成四维景象，可模拟生成各种游线的连续画面。

　　以乾隆二十一年（1756 年）七月十五日中元节为例，按照《穿戴档》的记载❶，当日乾隆帝在圆明园中的活动路线十分复杂，一早从寝宫九洲清晏殿出发，乘船先后至"慈云普护"拜佛、至"万方安和"稍坐、至"清静地"磕头，又步行至安佑宫磕头、至"日天琳宇"拜佛，乘船至舍卫城拜佛、至"西峰秀色"进早膳，步行至蕊珠宫休憩，乘船至长春园各处拜佛、游玩，至广育宫祭神，至勤政殿办事，引见大臣，步行至同乐园进晚膳，回九洲清晏殿休憩，又步行至"日天琳宇"拜佛、至

❶ 文献 [3]：890

古香斋拜佛，晚上乘船至福海看河灯，最后回九洲清晏殿寝息（图16）。
这是一条比较特殊的节日活动线路，其中有多处节点安排了与宗教祭祀
有关的内容，水陆交错。本项目对此次游览历程所经历的全部景象进行
虚拟复原，制作动画，与乾隆帝的御制诗相参照，可以真实地再现清代
帝王的游园体验和审美标准。

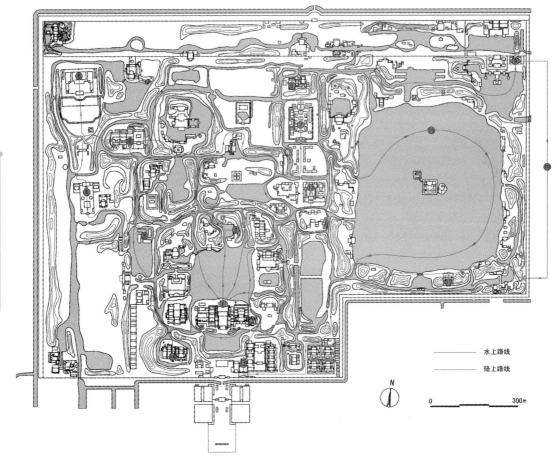

水上路线

陆上路线

N

0   300m

图16　乾隆二十一年七月十五日乾隆帝圆明园活动路线图
（贾珺 绘）

又如武陵春色一景旨在模仿东晋陶渊明《桃花源记》中描绘的世外桃
源。为了表现出类似武陵渔人探访的路径过程，在该景区也专门设置了一
条曲折的桃花溪，溪上又叠石为山，上辟一深邃的桃花洞，游时乘舟沿溪
流而上，穿越洞口，豁然开朗，颇有戏剧性效果。再如汇芳书院景区，从
东南侧的临水厅"问津"一带穿越长长的假山石洞，才能见到宽阔的水池
和灵秀的建筑，同样具有类似"山重水复疑无路，柳暗花明又一村"的诗
意，需要通过数字化手段多角度地对其动态过程、远景、中景、近景乃至
所有细节进行生动展现（图17）。

图17 汇芳书院东南部景致动态画面展示

（高明等 绘）

五、量化分析

以往对于圆明园造园意匠的研究不仅缺乏实体景象的参照，更缺少准确的数据支撑，大多数时候只能做较为宽泛的定性分析而无法展开更精确的定量分析，难免存在很多主观臆断、粗略模糊的地方。而基于数字化技术平台的研究则提供了从信息资料到三维景象的完整数据体系，其海量的数据信息涵盖多重空间和时间维度，可在很大程度上对圆明园的建筑营建、掇山理水和植物配植手法进行量化分析，从宏观和微观层面获得更多的发现。

例如课题组在复原过程中对《圆明园内功则例·大木作现行则例》和样式房图档中记录的各种柱子的尺度进行列表分析，发现御园建筑的檐柱、金柱的柱高与柱径的比例存在较大的浮动范围，并非僵硬的数值，表现出园林建筑相对灵活的个性，少数檐柱的高径比达到13∶1以上，明显超出了《工程做法》的规定。再将一定数量的单体建筑立面按同一比例进行比较，可以发现其立面构图的数学关系，如体量大的殿堂建筑通面阔较大，柱子高而柱径较粗，高径比数值较小，显得较为稳重；体量小的亭轩建筑通面阔较小，柱子偏矮而柱径较细，高径比数值较小，显得更为轻灵（图18）。其中的细微变化，以肉眼直观很容易被忽略，只有通过数字化技术才能精准把握。

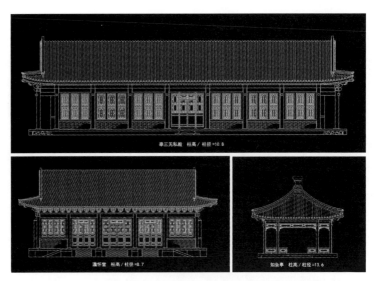

图 18 柱高与柱径不同比例的圆明园建筑复原立面比较
（贺艳、高明等 绘）

　　1965 年绘制的《北京市海淀区附近地形图》是目前已知最早标注高程的圆明园遗址测量图，虽然与历史原状已有一定区别，仍可在一定程度上反映其基本情况。课题组据此对图上的所有高程数据进行记录和分析（图19），发现圆明园地面海拔标高 43.05—45.16 米，而各景区假山最高峰的标高多为 48.10—51.29 米，其实际的相对高度通常为 3.38—6.87 米，超过 7 米者较少。全园最高处为紫碧山房北峰，标高 58.85 米，高出地面约 15 米；其次是杏花春馆北山主峰，标高 55.30 米，高出地面约 12 米；第三是廓然大公东山之北峰，标高 53.37 米，高出地面约 10 米。此三处高峰分别位于全园西北角和两处大水面西北岸的土山之上，按照古代地理"西北为尊"的原则特别予以拔高，以形成视觉焦点。

　　又如通过对九洲（九州）景区的数字化虚拟复原，获得准确的平面图、立体景象和多重数据，所作量化分析更能揭示其布局手法和设计思路。所谓"九洲"是环列于后湖沿岸的九个岛屿，分别为"九洲清晏"、"镂云开月"、"天然图画"、"碧桐书院"、"慈云普护"、"上下天光"、"杏花春馆"、"坦坦荡荡"、"茹古涵今"九景，始建于康熙时期，是圆明园中最核心的起居生活中心区。通过数字化分析，发现其总平面符合 10 丈 × 10 丈（32平方米）模数的方格网，东西、南北的长度分别达到 14.5 和 13.5 个方格，轮廓近于正方形。中心位置的后湖西占据 7×6 个方格。九岛的形状在一定区间内浮动变化，相互契合，土山的长度大多在一个方格（32 平方米）10 平方丈以内，周边的溪流水道宽度控制在半个方格网 5 平方丈（16 平方米）范围内，看似无序的平面布局实际上隐含着明确的几何约束和数值规律（图 20）。通过进一步分析，还发现九岛彼此之间存在复杂对景关系和多层次的外围借景，同样充分考虑了视线的实际距离。❶

❶ 吴祥艳，贺艳，刘悦，等 . 数字化视野下的圆明园九州景区造园艺术研究[J]. 中国园林，2014（12）：108-112.

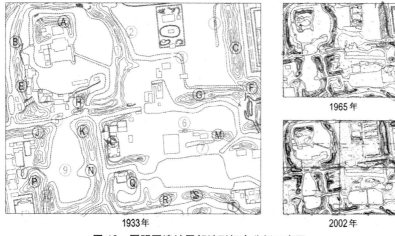

1965 年

2002 年

1933 年

图 19　圆明园遗址局部地形标高分析示意图

（臧春雨 绘）

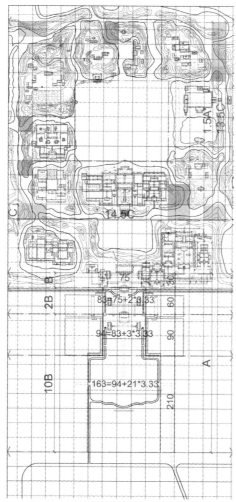

图 20　圆明园九洲景区平面布局分析

（刘悦 绘）

圆明园造园艺术有一个重要特点，就是对中国各地的山水名胜进行摹拟，尤其对江南地区诸名园的写仿占据了绝对的比重。对此学术界以往只有大致的考证和推测，不详其究竟。本项目对此作了专题研究，特别选择仿海宁陈氏园的安澜园、仿江宁（今江苏南京）瞻园的如园、仿苏州同名园林的狮子林等实例进行复原研究，一方面对原型的历史沿革和格局演变梳理出较为清晰的脉络，另一方面对圆明园写仿性质的园中园的建筑、山水和植物进行数字化复原，从而对其空间尺度、路径和景物细节积累了更为详细的数据，在此基础上进行细致的对比分析，发现这些范例同为参照原型进行再设计的成功之作，其主要建筑的位置、朝向、形式、开间数以及山水形态、植物种类，均与原型存在明显的对位关系，同时各自的侧重点和表现手法又有所区别。其中对于圆明园安澜园，由于地段面积的限制，并未全盘模仿海宁陈氏安澜园的所有景致，而是对原型的布局结构进行归纳，总结其基本要素，主要再现原型的空间脉络，有取有舍，裁剪得当，宛若原型的"精华版"（图21）；长春园中的如园面积比原型江宁瞻园要大一倍以上，在保持含蓄清幽的江南气韵的同时，也利用自身的地形条件作了进一步的拓展，建筑形式更加丰富，景观层次更多，还巧妙地从北墙外引入活水，形成泉瀑，犹如原型的"扩充版"；长春园狮子林与苏州狮子林规模最为接近，与原型的相似度也最高，堪称逼肖。

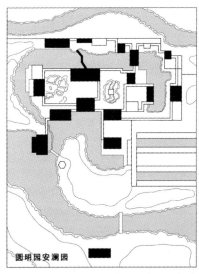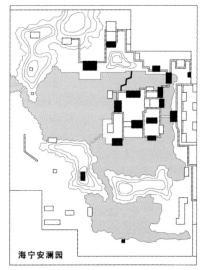

图 21　圆明园安澜园与海宁陈氏安澜园格局对位分析
（贾珺 绘）

圆明三园是清帝长期生活、理政、游赏的离宫御苑，其景观设置和空间营造与在此园居的皇室成员的活动具有密切关系。课题组利用数字化技术对清帝每年驻跸圆明园的所有时日进行统计，发现在位期间雍正帝平均每年驻园 206.8 天，乾隆帝平均每年驻园为 126.6 天，嘉庆帝平均每年驻

园 162 天, 道光帝园平均每年驻园 260.1 天, 咸丰帝平均每年驻园 216.4 天,
且均有一定规律。又利用相关软件统计每位清帝游览各景区的次数、题咏
御制诗文的篇数以及诗文中关键词出现的频率, 可以从中了解其游园活动、
个人喜好、审美标准与造园之间的关系。例如嘉庆时期, 在福海东岸建造
了一座五间卷形式的观澜堂。经过统计发现, 道光帝对此堂很感兴趣, 在
《宣宗御制诗集》中有 16 首吟咏此堂, 在圆明园各景中仅次于蓬岛瑶台的
22 首。从《穿戴档》的记录来看, 在道光九年（1829 年）驻园期间即有
8 次游赏观澜堂（并在其中更衣）的记载, 远远超过了其他所有的景观建筑。
后于道光十一年（1831 年）在九洲清晏西部建造一座慎德堂, 样式房图
显示其开间、面阔、进深均与观澜堂完全一致, 其渊源关系十分清晰。

六、结语

综上所述, 基于数字化技术平台的圆明园造园意匠研究, 在信息整合
方面具有独特优势。在复原探索过程中对其造园各环节重新进行审视, 通
过虚拟景象和动态画面全面而细致地呈现其不同时期精彩的景致, 还可以
通过量化的方式对诸多问题进行深入分析, 从而取得了大量的新发现。其
成果有利于深化中国古典园林史研究, 为现代景观设计提供更直观的参照,
其技术手段和研究经验也可在其他古代园林研究项目上进行推广。

同时需要强调的是, 数字化技术只是学术研究的手段之一, 是对传统
方法的有益的补充, 不能完全替代文献考据、手工测绘、艺术分析和文化
探源等传统方法。同时, 项目的水平高低最终依然取决于研究者的思考深
度和对各种技术手段的综合掌控能力而非技术本身。

就本项目而言, 所运用的数字化技术会不断得到改进和优化, 史料信
息的采集更加广泛, 对建筑、山水、植物复原的准确度和虚拟景象的艺术
效果也还有很大的提升空间。研究团队将总结经验, 继续探索, 希望未来
能够在圆明园研究领域取得新的进展。

参考文献

[1] [清] 于敏中, 等. 日下旧闻考 [M]. 北京: 北京古籍出版社, 1981.

[2] [清] 奕䜣, 等. 清六朝御制诗文集 [M]. 清代光绪二年刊本.

[3] 中国第一历史档案馆. 圆明园 [M]. 上海: 上海古籍出版社, 1991.

[4] 中华书局编辑部. 清会典 [M]. 北京: 中华书局, 1991.

[5] 张恩荫. 圆明园变迁史探微 [M]. 北京: 北京体育学院出版社, 1993.

[6] 圆明园管理处. 圆明园百景图志 [M]. 北京: 中国大百科全书出版社,
2010.

[7] 王世襄. 清代匠作则例 [M]. 郑州: 大象出版社, 2000.

[8] 张恩荫，杨来运.西方人眼中的圆明园 [M]. 北京：对外经济贸易大学，2000.

[9] 王道成，方玉萍.圆明园——历史·现状·论争 [M]. 北京：北京出版社，1999.

[10] 法国华夏建筑研究学会.圆明园遗址的保护和利用 [M]. 北京：中国林业出版社，2002.

[11] 郭黛姮.远逝的辉煌：圆明园建筑园林研究与保护 [M]. 上海：上海科学技术出版社，2009.

[12] 郭黛姮，贺艳.圆明园的"记忆遗产"——样式房图档 [M]. 杭州：浙江古籍出版社，2010.

[13] Re-relic 编委会.数字化视野下的圆明园 [M]. 上海：中西书局，2010.

[14] Re-relic 编委会.数字遗产·分享遗产——第二届文化遗产保护与数字化国际论坛论文集 [C]. 上海：中西书局，2014.

[15] 郭黛姮，贺艳.数字再现圆明园 [M]. 上海：中西书局，2012.

[16] 吴祥艳，宋顾薪，刘悦.圆明园植物景观复原图说 [M]. 上海：上海远东出版社，2014.

[17] 贾珺.圆明园造园艺术探微 [M]. 北京：中国建筑工业出版社，2015.

[18] Che Bing Chiu. *Yuanming Yuan*[M]. Paris: Les Editions de l'Imprimeur, 2000.

建筑文化研究

龙山文化晚期石峁东门中所见的建筑文化交流

国庆华

（澳大利亚墨尔本大学）

摘要：石峁遗址的东门、马面和石墙是龙山文化晚期的考古实物，其反映的规划、结构和技术在国内前所未见。石峁为我们认识史前城建史提供了新资料。本文试图从两个层面对石峁进行探讨，一是它本身的特点，二是将它与同期国内、国外有关资料进行若干比较，思考他们之间的关系。本文指出石峁使用多种建筑技术——夯土、砌石、纤木和多元建筑元素——墩台、门塾、障墙，是地区间建筑文化交流的结果。本文认为，石峁所代表的北方与中原之间存在双向传播关系，东门对后期瓮城的形成具有影响。

关键词：石峁城，瓮城，马面，城墙，龙山文化晚期

Abstract：In 2012, the east gate, stone wall and *mamian* towers were brought to light at Shimao dated to 2300-1800 BCE. The layouts, structures and techniques demonstrated by them were the first of the kinds to be seen in China. Shimao has provided new information for us to understand walled settlements in prehistoric times. This paper considers the architectural exchanges as seen in Shimao. We found that the gateway layout and *mamian* form were of some alien, and the structures were built with several different techniques. This study suggests that the form (tower, gateway with guardrooms, screen wall) —and techniques (rammed earth, stone masonry, and reinforcement with inlaid timber) were introduced to Shimao from regions to the west and south, which were adopted and assimilated as part of Shimao characteristics. The study suggests that the gate design and *mamian* concept contributed to Chinese citywall design and buildings in the time to come.

Keywords：Shimao, *wengcheng* (defensive enclosure), *mamian* ("horse-face" bastion), city wall, late Longshan period

　　石峁是一座石墙围合的聚落遗址，属新石器时代的龙山文化晚期。遗址于 2012 年开始正式发掘，在其东门取得了重要收获，入选 2011—2012 年度世界十项重大田野考古发现。[❶]石峁值得建筑史界关注，至少有四条理由：首先是地理上的。石峁坐落在黄土高原北端，毛乌素沙漠南缘，不在我们熟知的中华文明核心区——中原。其次是规模上的。石峁遗址由东西两城组成，城墙围合的总面积在 4 平方公里以上，系目前国内所见最庞大的史前城址，与世界最大最早的城址乌鲁克（Uruk，公元前 4000—前 3200 年，面积 4.35 平方公里）面积相近。乌鲁克是苏美尔人在美索不达米亚建立的城邦国家（city state）。"美索不达米亚"为希腊语，意思是两河 [幼发拉底河（Euphrates）和底格里斯河（Tigris）] 之间的土地。其三是设计上的。石峁城设有城门和墩台，形同后世的瓮城、马面和角台，系目前所知中国城建史上的首例。其四是技术上的。石峁使用多种建筑技术：石筑城墙、夯土墩台外包石墙、石墙内用

---

❶ 2013 年首届世界考古大会上海论坛 http://www.kaogu.cn/cn/xueshuhuodongzixun/2013nian_shijiekaogushangh/2013/1025/29907.html

纤木。这里，我们见到三种建筑传统：其石墙为北方传统；其夯土技术
与中原相似；其东门布局、马面和角台设计与两河流域、尼罗河流域和
印度河流域相似。这些令人耳目一新的资料，对于研究北方和中原与
西亚的交流及其对后世的影响有重要价值。本文论及城门布局、马面
设计和筑城技术，提出所见文化交流的影响。

一、两城布局

石峁由两部分组成，在考古发掘报告上，这两部分被称为内外城。❶
事实上，它们不是内外关系，而是东西并列关系。❷ 西城中部靠西侧隆
起一个大致呈方形的台地，当地老百姓称皇城台。从目前的调查和试掘
来看，皇城台为石峁的中心区。西城内分布着居住区、墓葬区及作坊区，
东城内的同类遗迹远少于西城。东西两部分可能存在使用功能的不同，
但是城墙在材料和技术上没有区别；两城之间城墙设有城门，没有马面
（图 1）。

❶ 陕西省考古研究院，
榆林市考古勘探工作队，
神木县文体局.陕西神
木县石峁遗址 [J]. 考古,
2013（7）: 15-24.
❷ 国庆华，孙周勇，邵
晶.石峁外城东门址和早
期城建技术 [J].考古与文
物, 2016（4）: 88-101.

图 例

▣ 房址
▣ 灰坑
▲ 窑址
■ 墓葬
〰 河流
▦ 民居
— 皇城台城墙
— 内城实测城墙
— 内城推测城墙
— 外城实测城墙
▬ 外城推测城墙

北

皇城台

石峁村

东门

0   0.5   1km

图 1　石峁由东、西两部分组成
（孙周勇 提供）

从形式语言（pattern language）角度出发，内外城和双城是两种不同的布局。均由两部分组成，一个被另一个包围，为"内外城"；两个并列，为"双城"。导致布局和形状的原因可能很多，包括地理和传统（图 2）。

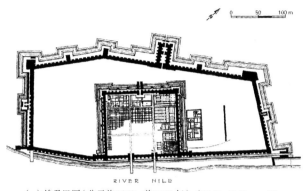

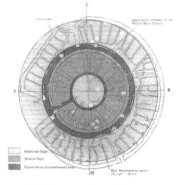

（a）埃及巴罕（公元前 2060—前 1795 年）.（Walter B. Emery. *The Fortress of Buhen: The Archaeological Report* [M]. London: Egypt Exploration Society，1979.）

（b）Arkaim（公元前 1700—前 1600 年）.（G. B. Zdanovich, Arkaim – kul' turnyi kompleks epokhi srednei bronzy Yuzhnogo Zaural'ya[J]，*Rossiiskaya Arkheologiya*，1997，2.）

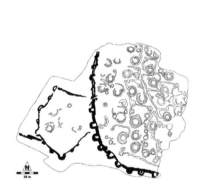

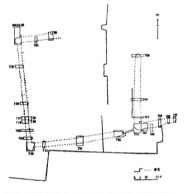

（c）三座店（公元前 2000—前 1500 年）.（郭治中，等.内蒙古赤峰市三座店夏家店下层文化石城遗址 [J].考古，2007，7.）

（d）王城岗（龙山文化中晚期）.（河南省文物研究所，等.登封王城岗遗址的发掘 [J].文物，1983，3.）

（e）哈图沙（Hattusha.公元前 1600—前 1400 年）.（Kurt Bittel，*Hattusha – The Capital of the Hittites* [M]. New York: Oxford University Press，1970.）

图 2　双城和内外城案例

二、玉人和石人

考察建筑遗迹时，自然会想到使用者和建造者。在讨论建筑之前，先对反映人的资料进行一些观察，以便为研究提供参考。在石峁的诸多遗物中，我们将目光投向玉人和石人。早在考古发掘之前，石峁因征集所获

❶ 王炜林，孙周勇.石峁玉器的年代及相关问题[J].考古与文物,2011(4):40-49.

大量手艺高超的玉器而闻名。❶ 石峁玉人是 1976 年征集到的，只有一件，目前收藏在陕西历史博物馆。玉人片状，双面雕，高 4.5 厘米，宽 4.1 厘米，厚 0.4 厘米，其特点为侧面像：一耳，大眼，细颈，头顶凸起，面颊有一大圆孔（用途不明）（图 3）。我们特别关注两点：头顶凸起和侧面像。2015 年辽宁半拉山积石冢出土红山文化陶头像，其头发结成辫子，盘在头顶(图 4)。如此可以确认石峁玉人头上的鼓包代表发髻。如果此说成立，这种发式属北方习俗。石峁玉质侧面像在全国史前遗址中是首次发现，但它在世界范围内不可能是孤例，假如我们想找到类似的侧面像来进行比较的话，我们就必须去看西亚艺术。最合适的比较对象是乌尔木盒（发掘者称它为 "Standard of Ur"）。木盒上所有的人物和动物都是侧面像，还有意思的是，有的人物头顶有发髻。乌尔是苏美尔人建的城邦国家，位于现在的伊拉克境内。20 世纪 20 年代大英博物馆和美国宾夕法尼亚大学联合发掘乌尔，发掘品几家分享，木盒藏在大英博物馆。

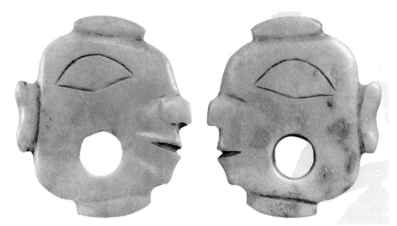

图 3　石峁玉人（双面），高 4.5 厘米，大目圆睁
（陕西历史博物馆）

图 4　辽宁半拉山积石冢红山文化陶像，高 5 厘米，双目微合
（http://www.kaogu.net.cn/cn/xccz/20150210/49235.html）

乌尔木盒出土于 PG779 号王陵（约公元前 2600 年），是一个梯形长盒，高 21.59 厘米，长 49.53 厘米，学者猜测它是乐器的共鸣箱，如木盒上乐师手中的牛头琴。木盒表面用高超的镶嵌（Mosaic）技术装饰，贝壳被割成小块并在其上刻划细部，拼接成微型图像，白色贝壳和红石灰石相互搭配，天青石做底，沥青做粘合剂（图 5）。木盒两长面叙事主题分别为战争与和平。画面分三层构图。上层一个高大的人物是王，他的头突破画框。他的官兵头戴帽子，俘虏没有帽子。有的头顶有一凸起的发髻（图 6）。❶

图 5　乌尔木盒，高 21.59 厘米

（Nunn, Astrid *Alltag im alten Orient*[M]. Mainz am Rhein :Von Iakern, 2006）

龙山文化晚期石峁东门中所见的建筑文化交流

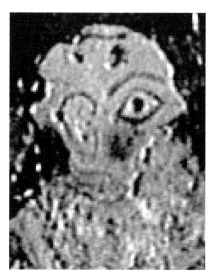 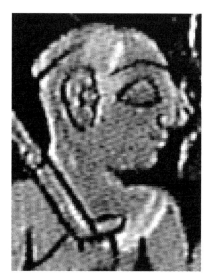

❶ Nunn, Astrid. *Alltag im alten Orient*[M]. Mainz am Rhein: Von Zabern, 2006; Richard L.Zettler and Lee Horne (ed.). *Treasures from the Royal Tombs of Ur*[M]. University of Pennsylvania Museum of Archaeology and Anthropology, 1998; Hrouda B. *Der Alte Orient, Geschichte und Kultur des alten Vorderasien*[M]. Munchen, 1991.

图 6　头顶有发髻人物（乌尔木盒局部）

（图 5 局部）

反观石峁玉人，其风格与乌尔木盒上的人物类似。叙事题材、连续画面、分层构图和侧面人像是西亚和埃及的古老艺术特征。这样的手法在战国铜壶和汉代墓葬艺术中常见。这些现象似乎提醒我们石峁可能与西亚存在联系。我们目前无法回答石峁玉人是贸易交换品，还是当地产品的问题。但它无疑代表着高级艺术。

❶ 罗宏才.陕西神木石峁遗址石雕像群组的调查与研究 [M]// 罗宏才.从中亚到长安.上海：上海大学出版社，2011：3-50.

石峁石人用整石雕凿而成，大小不等，主要被当地老百姓收藏。❶ 2009 年榆林陕北历史文化博物馆征集一件砂石头像，扁状，长 60 厘米，宽 25 厘米，高 50 厘米，单面浮雕。其特点为：正面人像，强调脸部的主要器官，特别是眼睛（图 7）。另一件收藏于榆林上郡博物馆，方石，宽 28 厘米，高 26 厘米，相邻两面浮雕。其特点为：转角人像。它的使用位置无疑与上一件不同（图 8）。考古人员猜测它们是建筑装饰构件。

图 7　单面浮雕，高 50 厘米
（榆林陕北历史文化博物馆）

图 8　两面浮雕，高 26 厘米
（榆林上郡博物馆）

2015 年在皇城台发现一个与玉人风格迥然不同的平雕正面石像，并在北侧墙体上发现三块边缘凸起的菱形石，形如"眼睛"（图 9）。石人文化现象分布范围很大，历史很长。东北红山文化遗址出土石人；欧亚大草原西部有石人；新疆早期文化特征之一是石人。石峁石人反映出北方文化与欧亚草原文化相关。还有，石峁的"眼睛"使我们联想到两河流域的大眼艺术。在泰比拉克（Tall Birāk，公元前 3200—前 2200 年聚居地，现叙利亚西北部）考古发现几千个微型大理石大眼偶像（图 10），出土这些偶像的神庙被称为眼睛神庙（Eye Temple，约公元前 3000 年）。考古资料显示公元前 3000 年的神庙建在平整过的基址上，没有基础。约公元前 2500 年 [麦西里姆时期（Mesilim Period）]，美索不达米亚建筑发生了很大变化：基础出现了——墙体建在开挖的基槽内，并在转角埋入人形铜钉——意为神庙固定不可移动。❷

❷ Anton Moortgat. The Art of Ancient Mesopotamia[M]. London: Phaidon Press, 1967.

图 9　石峁皇城台石墙上的"眼睛"
（作者自摄）

图 10　大眼石人，泰比拉克
（M.E.L.Mallowan. Excarations at Brak and chagar
Bazar [J]. *Iraq*，vol.9，1947）

回到石峁，东门石墙内发现玉铲，对此现象，也许可以做与神庙铜钉类似的解释。石峁石墙面的眼睛俨然表明石峁人的象征观念，而墙内的玉铲是祭祀活动的标志。泰比拉克距石峁遥远，在空间上难以存在直接的影响，但在观念上有共同性。

考古发掘者断定石峁城的历史约有 500 年（公元前 2300—前 1800 年），证据是他们在东门门道内揭露了两层地面，上、下互相叠压，间隔 40 厘米，每层内出土的陶器在器形、器类和纹饰方面有较明显差异。由此，城址年代被分为两大时期——修建期和再建期。在 500 年期间，石峁发生了什么变化？玉人和石人是否来自不同的时期？我们认为玉人和石人源自不同的文化传统，它们反映出石峁与不同距离的文明存在直接或间接的物品交流和技术传播，甚至移民。

三、马面

马面是矩形高台，间隔一定距离，突出于城墙外侧。石峁的马面为夯土造，外围包石。马面石包墙与城墙相接，根据咬合关系可以确定两者同时建造。换言之，先建夯土台，后砌石头墙。从体积和功能方面考虑，马面肯定比城墙高。根据马面的使用位置不同，我们称它们为（城门）墩台、马面和角台。一号马面长约 12 米，宽 7 米，残高 3.5 米，距东门的北墩台 27 米余。一号角台长 17 米，宽 14 米，残高 4 米。其他马面和角台尚未发掘，四至七号马面和二号角台均被道路破坏（图 11）。

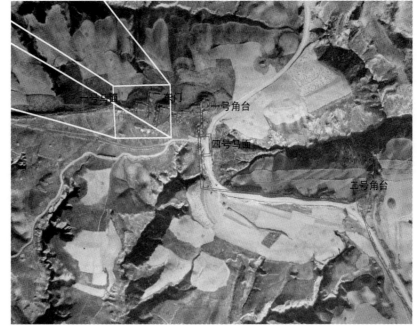

图11 东门两侧的马面和角台，一号马面和一号角台已发掘
（孙周勇 提供）

图中标注：一壹号马面、东门、一号角台、四号马面、三号角台

中国建筑史论汇刊·第壹拾肆辑

❶ 盖山林，陆思贤.内蒙古境内战国秦汉长城遗迹[M]// 中国考古学会第一次年会论文集.北京：文物出版社，1980；李兴盛.内蒙古卓资县三道营古城调查（夯土城墙和马面）[J].考古，1992（5）：18-23.

❷ 阎文如.吐鲁番的高昌故城[J].文物，1962（2）：28-32.

❸ 张郁.内蒙古察右中旗园山子唐代古城[J].考古，1962（11）：591.

❹ 汉魏故城工作队.洛阳汉魏故城北垣一号马面的发掘[J].考古，1986（8）：726-730.

❺ McIntosh, Jane R. *The Ancient Indus Valley, New perspectives*. Santa Barbara, Calif: ABC-CLIO, 2008.

❻ Richard H. Meadow (ed.). *Harappa Excavations 1986-1990: A Multidisciplinary Approach to Third Millennium Urbanism* (Monographs in World Archaeology, No 3) [M]. Madison Wisconsin: Prehistory Press, 1991.

　　除了石峁，我们还掌握什么马面资料呢？在北方，使用马面者有比石峁年代略晚的夏家店下层文化的赤峰三座店和辽宁北票康家屯石城、内蒙古境内的战国秦汉土城❶、汉唐时期有新疆吐鲁番高昌城❷、内蒙古察右中旗园山子城❸、陕西横山县统万古城（以上三例均为土城）、吉林集安县高句丽国内城等。在中原，汉魏洛阳城的马面是目前所知最早的实例。❹北宋、辽、金的城池普遍设马面。由此可见，考古资料说明马面首先在石峁出现并在北方流行，而它们的建筑文化渊源可能可以追溯得更远更久。

　　中国之外，从中亚、南亚、西亚到埃及，马面实例比比皆是，但都是土坯筑。例如，巴基斯坦境内的梅赫尔格尔（Mehrgarh）和哈拉帕（Harappa），印度境内的朵拉维那（Dholavira）。在梅赫尔格尔，法国考古队（1974—1986 年和 1996—1997 年）揭示了公元前 3000 年左右的城市形式、规模和技术（图 12）。❺在哈拉帕，1986—2001 年度考古发掘展示了由围合式的村庄到封闭式的城市的七个发展阶段，公元前 2600—前 2450 年（Period 3A）为盛期。❻哈拉帕特点：土坯城墙，转角设高台（平面图见后文，表 2f）；房屋的下部用砂岩石块建造，上部为土坯加木骨结构。土坯分大小两种：城墙坯 10 厘米 ×20 厘米 ×40 厘米，房屋坯 7 厘米 ×14 厘米 ×28 厘米。Period 3A 盛期遗址发现了砖的使用。

图 12　哈拉帕土坯城墙和马面（公元前 3000 年中），巴基斯坦

（McIntosh，Jane R. *The Ancient Indus Valley*，*New perspectives*[M]. Santa Barbara，Calif: ABC-CLIO, 2008.）

关于埃及城墙和马面的资料来自不同的时期。新王朝（公元前 1570—前 1544 年）早期的塞斯比（Sesebi）城，现在苏丹境内，为规整的长方形（270 米 × 200 米）（图 13）。土坯城墙 4.6 米厚；马面 3.15 米宽，凸出 2.65 米；1936—1937 年发掘时最高处 4—5 米。每面城墙上设一门，门道铺石两侧贴石，下设排水道（参见表 2i）。❶ 大量资料来自中王朝时期（公元前 2060—前 1795 年）的巴罕（Buhen）（图 14）。城墙经过大规模改造，平均宽 5 米，发掘时最高 6 米。早期马面平面为半圆形，凸出墙外 6.5 米，改造后为长方形。城墙空格结构：内、外侧各砌两层土坯（土坯尺寸 12 厘米 × 18 厘米 × 37 厘米），中间隔一定距离用土坯联系，空格内填碎石。每隔七到十层土坯施一层草帘和横木（图 15）。马面建法与城墙同。埃及马面不都是实心。换言之，做望楼用的马面建成空心。望楼的形象可以在壁画中看到，墙上设堞，下部设门（图 16）。考古发现望楼门洞遗迹。❷

❶ H. W. Fairman. Preliminary Report on the Excavations at Sesebi (Sudla) and 'Amārah West, Anglo-Egyptian Sudan, 1937-1938[J]. *The Journal of Egyptian Archaeology*, Vol. 24, No. 2，Dec., 1938:151-156.

❷ Walter B. Emery, H.S. Smith and A. Millard.*The Fortress of Buhen: The Archaeological Report* [M]. London: Egypt Exploration Society, 1979.

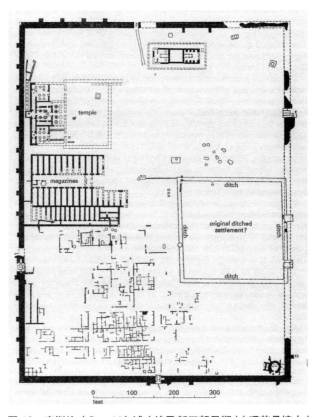

图 13　塞斯比（Sesebi）城（埃及新王朝早期）（现苏丹境内）

（Adams, William Y. *Nuba: Corridor to Afric*a[M]. Princeton, NJ: Princeton University Press, 1977.）

图 14　埃及巴罕城垣和城壕

（Walter B. Emery，H.S. Smith and A. Millard.*The Fortress of Buhen: The Archaeological Report* [M].
London: Egypt Exploration Society，1979.）

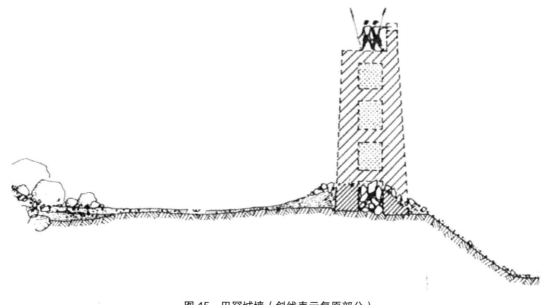

图 15　巴罕城墙（斜线表示复原部分）
（Carola Vogel. *The Fortifications of Ancient Egypt 3000-1780BC*[M]. Osprey Publishing，2010）

图 16　埃及 Kheti 墓 Beni Hassan 17 号（公元前 1938—前 1630 年），崖墓壁画局部——攻城图
（Carola Vogel. *The Fortifications of Ancient Egypt 3000-1780BC* [M]. Osprey Publishing，2010）

四、瓮城

　　石峁东门位于东城东北部的山峁高处，一方面视域开阔，另一方面利于自然排水。东门总面积约 4000 平方米，宏伟严密，由南、北墩台并立形成宽 9 米的门道，由内、外障墙环护形成"瓮城"。外障墙平面呈 U 形，遮蔽门道；内障墙呈 L 形，延长甬道。东门的南面设便门，由一号角台和四号马面之间的城墙互相重叠而成，方便隐蔽，宽 2 米（图 17）。

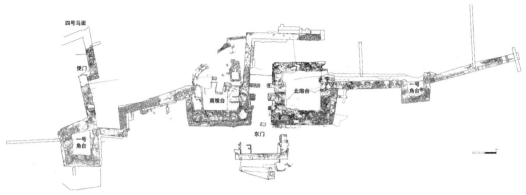

图 17　石峁东门、便门、马面和角台
（孙周勇 提供）

在中国，东门式瓮城实例在西北地区，时代大大晚于石峁。在埃及和西亚，时代与中国龙山文化接近的"瓮城"形式有几种。资料列举如下（表1）：

表 1　"瓮城"式城门

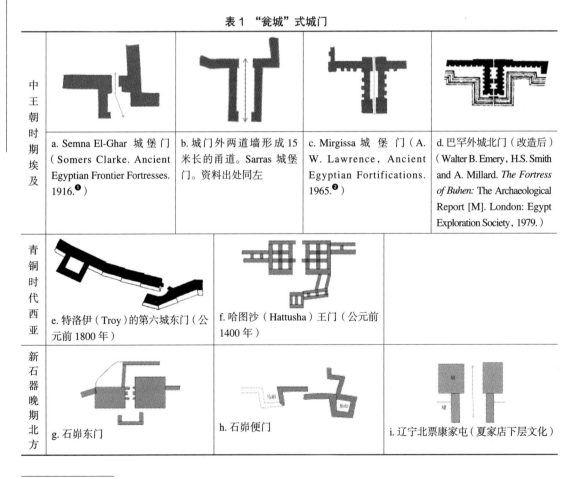

中王朝时期埃及	a. Semna El-Ghar 城堡门（Somers Clarke. Ancient Egyptian Frontier Fortresses. 1916.[1]）	b. 城门外两道墙形成 15 米长的甬道。Sarras 城堡门。资料出处同左	c. Mirgissa 城堡门（A. W. Lawrence, Ancient Egyptian Fortifications. 1965.[2]）	d. 巴罕外城北门（改造后）（Walter B. Emery, H.S. Smith and A. Millard. *The Fortress of Buhen:* The Archaeological Report [M]. London: Egypt Exploration Society, 1979.）
青铜时代西亚	e. 特洛伊（Troy）的第六城东门（公元前 1800 年）	f. 哈图沙（Hattusha）王门（公元前 1400 年）		
新石器晚期北方	g. 石峁东门	h. 石峁便门	i. 辽宁北票康家屯（夏家店下层文化）	

❶ Somers Clarke. Ancient Egyptian Frontier Fortresses[J]. *The Journal of Egyptian Archaeology*, Vol. 3, No. 2/3, Apr. – Jul., 1916:155–179.

❷ A. W. Lawrence. Ancient Egyptian Fortifications[J]. *The Journal of Egyptian Archaeology*, Vol. 51, Dec., 1965:69–94.

| 青铜时代北方 | 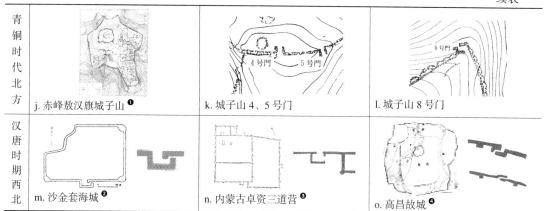 j.赤峰敖汉旗城子山❶ | k.城子山4、5号门 | l.城子山8号门 |
| 汉唐时期西北 | m.沙金套海城❷ | n.内蒙古卓资三道营❸ | o.高昌故城❹ |

以上资料似乎把瓮城起源指向中国西北，以石峁的时代为最早。它们在规划上与西亚接近。辽宁北票康家屯"瓮城"与埃及中王朝时期的城门设计属同类，后代的双阙门可能是此类型的发展。著名的双阙门有河北临漳县邺南城的朱明门。❺这些现象不能简单地解释为偶然。时代较晚的中原瓮城和马面不可能与北方无关。石峁处于北方和中原的交通要道上。如果将上述几个地点连成一线，我们不难发现瓮城、马面由西向东传播的现象。

❶ 加藤瑛二编著.中国文化の考古地理学的研究.名古屋：一誠社，2002.

❷ 侯仁之，俞伟超.乌兰布和沙漠的考古发现和地理环境的变迁 [J].考古，1973（2）：92-107.

❸ 李兴盛.内蒙古卓资县三道营古城调查 [J].考古，1992（5）：418-423.

❹ 阎文儒.吐鲁番的高昌故城 [J].文物，1962（7/8）：28-32.

❺ 徐光冀，顾智界.河北临漳县邺南城朱明门遗址的发掘 [J].考古，1996（1）：1-9.

五、门塾式城门

石峁东门的南、北墩台形成宽9米的门道。在门道侧的墙上分别砌筑出3道平行分布的短墙，隔出4个空间，两两对称，内有灶址，它们被认定为门塾（图18）。

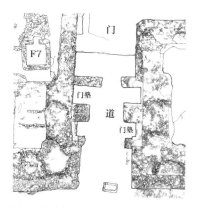

图18 石峁东门，门道和门塾（东门门道内没有人工排水设计，靠山坡自然排水）
[陕西省考古研究院.陕西神木县石峁遗址 [J].考古，2013（7）：15-24.]

除石峁之外，我们了解的四个早期门塾式城门资料有：河南淮阳平粮台、印度境内的朵拉维那、巴基斯坦境内的哈拉帕、苏丹境内的塞斯比

（Sesebi）和以色列的撒拉丘（Tell el-Far'ah）（表 2）。

❶ Kenoyer, Jonathan. *Ancient Cities of the Indus Valley Civilization*[M]. Oxford, New York: Oxford University Press, 1998.
❷ Richard H. Meadow (ed.). Harappa excavations 1986-1990: A multidisciplinary approach to third millennium urbanism[M]. Madison, Wis.: Prehistory Press, 1991.
❸ A. M. Blackman. Preliminary Report on the Excavations at Sesebi, Northern Province, Anglo-Egyptian Sudan, 1936-1937[J]. *The Journal of Egyptian Archaeology*, Vol. 23, No. 2, Dec., 1937:145-151.
❹ Jane R. McIntosh. The Ancient Indus Valley: New Perspectives[M]. Santa Barbara, Calif.: ABC-CLIO, 2008.
❺ Pierre de Miroschedji. The Southern Levant (Cisjordan) during the Early Bronze Age in *The Archaeology of the Levant c. 8000-332BCE*. Oxford: 2014: 315.

表 2　早期门塾式城门

a. 河南淮阳平粮台（龙山时期）

d. 印度境内的朵拉维那（Dholavira）古城（公元前 2500 — 前 2200 年），面积 1 万平方米，图中灰框为中心区 ❶

f. 巴基斯坦境内的哈拉帕（Harappa，公元前 2200 — 前 1900 年），总面积 1.5 万平方米 ❷

h. 塞斯比（Sesebi）西门（城市平面见本文图 13）❸

b. 平粮台南门，门道下设排水管

e. 中心区北门，朵拉维那（Dholavira）土坯城墙

g. 哈拉帕（Harappa）土坯城墙；砖筑城门，门道宽 2.8 米；城内设石排水道（复原图）❹

i. 塞斯比（Sesebi）西门的石版门道下为排水道

c. 平粮台排水管道

j. 以色列撒拉丘（Tell el-Far'ah）（约公元前 3000 年）❺

门塾式城门多为内门，因出入路线为直线，防御性不强。而石峁东门的布局十分复杂——门塾是兼用的几种方法之一。东门的特点为：封闭空间、曲长门道、墩台据高控制、双塾守卫大门。这一现象也可说明当时石峁地区不安定，存在严重的战乱威胁。

六、石峁筑城技术

石峁的建筑材料为土、石和木，施工技术为夯土筑墩台，垒石包墩台。城门、马面和角台均如此建筑。东门北墩台内侧有两层石包墙；外侧三层（石主墙、石护墙和石外墙）。石峁石材为片状砂岩，尺寸不大，形状不一，层层垒筑，石片间用草拌泥黏结。石墙内施纴木。

1. 石墙基础和土衬石

石峁城墙石筑，2.5 米宽，墙面垂直，转角直角。大部分沿坡脊、依地脉而建。石墙表面平整，很明显，石片的外侧经过加工。考古发掘显示石墙有基础，东门北侧的石墙基础做法复原如下：外侧城基开地深 1 米，其宽为墙的 1/3，用开基的土布平内侧城基（称"土基"）。在基槽内砌石，直到与土基上皮平，自此向上砌筑城墙（图 19）。

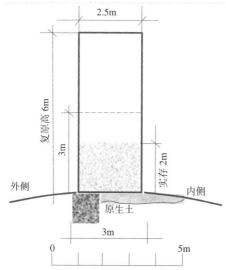

图 19　上：石峁城墙墙基宽 3 米，外侧 1/3 石基，内侧 2/3 土基，地形外低于内。
下：石墙剖面（复原）
（作者自摄、自绘）

　　东门位于制高点，斜坡上的石墙下见两层土衬石 ❶，它们比城外地面高出约 15 厘米，比石墙宽出约 10 厘米（图 20）。根据观察，我们推断：探出石墙的土衬石应该是基础的一部分，墙基宽于墙身。土衬石加强外侧墙基，防止石墙下滑 / 沉，同时保护墙根免受雨水损坏。

❶　土衬石和纤木均为《营造法式》术语。

图 20　石峁独立石墙，无收分。东门南侧石墙下见土衬石
（作者自摄）

2. 墩台散水

东门墩台、角台和马面的外侧有一条宽 1.2—1.5 米的石碴铺地，如同后世的"散水"。发掘者告知笔者，散水深入石包墙下约 10 厘米（图 21）。考古发掘没有对东门墩台进行解剖，没有获取到墩台基础的信息。根据石墙的资料，我们推测墩台有基础，但不知石主墙、石护墙和石外墙的基础是否相同。

图 21　东门北墩台外侧的石散水
（作者自摄）

3. 生土技术

生土建筑技术指夯土、土坯和掏土（窑洞）。石峁没有土坯建筑，但发现有很多半下沉式窑洞。土坯房屋在北方、中原和江汉平原均有发现：辽宁北票丰下遗址（龙山晚期）[1]、河南淮阳平梁台城址（龙山文化时期）[2]和湖北应城门板湾（屈家岭－石家河文化）[3]。上坯外观信息为，丰下：长40厘米，宽20厘米，厚8厘米；平梁台：长方、方形和三角形（考古报告注：未做解剖，尺寸不明）；门板湾：长35—44厘米，宽17—25厘米，厚5—7厘米。土坯错缝，之间用较薄的红土粘接。

从中亚－西亚到埃及，土坯是最古老和最主要的建筑材料。前面提到世上最古的乌鲁克，其城墙为土坯造，加抹泥面，墙厚4米余，城墙上设半圆形马面，城门两侧设望楼（台）。乌鲁克的早期土坯尺寸不一（18厘米×16厘米—31厘米×22厘米），上表面为弧形。土坯在墙体填充部分交替斜置：一层向左斜，一层向右斜；或斜放和横摆交替（图22）。[4] 除了土坯的使用，乌鲁克城墙上的城壁水道值得我们注意（图23），类似形式的设计在明清西安城墙可以看到。宋《营造法式》记载了城壁水道，这很引人遐思，当年宋人是否知道乌鲁克城壁水道呢？

[1] 辽宁省文物干部培训班. 辽宁北票县丰下遗址1972年春村发掘简报 [J]. 考古, 1976（3）: 197–210.

[2] 河南省文物研究所. 河南淮阳平粮台龙山文化城址试掘简报 [J]. 文物, 1983（3）: 21–36.

[3] 李桃元. 应城门板湾遗址大型房屋建筑 [J]. 江汉考古, 2000,1: 96.

[4] P. Delougaz. Plano-convex Bricks and the Methods of Their Employment[M]. *Studies in Ancient Oriental Civilization no. 7. The Oriental Institute of the University of Chicago*, 1932.

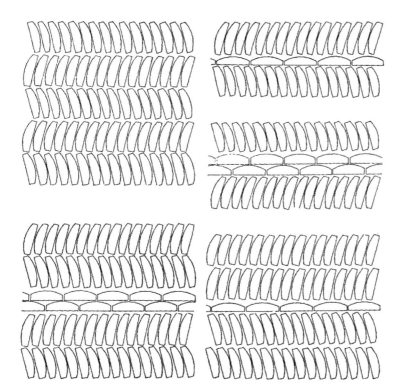

图22　一面呈弧形土坯的摆放方法

（ P. Delougaz. Plano-convex Bricks and the Methods of Their Employment[M]. *Studies in Ancient Oriental Civilization no. 7. The Oriental Institute of the University of Chicago*, 1932. ）

❶ Hall, H.R. and C. Leonard Wooley. *Ur Excavations Volume* 1 *Al-Ubaid:* A Report of the Work Carried out at Al-Ubaid for the British Museum in 1919 and for the Joint Expedition in 1922-1923[M]. Oxford University Press, 1927.

❷ 张玉石，赵新平. 郑州西山仰韶时代城址的发掘 [J]. 文物，1999（7）：4-15.

❸ 河南省文物研究所，中国历史博物馆考古部. 登封王城岗遗址的发掘 [J]. 文物，1983（3）：8-20；河南省文物研究所，中国历史博物馆. 登封王城岗与阳城 [M]. 北京：文物出版社，1992.

中国建筑史论汇刊·第壹拾肆辑

图 23　Al-Ubaid 城壁水道 ❶
（Ur Excavations Vol. 1. Plate XXV1.）

在石峁，我们看到不同的技术：筑城（墙）和筑（房）墙（例子 F7）是砌石技术；筑台是（版筑）夯土技术，外包石墙。考古结果告诉我们，中国新石器时期有不同的筑城和筑墙技术。筑城技术有堆土、版筑和垒石；筑墙技术有土坯、夯土和砌石。中原筑城例子有：郑州西山城址（仰韶晚期），平面近圆形（35000 平方米），方块版筑 ❷；河南淮阳平梁台城址（龙山时期）平面方形，边长 185 米，小版夯加堆土；河南登封王城岗城址（龙山时期），平面长方（10000 平方米），夯土筑。❸ 在中原，筑城方法为城和壕，环壕的历史比城垣的历史长，筑城技术为夯土，取土于壕。除了材料来源问题，平原地区需要双重功能防线——御敌和防洪。筑石城是北方技术。石峁坐落在秃尾河和洞川沟交汇处的山峁上，海拔高度在 1100—1300 米之间，坡下沟壑纵横，不需人工壕。

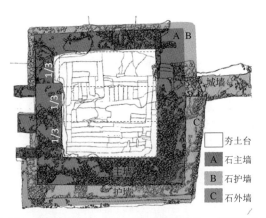

图 24　版筑北墩台，外包石墙（外侧 3 层，内侧 2 层）
（国庆华，孙周勇，邵晶. 石峁外城东门址和早期城建技术 [J]. 考古与文物，2016（4）：88-101.）

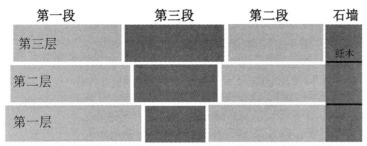

第一段	第三段	第二段	石墙
第三层			纴木
第二层			
第一层			

图25 版筑墩台断面：宽窄相间，先用模子筑宽段，窄段无需模子
（作者自绘）

石峁墩台、马面和角台为夯土筑。东门墩台夯土技术为版筑。从发掘平面所示土层痕迹看，夯土区域由外向内分三段，按横、纵、横顺序，各占三分之一（图24）。本文复原施工次序如图25所示：第一层的第一段和第二段支模，两段间隔一定距离（第三段），同时施工。第三段无须模子，填土于其内，分层夯筑。我们注意到一个现象：支模段宽，无模段窄。换言之，第一段和第二段宽，第三段窄。燕下都城墙版筑，西城南垣西段保留了下来，显示长短相间（图26）。❶

❶ 河北省文物研究所．燕下都[M].北京：文物出版社，1996（v.1-2）．

图26 燕下都西城南垣西段，长短相间
（河北省文物研究所．燕下都[M].北京：文物出版社，1996.）

4. 石墙纴木

考古揭示，石峁石城墙和墩台的石包墙内水平方向用圆木，但在夯土墩台内部没有探查出圆木。我们从已知资料出发提问，墩台土芯分层分段夯筑，墩台外的石墙是否也分段砌筑，每段之间施圆木呢？石峁石墙内用圆木是目前国内所知最早的例子（图27）。稍晚的例子有，陕西清涧县境内发现的商周时期李家崖城址的附墙底部使用圆木，平均间距1.5米，直径0.5米。❷战国时期夯土城墙中用圆木（图28）。夯土墙中的圆木与石墙中的圆木有无关系？这一问题值得研究。目前，我们无法准确断定哪些后期中原做法是从早期北方引入的新技术。至少这些资料显示从龙山文化时期到战国时期，石城和土城施工技术存在某些共性。

❷ 陕西省考古研究院．李家崖[M].北京：文物出版社，2013.

石峁考古报告称石墙内圆木为"纴木"。纴木是宋《营造法式》术语。《法式·壕寨制度》:"夯土城墙中栽永定柱和夜叉木,横用纴木。"可以看出,它们不是用来固定模板的。在 1963 年清华大学建筑系编印的《宋〈营造法式〉图注》的"壕寨制度图样"中有假定的永定柱、夜叉木和纴木的位置,但均画了问号。在梁思成遗稿《〈营造法式〉注释》(1983 年出版)书中无此图,在文字注中道:无法搞清它们(纴木)是什么,怎么使用。这个现象说明,宋以后永定柱、夜叉木和纴木消失了。换言之,相比宋以前,宋以后夯筑城墙技术有很大改变。

图 27　纴木在石墙中的使用似乎有规律
(作者自摄)

图 28　战国齐国临淄城墙中纴木痕迹
(山东文物考古研究所. 临淄齐国故城 [M]. 北京: 文物出版社, 2013.)

我们暂依考古报告中的名称，称这些圆木为纴木。关于石墙纴木，我们认为：施工过程中，石墙内施纴木帮助分段施工，防止倾斜坍塌；夯土城墙中使用的永定柱、夜叉木和纴木，是在建筑过程中加固墙体的一种措施和工具。夯土反映石峁吸纳中原地区的建筑文化因素，另一方面，纴木或代表高级的技术对中原地区的夯土结构设计产生影响。

七、石城传统

用石头筑城是北方传统——见于内蒙古南部和东南部**❶**、陕北和辽宁 **❷**。北方石城有强烈的相似性，但没有严格的一致性。它们的建筑特色不能一概而论。发现的石城不少，发表的资料不多，详尽报告更少。下面看两个实例，用表格方式把关键特征相互对应，作为说明（表3）。

❶ 内蒙古文物考古研究所.岱海考古（一）：老虎山文化遗址发掘报告集[M].北京：科学出版社，2000；郭治中，胡春柏.内蒙古赤峰市三座店夏家店下层文化石城遗址[J].考古，2007（7）：17-27.

❷ 辛岩，李维宇.辽宁北票市康家屯城址发掘简报[J].考古，2001（8）：31-44.

龙山文化晚期石峁东门中所见的建筑文化交流

表3　两例夏家店下层文化石城

	三座店（10000万平方米）海拔730米	辽宁北票康家屯（15000万平方米）
平面	1 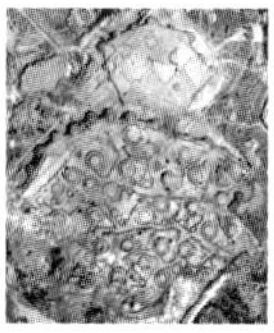	4 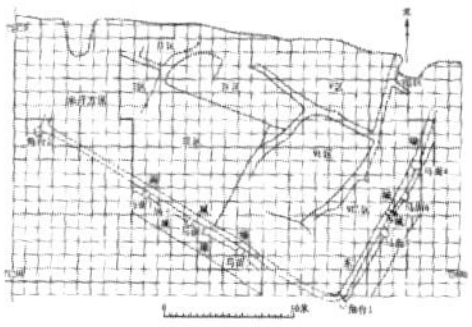
城墙马面/角台	 2 依托天然山坡，筑石墙包围土岗，形成台城。城墙收分，作用挡土墙，马面加强挡土墙。	 5 城墙厚2.2米。角台利于观察和侧面防御，结构上没有加固城墙功能
城门	城内门宽：1.2—1.4米	门宽1.7米
房屋	 3 F17 圆形石屋	 6 土坯房，院墙下部开排水口

八、东门外观

关于东门外观，笔者有两点考虑：一，门塾屋顶形式；二，登墩台方式。我们推测门塾为平顶，门洞使用木梁，不存在拱券的可能。最早的拱券由土坯造，所有的实例都在西亚，例如乌鲁克城的土坯拱券门洞。土坯是一种技术，夯土是另一种技术。不同的材料、技术导致不同的建筑形式。石峁石材为片状砂岩，形状不规整，尺寸不大，方便使用，也许正因如此，没有用土坯的必要。

关于登墩台方式，我们分析城门墩台的台面与城墙顶部不同高，前者在体积上远大于后者，墩台在城内侧应设斜道，方便兵士登台防守。另外，我们认为城墙的外侧为兵士安全设堞（图 29）。目前没有考古发掘证实斜道和雉堞的存在，支持这个猜测的资料来自各时代的东西各方。

中国建筑史论汇刊·第壹拾肆辑

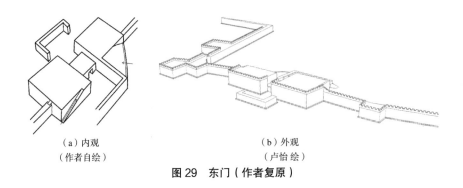

（a）内观
（作者自绘）

（b）外观
（卢怡绘）

图 29　东门（作者复原）

九、结语

石峁建筑文化成分复杂。石峁至少有三种不同的技术和传统：夯土和砌石技术，瓮城和马面传统。这些多元建筑因素构成了石峁的特色。一般而言，砌石是山区技术，生土是平原技术。石峁建筑有窑洞和石屋两类。能否理解为重要建筑石造，普通住房生土造？那么，谁重要？谁普通？明显地，创造石峁多元特色的社会是一个多元群体。

从世界范围来看，瓮城和马面首先出现在西亚。在世界历史上，新石器时期是城市出现并高速发展的阶段，石峁东门和马面是目前东亚最早的实物。这些现象不能解释为偶然。至于哪些是当地起源的，哪些和西方有联系，尚需精细的查勘。本文揭示石峁城址中呈露的西方文化因素，从而为解读石峁城址提供了一个更大的背景。

在石峁我们发现几个线索，其一，北方地区建筑文化的存在。其二，不同的建筑文化和技术在这里交融，一方面被保存，另一方面被继续传递。马面瓮城在中国北方流行并成熟，中原地区的马面和瓮城是对这些成果的引入和延续。其三，北方与中原存在相互影响——文化交流不是由此及彼的单向传播。石峁在历史文化地图上的位置特殊，它处于北方和中原交流的必经之路——由北向南形如"漏斗"。在新石器时代中国北方经由黄河河套地区，东至东北地区，西至西域曾存在一条文化通道。石峁所代表的北方文化，对后来中华文明圈城建的贡献和影响，我们才刚刚开始认识。

建筑管理研究

我国古代营造业与建筑市场初探

卢有杰

（清华大学土木水利学院）

摘要：我国古代建筑业形成的时间，至今尚无答案。本文沿着我国古代一般劳动分工以及土木工程使用劳动力方式演变的史迹，探讨了土木营造活动成为独立行业并进而出现营造业的过程。我国古代营造活动分工虽然在西周末年已十分细致，但是，营造活动并没有独立成业。另一方面，支撑营造业的营造劳动力市场，至晚在南北朝时即已成形。范围远超营造劳动力市场的建筑市场，至晚成于清道光、咸丰年间。但是，目前还缺乏令人信服的史料证明秦汉时就已有建筑业。

关键词：劳动分工，古代土木营造活动，制度演变，营造劳动力，古代营造劳动力市场，建筑业

Abstract: It is unknown if and when the construction industry as an independent economic sector emerged in ancient China. This paper investigates its origin in ancient building and civil engineering activities, and analyzes the evolution of labor division and the establishment of institutions to regulate the workforce from ancient to late imperial times. The paper then suggests: first, that building activities had not evolved into a separate branch of construction industry by the late Western Zhou dynasty, although then the separation of tasks was already well developed; second, that the construction labor market took shape not later than the Southern and Northern Dynasties; and third, that the construction industry emerged not before the reigns of the Qing emperors Daoguang and Xianfeng, lacking evidence dating from earlier periods (Qin and Han dynasties).

Keywords: Labor division, ancient building and civil engineering activities, institutional development, construction labor force, ancient construction labor market, construction industry

我国古代建筑业形成于何时？就笔者所知，从古至今还没有答案。然而，有些研究者却说先秦时期建筑业就很繁荣。本文企图为他们寻找此种断言的根据。众所周知，建筑市场在现代社会，是与建筑业紧密联系、相互伴生的。因此，本文也顺便寻觅我国古代建筑市场形成与发展的足迹。

需要说明的是，"建筑业"三字，直到 20 世纪 50 年代才在我国出现，并随后沉寂了 30 多年。而"建筑市场"四个字出现更晚。各朝代各有不尽相同的用语指称盖房、修路、开渠、治河、架桥等营造活动。故此，本文尽量避免既往文献中不用的术语。

一、我国古代劳动分工和营造业

要研究我国建筑业和建筑市场的历史源头，须了解我国古代劳动社会分工的过程。社会分工是市场出现和发展的前提。

1. 劳动分工

春秋时期之前很久，商业、农业和手工业分工既已完成，商品经济已十分发达。手工业内的分工相当细致。《考工记》记载，手工业的百工分攻木、攻金、攻皮、设色、刮磨（刮磨器物，使有光泽）和搏埴（制陶）六类；而这六类，又各细分为七、六、五、五、五和两种。❶筑城、构宫室、架桥、开渠、修堰、垒坝、治河等营造活动离不开百工。分工的扩大促进了城市的发展与工商业的繁荣，需要越来越多的工匠和力夫专门从事此类营造。

先秦思想家大多数都承认劳动社会分工的积极意义。

荀况对于社会分工的必要性有独到的看法和精辟的阐述。他认为，任何个人都不能，也无须"能遍能人之所能"、"能遍知人之所知"❷，而应专致于一种事，只有这样，才能做到"习其事而固"。❸

他还认为，若农人各耕田亩，商人各贩货物，工匠各攻其工，士大夫各尽其职处理政事，诸侯照料自己的封土，三公总管全国事务，则天子可拱手端坐而稳坐江山："农分田而耕，贾分货而贩，百工分事而劝，士大夫分职而听，建国诸侯之君分土而守，三公总方而议，则天子共己而止矣。"❹

墨家亦有同样认识。墨翟认为，尽管各地出产不同，人们所事不同，但人总是"量其力所能至而从事焉"❺，社会分工是必然的，不以人的意志为转移。他以筑墙为例，赞同分工："能筑者筑，能实壤者实壤，能欣者欣，然后墙成。"❻

战国以后之人，对劳动社会分工的积极作用的见解愈发精辟。

晋代傅玄主张定四民人数，超过士、工、商实际需要的人都应"归之于农"。❼唐代韩愈（768—824年）认为农、工、商的分工是相生相养："粟，稼而生者也。若布与帛，必蚕绩而后成者也。其他所以养生之具，皆待人力而后完也。吾皆赖之，然人不可遍为，宜乎各致其能以相生也。"❽

个人在社会分工中的地位，经常是世代相传。《管子·小匡》解释了其中原因："士农工商四民者，国之石民也……是故圣王之处士，必于闲燕，处农必就田墅，处工必就官府，处商必就市井。……今夫工群萃而州处，相良材，审其四时，辨其功苦，权节其用，论比计，制断器，尚完利，相语以事，相示以功，相陈以巧，相高以知事。旦昔从事于此，以教其子弟，少而习焉，其心安焉。不见异物而颉焉，是故其父兄之教不肃而成，其子弟之学不劳而能，夫是故工之子常为工。"❾

正是这一缘故，几千年来的营造技艺大多带有浓厚的家庭色彩，交织着难以割断的师徒关系，这种情况对于我国古代营造活动和劳动力市场的形成和发展产生了重要影响。

明中叶以后，社会分工又有所扩大，进一步促进了工商业的发展与城镇的繁荣。明代陆楫指出，分工的扩大，促进了商品经济，激发了人们的消费欲望，增加了百姓的就业机会，为生计开辟了活路。"彼以粱肉奢，

❶ 文献[1].第一节.

❷ 文献[2].儒效.

❸ 文献[2].君道.

❹ 文献[2].王霸.

❺ 文献[3].公孟.

❻ 文献[3].耕柱.

❼ 文献[4].卷47.列传第十七.傅玄传.

❽ 文献[5].卷十二.杂著二.圬者王承福传.

❾ 文献[6].

则耕者，庖者分其利；彼以纨绮奢，则鬻者，织者分其利，正孟子所谓通功易事，羡补不足者也。"❶

到了清代，百姓分为士、农、商、工、役和仆。雍正五年（1727年）五月已未，谕内阁："……朕观四民之业。士之外，农为最贵。凡士工商贾。皆赖食于农。以故农为天下之本务。而工贾皆其末也。……至于士人所业。在乎读书明理。以为世用。故居四民之首。"❷ "其户之别，曰军，曰民，曰匠，曰灶。凡民之著籍，其别有四：曰民籍；曰军籍，亦称卫籍；曰商籍；曰灶籍。……且必区其良贱。如四民为良，奴仆及倡优为贱。凡衙署应役之皂隶、马快、步快、小马、禁卒、门子、弓兵、作作、粮差及巡捕营番役，皆为贱役。"❸

2. 我国古代营造业

营造活动同其他生产活动分离开来，还不足以成为单独的行业。只有具备了其他一些条件后，才能成为独立的行业。如果说我国古时已有建筑业，就要回答何时出现，其特征如何等问题。笔者认为，要判断古代的营造活动是否可称为"营造业"，须多方面考虑，例如营造活动的目的、参与者、参与者的意愿、态度和地位，以及同其他活动的关系等。

对于上述问题，有的学者给予了肯定的回答。例如，《中国手工业经济通史》先秦秦汉卷第三章第一节有如下文字：

"四、建筑业的发展对军事防御的作用

……上古时期，……在冷兵器时代，高大的城堡在国家的统治与对外防御中具有极其重要的作用，这也对建筑业提出了更高的要求。……至商代，随着建筑业的发展，……不仅商王朝建有雄伟的都城，而且派出各地的方伯也都作邑筑城，建立以城堡为象征的统治据点。"

同书第十四章第四节：

"四、建筑业的空前繁荣

……

秦汉建筑业在当时统一的环境下，随着统治阶级与贵族富人的奢侈需要，得到了空前的发展。皇室贵族竞相建筑离宫别馆等豪华建筑，……这一切都表明，秦汉时期，建筑业进入了空前的繁荣时期。"❹

1）"业"的本义

从《四库全书·康熙字典》知："业〔古文〕……又功业，《易·系辞》富有之谓大业。又事业，《易·坤卦》畅于四支，发于事业。……又凡所攻治者曰业，……《史记·货殖传》田农，拙业也，卖浆，小业也。……"

这就是说，"业"作名词用，有功业、事业、凡所攻治者和职业的意思。

"业"的上述含义，现在用于指称国民经济各个部门，是"事业"、"艺业"和"凡所攻治者"，都有"职业"和"行业"之意。现代人以何为业，在多数情况下都是在既定条件下出于自愿，一旦选定并步入其中，都会产

❶ 文献[7].

❷ 文献[8].清世宗实录.卷57.

❸ 文献[9].卷120.志95.食货一.

❹ 文献[10].先秦秦汉卷.

生乐趣，"乐此为业"。

2）"业"的特征

司马迁对于职业的特征有精彩的论述："人各任其能，竭其力，以得所欲。故物贱之徵贵，贵之徵贱，各劝其业，乐其事，若水之趋下，日夜无休时，不召而自来，不求而民出之。"[1]

● 文献 [11]. 卷 129. 货殖列传第 69.

"各劝其业"的"劝"，含义是"受到鼓励，奋勉，勤勉"。

3）强迫劳动不是"业"

对照太史公指出的"业"，就可以辨明上古和秦汉时的营造活动可否称为"建筑业"。

上古时的贵族和领主，秦汉时的朝廷和官府，违反工匠、农民和其他力役的个人意愿，强迫他们在恶劣的环境中治宫室、辟道路、挖沟洫或筑城墙等，并非是他们"不召而自来"。强迫而来的服役者除了维持体力而必需的吃食之外，再无其他报酬，未"得所欲"。

大多数服役者在为朝廷或官府完成建筑物或构筑物之后，都会回到原处，继续他们原来的耕种、捕猎、版筑或纺织。这些临时的受迫营造并非"若水之趋下，日夜无休时"。更有甚者，强征而来的服役者劳动条件极差，死亡率很高，是不会"乐其事"的。

如此说来，对于奴隶、农奴、自耕农或其他服役者而言，商王朝"各地的方伯""作邑筑城，建立以城堡为象征的统治据点"是不能称其"业"的。

寻觅、捉拿和押解役夫并监督其工作，并追捕逃亡者的官吏只是履行职务，其"业"是官职或差事，而非营造。负责规划和设计的工官，虽然职务来源于他们的营造学知识、经验和技能，但其俸禄不会因营造活动的有无与多寡而增减，因此，这些营造活动也不是他们赖以牟利的"业"，至于他们在营造活动中的贪污和克扣，更不能成为冠冕堂皇的"业"。

总而言之，将上古和秦汉时期贵族和领主或朝廷和官府的营造活动视为"建筑业"是不恰当的。只有工匠和力夫自愿前来并有合理报酬，乐此为业时，营造活动才能成为独立的行业。在我国，这是一个漫长的历史过程。

二、营造劳动力市场

有社会分工就有交换，社会分工越细，交换范围越广，频率越高。交换就是"市"，"市"既指"交换"，也指交换场所。《说文解字》上说："市，买、卖所之也"，"贸、贾，市也"。凡买卖与交易场所即为市。

1. 建筑市场的定义

为了便于讨论，不妨先看看今天建筑市场的定义。笔者认为，建筑市场是由营造活动所需各种资源构成的交易主体、交易规则和交易方式的全体。资源可分为产品、劳动力、资金和天然资源，因而，建筑市场可分为产品、劳动力、金融和天然资源四种市场。今天的交易主体大多数是机构、团体、企业或其他法人。交易出于双方自愿而非胁迫。古代的这四种市场并非同时出现，发达程度相差悬殊。即使在今天，从营造活动整体来看，对于劳动力的依赖远甚于其他第二和第三产业。观察残存至今的古代建筑物与构筑物，不难想象当时的营造工程对工匠和力夫的依赖更远甚于今天。

另一方面，有关营造劳动力的史料多于其他方面。所以，要研究我国古代建筑市场的形成和发展，最好从劳动力市场着手。至于营造所需的物料、工器具，唐代以前主要靠征调，后来除了官营生产之外，才逐渐在市场上采购。

2. 古人对市的认识

春秋战国时的市，文献多有提及，例如："日中为市，致天下之民，聚天下之货，交易而退，各得其所。"❶

宋元交替时的马端临说："市者，商贾之事也，古之帝王其物货取之任土所贡而有余，未有国家而市物者。……籴者，民庶之事，古之帝王其米粟取之什一所赋而有余，未有国家而籴粟者也。"❷

春秋战国的先贤已深刻认识到市场的各种作用。《管子》中论述之精辟，绝不亚于现代西方经济学。《管子》中说："市者天地之财具也，而万人之所和而利也。正是道也。"❸ 市场聚集了各种产品，彼此交换而获利是正道。百姓若不交换，就会贫困。"聚者有市，无市则民乏。"❹ 交换能够确定物品的价格，"市者，货之准也。"❺

3. 劳动力市场

先贤的上述思想，都有一个前提：只有交易双方自愿，交易而退，各得其所，才有市场。唐代以前官方营造活动所需的劳动力，大多是强征而来，而非劳动者自愿。可以说，就官方工程而言，至少在唐代以前，不存在建筑市场。至于民间，仍有待于史料的挖掘。

对于营造活动需要的劳动力，朝廷和官府先是征用，后来才随着商品经济的发展，逐渐改为雇佣。以货币购买劳动力，是在漫长的历史长河中逐渐萌芽、发育和成形的。

营造劳动力市场的形成，远较物料市场为晚。

4. 营造劳动力市场

考察历代朝廷和官府获取劳动力的方式的演变，或许可发现古代营造劳动力市场的形成踪迹。

市场是按价值规律调整供求关系的一种机制。只有当有对劳动力的需要，劳动力所有者又可以自由流动，能够自主支配和处置自己的劳动力，把自己的劳动力当作商品出卖时，才会有劳动力市场。

❶ 文献 [12]. 系辞下传. 第2章.

❷ 文献 [13]. 自序.

❸ 文献 [6]. 问篇.

❹ 文献 [6]. 乘马篇.

❺ 同上.

1）营造劳动力使用方式演变

我国古代官方营造活动使用劳动力的方式的演变过程大体如下。

对于工匠和人夫，先是朝廷和官府将其直接置于自己手中，后来，实行征用。再后来，慢慢地放松了对工匠的人身限制，只有需要工匠和人夫时，才到市场上雇佣。清代雍正和乾隆年间，朝廷不再长期占用工匠，而是在官府工程需用时从市场上雇用。在这一过程中，许多民间工匠逐渐发展成营造作坊。晚清，这些作坊在江浙地区叫作"水木作"或"泥水作"，在北京称为木厂，史书上称"商匠"。只有到了民国初年，才有些营造作坊称作"营造厂"。到了这时，营造已经成为国民经济的独立行业。民国时期和现在的台湾地区将其称为"营造业"。我国其他地方在20世纪50年代以后称"建筑业"。

笔者认为，主要有如下几个因素推动了官方工程由官办逐渐演变为由民间营造业承担：

（1）越来越多的农村劳动力因农作技术和产量的提高而游离本业；

（2）手工业和商业的日益发展，"重本轻末"思想逐渐失去人心；

（3）商品经济，特别是货币经济的发展，推动了城镇工商业发展，使城市规模日益扩大，因而增加了对居住、商业、生产和社会活动建筑物以及各种市政设施建造的需求；

（4）为了摆脱朝廷财政困境，也为了适应经济的发展而进行的赋役改革，特别是唐中叶的两税法、北宋时的均输法、免役法、市易法等，以及明代的一条鞭（编）法，使得以后的各代朝廷没有必要再靠征役获取营造活动需用的劳动力，而工匠则因此而获得了越来越多支配自己技艺和劳动力的自由；

（5）强征有种种弊病，朝廷为此付出了高昂的代价。防止被征者逃亡最为典型。宋仁宗康定元年（1040年）十二月太子中允、馆阁校勘欧阳修上言曰："今天下之土，不耕者多矣，臣未能悉言，请举其近者：自京以西，土之不辟者不知其数，非土之瘠而弃也，盖人不勤农与夫役重而逃尔。久废之地，其利数倍于营田。今若督之使勤，以免其役，则愿耕者觽矣。"[❶]

❶ 文献[14].卷129.

（6）无组织的单个工匠，已经无法胜任大型工程，只有在营造作坊的基础上进一步扩大，才能承担朝廷或民间的大型工程。

当征用劳动力的弊病充分显露，且雇佣方式所需的各种条件和环境具备并成熟之后，上述演变才会发生并最终完成。我国的建筑市场正是在这一演变过程中逐渐形成的。

2）市场上劳动力来源

市场上营造劳动力的来源可大致分两种情况——离开土地的农民和获得自由的官府工匠。

（1）弃农者

战国时期，商鞅、荀子及管子等将耕织视为"本业"、"本事"或"本务"，主张以农为本，"重本抑末"。《史记》有"本富为上，末富次之，奸富最下"语；《后汉书》亦有"去末作以一本业"。❶战国末年，韩非进一步将整个工商业视为"末"。

随着农作技术改良和产量增加以及其他经济和社会原因，越来越多的人离开了农作。主张"重本抑末"者将这种现象称为"民舍本而事末"❷或"舍农游食"。❸

汉代，"背本趋末"现象较战国时期更为普遍，史书颇多记载，例如：

"文帝即位，躬修节俭，思安百姓，时民近战国，皆背本趋末。"❹

"武帝时，天下侈靡趋末，百姓多离农亩"，❺《汉书》食货志又云："而民不齐出南亩，商贾滋众"。

"东汉王符曰 今举俗舍本农，趋商贾，牛马车舆，填塞道路，游手为巧，充盈都邑，务本者少，游食者众。'商邑翼翼，四方是极'。今察洛阳，资末业者什于农夫，虚伪游手什于末业，……天下百郡千县，市邑万数，类皆如此。"❻

以上引文说明，从西汉到东汉，"百姓多离农亩"，"背本趋末"从未间断。所谓"趋末"、"逐末"与"事末"，就是少数富者"趋商贾"，大多数贫者或靠某种技艺出卖手工产品或出卖劳动力；或以农为主，兼营手工业；或弃农而从事其他生产或求存活动。

汉代"背本趋末"主要是因为农作成果除了弥补必要劳动、缴租和田赋之外，所余无几。换一个角度，正是"民舍本而事末"，才使各种营造活动有了更多的劳动力可用。然而，秦汉本用于稽查户口、收税、征役、维持治安等的户籍制度，后来却限制了劳动力的流动，"使民无得擅徙"。❼

这种限制直到唐中叶实行两税法以后才逐渐松动。到了明中叶，黄册制度瓦解。特别是嘉靖九年（1530年）推行全国的"一条鞭法"合并田赋与徭役并改为征银，"赋税之法，密于田地而疏于户口"❽之后，农民离开乡土的阻力大大减少。到了清代摊丁入地，役并入赋之后，人口流动更加容易。乾隆初年，废除了编审制度，从此，"熙攘往来，编审不行，版图之籍，莫可得而稽矣"。❾很多失去了土地或其他生计的人，除了为他人耕种之外，许多在乡镇或城市为官府修路、架桥、筑城或造屋，靠出卖劳动力谋生。

沈亚之在《掾屋县丞厅壁记》中说，唐穆宗长庆年间（821—824年），京畿掾屋县："三蜀移民，游手其间，市闾杂业者，多于县人十九，趋农桑业者十五。"❿这些称为"游手"的蜀川之民大多数在掾屋县市肆或闾里从事各类"杂业"，而务农者甚少。不难推断，"杂业"之中应有营造之事。

（2）逃亡工匠

历代朝廷和官府都从州、县征调工匠和夫役营造。例如，隋开皇十三年（593年），"帝命杨素出，于岐州北造仁寿宫。素……役使严急，丁夫多死，疲敝颠仆者，推填坑坎，覆以土石，因而筑为平地。死者以万数。"⓫

❶ 文献 [15]. 卷 49.

❷ 文献 [16]. 上农篇.

❸ 文献 [17]. 农战第三.

❹ 文献 [18]. 卷 24. 食货志.

❺ 文献 [18]. 卷 65. 东方朔传.

❻ 文献 [15]. 卷 49. 王符传.

❼ 文献 [17]. 垦令第二.

❽ 文献 [19]. 卷 2. 户口.

❾ 文献 [20]. 卷 12. 赋役志户口.

❿ 文献 [21]. 卷 736. 掾屋县丞厅壁记.

⓫ 文献 [22]. 卷 24. 志 19. 食货.

应役者不堪忍受非人苦役和官吏的残暴，大量逃亡。除了逃亡，工匠常隐瞒技艺，逃避官役，而靠为权贵与豪富做工谋生，而雇用者也对朝廷隐瞒占怜的工匠。例如，南北朝时，王公贵族收留了逃避朝廷征役的巧匠，隐瞒了其身份，"巧手……其籍有巧隐，并王公百司辄受民为程荫。"❶

到了唐代，广置庄田的王公、百官及富豪，以及寺院、道观等也隐瞒收留或拐骗来的逃亡工匠身份，使朝廷难以征集足够数量合格的工匠。近年洛阳发现的一处唐代石工墓志，记载了一个不堪原籍频繁征役的石匠客死他乡的原委。这通《石工周胡儿墓志》告诉我们，周胡儿兄弟四人，在鄂（户）县家中时官府经常征其为朝廷服役，辛苦疲惫，不堪忍受，不得不流落到东都洛阳找工做。"王事相仍，供职不堪，流君洛邑。"最后，病死在洛阳的一家客栈。❷

（3）官府释放的工匠

南北朝时，各代朝廷就已经解放了一些奴隶，使其成为自由民。

天保二年（551年）"九月壬申，诏免诸伎作、屯、牧、杂色役隶之徒为白户。"❸"白户"就是未编入匠籍的一般百姓。

建德六年（557年）"八月壬寅……诏曰：'以刑止刑，世轻世重。罪不及嗣，皆有定科。杂役之徒，独异常宪，一从罪配，百世不免。罚既无穷，刑何以措。道有沿革，宜从宽典。凡诸杂户，悉放为民。配杂之科，因之永削。'"❹"诸杂户"就是编入各种匠籍者，"悉放为民"就是使其成为自由民。

从南北朝中期开始，按期到官府作坊服役的工匠可自行支配其余时间。

南齐建武元年（494年）十一月下诏："细作、中署、材官、车府，凡诸工，可悉开番假，递令休息。"❺这样，官府工匠自建武元年开始，可以轮番休假。在当时经济和社会条件下，他们不会真的休假，而是受雇做工，挣取衣食。

唐代，"凡工匠……内中尚巧匠，无作则纳资。"❻凡是工部使用的工匠，技艺高超者在工部无工程时，可到其他地方受雇做工，但是必须缴纳一部分所得。这就等于说，当时劳动力市场上有出卖技艺和劳动力的官府工匠。

明初，部分解除了元代朝廷和官府加在工匠身上的束缚。洪武十九年（1386年），将工匠分为轮班和坐住，减少了工匠为朝廷和官府服役的时间。轮班匠三年一班，每班服役不超过三个月；坐住匠每班不超过10天，余下时间可自行支配，允许在朝廷或官府无工程时自行到市场上出卖自己的技艺和劳动力，"洪武二十六年定……其在京各色人匠，例应一月上工一十日，歇二十日。若工少人多，量加歇役。如是轮班各匠无工可造，听令自行趁作。"❼

到了成化二十一年（1485年），朝廷允许工匠和夫役"以银代役"，更加放松了对工匠和夫役的人身束缚，同元代永世为奴的那种匠籍制度相比，无疑是社会的一大进步，实际上增加了市场上可供雇用的营造劳动力，使这些工匠的技艺得到了更充分地发挥，更多地满足了民间的营造需求。

❶ 文献[23].本纪第五.

❷ 文献[24].

❸ 文献[25].卷4.帝纪第四.

❹ 文献[26].卷6.帝纪第六.

❺ 文献[27].明帝纪.

❻ 文献[28].卷46.尚书工部.

❼ 文献[29].卷189.工匠2.

3）营造劳动力市场形成

我国古代营造劳动力市场的形成，经历了至少几千年的漫长岁月。

（1）春秋战国

春秋末与战国初期，就有人为他人起屋构舍。《盐铁论》说，鲁班能够用国君的物料为其起造宫、室、台、榭，却不能为自己盖一间陋室，就是因为自己没有足够的材料："公输子能因人主之材木，以构宫室台榭，而不能自为专屋狭庐，材不足也。"❶ 这无非是说鲁班除了自己的技能，一无所有。虽然历史上未必真有鲁班其人，但是，像这种靠出卖劳动力谋生的人不会少。

《孔子家语》中有一段子贡与孔子的对话"子贡观于鲁庙之北堂，出而问于孔子曰：'向也，赐观于太庙之堂，未既，辍，还瞻北盖，皆断焉。彼将有说邪？匠之过也。'孔子曰：'太庙之堂，官致良工之匠，匠致良材，尽其工巧，盖贵久矣，尚有说也。'"❷ 子贡看了鲁国太庙后问孔子："刚才我看了太庙北堂，未及看完，就返回观看北面屋盖，发现是用截断的木板拼接而成。这样做，是有其道理呢，还是木匠失误？"孔子答道："造太庙正堂，官府招的是良匠，工匠弄来的是良材，极尽了工艺技巧，屋盖最要紧的就是要耐久，工匠这样做必有道理。"孔子虽然未回答子贡之问，但是"官致良工之匠，匠致良材"这句话却告诉我们，春秋末期，官府修太庙，用的是招来的工匠。也就是说，当时已经有了应召的工匠。

关于当时齐国人出卖劳动力，从事非农劳动的情况，齐桓公与管子有如下对话：

桓公问管子曰："特命我曰：'天子三百领，泰啬，而散大夫'，准此而行，如何？"管子曰："非法家也，大夫高其垒，美其室，此夺农事及市庸，此非便国之道也。……"❸ 这段对话的大意是：当时的齐国，王公、大夫可雇用劳力修坟、造屋等，但是，若雇用过多或不合农时，就要影响收成和财政收入。

可以想见，当时齐国贵族从事建造活动，在市场上雇用劳动力，大多是游离农耕者。

《管子》还说："士受资以币，大夫受邑以币，人马受食以币。"❹ 就是说士的俸禄、大夫封邑的租税、雇用人夫和使用马匹等的一切开支都用货币支付。由此可知，雇人从事建造活动，也会用货币支付工酬。

（2）秦代

《史记》中有雇人冶炼的记载："蜀卓氏之先，赵人也，用铁冶富。秦破赵，迁卓氏。卓氏见虏略，独夫妻推辇，行诣迁处。诸迁虏少有余财，争与吏，求近处，处葭萌。唯卓氏曰：'此地狭薄。吾闻汶山之下，沃野，下有蹲鸱，至死不饥。民工于市，易贾。'乃求远迁。……即铁山鼓铸，运筹策，倾滇蜀之民，富至僮千人。田池射猎之乐，拟于人君。"❺

其中"民工于市"就是"人民在市场做工"。这些出卖劳动力者身份

❶ 文献[30].卷4.贫富第17.

❷ 文献[31].卷2.三恕篇第九.

❸ 文献[6].山至数.

❹ 同上.

❺ 文献[11].卷129.货殖列传.

自由，可以自己决定是否接受雇用。《史记》虽然没有留下为他人营宫室而出卖劳动力的具体记载，但不难想象，一些富户不可能像朝廷和官府那样无偿地迫使他人为自己起楼构舍，也不会完全靠自己和家人或亲朋完成，一定会雇用他人。

（3）汉代

汉文帝曾想建一个露台，但恐花费大，就请工匠估算造价，最后因造价太高而作罢。

"孝文皇帝即位二十三年，宫室、苑圃、车骑、服御无所增益……尝欲作露台，召匠计之，直百金。上曰：'百金，中人十家之产也。吾奉先帝宫室，常恐羞之，何以台为！'❶看来，汉朝的皇帝也雇用民间工匠，为其规划、设计和估算。

❶ 文献 [18]. 卷 4. 本纪第四.

（4）南北朝

南北朝时，有些营造劳动力是和雇而来。那么，谁是应雇者呢？上面所引《陈书》本纪第五中的"巧手……其籍有巧隐，并王公百司辄受民为程荫，解还本属，开恩听首。"这段话的意思是：手艺好的工匠在户籍里隐瞒了实情，而王公贵族和朝廷的一些衙门或官府为了长期占用这些工匠而为其遮掩。应当让这些长期不放的工匠，回到原来处。（逃亡的）工匠所在家乡官司应当宽大，允许工匠回来自首。

显然，工匠回到原处，即可获得自由，不再是个别王公贵族的奴隶，就获得了在别处继续发挥自己的才能和智慧的机会，雇主也就因此而能够雇到自己需要的工匠。这就为营造劳动力市场创造了条件。

（5）唐代

大和二年（828年），荥阳守杨归厚上言："'臣治所直天下大途，肘武牢而咽东夏。谁何宜谨，启闭宜度。先是驿於城中，驿遽不时，四门牡键，通夕弗禁。请更於外隧，永永便安。'制曰：可。守臣奉诏，无征命，无夺时，縻美财，募游手，逮八月既望，新驿成。"❷这段话，说的是荥阳太守杨归厚在管城外构筑新驿站时，所使用的劳动力是雇用而来，非强迫征用。

❷ 文献 [21]. 卷 606. 刘禹锡八. 管城新驿记.

唐代贵戚雇工营治宅邸，不乏其例。天宝七年（787年）十一月，唐玄宗时的韩国夫人、虢国夫人和秦国夫人"势倾天下……竞开第舍，极其壮丽，一堂之费，运逾千万；既成，见它人有胜己者，辄毁而改为。虢国尤为豪荡，一旦，帅工徒突入韦嗣立宅，即撤去旧屋，自为新第，但授韦氏以隙地十亩而已。中堂既成，召工圬墁，约钱二百万；复求赏技，虢国以绛罗五百段赏之，嗤而不顾，曰：'请取蝼蚁、蜥蜴，记其数置堂中，苟失一物，不敢受直。'"❸这段话是说，韦嗣请来工匠，拆去旧宅，起造新第，中堂完工后，雇泥水工涂抹粉刷，先说好给钱二百万，完工后，工匠要求另外赏赐，虢国夫人赏五百段绛罗，工匠嫌少，就说："请您把蚂蚁或蜥蜴放到中堂里，若是少了，我不敢要您工钱。"此例说明当时工匠

❸ 文献 [32]. 卷 216.

的地位已经大大提高，敢于同贵族讨价还价，同以前强迫服役的工匠大不相同。

从以上各例，可以想象唐代营造劳动力市场的情况。

柳宗元（773—819年）的《梓人传》介绍了一位名叫杨潜的木匠。杨潜告诉房东翡封叔他能看懂房子的式样，能够安排和指挥各工匠具体盖造房屋。杨潜曾在官府干过，俸禄是别人的三倍还多。可是，要为私人干活，就能拿到全部报酬的一大半。后来，京兆尹要修官署，雇了许多工匠。柳宗元看到杨潜把房子图样画在墙上，标出房子的详细布局和构造，按房子的用途，察看木料的性能，酌情选用。然后，指挥各个工匠的具体工作。若有不胜任的工匠，杨潜就将其辞退。楼、馆、厦、台、榭按图造成后，写上：某年某月某日某某造，这某某就是杨潜这类工匠的名字，而听他使唤的工匠都不署名。❶

韩愈（768—824年）在《圬者王承福传》中介绍了一个泥瓦匠，文字也非常生动。这位泥瓦匠名叫王承福，以替富人盖造和修理房屋为生，并以此为乐。王承福安史之乱时从军十三年。当解甲归乡时，田地已无，只好靠瓦刀挣取衣食之用，一干就是三十多年。

杨潜和王承福两人的故事告诉我们，唐朝的京城以及其他都邑，甚至乡村，都有专门为他人盖房、修房、起楼、构馆、架桥、铺路和治园等的工匠。杨潜和王承福两人以及所有其他类似之人所为之事及其态度，正好符合司马迁所说的职业应当具有的特征，因此，可以说，我国至晚在唐代，就有了营造业的萌芽。

除了杨潜、王承福和其他不知姓名的工匠，我们还看到了他们的雇主：荥阳太守、虢国夫人、京兆尹和翡封叔。这两种人，正是营造劳动力市场的买卖双方。这就是说，如今建筑市场的前身在唐代已露出了身影。

（6）宋代

北宋都城开封，已经有了发达的营造劳务市场。打算修整屋宇或泥补墙壁者，可从中雇工。等待雇用的工匠和壮工，直接与雇用者讨价还价，商定工钱。《东京梦华录》记载："倘欲修整屋宇，泥补墙壁……即早辰桥市街巷口皆有木竹匠人，谓之杂货工匠，以至杂作人夫……罗立会聚，候人请唤，谓之'罗斋'。竹木作料，亦有铺席。砖瓦泥匠，随手即就。"❷

上述劳务市场多于桥、街、市、巷口、茶肆等便于来自不同地区和行业的人会聚之处。这种情景仍然存在于一千年以后的我国大小城市中。

《梦粱录》中也有类似记载："更有名为'市'者，如炭桥药市……其他工役之人，或名为'作分'者，如……裱褙作、装銮作、油作、木作、砖瓦作、泥水作、石作、竹作、漆作、钉铰作……等作分。"❸"又有茶肆专是五奴打聚处，亦有诸行借工、卖伎、人会、聚行老，谓之'市头'。"❹在我国的一些城市，如上海，工匠在茶馆等待雇主招呼的传统一直延续到清末。❺

❶ 文献[33]卷17.梓人传.

❷ 文献[34].卷4.修整杂货及斋僧请道.

❸ 文献[35].卷13.团行.

❹ 文献[35].卷16.茶肆.

❺ 文献[36].营造业激烈竞争各显神通.

这些匠人为雇主做各种工作，包括购料。苏东坡绍圣元年（1094年）谪惠州期间与友人通信时说："少事干烦,过河源日,告伸意（人名）仙（县）尉差一人押木匠作头王皋暂到郡外,令计料数间屋材,惟速为妙。"（未能及时回信是因为忙着请木匠到外地买木料）●

当然，当工匠或壮工不满意商定的工价，或者完工时雇主支付之数不值自己的实际付出时，就会与之争执，或以其他方式报复。据《夷坚志》记载，"（常熟圬者）以佣值不满志,故为厌胜之术,以祸主人。"●这种圬者大多是从上述劳务市场上雇佣而来。

以上几条史料，特别是《东京梦华录》和《梦粱录》，对于了解宋代的营造劳动力市场是十分难得的。这两条史料对于营造活动涉及的各种工"作"记述得十分具体，如"修整屋宇，泥补墙壁"、"竹木作料"、"砖瓦泥匠"、"裱褙作、装銮作、油作、木作、砖瓦作、泥水作、石作、竹作、漆作、钉铰作"，这是在笔者阅读过的所有史料中绝无仅有的。20世纪80年代以来，研究我国古代手工业、工匠的成果连篇累牍，但是涉及营造业的极少，即使有所涉及，也语焉不详。

这些记述不但让我们看到唐代营造工匠、劳动力及其市场的情况，还可以指导我们根据社会发展的一般规律更加深入地认识宋代以后各代的情况。

上面介绍唐代情况时，已经提到了营造劳动力的雇用者。宋代史料中有了更多营造劳动力雇用者的例子，如：

"郑良……宣和中（1122年），仕至右文殿修撰、广南东西路转运使，累赀为岭表冠。既奉使两路，遂于英筑大第，垩以丹碧，穷工极丽，南州未之有也……良之宅，今三分为天庆观、州学、驿舍，其家徙江西云。"●

"常州无锡戴氏，富家也。……于邑中营大第，备极精巧，至铸铁为范，度椽其中，稍不合必易之。又曳縣往来，无少留碍则止。……建炎绍兴间，乱兵数取道，邑屋多经焚毁,唯李宅岿然独存,至今居之。"●

显然，郑良和戴氏不会自己动手，一定是到劳动力市场上雇用工匠和夫役。宋代营造劳动力的雇用者中已经有了房地产开发商。

天圣四年（1026年）二月，内侍领班江德明向宋仁宗汇报朝廷房产情况，并建议将朝廷和官府暂无利可图的土地拍卖给民间，允其盖造房屋出租。入内押班江德明言："昨奉诏，以臣僚言店宅务课利亏少旧额，令取索数目进呈。……又大中祥符七年十二月，准敕：'空闲官屋，令开封府觑步职员提举。'自经天禧年大雨倒塌，各有少欠材料，本地场子陪填，至今未足，有妨修盖。乞今后应倒塌屋，画时收拆入场……又帐管空地甚多，既不盖屋，复不许人承赁。今乞择紧处官盖，慢处许人指射浮造。……事下枢密院看详，并从之。"●显然，上述这段文字中提到的"指射浮造"（选定地段并报价购买之后盖造房屋）的人（商人、官僚等）要"浮造舍屋"，

● 文献[37].卷84.尺牍.

● 文献[38].丙志卷10.常熟圬者.

● 文献[38].甲志卷10.南山寺.

● 文献[38].甲志卷16.戴氏宅.

● 文献[39].食货55.

也要到市场上雇用工匠和夫役。

（7）金代

天会六年（1128年），燕京一带地震毁坏了大量民宅。许多人急请工匠修复，而工匠则趁机抬高工价。结果，贫寒者无力支付。当时的燕京留守、顺天军节度使范承吉就派人主持修复工程，按着轻重缓急，修复了所有人家的房屋，使百姓节省了费用。"属地震坏民庐舍，有欲争先营葺者，工匠过取其直，承吉命官属董其役，先后以次，不间贫富，民赖以省费。"❶

❶ 文献[40].卷128.

由此可知，金太宗时代，该地区工匠可随行就市，根据供求关系确定工价，市场机制在民间营造活动中发挥了作用。这些工匠从何而来呢？不难想象，与金国接壤的北宋境内的工匠，当得知这一地区发生地震且当地工匠供不应求时，一定会纷纷前来揽工。

金国全境远不如北宋经济发达。但是，其南部从唐代，中间经过辽代，一直到金国为蒙元所灭，始终以汉人为主，经济、文化和社会制度受唐代和辽代以及北宋的影响很大。靖康二年（1127年）金国吞并北宋以后，这些制度得以保留和维持。因此，虽然《金史》和其他金代史料信息不足，但是我们可以想象到金代营造劳动力市场的大致情况。

（8）元代

元代民间和官府工程，在市场上雇用工匠已很普遍，当时之人已经懂得如何根据自己的需要，雇用合适的工匠。"市井细民欲营一室，欲造一器，亦必问其匠之工拙，未有求金工于木工之门，责陶埴于织纴之手者。职官则问其材之能否，吏员则试以案牍，然后委任。"❷

❷ 文献[41].杂著卷22.时政.

广州原有广州路学的大成殿很有名，元贞元年（1295年）修缮过一次，但因仓促，完工后很快就破损不堪。廉访使朵儿只卜见到后，提出改建，与他人商量后开工。"鉴前欲速，图后可久，因没官巨材，复买其半以足用，凡买砖甓础石诸物，悉从市贾，工匠夫役皆顾募。""庙殿经始于丁巳（1317年）之春，塑像肇作于丁巳之冬，而毕成于戊午（1318年）之秋。仪门廊庑，新与庙称。凡用匠以工计者二万，役夫倍之；钞中统以贯计者六万，米以石计者四百。其半取于赡士之余，其半有司征布以给之。物无疆贾，民无横役，财无滥用。"❸

❸ 文献[42].卷24.熊天慵修大成殿记.

元至大三年（1310年）疏浚会通河所用劳力，也是雇用而来。"二月，癸未，浚会通河，给钞四千八百锭、粮二万一千石以募民。"❹

❹ 文献[43].卷197.

（9）明代

明代许多地方，民间营造极需外来工匠。如安徽庐江，"庐民佃田者多，业工者少，故工亦弗能为良。……凡金、木、土、石之工，多取之他郡。"❺再如巢县，"若工作技艺，类非齐民所长，凡宫室，悉取办外郡工匠营作。"❻

❺ 文献[44].卷2.舆地·风俗.
❻ 文献[45].卷7.风俗志.

这些工匠，大多来自江南。江南经济发达，教育兴盛，文化繁荣，再加交通便利，信息畅通，造就了许多能工巧匠。明代周忱说，"天下之民，

❶ 文献 [46]. 卷 27. 与行在户部诸公书.

出其乡则无所容其身；苏松之民，出其乡则足以售其巧。"❶

（10）清代

从明中叶至清中叶，农村剩余劳动力向城镇大规模转移，尤以经济发达地区为甚。

例如，江苏吴县（2000 年，江苏省撤销了吴县市，设立了苏州市吴中区——编者注）香山一带，"民习土木工作者十之六七，尤多精巧，凡大江以南有大兴作，必藉其人。"❷

❷ 文献 [47]. 卷 1. 风俗.

从事土木营造的能工巧匠屡见于这一时期的文字中，如《清稗类钞》中就有如下几段：

"黄攀龙，桂东人，精于攻木。康熙初，武昌黄鹤楼势倾欹，攀龙举整如旧，省费万计，人皆神之。桂阳下濠有桥，地峻水急，植木为基，不旋踵而毁。延攀龙至，桥遂成。邑之泉溪有田，资灌溉，上堰屡修而屡坏，攀龙亲凿石架木，出人意表，遂以永固。"❸

❸ 文献 [48]. 工艺类. 黄攀龙精于攻木.

"秀水李良年，字武曾。康熙己未被举宏博时，荐牍姓名为虞兆潢，且落第，归而筑秋锦山房于长水上梅会里之漾葭湾。其南曰观槿，东曰剩舫，北曰息游草堂，坐卧其中，弟子著录者日众。生平精心计，谙建筑，其为草堂也，榑栌、柱枅、瓴甓之属，一经鸠度，立匠人圬者于前，分授之，斧斤既施，不爽尺寸。"❹

❹ 文献 [48]. 工艺类. 李良年谙建筑.

三、劳动力从征用到雇用的转变

各代朝廷营造活动所需工匠和一般夫役，从强征到雇用，中间经过了漫长的过程。这一转变的一个重要环节即所谓"纳资代役"。"纳资代役"大致出现在南北朝、隋和唐初，而成形于唐代中期。

在我国古代社会，徭役和赋税是统治者剥夺百姓劳动成果的形式。徭役是无偿占用劳务，而赋税则是剥夺实物或货币。两者之间可以互相转化，随着商品经济的发展，赋税逐渐取代了徭役。

1. 纳资代役

我国古代赋税和徭役的内容、对象、形式和数量随时而变。

1）唐代以前

唐以前，百姓最感痛苦的是无休止、无限度的徭役。徭役有兵役和劳役，宋末元初的马端临说，兵役"以起军旅，则执干戈、胄锋镝而后谓之役"；劳役"以营土木，则亲畚锸、疲筋力然后谓之役。"❺ 强征劳役，迫使百姓无偿地筑城、筑长城、筑路、治河、修堤、修渠、营宫室、架桥，等等。

❺ 文献 [13]. 卷 13. 职役考二.

北齐文宣帝登基（550 年）时，将百姓分为九等之户，"富者税其钱，贫者役其力。北兴长城之役，南有金陵之战，其后南征诸将，频岁陷没，士马死者以数十万计。重以修创台殿，所役甚广，而帝刑罚酷滥，吏道因

而成奸，豪党兼并，户口益多隐漏。" ❶

隋代的租调制源于北魏，直接继承于北周，立足于均田制。隋代徭役制出现了"以庸代役"。开皇十年（590年）五月，"又以宇内无事，益宽徭赋。百姓年五十者，输庸停防。" ❷ 也就是说，隋文帝时，天下已定，不需再征发大量劳役，五十岁以上的男子可纳绢或布匹以求免除力役，即以庸代役。这种做法虽未普遍，但成定制。五十岁以下的青壮丁，还要无条件服役。

开皇十年（590年）六月，"人年五十，免役收庸"。 ❸

为了征发足够的工匠和夫役，满足朝廷和皇家营造活动的需要，朝廷和官府动用大量官员和军队，搜捕、押送、监督和弹压工匠和夫役，而应役者则伤亡惨重。"开皇十三年，帝命杨素出，于岐州北造仁寿宫。素……役使严急，丁夫多死，疲敝颠仆者，推填坑坎，覆以土石，因而筑为平地。死者以万数。" ❹

到了炀帝时，土木工程接连不断，结果，"天下死于役，而家伤于财。" ❺

2）唐代

唐初，上述情况依旧。永淳元年（682年），太常博士裴守真上表说："又以征戍阔远，土木兴作，丁匠疲于往来；饷馈劳于转运，微有水旱，道路遑遑。岂不以课税殷繁，素无储积故也。夫大府积天下之财，而国用有缺。少府聚天下之伎，而造作不息；司农治天下之粟，而仓庾不充……役人有万数，费损无限极。调广人竭，用多献少，奸伪由此而生。黎庶缘斯而苦，此有国之大患也。" ❻

朝廷和各级官府在需用工匠时，就"下文帖付县"，由县将其编成"团"和"火"后征用。民匠为官府服役时，"一人就役，举家便废"；"入军者督其戎仗，从役者责其糇粮，尽室经营，多不能济"。 ❼

唐代京师及关中地区需用工匠最多，劳役较其他地区繁重。"比者疲于徭役，关中之人，劳弊尤甚。" ❽ 此外，魏徵指出工匠超期服役严重："杂匠当下，顾（雇）而不遣。" ❾ 即使到了贞观年间，仍然是"供官徭役，道路相继，兄去弟还，首尾不绝，远者往来五六千里，春秋冬夏，略无休时"。 ❿ 唐太宗"虽每有恩诏令其减省，而有司既不废，自然须人，徒行文书，役之如故"。 ⓫

从以上引文可以看出，唐初百姓的劳役相当沉重。

征发徭役以兴工，弄得民不聊生，名声很臭。为了避免留下压迫百姓的恶名，很多工程都声明，本工程是民间自愿，未误农时，钱皆为节余，劳力均为闲散之人。例如，大和二年（828年），荥阳太守杨归厚在管城城外一个新驿站竣工时，请刘禹锡为文记之：

"大和二年闰三月，荥阳守归厚上言：'臣治所直天下大逵，肘武牢而咽东夏。谁何宜谨，启闭宜度。先是驿於城中，驿遽不时，四门牡键，通夕弗禁。请更於外隧，永永便安。'制曰：可。守臣奉诏，无征命，无夺时，糜美财，募游手，逮八月既望，新驿成。……" ⓬

像"无征命，无夺时，糜美财，募游手"这样的话，在以后各代的碑记、铭文、奏疏中屡见不鲜。可见，强迫百姓从事不急、多余的政绩工程

❶ 文献[22].卷24.食货.

❷ 同上.

❸ 文献[22].卷2.帝纪二高祖.

❹ 文献[22].卷24.食货.

❺ 同上.

❻ 文献[49].卷83.租税上.

❼ 文献[21].卷153.戴胄.谏修洛阳宫表.

❽《新唐书》卷97.列传22.魏征传.

❾ 文献[28].卷97.列传22.魏徵传.

❿（唐）吴兢，骈宇骞，注释.《贞观政要》奢纵第二十五[M].北京：中华书局，2011.

⓫ 文献[50].奢纵第25.

⓬ 文献[21].卷606.刘禹锡八.管城新驿记.

是多么不得人心。

唐初，朝廷以租、庸、调形式取之于民。"唐之始时，授人以口分、世业田，而取之以租、庸、调之法。其中的庸，用人之力，岁二十日，闰加二日，不役者日为绢三尺，谓之庸。"❶ 文献[28].卷51.食货一. 这就是说，庸实际上是以货代役，纳资代役，从而开始了徭役向赋税的转化。

唐高祖武德七年（624年），"武德七年，始定律令。……凡丁，岁役二旬。若不役，则收其庸，每日三尺"。❷ 文献[51].卷48.食货上.

唐玄宗在开元二十五年（737年）定令："……诸丁匠不役者收庸，无绢之乡，絁布参……絁、绢各三尺，布则三尺七寸五分。三月敕：关内诸州庸调资课，并宜准时价变粟取米，送至京，逐要支用。……诸课役，每年计帐至尚书省，度支配来年事，限十月三十日以前奏讫。……诸丁匠岁役工二十日，有闰之年加二日。须留役者，满十五日免调，三十日租调俱免，从日少者见役日折免。通正役并不过五十日。正役谓二十日庸也。"❸ 文献[52].卷6.食货六.

并非所有人都可纳资以求免役，能出钱求免役的，仅是少数上户，大多数中下户还必须服役。

租庸调法后来逐渐失去了应有的作用。《新唐书》食货志简要地说明了为什么会放弃租庸调法，而提出两税法："租庸调之法，以人丁为本。自开元以后，天下户籍久不更迭，丁口转死，田亩卖易，贫富升降不实，其后国家侈费无节，而大盗起，兵兴，财用益屈，而租庸调法弊坏。"❹ 文献[28].卷51.食货一. 到了唐德宗时，宰相杨炎于建中元年（780年）提出了两税法，为唐德宗所采纳。建中元年（780年）"二月丙申，初定两税"。❺ 文献[28].卷7.本纪第七.

《新唐书》中说："凡百役之费，一钱之敛，先度其数而赋予人，量出以制入。户无主客，已见居为簿，人无丁中，以贫富为差。……其租庸杂徭悉省，而丁额不废，申报出入如旧式。"这句话的意思是，原来由百姓承担的各种劳役，只要向官府缴纳一笔钱，即可免除，这笔钱叫作"代役钱"。官府收了代役钱就可以出钱雇他人承担该劳役。❻ 文献[28].卷145.杨炎传.

两税法加快了劳役向赋税的转化进程。但是，治河、筑城等一些大型工程仍然需要征役。例如，长庆二年（822年），"温造为朗州刺史，奏开复乡渠九十七里，溉田二千顷。郡人利之，名为右史渠。至太和五年（831年）七月，造复为河阳节度使，奏浚怀州古渠枋口堰，役功四万，溉济源河内温武陟四县田五千顷。"❼ 文献[49].卷89.疏凿利人. 然而，朝廷和各级官府为了及时满足自己营造需要，仍然将一些须经常使用的能工巧匠置于自己的控制之下。这样的工匠叫"长上匠"。

《唐六典》记载，唐玄宗时（712—755年），"凡诸州匠人长上者，则州率其资纳之，随以酬雇。"❽ 文献[53].卷23. 较固定的官府工匠，不能纳资代役"巧手供内者，不得纳资"❾ 文献[53].卷7.，但官府给予"酬雇"。

3）宋代

到了宋代，百姓虽然仍须服役，但允许以钱代役。例如，熙宁十年（1077

年）十一月，宋神宗下诏："河北、东京、淮南等路出赴河役者，去役所七百里外，愿纳免夫钱者听从便。"❶ 又如，元祐元年（1086 年），"文彦博、吕大防……拔吴安持为都水使者，委以东流之事。京东、河北五百里内差夫，五百里外出钱雇夫。"❷ 宋哲宗元祐七年九月十四日，都水监言："准敕五百里外方许免夫，自来府界黄河夫多不及五百里，缘人情皆愿纳钱免行，今相度，欲府界夫即不限地理远近，但愿纳钱者听。"❸ "及元祐中（1090 年左右），吕大防等主回河之议，力役既大，因配夫出钱。大观中（1109 年左右），修滑州鱼池埽，始尽令输钱。帝谓事易集而民不烦，乃诏：'凡河堤合调春夫，尽输免夫之直，定为永法。'及是，王黼建议，乃下诏曰：'大兵之后，非假诸路民力，其克有济？谕民国事所当竭力，天下并输免夫钱，夫二十千，淮、浙、江、湖、岭、蜀夫三十千。'"❹

4）元代

元代，被迫服役的工匠和夫役不断怠工、逃亡，使得朝廷和官府得不到足够的劳动力，结果，工程不合格，即使建成，亦不堪使用。元成宗大德七年（1303 年），浙江衢州开化人郑介夫❺ 在其奏文中说：

"如匠户一项，随朝所取匠人，与外路当工者不同。在京都者，月给家口衣粮盐菜等钱，又就开铺席买卖，应役之暇，自可还家工作。皆是本色匠人，供应本役，虽无事产可也。外路所签匠户，尽是贫民，俱无抵业。元居城市者，与局院附近，依靠家生，尚堪存活，然不多户也。其散在各县村落间者，十中八九与局院相隔数十百里，前迫工程，后顾妻子，往来奔驰，实为狼狈。所得衣粮，又多为官司揩除。……蚕食匠户……人匠既无寸田尺土，全藉工作营生。亲身当役之后，老幼何所仰给？……工作所获，不了当官。计无所出，必至逃亡。今已十亡二三，延之数年，逃亡殆尽矣。"❻

5）明代

明代，逃亡并未绝迹。弘治五年(1492 年) 三月，"南京工部奏，近年各府、州、县所解轮班工匠类多老幼，不堪供役，旋复逃去。"❼

嘉靖八年(1529 年)，工部尚书刘麟等应诏陈言："各府、州、县工匠，近多冒替影射，随解随逃，徒以累民，而公家不得实用。"因此，建议"纳价以助大工，每匠一名，照旧例每季纳银一两八钱。"❽ 班匠是分散于各省、府、州、县的手工业者，官府无法保证全国二十三万的班匠按照规定时间从四面八方顺利到达京师服役，"屡解屡逃"和"失班"。因此，必须改变聚集工匠和夫役的方式，明代成化末年，对于班匠，开始了"以银代役"。

成化二十一年(1485 年)，工部奏准："轮班工匠有愿出银价者，每名每月南匠出银九钱，免赴京，所司类赍勘合，赴部批工；北匠出银六钱，到部随即批放。不愿者，仍旧当班。"这个办法一直用到嘉靖四年题准，"各色班匠，该抚按清军等官督属清查。果有远年逃亡，并无遗留田地者，原解匠价通行除免，无令里甲包陪。见在匠户无力者，亦止令上班，不许一

❶ 文献 [14]. 卷 285.

❷ 文献 [54]. 卷 93. 河渠志三.

❸ 文献 [39]. 方域 15. 治河下二股河附.

❹ 文献 [54]. 卷 175. 食货上.

❺ 文献 [55]. 新元史. 蒙兀儿史记.

❻ 文献 [56].

❼ 文献 [57]. 明孝宗实录. 卷 61.

❽ 文献 [57]. 明孝宗实录. 卷 98.

❶ 文献 [29].卷 189.工
匠二.
❷ 同上。

概追价类解。"❶ 对于一般夫役,也实行了以银代役。嘉靖八年(1529 年)后,
还令"南直隶等处远者纳价,北直隶等处近者当班,各从民便。"❷ 因为
还做不到全国一律征银,所以只能"各从民便"。

到了嘉靖四十一年 (1562 年),工部题准:"行各司府:自本年春季为始,
将该年班匠通行征价类解,不许私自赴部投当。仍备将各司府人匠总数查
出:某州县额设若干名,以旧规四年一班,每班征银一两八钱,分为四年,
每名每年征银四钱五分……"❸

❸ 同上。

明代工匠入匠籍之后,处处受限,如同奴隶。从成化到嘉靖的一百多
年间,工匠一步步地由无偿服役改变为缴纳银两,对官府的人身依附才显
著减少,自身的独立性大大增加,进而增强生产主动性和积极性,促进了
社会生产力和关系的发展。

班匠以银代役,较长途跋涉赴京服役,已有很大改善。尤其重要的是
班匠对官府的人身依附趋于缓和。嘉靖以后,占全国工匠百分之八十的班
匠已基本上得到了工作的自由。至于住坐工匠,虽然直到明末还束缚在官
府的盘剥之下,但是住坐工匠的人数已经日益减少。❹

❹ 同上。

各朝代朝廷和官府收到代役钱或免役钱,就可以为工程就近雇用工匠
和夫役。

但是,历史并没有止步于纳资代役。到了清代顺治年间,基本实现了
完全的雇用,因此,"代"或"免"之说也就成了陈迹。

朝廷和官府为兴土木而能够征到的服役者,大部分是因舍不得农耕而
未逃的好手,因此征役对农业有所影响,进而减少了主要来自农业的赋税。
而雇用,可免除这种弊病,一般的力夫,前来应征的多为无农事在身、又
距工地不远之人;对于工匠,还可以避免纳资代役中的滥竽充数,保证应
征者胜任。这样,朝廷和官府雇用劳动力,远较强征路途遥远且忙于生产
之人的代价小。

当然,各朝代和各地区因经济发展水平不同而各有具体做法,有时还
难免走强行征役的老路。

明万历十二年(1584 年)十一月,礼部仪制司主事陈应芳在阅读了
当时漕运总督王廷瞻就在扬州府宝应县开越河一事❺ 而写的奏疏后,立
刻上奏明神宗,明白、透彻地分析了强迫征役的各种弊病,以及雇用的好处:

❺ 文献 [57].明神宗实
录.卷 154,卷 162.

"顷见漕臣开越河一疏,其称论方取土,以丈计之,约用工银
九万六千有奇,而木石之费十二万,其派夫必得五万人而后可。窃意
夫以五万,每名日工食二分,则当一日千金矣。是所谓九万六千者,
止可供五万人三月之费。借日更番迭用,亦止足供六月之食。大约计
之,则九万六千者,可足一年夫役之募乎? 其不足者,抚按自有处乎?
抑令民自为赔也。臣往见河工之举,抚按下之司道,司道下之州县,
州县下之里甲,里甲不足,于是以家赀之上下,为出夫之等第,籍名
在官而趋之役。牌票追呼之扰,遍于闾阎;呼号怨谤之声,盈于道路。

其状有不可胜言者，此籍名之苦一也。及其不可脱而为之办夫，一夫远者，月有一两二钱之值；近者，月有九钱之值。有称是而计月以安家之值。以一家为率，办夫五名，则月几十金之费矣！

往往倾赀以偿其费。不只鬻产，又卖子女，数月之间，间阎一空。此雇夫之苦二也。及其以应雇之夫，而往即工所也，多方影射，百计索求，一不遂，则鞭挞之。夫往往多逃去，则以逃夫呈而移檄州、县逮之。原籍名之人，则又雇夫以补其额，而就逮之费，亦复如前，是重困也。至于官银，即使尽所议者给之，犹不足以偿十分之一，而况所给者，受值之人，非出值家也。以故不才佐贰通同省察，恣意侵克。以故官徒有募夫之名，而害归于籍名者之家，利入于管工者之手。此赴役之苦三也。

请以三策筹之，与其使当事诸臣，阳为节省之虚名，而间阎小民，阴受包赔之实害，则孰若照粮起科，明为加派。而以九年、十年拖欠存留钱粮，酌为蠲免其旧，而加派其新，人情未有不乐从者。至于东南孔道，各省协济之银，揆之事理，必不可无。昨抚臣议五万，臣犹以为少，奈何不允，而使独累淮、扬赤子也？夫钱粮足，则官操其值以募人，如各驿递等夫，则非以厉民，而且养民，此理之正，策之上也。……"❶

2. 两税法前的和雇

官府营造活动在使用工匠和夫役时早在隋唐以前就已有和雇作法。所谓和雇，就是官府出钱雇用民匠和民夫为之劳作。

1）南朝

梁武帝于大同年间（535—546 年）说："凡所营造，不关材官，及以国匠，皆资雇借，以成其事。"❷营造工匠和人夫"皆资雇借"，而不再靠强征。这种做法成了唐代和雇的先例。

《梁书》还说了和雇同征用相比的好处："近之得财，颇有方便，民得其利，国得其利，我得其利，营诸功德。"❸

2）隋唐

隋代及唐初和雇工匠的情况更多。当征发而来的工匠和丁夫人数不够，或技艺不适用（不供驱使，不能给驱使）时，就要和雇补充之。贞观十三年（639 年）魏征在给唐太宗的上疏中说："顷年已来，疲于徭役，关中之人，劳弊尤甚。杂匠之徒，下日悉留和雇。"❹魏征的意思是：近年以来，疲于徭役，关中的百姓，尤其劳苦疲惫，杂匠人等，服满劳役之后，都留下来被官府雇佣。

隋代及唐初，朝廷与官府对工匠仍以征用为主，只是在"正丁正匠，不供驱使"时，方可"和市、和雇"。这时候的和雇远不能与唐代中期以后的情况相比。

不过，常有以和雇之名行强迫之实者。唐初，朝廷、皇族贵戚信佛，

❶ 文献 [57]. 明神宗实录. 卷 155.

❷ 文献 [58]. 列传 32. 贺琛条.

❸ 同上。

❹ 文献 [50]. 慎终第四十.

409

我国古代营造业与建筑市场初探

大修佛寺。永徽六年（655 年）正月，唐高宗要在昭陵旁修佛寺。尚书右仆射褚遂良劝阻，说既然打算征辽，就请爱惜民力。这次修寺，虽然说是和雇百姓，但实际上仍然强迫一二百里以外的百姓，辛辛苦苦地赶到咸阳服役。褚遂良还说，皇上信佛是想普渡苍生，可是现在又驱使他们修寺。希望不要急于求成，应缓而图之："褚遂良谏曰：'……今者，昭陵建造佛寺，唯欲早成其功。虽云和雇，皆是催迫发道，豳州已北，岐州已西，或一百里，或二百里，皆来赴作。遂积时月，岂其所愿？……'" **❶**

❶ 文献 [49]. 卷 48. 寺 .

从武则天末年起，更有大量农民因失地而被迫出卖劳动力，投身于当时的各种营造活动之中。"大足元年（701 年）正月，成均祭酒李峤谏曰：'……天下编户，贫弱者众，亦有佣力客作，以济糇粮。亦有卖舍贴田，以供王役。'" **❷**

❷ 文献 [49]. 卷 49. 像 .

唐玄宗时，对于和雇有更为具体的说明："番上不至者，闲月督课，为钱百七十，忙月二百"，并要求将收上来的代役钱上缴"州县官"。**❸**

❸ 文献 [28]. 卷 55. 食货 5 .

唐代中期之前，唐玄宗的敕文允许河南尹李适之用国库的钱和雇人夫修三个水池防御谷、洛二河泛滥：在开元二十四年（736 年），"上以为谷、洛二水或泛溢，疲费人功，遂敕河南尹李适之出内库和雇，修三陵以御之。" **❹**

❹ 文献 [53]. 卷 7. 工部尚书 .

在唐代中期实施了两税法以后，随着社会生产力的发展与劳动者人身依附关系的放松，以及免役收庸、纳资代役范围的扩大，朝廷和官府就逐渐扩大了和雇的范围。

《唐会要》则告诉我们施行两税法后，京城内街坊的分隔墙破坏时，不得再强迫百姓无偿筑造和修理，而必须用两税钱和雇工匠为之。"贞元四年（786 年）二月敕，京城内庄宅使界诸街坊墙有破坏，宜令取两税钱和雇工匠修筑，不得科敛民户。" **❺**

❺ 文献 [49]. 卷 86. 街巷 .

唐宣宗于公元 847 年发布的《大中改元南郊赦文》中再次重申，各州县的营造工作，除了紧急情况，公廨、公共设施等，如要修理，不能再征发徭役，而要"和雇"，并按照当时的价格付给工钱："如闻所在修筑，动逾数月，事非甚切，所妨即多。自今已后，所在州县如要修理者，任和雇诸色人役使，仍须据时价给钱。" **❻**

❻ 文献 [21]. 卷 82. 宣宗四 .

朝廷和官府收来代役钱或其他实物，就可以用来和雇工匠和人夫。对此，《唐会要》有如下记载："贞元四年（788 年）二月敕，京城内庄宅、使界、诸街坊墙有破坏，宜令取两税钱和雇工匠修筑，不得科敛民户。" **❼**

❼ 文献 [49]. 卷 86. 街巷 .

但是，代役钱经常不足和雇之用。和雇还有其他资金来源。唐代朝廷的各个衙门和各级官府，把一时用不了的钱对商户放高利贷。另外，唐代还在租庸调之外靠卖官增加收入，也就是让有钱的富户"纳质"或如上文中的"资纳"。卖官得来的钱也放高利贷，计取利息，收入不菲。《唐会要》中有记载："乾元元年（758 年）敕：长安、万年两县，各备钱一万贯，每月收利，以充和雇。时，祠祭及蕃夷赐宴别设，皆长安、万年人吏主办。

二县置本钱，配纳质债户收息，以供费。诸使捉钱者，给牒免徭役，有罪府县不敢劾治，民间有不取本钱，立虚契，子孙相承为之。"❶

3. 雇用

1）宋代

"康定元年（1040年）四月十九日，陕西安抚使韩琦等言：'庆、鄜、泾三州修城，有妨农种，复少兵士以代夫役。今请听富民献力，自顾人夫修筑。……'从之。"❷

不但民间可以到市场上雇用营造劳动力，官府也同样如此。

宋代，在治理河道、修筑道路、建造桥梁等各种工程中，单独使用佣夫者为数不少。

康定元年（1040年）四月，"陕西安抚使韩琦等言：'庆、鄜、泾三州调民修城，有妨农种，复少兵士以代夫役，请听富民自雇人夫修筑，三万工与太庙、斋郎，五万工与试监簿或同学究出身，七万工与簿、尉，八万工与借职，十万工与奉职'。从之。"❸

熙宁八年，"闰四月丁未，提点秦凤等路刑狱郑民宪请于熙州南关以南开渠堰，堰引洮水并东山直北道下至北关，并自通远军熟羊砦导渭河至军溉田。诏民宪经度，如可作陂，即募京西、江南陂匠以往。"❹文中"陂匠"即民间水利工程作坊，不是单个工匠。

元祐五年（1090年）三月丁卯，"都水使者吴安持言，大河信水向生，请鸠工豫治所急。诏特发元丰库封桩钱二十万充雇夫。（政目云：赐元丰封桩，钱三十万贯，雇夫治河，每夫钱二百文，不得裁减。）"❺

绍兴二十二年（1152年），"九月六日，左朝奉郎周林言：'臣前任蕲州，见郡城环回皆山，每遇霖雨，则众山之水奔凑城下，莫之能御。治平二年，郡守张衡创筑河堤，以扼水势，从此无复水患。自经兵火，掘凿殆尽。望诏有司委自知、通同属县就农隙依所定钱米和雇游手浚渠，取土成堤，水到渠成，堤亦成矣。堤岸既修，除去水患，民皆安居，而灌溉有备，亦无旱暵之虞。'上可其言。"❻

《赤城志》记录了浙江临海县官府于淳熙丁酉年（1177年）秋重修县治，在当地雇用工匠和人夫，按市场价格付酬之事。"问其工役之次第，则曰：'未尝厉民而强使也。'籍境内之为工者若干，官出僦傭，率如其私之直，居处饮食，先为规画，使极安便，率旬有五日而迭休之。其用夫只及于附邑之三乡，家止一人，人役三日。番无过十夫，而亦与之傭，省督工程，无苟简怠惰之患，谨视给散，无稽留朘削之弊，民之与官，为市为役者，若私家然，故役大而不扰。"❼

对于工匠和夫役，雇用而非征用的好处，朝廷君臣看得明白。当时的交通不便，若派出官员从各地征役，很多应征者路途遥远，不能及时满足工程要求，而且经常因赶上农忙而耽搁耕织，甚至破产，朝廷和百姓都付

❶ 文献[49].卷93.诸司诸色本钱上.

❷ 文献[39].方域8.

❸ 文献[14].卷127.

❹ 文献[54].卷95.河渠5.

❺ 文献[14].卷439.

❻ 文献[39].食货7.水利上.

❼ 文献[59].卷6.公廨门三.

出了高昂代价。而雇用，在商品经济已经相当发达的宋代，就可以避免这些问题。例如，崇宁二年（1103年）在修筑河南滑州（今河南滑县等处）黄河埽岸时，通直郎试都水使者赵霆五月十一日奏请由富户缴纳免役钱，然后再用此钱雇用民夫，购买土料，并说这种做法远较征用民夫省钱、省力。宋徽宗批准了赵霆的建议：

> "赵霆奏：'臣……契勘滑州鱼池埽今春合起夫役，尝令送纳免夫之直，却用上件夫钱收买土檐，增贴埽岸。会计工料，比之调夫反有增剩。乞诏有司，应干堤岸埽合调春夫，令依此例免夫买土，仍照所属立为永法，不唯河埽事务易于办集，又可以示宽恤元元之意。'诏河防夫工岁役十万，滨河之民困于调发，可上户出钱免夫，下户出力充役，皆取其愿，买土修筑。可相度条画闻奏。" ❶

2）元代

元代一些工程使用的工匠和人夫，也是招募而来。例如，居庸关云台原是元代的一座过街塔，由元顺帝命人于元至正二年至五年（1342—1345年）建造。该塔从元顺帝提出时就决定雇工建造。当时的翰林学士兼修国史欧阳玄为此写了"过街塔铭"，记载了建造过程。"今上皇帝继统以来，……期以他日即南关红门之内，因山之麓，伐石甃基，累甓跨道，为西域浮图，下通人行……乃至正二年二月二十一日，以宿昔之愿，面谕近臣旨意若曰：'朕之建塔宝，有报施于神明，不可爽然，而调丁匠以执役，则将厉（残害）民用，经常以充费，则将伤财。今朕辍内帑之资以助缮，僦（雇）工市物，厥直为平，庶几无伤财厉民之虑，不亦可乎？'群臣闻者，莫不举首加额，称千万寿。于是申命中书右丞相阿鲁图……等，授匠指画，督治其工，卜以是年某月经始。……五年秋，驾还自滦京，昭睹成绩……。" ❷ 不难看出，居庸关云台是雇工买料建造的，不是征调劳动力。

当时的治河与水利工程，也不再征发劳力，而是雇用。例如，元顺帝四年（1336年）春正月庚寅，"河决曹州，雇夫万五千八百修筑之。" ❸

再如，至正二年（1342年）正月，中书参议孛罗贴睦尔和都水傅佐提议从通州南高丽庄到西山石峡铁板，开水古金口，开一道一百二十余里长的新河，将永定河水引至高丽庄，接引海运至大都城内的漕粮运输。❹ 这一工程，就雇用了民工。"如今开挑河道，其间百姓有投作夫者，验工各人每月与米四斗，每日与二两钞。" ❺ 该项工程因雇工花费不少，但因违反了永定河的水性而最后以失败告终，给后人留下耐人寻味的教训。

对于雇人大兴土木，也有人反对，例如，徐元瑞在其1301年刊行的《吏学指南》中，就以国库不裕为由，不赞成朝廷工程中雇用劳动力，而建议用武卫军兵士。"土功造作，长川不绝，兼工役日广，府库每岁所得有限，支持常用尚恐不敷，若更加横支，比至岁终，消费无余，已借过钱本数万锭。今后夫工不宜雇觅，当用武卫军，谓盐粮应役。" ❻

412

中国建筑史论汇刊 · 第壹拾肆辑

❶ 文献[39].方域15.治河下二股河附.

❷ 文献[60].居庸关过街塔铭.

❸ 文献[79].卷41.顺帝四.

❹ 文献[79].卷66.志河渠3.

❺ 文献[60].松云闻见.

❻ 文献[41].卷22.

3）明代

到了洪武二十四年 (1391 年)，朝廷岁入增加，凡在内府役作的工匠，"量其劳力，日给钞贯" [1]，较"日给柴、米、盐、菜"进步很多。

正统十三年（1448 年）十二月，"给修筑山东沙湾等口军匠夫役口粮月一斗五升，从工部右侍郎王永和奏请也。" [2]

随着民间手工业的不断发展，货币在商品流通和雇用劳动力方面的作用越来越大。经过了五十余年的酝酿，正统元年 (1436 年) 以后，银的储量逐渐增加，使用更为普遍，加速和扩大了商品流通，银币已为人所必需，刺激了朝廷把南畿各省的田赋改折白银缴纳，银就这样成了法定货币，"朝野率皆用银，其小者乃用钱" [3]。

成化八年（1472 年）春正月庚申，"巡视浙江工部右侍郎李颙奏，钱塘江岸为潮水冲塌者，计四百九十余丈，其修筑工料，合用银七万三千二百余两，今官库收贮十不及五，如俟续收赃罚解补，恐江潮复作，前工尽弃，欲取布政司存留粮银支给充用，量起杭州府卫人夫修筑，工部议以为当，从之。" [4]

朝廷和各地官府在营造活动中，特别是在明世宗嘉靖朝以后，也开始雇用工匠和夫役。例如，"诸王府第、茔墓悉官予直，而仪仗时缮修。" [5]

明世宗时，何孟春在奏文中提到了司礼监奉旨盖造乾清宫西七所并添修万岁山后毓秀亭雇用民间工匠之事。当时，司礼监各衙门正在为这些工程措办物料，雇觅工匠，调遣团营做工的官军。司礼监之所以要从民间雇用工匠，是因为当时朝廷工程太多，前面的工程还未完，后面的工程又马上开工，结果，司礼监各衙门掌握的工匠远远不敷使用。何孟春估算了需雇用的人数和必须支付的工价："木石等匠，除在官人外，雇觅该三百名，每名一日工价七分，一日即该银二十一两，略约一年工价，已费七千余两矣。" [6]

明代北京宫殿、陵寝、园囿等工程使用大量石料，这些石料大都采办于北京附近，部分石料来自于江苏徐州和河南等地。但是，采集、运输和加工这些石料需要大量的人力，因此，朝廷和官府往往派遣大批兵士入山开采石料，但是，有时单靠这些兵士，人力不足，再加上这些兵士还有操练任务，需要临时雇用匠夫补充。如万历时北京房山大石窝开采石料就出现这一情况。"大石窝除现在一千八百名外，再添六千二百名。马鞍山现在七百名外，再添三百名应用。但冬至后，班军回卫，营军住操，比时天寒地冻，正宜趁时发运，合无一面行管山主事多方雇夫。" [7]

为了营造而雇用工匠与力夫，明廷开销巨大，例如，嘉靖十九年（1540年）六月，为了弥补营建所用兵士的不足，工部在原来所负供应物料之责之外，又添加了雇用人夫的责任。工部尚书蒋瑶等人给明世宗的奏文中说，当年朝廷的内外工程，共花费了约 634.789 万两，其中支付给工匠和买材料的大约是 420 多万两，其余的都是雇用人夫做工和运输的费用。"先是五月中，工部尚书蒋瑶等奏，节年营建，兵部拨军，户部支粮，

[1] 文献 [29]. 卷 189. 工匠二 .

[2] 文献 [57]. 明英宗实录 . 卷 173.

[3] 文献 [61]. 卷 81. 食货 5.

[4] 文献 [57]. 明宪宗实录 . 卷 100.

[5] 文献 [61]. 卷 185. 列传 73.

[6] 文献 [62]. 卷 127. 省营缮以光治道疏 .

[7] 文献 [63]. 两宫鼎建记卷中 .

工部止于办料，迩年以军数不足，议令工部雇夫津助，亦一时权宜，本非令甲，奈何相沿不变，今内外工程，共用银六百三十四万七千八百九十余两，中间匠料大约四百二十余万，其余尽系雇夫运价之数，……于是工部会二部议，言今内外并兴工程二十三处，岁计雇工、车脚、铺商料价数百万两。"❶

成化十三年（1477 年）三月，"代王成炼奏曾祖简王坟于正统十四年被房烧毁，今二十余年未能修造，己鸠合郡王以下出银买木，乞于附近军卫有司，量拨工匠、人夫。事下工部，议以为大同极边，难于差拨，宜从王府自行佣工修造。从之。"❷

成化二十一年（1485 年）三月，"工部奏，山东境内郡王以下，房屋工价已有等第，惟奉国将军房价未定，今宜依江西事例定，与银四百五十两，仍军三民七出办，送府自行盖造，勿再动扰军民，仍以工完日为始，算至五十年后，除有仪卫司群牧护卫侍卫千户所者，自备修理，其无前项人力者，听其具奏以俟勘实，乃视初创之费，量给其半，仍请通行各府长史司，著为令。从之。"❸

"嘉靖四十五年（1566 年）以后，做工月分，亦令纳银，随工自雇夫匠。"❹

天启元年（1621 年）十一月，"癸丑，银作局题称，内官监揭开皇极等门东西角门楼、围廊及皇极门内暖阁等项，合用各色料物计五十一万二千二百件，送局镀金计叶子金八千六百八十六两二钱，乞敕营缮司召买，仍再雇镀匠一百五十名。"❺

4）清代

清代晚期的重臣张之洞有一段话，概括了清代工程雇工情况。

"前代国家大工大役，皆发民夫行赍居送，官不给钱。长城、驰道、汴河之工无论矣，隋造东都，明造燕京，调发天下民夫工匠，海内骚动，死亡枕藉。以及汉凿子午、梁筑淮堰、唐开广运、宋议回河，民力为之困敝。本朝工役皆给雇值，即如河工一端，岁修常数百万，有决口则千余万，皆发库帑。沿河居民，不惟无累，且因以赡足焉，是曰惠工，仁政四也。

前代官买民物，名曰和买、和籴，或强给官价，或竟不给价，见于唐、宋史传、奏议、文集，最为民害。本朝宫中、府中需用之物，一不累民，苏杭织造，楚粤材木，发帑购办，商民吏胥皆有沾润。但闻商贾因承办官工、承买官物而致富者矣，未闻商贾因采办上供之物而亏折者也。子产述郑商之盟曰'无强贾，无丐夺'，于今见之，是曰恤商，仁政五也。"❻

张之洞效忠于清廷，文中只说好话，不说坏话。其实，清代营造中贪污、行贿、偷工减料、欺压百姓的事"罄竹难书"。不过，张之洞所说的"本朝工役皆给雇值"，不再"调发天下民夫工匠，海内骚动，死亡枕藉"大多属实。下面就是《清史稿》中记载的清代不再征役，而是雇用劳动力的若干史实：

康熙七年（1668 年），"定驿递给夫例。凡有驿处，设夫役以供奔走，其额视路之冲僻为衡，日给工食，皆入正赋编徵。此项人夫，大率募民充之，

❶ 文献 [57]. 明世宗实录. 卷 238.

❷ 文献 [57]. 明宪宗实录. 卷 164.

❸ 文献 [57]. 明宪宗实录. 卷 263.
❹ 文献 [29]. 卷 187. 营造 5.

❺ 文献 [57]. 明熹宗实录. 卷 16.

❻ 文献 [64]. 内篇·教忠第二.

差役稍繁，莫不临时添雇。水驿亦然。十二年，停河南佥派河夫，按亩徵银，以抵雇值。十六年，河道总督靳辅上言：'河工兴举，向俱勒州县派雇里民，用一费十。今两河并举，日需夫十馀万，乃改佥派为雇募，多方鼓舞，数月而工成。'大工用雇募自辅始。是年禁有司派罚百姓修筑城垛。二十九年，以山东巡抚佛伦言，令直省绅衿田地与人民一律差徭。"❶

"雍正四年（1726年）诏：摊丁于地，别无力役之征。宫中有大工役，发帑雇工，给佣值如平人。"❷

乾隆元年（1736年），"又谕各处岁修工程，如直隶、山东运河、江南海塘、四川堤堰、河南沁河、盂县小金堤等工，向皆于民田按亩派捐，经管里甲，不无苛索，嗣后永行停止。凡有工作，悉动用帑金。十年，川陕总督庆复奏兴修各属城垣，请令州县捐廉，共襄其事。帝曰：'各官养廉，未必有余，名为帮修，实派之百姓，其弊更大。'不许。乃定各省城工千两以下者，分年修补，土方小工，酌用民力，馀于公项下支修。二十二年，更定江西修堤力役之法。凡修筑土堤，阖邑共摊，夫从粮徵，听官按堤摊分，募夫修筑。"

"二十五年，御史丁田树言：'自丁粮归于地亩，凡有差徭及军需，必按程给价，无所谓力役之征。近者州县于上官迎送，同僚往来，辄封掣车船，奸役藉票勒派，所发官价，不及时价之半，而守候回空，概置不问，以致商旅裹足，物价腾踊。嗣后非承办大差，及委运官物，毋得减发官价，出票封掣，违者从重参处。'得旨允行。三十二年，以用兵缅甸，经过各地，夫马运送，颇资民力，特颁帑银，每省十万，分给人民。"❸

清代，很多交易都与明代一样，使用白银。但雇用工匠和力夫，却想方设法用积压的铸币支付。例如，兴修京城河道沟渠时，清高宗亲自发话，让内务府总理工程处从户部和工部领积压的鼓铸卯钱，付给工匠和人夫——乾隆三十一年三月戊戌，"谕：京城河道沟渠已降旨发帑兴修，所有应给匠役工食等项，若随时给发钱文，尤为便益。现在户、工二部局存鼓铸卯钱甚多，著总理工程处，酌量应行需用之数，按照时价支领给发，俾工作人等既可省以银易钱之烦，而市肆益得永远流通平减，于工程、民用均为有裨。"❹

四、营造厂与建筑市场

1. 引言

在上述的劳动力从征用到雇用的转变过程中，民间工匠不但技艺日益提高，而且其中一部分人召集、组织和调度其他工匠和人夫完成工程的能力也大大提高。具备这种能力者有别于仅具备一两门技艺者，逐渐形成了一种专门职业。

《梓人传》中的京兆尹官署修理工程，有一定规模，单靠杨潜一人，短时间内无法完成。于是，杨潜就找来其他木工、瓦工、油漆工等，听从

❶ 文献[9].卷121.食货2.

❷ 文献[65].二笔.卷14.纪列圣御世诸大政.

❸ 文献[9].卷121.食货2.

❹ 文献[8].清高宗实录.卷757.

他的安排和指挥，与之组成了临时性、分工明确的协作作坊。杨潜自然是坊主，而其他人或是帮工或是徒弟。杨潜可以随时雇用或辞退他们。可以看到，杨潜的实际所为是应雇主之邀，组建营造作坊，为雇主营造建筑物或构筑物，而王承福则不同，王承福仅以泥瓦匠个人身份受雇于雇主。他可能是自己单独一人为富人盖造和修理房屋，也可能是受雇于像杨潜那样的作坊坊主，成为作坊中的一员。

营造作坊，应当看作我国20世纪初才出现的现代营造企业的前身。当然，从作坊发展到企业，从唐代到20世纪初，其间经过了漫长的一千三百多年。由于营造活动的特点，营造作坊与其他制造业作坊不同，大多数没有固定地点。随着历史的发展，营造作坊内部分工越来越细，雇佣关系逐步稳定，经营与作业已经分离，坊主名义上虽然还称"工匠"，但实际上已经是"商匠"。将这种作坊称为"商"，是因为其坊主基本上不再直接劳作，而是靠雇用其他工匠和力夫，为主顾盖房、架桥、铺路，等等，在将雇主支付的工款一部分用以购料、支付工匠和力夫工钱之后，获得自己应得的收入。

即使在经济和社会发展远不及同代大宋的金国，朝廷工程也雇用商匠。金大定二十八年（1188年）十一月，当有关官员向金世宗完颜雍请示重修上京御容殿事宜时，他就当着大臣们的面，批评了户、工两部官员不负责任，以包代管，以及商匠和承办官员勾结偷工减料的情况，说："……今土木之工，灭裂尤甚，下则吏与工匠相结为奸，侵克工物，上则户、工部官支钱度材，惟务苟办，至有工役才毕，随即欹漏者，奸弊苟且，劳民费财，莫甚于此。自今体究，重抵以罪。"❶金世宗所说的工匠，就是上面所说的"商匠"。

这种商匠已经取代了以往各代工官。工匠和力夫的具体工作由坊主安排，而不是朝廷或官府官吏。各作工匠和力夫，由商匠自行雇募，工程所需各种物料，除了他们无法取得的以外，也由其采办。对于雇主而言，商匠既"包工"，又"包料"。这样一来，大大简化了朝廷和官府对营造活动的管理职责，也就没有必要为不经常有的营造活动而常设庞大的工程管理官职和衙门，可大大减少官员数量。不但如此，这些商匠还常为朝廷和官府工程垫付资金，使一些工程在朝廷或官府筹集到足够资金之前就能开工。

要判断各代史料中提到的朝廷和官府雇用的各作（木作、瓦作、砖作、石作、灰作、漆作等）是彼此没有雇佣关系的工匠，还是商匠，需要寻求更多的证据。另外，商匠具体出现于哪一朝代？现在虽然还不能肯定，但是，从明代史料中可以看到他们朦胧的身影。

以下是明代和清代史料对于商匠的记载。

2. 明代营造商匠

嘉靖年间，上海及其附近江浙一带，就有了专门为他人造屋、起楼、

❶ 文献 [40]. 卷8. 本纪8.

架桥、构筑台榭的水木作坊。这种作坊以师徒或家族、同乡为主，其主人称为"作头"。❶

明代后期的史料，也有朝廷将宫殿、皇陵等工程交由民间厂商承揽的做法。例如，《明实录》有如下记载：

1）万历十三年（1585年）八月，户部根据当时白银与钱币比值变化，以及物价情况，向明神宗朱翊钧提出，在向筑其"寿宫"（即昌平十三陵中的定陵）的商人支付工价或货款时，十分之二用万历年间铸造的"万历金背"钱币。户部提出该建议的理由是，不能听任国库中历代钱币贬值而必须马上采取行动，这样做可以平抑物价，对百姓有好处。朱翊钧接到这一建议，马上批准。"户部言……寿宫吉典方兴，工匠军夫无虑二、三万人，此时坐视低昂，不为亟处，钱必日重一日，今宜以术散之，将库贮万历金背，俟各商领价给十之二，视官俸一体关支，以八文准一分，且隆庆金背，先帝临御之年号，铢两体质与二金背无别也。乃至沉积在库何谓哉？宜将见贮库中者与万历金背酌量多寡通给官商，如有阻挠，听巡城御史治之，庶见钱流溢物价平，而民困苏也，报，可。"❷

上述引文中的"各商"，就是为定陵供应物料的商人和承揽各作的"商匠"。

2）万历二十一年（1593年），永安县（今福建境）"知县苏民望见县前逼窄，捐俸召匠计之。"❸

3）万历二十二年（1594年），（浙江平阳县）令朱邦喜勘（江口陡门，今平阳县鳌江镇陡门街）系久坍，不便蓄泄，捐俸修砌，耆民张世英等助筑，厥工用成。"❹他卖掉仓谷，换得银两，召请民间筑塘工匠报价。工匠说砌筑海堤要用贝壳制作灰浆。县令正苦于弄不到贝壳时，忽然海潮将其送上了海滩，数量可观，足够筑堤之用。"平阳县九都，海塘去县治二十里，海潮淹没八九十二三等都，岁苦无收，令朱邦喜议将预备仓穀易银，召匠砌筑时，用灰殻，苦无办，忽潮涌，殻至塘，所足供资用。"❺

上面两个例子告诉我们，明代地方官府的公共工程，也雇用民间工匠作坊。

4）天启二年（1622年）十二月，工科给事中刘弘化上疏，揭发官员和为朝廷工程供货与承揽工程的商人贪污舞弊，要求禁止官员预支和预付工程款，清理拖欠。"欲严审解官，如郑之耀等；严提奸商，如王大德；严究受贿，如虞衡司吏书等；禁绝预支，清理拖欠。"❻

5）天启六年（1624年）四月，协理工程工部右侍郎孙杰，上疏明熹宗，告诉他朝廷工程拖欠商匠的钱粮已接近二十万两，并提出了四种办法筹集并支付这笔工价款。孙杰所上之疏，同样是告诉我们，天启朝同万历朝一样，也从民间商匠处采购施工服务。"协理工程工部右侍郎孙杰上疏言，商匠应领钱粮几二十万，谨陈捃括六款：一催外官捐助；一催援纳事例按季解部；一附学开纳不应拘额；一在籍乡绅照京外例助工；一税差羡余不许私肥囊

我国古代营造业与建筑市场初探

❶ 文献[66].队伍篇.第一章.第一节.

❷ 文献[57].明神宗实录.卷164.

❸ 文献[67].县署.

❹ 文献[68].卷十二.水利.

❺ 文献[69].卷63.温州府志.

❻ 文献[57].明熹宗实录.卷29.

❶ 文献 [57]. 明熹宗实录. 卷 70.

橐；一各处租税不许私充公费，得旨。"❶

6）《崇祯长编》中有一段文字，说工部营缮司郎中汤齐言对明思宗为自己忠于职守辩护，顺便提到拖欠和补发"商匠"料价和工价之事。崇祯元年九月，"庚申，工部营缮司郎中汤齐言，堂官张维枢，因御史饶京斜其措勒，咨文欲卸过缮司，寔（实）出无端，臣敢据寔为皇上言之，天启七年九月，臣署缮司，恭遇皇上龙飞正位，臣括据三殿余工，至十月二十六日完工，臣始催集各差钱粮数目，挨次年月磨对项欸，凡料价、工价必命估明，方与销算（算），稍有浮冒，即行裁减，总计费银六百八十八万七千五百二十五两有奇，视世宗朝营建三殿之费不及三分之一，已给过银外，尚欠商匠一百二十万有奇，屡责臣部措还，今查自去年十一月至今年八月，给发兑支，自有巡视、科院、管库主事为政，寔非臣所与，乃臣堂官谓臣二月间，屡恳给发本商，试问维枢，臣曾有呈票可据乎，且大工商匠领状，去年八月以前已经旧堂官出过矣，维枢非出领之时，臣何以恳其银之发与不发，属之巡视管库，维枢又非发银之人也，臣何必恳以事理直断，而堂官之展转支吾见矣，伏惟皇上察臣始末寔情，则罪有所归。"❷

❷ 文献 [70]. 卷 13.

❸ 文献 [66]. 综述.

万历至崇祯年间，上海县城内建筑工匠纳税者已达 500 多名。❸ 这里所说的"建筑工匠"应当是本文所说的商匠。

商匠出现的时间是否更早，例如宋代？宋代，虽然朝廷的许多工程仍然主要靠征发劳役完成，但是根据当时商品经济发达的程度，以及从朝廷和官府采购其他物品的方式来看，宋代应当已经有了专门为朝廷、官府和富人营造的"商匠"，具体史实，还有待于进一步挖掘。

3. 清代工匠承揽工程

到了清代，民间承揽朝廷和官府工程的做法更加普遍。

1）实例

实例 1

今浙江省桐乡市皂林驿的昌文桥，以往修过多次。明末清初，天启二年（1622 年）进士张定志来此任职，看到此桥残破之状，忧思成疾。于是，就向浙江巡抚（中丞）申请动工权限，然后召集民匠报价。结果是白银一千五百两多一点，超过了预算。于是就从民间筹集资金，用了三年才修复完成。"昌文桥之圮，几何年矣。胡侯之筑焉而圮，蒋侯之筑焉而圮。何圮尔，见义不为圮一，道傍之筑圮二，时诎举赢圮三，十羊九牧圮四，行百里者半九十圮五。张侯，今之子产也，甫下车，革振弛，一意更始。观兹桥心痗（mèi 忧思成病）焉，于是请之中丞，以厚集其权，而召匠估之。须金钱千五百有奇，则括诸美余，十不得一，则括诸赎锾，十不得三，不得已而以劝百姓之好义者，阅三载乃落成。……侯之德其与此桥俱不毁哉。侯讳定志。号石叟。壬戌进士，应天阳美人。"❹ 这个例子告诉我们，

❹ 文献 [71]. 卷 95. 工政一土木.

清代地方政府的公共工程与明代一样，也召集民间工匠。

实例 2

雍正年间，江南河道总督嵇曾筠对清世宗上疏时说，扬州府属芒稻河闸座工程，从来都是盐商捐款修筑，因而归盐政管理。现在要交给（营造）商承修，担心商匠不胜任，建议竣工后由印河官员管辖。工部在议论之后同意嵇曾筠的建议，清世宗随即批准。雍正十年（1732年）五月，"工部议覆，江南河道总督嵇曾筠疏言，扬州府属芒稻河闸座工程，向系动支商捐款项修筑。是以归盐政管理，而令商人承修，查商人素非熟谙，未免草率。嗣后请归印河官管辖，并添设闸官一员，以司启闭。应如所请，从之。"❶ 嵇曾筠的疏告诉我们，清代初年，长江下游地区就有了承造水利构筑物的商匠，或称水木作。

❶ 文献 [8]. 清世宗实录. 卷 118.

实例 3

有些保守官员不赞成民匠承揽朝廷和官府工程，固守用官府工匠的惯例。乾隆年间，通政使兼太常寺行走乌灵阿上奏乾隆帝，以民匠承揽是为牟利，以及朝廷官员易受蒙骗为由，反对将朝廷和官府工程交由民匠承揽，而乾隆表示理解，批准了乌灵阿的建议。

乾隆五年（1740年）闰六月，"通政使兼太常寺行走乌灵阿奏，国家设官分职，各有专司。各坛庙祭祀典礼，为太常之专责。兴修工程，乃工部之正务。今各坛庙之工，皆由太常寺承修。缘本寺向无承揽工程之人，率行文顺天府，招募五城民人中家道殷实，情愿承揽者，保送酌委。伏思此辈原为趋利起见，而太常官员，惟知祭祀赞读，不谙工程，不勉为承揽人等蒙蔽侵蚀，致工程不能坚固。请嗣后坛庙内裱糊岁修在一千两以下者，仍令太常照例修理，若在一千两以上之大工，请交工部核实确估奏闻，派贤能之员，照例修理，并著该部大臣及太常寺堂官，不时稽查，以重坛庙工程，以杜宵小侵蚀。得旨，所奏是，著照所请行。"❷

❷ 文献 [8]. 清高宗实录. 卷 120.

不难看出，尽管乌灵阿反对，但将朝廷工程交由民间商匠承揽，已成大势所趋。到了嘉庆年间，民间商匠承揽朝廷工程不但没有停止，反而越来越多。

实例 4

嘉庆十四年（1809年）冬十月，"谕内阁，刑部奏将伊犁乌噜木齐遣徒官犯并直隶、安徽、湖南、陕甘、两广、贵州等省遣流徒罪官犯，分别开单进呈。将应否减等请旨一摺。朕详核案由。……德敏一名，系承办吉地工程，办不如式；常英一名，系私借工头银两，不行归还。……以上十六犯情节较轻著加恩准其分别减等。其余不准减等。"❸ 清仁宗在审核刑部报送的拟流放乌鲁木齐罪官名单时，认为德敏和常英等十六名有罪官员"情节较轻著加恩准其分别减等"，常英私借银两的工头就是民间商匠。

❸ 文献 [8]. 清仁宗实录. 卷 219.

实例 5

由于太平天国的缘故，江西省咸丰五年（1855年）和八年（1858年）

两年的乡试未能举行。到了咸丰九年（1859 年），太平军败局已定，于是就补行乡试。但在此时，江西贡院建筑物和院落已破损不堪。于是，江西巡抚耆龄指示布政使龙启瑞派人勘估兴修。布政使司发出告示，让民间匠人估算，然后报价，民匠所报工料银价为 66540 两。但是，当时的江西库藏告罄，无款可筹，就动员民间绅士捐款。由于连年战争，民力疲弱，难以捐足，实际上只收到捐银 57130 余两，不足的 9400 两，由绅董暂为筹垫。工程始于是年三月，九月工竣。巡抚耆龄于是年去世。

同治四年升任江西巡抚的刘坤一，考虑到当时江西文风日盛，观光者日增，在与负责江西教育的学臣何廷谦以及当地绅士通盘考虑之后，打算在贡院东围墙之外添购民地，增建四千间号舍。为此，同样让民匠估算报价，结果工料银为 40000 两。因省库无钱，仍然靠绅士捐助。为了提高民间捐助的积极性，刘坤一奏请朝廷，以更高的官衔重赏捐巨款和出力多的绅士。

"同治六年正月二十五日

奏为江西两次捐修贡院，拟照捐输城工成案奖叙，以集巨款，以成要工，恭折具奏，仰乞圣鉴事：

……经前抚臣耆龄札饬藩司，委员勘估兴修。……即经前藩司龙启瑞，委员会同绅士，周历查勘，贡院房屋号舍倒塌已甚，木料槽朽损失，无一可用之材，围墙亦多塌卸，逐一修造完固与从新创建无异，加以增建号舍，传匠确估，共需工料银六万六千五百四十两。其时库藏告罄，无款可筹，官绅公议，于通省各州、县，量地方之大小，酌派捐输，解盛济用。随即经耆龄派委绅士前湖南督粮道李昭美……等设局总理承造，于九年三月兴工，九月工竣。据各属解到捐输银五万七千一百三十余两。因各州县均属被扰之所，民力未舒，致未能照数捐解，其不敷银九千四百两零，由绅董暂为筹垫。……伏念各属守城捐输各案内，先后仰沐圣慈，加广学额，本届观光士子，自必较前益众。贡院原添号舍，约计仍属不敷，经臣与学臣何廷谦彼此会商，并督同藩司及绅士通盘计议，拟于东围墙之外，添购民地，圈入贡院，增建号舍四千间，并将受卷、誊录、对读所公廨，量地移建，其旧设墙屋号舍，有应重修之处，亦一律修固。传匠估计，共需地价、工料银四万两有奇。……但通省地方，叠遭兵燹，殷富无多，捐输复至再至三，人情厌倦，若仅照工程定例给奖，势难鼓舞众心，必得请叙加优，方冀输将踊跃。……斯巨款可期速集，而要工得以告成。所有今届估需地价、工料，汇同上届绅垫未经捐补银九千四百两零，并同治元年南镇药局轰毁震坍贡院墙屋号舍，由司垫款修葺银五千七百余两，一并匀派各州县劝捐解省归补济用。其新旧两届捐项，仰恳天恩，俯准援照捐输莲花厅城工经费成案，凡报捐虚衔、封典等项者，照现行常例银数加四分之一，其捐实在官衔者，照筹饷事例银数收兑，不准减成，分别给奖，以示鼓励。"❶

刘坤一奏折中至少有两点值得注意：

（1）按以往做法，应当是布政使龙启瑞手下工房书吏估算工料银。但是，这次是由民间报价。既然是民间报价，就可能是多家匠人报价，自然会有竞争。"传匠"实际上是招标。"传匠确估"和"传匠估计"实际上是民间工匠的报价。

（2）"匠"，不是诸如木匠、石匠等单一工匠，而是设计和规划整个工程，统领所有各单一工匠的营造作坊主。单一的工匠很难了解整个工程，最多只能算出本工种，但不能算出整个工程需要的工料银。

这就是说，当时南方地方政府工程，已经是通过招标将其交由民间营造作坊承担。

实例6

1901年5月，清廷与八国联军签订和约后，先前逃到西安的慈禧太后急着还宫。而此时京城残破不堪，急待修理。她就指派了张百熙、桂春、兵部侍郎景沣和顺天府尹陈夔龙承修。因张百熙和桂春不能及时到京，就用电报下令陈夔龙"与景侍郎召匠选料，赶速开工。初次入东华门，蓬蒿满地，弥望无际。午门、天安门、太庙、社稷坛等处，为炮弹伤毁。中炮处所，密如蜂窠。……披荆斩棘，煞费经营。此外，如天坛、先农坛、地坛、日月坛暨乘舆回时经过庙宇，大半均被焚毁，急须修理。工程浩大，估计实需工款约百万两。而堂子全部择地移建，与正阳门城楼之巨工尚不在内。"[1] 从任命承修大臣到工程启用，最多只有五个月。如此浩大而又紧迫的工程，工、料和费用已经来不及由工部"料估所"官员按部就班地估算了。最好的办法就是让民间工匠报价。陈夔龙与景沣就是这样做的，他们召匠选料。只有这样，才能赶速开工。可以说，约百万两的实需工款实际上就是工匠所报之价。

上述各例中的"召匠"，均未提召几家。但根据当时整个经济发展情况，可以想到，能够承揽工程的作坊都不会坐失良机，都会踊跃前来。官府也会利用他们之间的竞争，选用价低而又稳妥者。这一过程，应当就是现在的招标和投标的雏形。当然，招标文件和程序不会像现在这样完善。我们也会想到，官吏和工匠在这一过程中也会有种种不良行为。

2）承包弊病及其缘由

将朝廷、官府和皇家工程交由民间商人、商匠、厂家、木厂承办，出现了多种弊病。常见的是承修官员勒索厂商、厂商偷工减料、官员与厂商勾结作弊、厂商为承揽工程买通官员、官员渎职等。

实例1

道光十三年（1833年）十一月给事中金应麟上奏清宣宗，报告了浙江海塘工程中两种主要弊端。第一，当下级官员报告海塘因海潮冲刷坍损时，上司不及时到现场察看并采取行动，以至于"愈刷愈宽"，万不得已时，又按下级官员原来上报的工程量发放工款，且发放迟缓。因为实际发到工程上的银两与实际需要相差悬殊，现场官员和工匠就敷衍了事。第二，即

[1] 文献[73].回銮跸路工程.

使向现场发放了工程所需银两，各级官员也要层层以"规费"名义克扣，现场官员领银到手，又假手门丁胥吏，包与工头（即商匠）。各项克扣高达发放数额的一半，结果，工程草率偷减，尺寸不符，工程日坏。❶

实例 2

清代皇陵亦招募民间厂商承造。清文宗死时，定陵尚未完工，同治年间继续营造。承造者仍是民间厂商，官员敲诈勒索之事依旧。同治十一年八月，"兹据承修大臣皂保奏称，应修各工，现已购料鸠匠，迅速办理。惟据商人郭林呈控郎中阿尔萨兰有诈索赃银，故令井亭沉陷情弊，请交刑部讯办等语。"❷

实例 3

光绪八年十二月，李鸿章和张树声将遵化县马兰镇守御清东陵的士兵滋事的情形上奏朝廷，闹事的原因据称是承建士兵营房的商人行贿，疏通官员，偷工减料。于是，朝廷就派伯彦讷谟祜和阎敬铭调查并秉公办理。❸

调查大员调查后说，已查明马兰镇营兵丁王淀漳等，因马兰镇修造营房，工程不实，先经匿名呈控，嗣后纠合新旧兵二百余人。呈册控告说，正黄旗满洲副都统景瑞在担任马兰镇总兵时，就先提出建造营房，并承修之，但不精心管理，造成亏空。当朝廷令其汇报亏空详情时，又企图蒙混过关。实际情况是，景瑞听任属员勒索承揽工程的商人邢锡昌。邢锡昌的账本表明，营房工程工价经过原估和一次续估，邢锡昌应领银 238758 两。邢锡昌说，初次应领银 128376 两，但从经手办事的士兵徐永兴手中实际拿到 99756 两，少领 28619 两。

光绪九年春正月壬辰的上谕中说，朝廷为该工程前后拨了 23 万余两，与邢锡昌实际所领相差甚大，因此命令景瑞逐条奏明细节，不准欺饰。但是，景瑞并未交待实情。邢锡昌未领足工款，就含混草率，挪垫偷减，工料不实。结果，引起士兵闹事。

光绪九年二月，朝廷下谕内阁，将景瑞革职。所有亏短银两，除分别追缴各官员和士兵等借支的各款外，责令景瑞与徐永兴之子徐晋笏各赔缴一半已故革弁徐永兴少给邢锡昌的银 28619 两。革去邢锡昌买来的布经历及五品职衔，并令其限期赔修不合格的"豆腐渣"营房。对其余当事人分别情况给予了惩罚。❹

实例 4

民间木厂为了承揽工程，经常巴结、疏通，甚至收买官员。有些官员把持不住，就设法为木厂商人寻找机会。光绪九年春正月，"谕内阁，都察院候补经历郑德宽即郑六曾照料其母舅张瑞兴所开裕顺木厂。……郑德宽以市侩捐纳官职，种种不安本分，著即行革职。"❺

实例 5

承揽朝廷和官府工程的商匠或木厂，经常在开工后要求加价。光绪十九年十二月，承修大理寺衡平堂等处工程的吏部左侍郎徐用仪上奏，说

❶ 文献 [8]. 清宣宗实录. 卷 245.

❷ 文献 [8]. 清穆宗实录. 卷 339.

❸ 文献 [8]. 清德宗实录. 卷 157.

❹ 文献 [8]. 清德宗实录. 卷 159.

❺ 文献 [8]. 清德宗实录. 卷 158.

木厂原来估算的工料款不足，请求按先例增加百分之二十。这项工程，朝廷允许按原估四成外，加百分之十，用实银支付。但是，朝廷认为，近来的各项工程，动不动就请求在原估价之外加价，不是实事求是，不知道节省。因此申明，以后的所有工程，不得动不动就请求加价。如果商匠或木厂借故要挟，承修大臣应当惩办之。❶

❶ 文献 [8]. 清德宗实录. 卷 331.

实例 6

徐珂揭露了清代北京大工程承修大臣、勘估大臣等和内务府太监们从应发给木厂的工价款中克扣的卑鄙行为。

"凡京师大工程，必先派勘估大臣，勘估大臣必带随员；既勘估后，然后派承修大臣，承修大臣又派监督。其木厂由承修大臣指派，领价时，承修大臣得三成，监督得一成，勘估大臣得一成，其随员得半成，两大臣衙门之书吏合得一成，经手又得一成，实到木厂者只二成半。然领款必年余始能领足，分多次交付，每领一次，则各人依成瓜分。每文书至户部，辄覆以无，再催，乃少给之，否则恐人疑其有弊也。木厂因领款烦难之故，故工价愈大，盖领得二成半者，较寻常工作只二成而已。

大工如祈年殿，至一百六十万，太和门至一百二十万。

内务府经手尤不可信，到工者仅十之一，而奉内监者几至十之六七。戊戌，以德宗将至津阅操，南苑亦预备大阅，造营房若干，报销一百六十万，而李莲英得七十万焉。"❷

❷ 文献 [48]. 度支类同亮度支琐闻.

看过上述文字，读者就会知道"勘估大臣必带随员……承修大臣又派监督"和"木厂由承修大臣指派"是"实到木厂者只二成半"的重要原因。"带随员"任人唯亲；招商承揽工程本应利用木厂之间的公开竞争，揭示工程的市场价值，而"由承修大臣指派"不但基本上丧失了竞争本应有的效率，而且还为官员与木厂勾结创造了有利条件。也许，朝廷和木厂老板那时还不知道公开招标为何物。

3）外商承揽工程

晚清承揽朝廷工程的，还有外商。对此，有具体记载的可举如下两例：

光绪十一年七月，"两江总督曾国荃奏……至仿造西法炮台。所聘洋人。务须详慎遴选。勿任滥竽充数。仍派熟谙洋法人员。督率监视……著照所议办理。"❸

❸ 文献 [8]. 清德宗实录. 卷 212.

光绪十一年十二月，"两江总督曾国荃又奏、吴淞江阴炮台雇用洋员建筑。……并下所司知之。"❹

❹ 文献 [8]. 清德宗实录. 卷 221.

下文还有其他例子。

4）清末营造厂

道光二十二年（1842 年）七月签订《江宁条约》之后，开放了广州、福州、厦门、宁波和上海五处港口，之后，又与美国、法国分别于道光二十四年五月和九月签订了《中美望厦条约》，即《中美五口通商章程》和《中法黄埔条约》。这些国家与清廷签约后，都获得了在通商口岸建教堂、医院的特权。地处长江口的上海最接近丝绸和茶叶产地，是国内南北海运的中间站。从1853年起，英、美、法三国相继沿黄浦江设租界，并不断扩展。

上海开放后，原在广州的英美商人和其他西方投资者及其买办接踵而至，建码头、仓库、洋行、教堂等。《字林西报》、《申报》等几乎每天都有招工消息，招来大批泥水木匠和力工。另一方面，西方新型建筑材料也随之大量涌进。1849年英租界仅有500人，到了1853年增加到2万人。英国商人趁租界扩张，人口激增的机会，抄袭伦敦毗连式木屋图样，在四川路、江西路造了一批简陋房屋，由水木作承造。这些水木作后来又承造了河南路、浙江路一带早期的石库门里弄住宅。**❶** 较早的一批洋行在经营贸易的同时兼营房地产业，如英商番汉公司、汇利洋行、汇广公司、德罗洋行、法商法华公司等。早期的民族资本家谭同兴、叶澄衷、周莲堂等人也参与其中。

所有这些，都推动了上海等开放城市的营造活动，促进了营造厂商的出现与发展。道光二十五年（1845年），上海地区始有水木作坊，雇有木工、泥工、雕锯工、石工、竹工等。水木作以乡土为纽带，各立帮派，江苏、绍兴、宁波帮在上海势力很大。**❷** 这些水木作主学习西方营造厂商，并积累了一定的资本。**❸**

光绪六年（1880年），川沙籍泥水匠杨斯盛开设了杨瑞泰营造厂，是上海第一家由国人创立的营造厂，并按官府要求注册登记。营造厂对雇主工程，既有包工不包料的，也有工料皆包的。营造厂只设管理人员，工匠和力工临时到劳动力市场雇用。在杨瑞泰营造厂之后，原来受雇于洋行房产部的一些人，也单独开业。较有名者，有顾兰记、江裕记、姚新记、裕昌泰等营造厂。到了20世纪初，上海有了近百家登记注册的营造厂。中国人开的营造厂登记时，多以厂主姓名命名，并附上英文商号，也有的沿用水木作名称。厂址就在厂主住宅内。厂主多自任经理，常雇人员有账房和工地看工。工地看工，分工较细，有翻样、关切和技术工人等。厂主揽到工程后，到劳务市场上雇人。外商开的营造厂多数称为建筑公司，组织较完备，在市中心租用写字间，公司本部安装电话，配备交通工具，组织构成有经理室、账房、华人买办室、工程监理室，还设材料堆场、工场。

4. 招标与投标

清末以前的史料，未发现记载以招标方式选择厂家承揽工程者。从现存上海、武汉、广州等少数沿海城市档案馆的资料中，仅能知道清末及其以后的情况。

同治三年（1864年），建造法领事馆时，报上刊登广告：

　　"现欲造房子一所，在外虹桥南堍。如愿作此工者，可至本局（英租界工部局）管理工务写字房内问明底细，标定工价，写明信上，其信封外左角上注明做某生活，送至本局写字房查收，于八月十八日十二点钟止。所付之价不论大小，任凭本局选择，或全不予做均未可定，如不予做，用去使费，与本局不涉。可予做者，要得真实保人保其做完此工方可。"

据说，这是西式工程招标，即工程采购方式在我国之始。当时上海的水木工匠对此懵然无知，无人竞投。

法商希米德和英商怀氏斐欧特两家营造厂投标，希米德营造厂因承诺以 6 万两银在 24 个月内完成，每延误一个月赔偿 533 两银而中标。

上海很快就接受了西方工程采购方式。当时报纸上常有工程招标广告。对于这种招标广告，孵在茶馆等候生意的上海营造厂商再也坐不住了，也参加了投标。1864 年 5 月 6 日，我国厂商孙金昌在承揽大英自来火房工程时中标。同年，我国另一厂商魏荣昌在法公董局大楼工程中中标。

1883 年公共租界工部局规定，凡超过 5000 两银子的工程必须在租界内英文报上公告招标。这种工程采购方式有完整的招标文件和投标程序，投标文件必须按照招标文件要求编制。对于不懂英文，又习惯于传统的我国营造厂来说，是很难应对的。❶

光绪十七年（1891 年）江海关二期工程"税务司悬最新之西式招华人构筑"时，只有杨斯盛一人投标。但 10 年后，情况大不相同。光绪二十九年的德华银行、三十年的爱俪园、三十二年的德国总会和汇中饭店等，分别由上海籍的江裕记、王发记和姚新记营造厂中标承建。

光绪二十一年至民国 16 年间，上海有英商德罗洋行、法商上海建筑公司等数家实力雄厚的外籍企业，承包了汇丰银行、麦加利银行、徐家汇天主堂等几幢重要建筑。❷

在武汉，光绪年间，木作和泥作都订立七条行规、石作订立七条，其中有"东家生意，彼此不得争端，如有东家不愿做者，才让他人接手，包造房屋，先付定洋一半，方准接做"、"新造房屋，须归泥作揽做，各宜公行"，等等。

1902 年，张之洞创办湖北制革厂，以招商比价、择廉发包的方式，招到五家开账比价，以张同升开账最低而选中，这是武汉当地营造厂中标之始。❸

5. 合约

前已述及，至晚从明嘉靖年间，就已经有民间商匠或厂家承揽朝廷或官府工程的记载。那么，这些商匠、木厂或营造厂是否与朝廷或官府，或其他雇主签有书面合约呢？

至晚到唐代，民间土地、人口和其他财产买卖和土地租佃开始普遍用书面文书。开元二十五年 (737 年) 令："凡卖买（田地），皆须经所部官司申牒。……若无文牒辄卖买，财没不追，地还本主。"❹ 若说那时已有工程合约，恐怕不是臆想。

❶ 文献 [36].营造业激烈竞争各显神通.

❷ 文献 [66].综述.

❸ 文献 [74].

❹ 文献 [52].食货.田制.

实例1　咸丰年间安徽民间造屋合同

　　"木匠拔约

　　立揽约木匠 ＿＿＿＿，今揽到 ＿＿＿ 名下，厅（楼）屋一堂，凭中面议，做料、竖造、装微，一应在内，共工食、辛力洋若干。未起工前，议定先支取银若干，以补工食，余候起工之后，陆续支取。锅物柴火动用器皿，东家应用，若有疎失，本身照价赔偿，辛力银两，完工之日，结算找足。今恐无凭，立此揽约为照。"❶

实例2　兰州黄河铁桥合同

　　兰州黄河铁桥，在白塔山下，今为兰州名胜。该桥始建于明洪武年间（1368—1398 年），当时以 24 只大船贯连，浮于河面，冬拆春设。至光绪三十三年（1907 年），清政府议定把浮桥改为铁桥，并招德国洋商承办，架起黄河上第一座铁桥。《清德宗实录》中有"兰州黄河铁桥有与德商订立的合同"的记载。❷ 该合同汉文版可见《清末修建兰州黄河铁桥史料》。❸

实例3　旅顺港

　　旅顺港第二期（1887—1890 年）船池与船坞两项工程，由周馥召集洋商投标。有的报价 130 万两白银，但是没有担保；有的愿意承包，但不愿意固定合同总价和工期，也不愿承担完工后缺陷责任。只有法国公司 The French Syndicate 报价最低，并愿意提交担保，因而中标。

　　双方于光绪十二年（1886 年）九月二十二日在天津签订合同。清廷代表为津海关道周馥，法国的代表为 The French Syndicate 总工程师德威尼（ M. Thevenet）。

　　这份合同原文今已不存，根据李鸿章的奏报，可知其大概内容：

　　1）工程范围，计有（1）大石坞一座；（2）修理铁甲船等工厂设备；（3）各类厂房、库房及办公处所；（4）周澳三里多的靠船大石泊岸以及铁道，起重码头、自来水等工程。

　　2）工程费用，总计全部工程费 125 万两。

　　3）完成日期：规定自揽定（签约）之日起，依西历计算于 30 个月（按即两年半）内完工。

　　4）担保：规定由上海法兰西银行（Comptoir d'Escompte de Paris）及法国驻华领事林椿（Paul Ristelhueber）保证。并规定验收后一年之内由德威尼与该银行照料修理，期满后再继续保固十年，如因工程不善而有损坏时，则责成该银行赔偿。

　　5）监工：当工程进行时，中法两国得派员监督，借以符合章程规定。❹

实例4　汴洛铁路土木工程合同

　　清末，清廷屡借外债，以筑铁路。借款合同大多附加了多种条件。其中之一，就是要求清廷许诺债权国的商人承包铁路的勘察、规划、设计和施工，甚至建成后的经营。这种借款合同实际上就是 BOT 合同。光绪二十九年与比利时公司签订的汴洛铁路借款合同暨行车合同，就包括土木

❶ 文献 [75]. 方悦来书 . 杂事笔记 .

❷ 文献 [8]. 清德宗实录 . 卷 567.

❸ 谢小华，编造 . 清末修建兰州黄河铁桥史料 [J]. 历史档案，2003（3）：71–76.

❹ 文献 [76].

工程合同。❶

❶ 文献 [9]. 卷 159. 邦交 7.

6. 营造同业公会

目前，我国对于古代营造业行会的研究成果极少。这里只介绍一些零散情况。

1）武汉

康熙年间,汉口建有鲁班阁,是黄陂、孝感、汉阳、汉口四地大木、小木、廨木、箱木、寿木 5 作木业匠师聚会议事的地方。乾隆年间,曾制定木业行规。

此后木帮泥工又分为三帮, 汉口称文帮, 在大通巷、张美之巷各有一个土皇宫; 武昌称武帮, 在黄鹤楼及首义公园附近各有一个土皇宫; 汉阳称为西洋帮, 在汉阳设有土皇宫。各帮分别活动。

帮董代表本帮处理对外事务, 调解内部纠纷, 协调行业关系。帮董选择本帮中资深望重的人担任。且为兼职, 并配有少数办事人员。其选举均在事前办好, 到期上、下届帮董举行交接仪式, 就算选举完毕。

同治六年 (1867 年), 汉口大通巷建土皇宫, 是居仁坊泥工师友聚会议事的地方。

光绪年间, 重定了木作坊及泥水作坊、石作坊行规, 各作坊均须遵守。光绪十一年 (1885 年), 泥水作坊店东另建土皇宫于杨家河河街。

泥木作坊主一般本身是工匠, 可以参加鲁班阁、土皇宫活动, 而营造厂厂主则不能参加。又受地域观念及帮派关系的影响。

江浙帮营造厂于宣统元年 (1909 年) 另建营造公所, 作为江浙帮营造厂厂主聚会议事之所。因此行业组织有了公所的名称。❷

❷ 文献 [77]. 第三章 . 宁波帮与武汉近代建筑业 .

2）上海

（1）鲁班殿

上海地区最早的鲁班殿于唐咸通十年（869 年）在上海朱泾镇法忍寺中成立。清道光二十三年（1843 年）上海本帮水木、雕锯、石工等工匠（作头）集资在城内今硝皮弄购地 9.5 亩造鲁班殿, 并立碑纪事。碑文约定, 以鲁班殿为行业议事的固定场所, 并将所议的行规刻在碑上。该殿堂以后多次重修, 重修发起者仍以碑文纪事。鲁班殿一般由有威望的营造厂主主持, 管理本行业务, 如工匠揽工、营业必须先入殿领到行单, 无行单依殿规处罚等。入伙的工匠施行统一工价。每年农历五月初七鲁班生日, 祭奠鲁班神议大事。行业内外纠纷由殿主持并裁决。鲁班殿日常开销以及殿屋维修从工价中提成。早期鲁班殿较分散, 宁波帮曾在虹口设红帮木匠鲁班殿。同治年间, 木工头脑李大雪、曹青章等人发起在梧州路一带修筑鲁班殿。清末民初, 上海邻近郊县也都设了鲁班殿。❸

❸ 文献 [66]. 队伍篇 . 第三章 . 第一节 .

（2）水木公所

宁波帮水木作在上海的人最多, 于清道光三年 (1823 年) 成立水木作公所。1868年南市硝皮弄鲁班殿内水木业公所为了团结各帮工匠、克服营造业受到的不利影响，制定了新章程。章程说"上海五方杂处，各匠难以分帮"，提出"不论上海、宁绍（帮）各归新殿"，改变过去"造华人屋宇者谓之本帮，造洋屋者谓之红帮，判若鸿沟，不能逾越"的狭隘观念，将各地的水木作工匠组织起来。还规定水木匠及学徒每日工价和饭钱，不准克扣，不准向同业索扰。❶

光绪二十三年（1897年），营造业杨锦春、顾兰洲、江裕生等人筹组"水木土业公所"，实行董事制，选12名董事主持会务。❷

光绪三十四年（1908年）三月沪绍宁水木业公所正式成立，200余人出席会议，选举蔡瑞堂、周瑞亭、沈文卿、奚瑞良、周荣照、张裕田等6人为新董，杨斯盛德高望重，被推选为领袖董事。❸

光绪二十四年（1898年），杨瑞泰营造厂厂主杨斯盛着手筹建由本地、绍兴、宁波籍合为一体的上海水木公所。由于意见不合，宁波籍中途退出。后来，在顾兰记营造厂的顾兰洲、江裕记营造厂的江裕生等人努力下，于宣统三年（1911年）在南市硝皮弄105号成立沪绍水木公所，并立碑示记。水木公所逐渐取代了鲁班殿。光绪二十八年（1902年），上海一批外籍工程师、建筑师发起成立了上海工程师、建筑师学会。学会成立后办刊物、组织考察，进行工程技术测试等活动。❹

水木工匠劳动强度大，高空作业危险性大，伤亡之事常常发生。水木作作头剥削残酷，常借口克扣薪水，工匠们极为不满。清光绪八年（1882年）六月宁绍帮木工罢工，要求增加薪水，租界巡捕房警察逮捕了2名工匠，激起更大的反抗情绪，300余名工匠聚集在巡捕房门前抗议租界当局。光绪三十二年（1906年）公共租界水木作工匠罢工，要求作坊主增加薪水。

五、结束语

从以上介绍的情况可以看出，历代朝廷编写的前代正史中留下的文字不足以让我们窥视我国古代建筑市场的全貌，反倒是各地方志以及官员、学者和文人的笔记留下了一些零星但极为可贵的痕迹。

尽管如此，笔者还是产生了几点不成熟的看法，兹列如下。

1）我国古代营造活动中的分工早在西周末年就已十分细致，《考工记》就是明证。但是，这种分工并没有使营造活动形成现代意义上的单独行业。

2）专为他人营造，并带有作坊性质的营造工匠隋唐即已出现。因此，可以说，营造业至晚在隋唐时即已形成。

3）营造劳动力市场，至晚在南北朝时即已成形。至于范围远超营造劳动力市场的建筑市场，可以肯定，至晚形成于清道光、咸丰年间。但是，目前还缺乏足够的令人信服的史料证明秦汉时就已有了建筑业。

❶ 文献[36].上海水木作的出现和水木公所的诞生.

❷ 文献[78].第二篇.第二章.第六节.

❸ 文献[36].上海水木作的出现和水木公所的诞生.

❹ 文献[66].队伍篇.第三章.第一节.

4）从西周末年历代朝廷就有营造官司与律令，虽然大致在唐德宗以前朝廷和官府直接管理强征来的工匠与力夫，但在其后，营造官司与律令的直接对象是朝廷和官府的营造行为，而不是工匠和力夫。虽然朝廷和官府知道工匠中有滥竽充数者，但仅仅是在雇用时谨慎挑选而已（如上文嘉庆十八年清仁宗"令承办监督等多委可靠工头，于素日熟悉之民匠内，择其安静本分者传用"），还没有实施类似于现在的所谓"资质管理"。实际上，从1928年开始，各地，各部门才先后颁布章程、规则、规程或条例，将营造厂、建筑公司和其他承担工程的厂家注册登记，并对其行为提出具体要求。直到1939年2月17日，国民政府才颁布全国《管理营造业规则》规定经营营造业者到当地主管建筑机关审查登记，未登记不得开业。申请登记者须按申请的等级缴纳登记费。❶

5）至于对建筑市场的监管，笔者目前还没有发现各代朝廷有任何专门的言辞和行动。笔者认为，其中的原因是，我国很晚才出现建筑市场，即使有非法行为，以工律制裁则可，还没有严重到朝廷和官府须专门采取行动的程度。即使现在，我们对建筑市场的监管，也应当充分地利用已有的民法、合同法、招标投标法等，以及已有的政府机构的作用，不宜再另行添设机构。

尽管史料不能给我们更多的东西，但是，以古为鉴，从中吸取经验教训，总会有助于现在的建筑业、建筑市场，乃至整个国民经济和社会的健康发展。

❶ 卢有杰.南京国民政府时期建造活动管理初窥[J].建造师，2013（27）.

参考文献

[1] 闻人军.考工记导读[M].北京：中国国际广播出版社，2008.

[2] 方勇，李波.荀子[M].北京：中华书局，2015.

[3] [战国]墨翟，著.李小龙，译注.墨子[M].北京：中华书局，2007.

[4] [唐]房玄龄，等.晋书[M].北京：中华书局，1974.

[5] [唐]韩愈.韩昌黎集[M].上海：商务印书馆，1930.

[6] [战国]管仲，撰.李山，注解.管子[M].北京：中华书局，2009.

[7] [明]陆楫.兼葭堂杂著摘抄[M]// 巫宝三，李普国.中国经济思想史资料选辑（明、清部分）.北京：中国社会科学出版社，1990.

[8] 清实录[M].北京：中华书局，1986.

[9] [民国]赵尔巽，等.清史稿[M].北京：中华书局，1998.

[10] 魏明孔，主编.蔡锋，著.中国手工业经济通史[M].福州：福建人民出版社，2005.

[11] [汉]司马迁.史记[M].北京：中华书局，1959.

[12] 杨天才，张善文.周易[M].北京：中华书局，2011.

[13] [元]马端临.文献通考[M].北京：中华书局影印，1986.

[14] [宋]李焘.续资治通鉴长编[M].北京:中华书局,2004.

[15] [南朝宋]范晔.后汉书[M].北京:中华书局,1965.

[16] [清]高诱,注.毕沅,校正.吕氏春秋[M].上海:上海古籍出版社,1996.

[17] 石磊.商君书[M].北京:中华书局,2011.

[18] [东汉]班固.汉书[M].北京:中华书局,1962.

[19] [明]顾起元.客座赘语[M].上海:上海古籍出版社,2012.

[20] [清]汪文炳.富阳县志[M].清光绪三十二年刊行,可见"大成故纸堆数据库"http://www.dachengdata.com

[21] [清]董诰,阮元,徐松,等.全唐文[M].北京:中华书局,1983.

[22] [唐]魏征,等.隋书[M].北京:中华书局,1997.

[23] [唐]姚思廉.陈书[M].北京:中华书局,1972.

[24] 赵振华.唐代石工墓志和石工生涯——以石工周胡儿、孙继和墓志为中心[M]//杜文玉.唐史论丛.第14辑.西安:陕西师范大学出版社,2012.

[25] [唐]李百药.北齐书[M].北京:中华书局,1972.

[26] [唐]令狐德棻,等.周书[M].北京:中华书局,1971.

[27] [南朝梁]萧子显.南齐书[M].北京:中华书局,1996.

[28] [宋]欧阳修,等.新唐书[M].北京:中华书局,1975.

[29] [明]李东阳,等,纂.申时行,等,重修.大明会典[M].扬州:广陵书社,2007.

[30] [汉]桓宽,陈桐生.盐铁论[M].北京:中华书局,2015.

[31] 王国轩,王秀梅.孔子家语[M].北京:中华书局,2009.

[32] [宋]司马光.资治通鉴[M].北京:中华书局,1956.

[33] [唐]柳宗元,著.刘禹锡,辑.柳河东集[M].上海:上海古籍出版社,2008.

[34] [宋]孟元老,著.王永宽,注.东京梦华录[M].郑州:中州古籍出版社,2010.

[35] [宋]吴自牧.梦粱录[M].杭州:浙江人民出版社,1984.

[36] 娄承浩.老上海营造业及建筑师[M].上海:同济大学出版社,2004.

[37] [宋]苏轼.苏东坡全集[M].北京:燕山出版社,2009.

[38] [宋]洪迈.夷坚志[M].北京:中华书局,1981.

[39] [清]徐松,等.宋会要辑稿[M].北京:中华书局,1957.

[40] [元]脱脱,等.金史[M].北京:中华书局,1975.

[41] [元]胡只遹.紫山大全集[M]//杨讷.元史研究资料汇编.紫山大全集(一)、(二)、(三).北京:中华书局,2014.

[42] [明]叶盛.水东日记[M].北京:中华书局,1980.

[43] [清]毕沅.续资治通鉴[M].长沙:岳麓书社,2008.

[44] [清]钱荣修,俞燮奎,卢钰,纂.光绪庐江县志[M].南京:江苏古籍出

版社，1998.

[45] [清] 陆龙腾，等. 巢县志巢湖志 [M]. 合肥：黄山书社，2007.

[46] [明] 程敏政. 皇明文衡 [M]. 民国涵芬楼元刊本景印四部丛刊.

[47] [清] 徐傅，王金庸. 光福志 [M]. 光绪二十六年修，民国十八年重印本. 可见 "大成故纸堆数据库" http://www.dachengdata.com

[48] [清] 徐珂. 清稗类钞 [M]. 北京：中华书局，1984.

[49] [宋] 王溥. 唐会要 [M]. 上海：上海古籍出版社，2006.

[50] [唐] 吴兢，骈宇骞. 贞观政要 [M]. 北京：中华书局，2011.

[51] [后晋] 刘昫，等. 旧唐书 [M]. 北京：中华书局，1975.

[52] [唐] 杜佑. 通典 [M]. 北京：中华书局，1988.

[53] [唐] 李林甫，等，撰. 陈仲夫，点校. 唐六典 [M]. 北京：中华书局，1992.

[54] [元] 脱脱. 宋史 [M]. 北京：中华书局，1985.

[55] [清] 柯劭忞，屠寄. 元史二种 [M]. 上海：上海古籍出版社，1989.

[56] 陈得芝，等. 元代奏议集录（下）[M]. 杭州：浙江古籍出版社，1998.

[57] 台北历史语言研究所. 明实录 [M]. 上海：上海书店影印，1982.

[58] [唐] 姚思廉. 梁书 [M]. 北京：中华书局，1973.

[59] [宋] 陈耆卿. 嘉定赤城志 [M]. 北京：中国文史出版社，2008.

[60] [元] 熊梦祥. 析津志辑佚 [M]. 北京：北京古籍出版社，1983.

[61] [清] 张廷玉，等. 明史 [M]. 北京：中华书局，1974.

[62] [明] 陈子龙，等. 明经世文编 [M]. 北京：中华书局，1962.

[63] [明] 贺仲轼. 丛书集成初编、仪礼释宫、仪礼释宫增注、两宫鼎建记 [M]. 北京：中华书局，1985.

[64] [清] 张之洞. 劝学篇 [M]. 上海：上海书店出版社，2002.

[65] [清] 陈康祺. 郎潜纪闻初笔二笔三笔 [M]. 北京：中华书局，1984.

[66] 上海地方志办公室，《上海建筑施工志》编辑委员会. 上海建筑施工志 [M]. 上海：上海社会科学院出版社，1997.

[67] 日本藏中国罕见地方志丛刊. 万历永安县志 [M]. 北京：书目文献出版社，1991.

[68] [清] 李琬修，齐召南，等. 温州府志 [M]. 乾隆二十五年刊. 民国三年补刻版. 可见 http://www.dachengdata.com

[69] 浙江省地方志编纂委员会. 清雍正朝浙江通志 [M]. 北京：中华书局，2001.

[70] [清] 汪楫. 崇祯长编 [M]// 中国历史研究社. 中国历史研究资料丛书. 上海：上海书店影印，1982.

[71] [清] 贺长龄，辑. 魏源，参订. 清经世文编 [M]. 北京：中华书局，1992.

[72] [清] 刘坤一，撰. 陈代湘，等，校点. 刘坤一奏疏 [M]. 长沙：岳麓书社，

2013.

[73][民国] 陈夔龙 . 梦蕉亭杂记 [M]. 北京：世界知识出版社，2007.

[74] 徐齐帆 . 武汉近代营造厂研究 [D]. 武汉理工大学工学硕士论文，2010.

[75] 上海交通大学图书馆 . 中国地方历史文献数据库（DB）.

[76] 王家俭 . 旅顺港建港始末 [M]// 中国近代海军史论集 . 台北：文史哲出版社，1984.

[77] 杜宏英 . 汉口宁波帮 [M]. 北京：中国文史出版社，2010.

[78] 上海市地方志办公室 . 上海工商社团志 [M]. 上海社会科学院出版社，2001.

[79] [明] 宋濂，等 . 元史 [M]. 北京：中华书局，1976.

英文论稿专栏

Jin-dynasty Brick Tombs Made by Imitating Wood Structures and the Courtyard House System in China

Sohun Baik

(Myongji University, Korea)

Translated by Alexandra Harrer and Sadiq Javer

(Tsinghua University, China)

Abstract：Shanxi has many Jin dynasty tombs built from brick that imitate the facades of wooden buildings to create underground houses for the dead. This paper will examine the elevation of their burial chambers and compare the mimicry construction (*fangmu jiegou*) with the timber frame of dwelling houses found aboveground. Common features as well as differences between model and replica will be explained, especially with regard to orientation, layout, and form. The paper will also explore the ground plans of the burial chambers to show the final development in funerary architecture towards a new realisticness that is achieved through imitation of the scenery in an enclosed courtyard.

Keywords：brick tombs, courtyard house system, *fangmu jiegou*, Shanxi province, Jin dynasty

摘要：山西地区曾发现多数金代砖墓。它们中不少墓室在立面上模仿地上木构建筑的立面形态而为死者营造了地下的永息之地。本文通过对墓室立面的分析而探讨了墓室立面上的仿木结构与地上住宅中的真木结构之间的关系。为此，文章选择一些案例分析了朝向、布置、形态等特点，并对仿木结构与真木结构之间的形式上的共同特点与做法上的不同特点也进行了阐述。另外，本文发现，除了立面之外，一些墓葬在墓室的平面上也模仿了地上住宅院落的格局，结果墓室的逼真性得到了提高，出现了一间墓室演绎一进住宅院落的较完整的形式。

关键词：砖墓，住宅院落的格局，仿木结构，山西，金代

Over one hundred brick tombs from the Jin dynasty (1115—1234) have been found in Shanxi province (Fig.1, left).[1] Their burial chambers are finely and exquisitely decorated and their inner walls are carved to imitate the facades of timber frame buildings found aboveground (Fig.1, right).[2]

These unique and beautiful tombs have aroused great attention. Archeologists have investigated

---

[1] Cui Yuanhe, *Pingyang Jinmu zhuandiao*, 8.

[2] For this phenomenon known as *fangmugou* (literally "imitating wooden structure" or more broadly "imitating the mode of building with wood") 仿木构 see Alexandra Harrer, "Where Did the Wood Go? Rethinking the Problematic Role of Wood in Wood-Like Mimicry."

the structure and style of the tombs as well as the items that are buried with the dead. Researchers for Chinese traditional opera have focused on actors and musical instruments carved on the brick panels. Architectural historians have also begun to study the information found on the tomb walls, not only because it is a valuable resource for wood building technology but also, as the paper will demonstrate, because it helps to increases our knowledge on residential architecture from the Jin dynasty which no longer exists.

Fig.1 Tomb M4 of the Duan family in Jishan (left) and schematic drawing
showing a wooden framework of the time (right)
(Left photo from Cui Yuanhe, *Pingyang Jinmu zhuandiao*, 55; Right drawing from Guo Daiheng,
Zhongguo gudai jianzhushi, 355)

The tradition of making tombs look like buildings has a very long history in China. The technique to model the burial chamber after a wooden building (*fangmugou*, 仿木构) can be traced back to the Han dynasty (202 BC—220). For example, the Han-dynasty stone tomb in the village of Beizhai (北寨), Yinan (沂南) county, Shandong province, has free-standing columns crowned with bracket-block clusters (*dougong*, 斗栱), which are structural components only found in Chinese timber frame construction.[1] Another Han-dynasty tomb, found in Baiji (白集) village, Xuzhou county, Jiangsu province, also has columns and mullioned windows (*zhilingchuang*, 直棂窗) carved out of its stone walls.[2] (Fig.2 left)

In the Sui dynasty (581—618) and the Tang dynasty (618—907), the form of mimicry in tombs changed. Chambers no longer imitated the structural mechanism of (timber) framing; instead they were designed according to the logic of solid masonry construction with load-bearing walls and domes. Coffins, instead of chambers, were now carved to mimic wooden buildings such

[1] See the excavation report of the Nanjing Museum (Nanjing bowuguan, "Yinan guhuaxiangshimu fajue baogao").

[2] See the excavation report of the Nanjing Museum (Nanjing bowuguan, "Xuzhou Qingshuiquan Baiji Donghan huaxiangshimu").

as the sarcophagus in the Sui-dynasty tomb of Li Jingxun (李静训) and the sarcophagus in the Tang-dynasty tomb of crown prince Yide (懿德太子) both found in Xi'an, Shaanxi province (Fig.2 right).[1]

[1] See the excavation report of theShaanxi Museum (Shaanxi bowuguan, "Tang Yide taizimu fajue baogao").

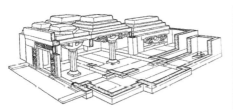

Fig.2 Han Tomb in Yinan (left) and the outer coffin of crown prince Yide (right)
(Left drawing from Liu Dunzhen, *Zhongguo gudai jianzhushi*, 61 ; Right photo from Fu Xinian, *Zhongguo gudai jianzhushi*, 419)

Prototype: Henan in the Song Dynasty

The Song dynasty (960—1127)once again marked a high point of large-scale mimicry in funerary architecture. But the key difference to the Han dynasty is that Song craftsmen used carved bricks instead of stone to embellish the burial chambers. Clay bricks can be more exquisitely processed than stone and are also easier to assemble to form the various shapes of wooden construction members.

In the beginning, the clay bricks were just used for a simple wall decoration. To a certain extent, wood-like columns, bracket sets, and doors made with bricks were similar to real ones, if viewed individually. However, as they were isolated elements, they were not integrated to form a coherent whole, such as the Song tomb found in Jingkou (井口) village, Chongqing municipality.[2] Afterwards, the overall composition of the wall became more emphasized. Columns, *dougong*, and doors were assembled into a unified whole in such a way that they emulated a real building facade. Many small connective members were also represented with bricks.

[2] See the excavation report of the Chongqing Museum (Chongqing bowuguan, "Chongqing Jingkou Songmu qingli jianbao").

A prototype of an imitation wood structure can be seen in Zhao Daweng's (赵大翁) tomb (d. 1099) in Baisha (白沙) village, Yu (禹) county, Henan province(Fig. 3).[3] This tomb, although bigger and more decorated than the three other Song tombs found there, follows a similar design logic and reveals the same systemic composition, which makes it the perfect example to discuss here. It has a front and a rear chamber, and the outer wall of the entrance gate and the side walls inside the two chambers are designed in *fangmugou* style.

[3] Su Bai, Baisha Songmu.

The outer wall of the burial chamber has a solid double door (*banmen*, 板门), which is usually used for the main gate of a building complex. Thus we can know that the outer wall denotes the entrance to the complex. The two columns flanking the *banmen* are topped with a vertically-positioned architrave (*lan'e*, 阑额) and a horizontally-positioned architrave (*pupaifang*, 普拍枋). On top of the *pupaifang* are three bracket sets that brace an eaves purlin (*yantuan*, 檐槫). Above are circular rafters (*chuanzi*, 椽子) and further above is a set of flying rafters (*feichuan* , 飞椽)；the rafters are interlocked by an eaves connector (*dalianyan*, 大连檐). Finally, above the *dalianyan* are several rows of flat roof tiles (*banwa*, 板瓦) and semi-circular roof tiles (*tongwa*, 筒瓦). These components and the order in which they appear are very similar to wooden gates found aboveground.

Behind the entrance gate are two chambers arranged axially, one at the front and one at the rear. Each chamber is covered by a brick dome, and under the dome, the wall surface is carved in *fangmugou* style. The front chamber has a square ground plan with columns placed at every corner and two mullioned windows on the side walls. The columns are connected by *lan'e* and *pupaifang*. Bracket sets sit on top of the *pupaifang*. The outer corner set (*zhuanjiao puzuo*, 转角铺作) mimics the complicated arrangement of *dou* (bearing block, 斗) and *gong* (bracket, 栱) that is typical for the corner column-top position in a timber frame building. The rear chamber is similar to the front chamber, but the columns are shorter and stand on a platform with a central flight of steps leading to the platform top. There is an artistic representation of a false door on the middle wall, opposite the entrance to the rear chamber, and two mullioned windows on its left and right side walls. This is a typical combination of doors and windows found on the front facade of a wooden building from the Song dynasty to prevent robbery.

From the accuracy of design, it can be deduced that the craftsmen who built this tomb must have been versed in carpentry. Yet in the past, building construction in China had clear divisions of labor among different types of crafts.❶ So how could a bricklayer possibly know about the art and technique of woodworking, which fell outside his competence? In building practice, bricklayers were needed to construct the podium on which the wooden building stood, to erect walls (in case of brick wall lining), and to lay roof tiles. They usually were at the construction site before the carpenters to determine podium and column positions and cast column bases. They worked together with carpenters to decide the slope and structure of the roof after placing the columns and beams. Thus an experienced bricklayer would be more knowledgeable

❶ The Song building manual *Yingzao fashi* divides building construction into13 different types of crafts（壕寨, 石作, 大木作, 小木作, 雕作, 旋作, 锯作, 竹作, 瓦作, 泥作, 彩画作, 砖作, 窑作）.

about carpentry than a stonemason. This could be one of the reasons why Song brick tombs have a closer resemblance with wooden buildings found aboveground than earlier stone tombs.

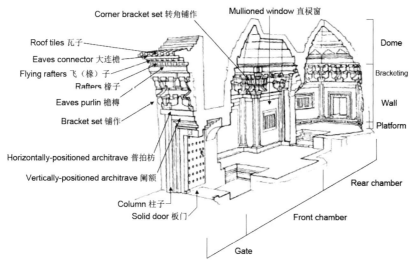

Fig.3　Zhao Daweng's tomb
(Su Bai, *Baisha Songmu*, 24, modified by the author)

Change and New Trial: Shanxi in the Jin Dynasty

In the Jin dynasty, the design and construction methods of brick tombs found in Henan during the Song and Jin dynasty spread to Shanxi, where they merged with the prevailing local style to produce sophisticated and more realistic wood-like mimicry. With the advent of economic growth and the dissolution of the hierarchical system, more and more common people built elaborate tombs for their ancestors. Out of the over one hundred brick tombs found so far in Shanxi, about thirty were discovered in Jishan (稷山) county, twenty in the city of Houma (侯马), and the rest are scattered throughout the province.❶ The burial chambers of these tombs use various sizes and shapes of bricks and occasionally carved stones to imitate the facades of wooden buildings found aboveground. The walls show columns, beams, *dougong*, doors, windows, and roof eaves, and are topped with a brick dome. The chambers can be divided into two types according to their ground plan and their quality of being realistic. The first type, an octagonal structure that still feels more like a tomb, is discussed in this section. The second type, based on a square ground plan, will be discussed in the next section that deals with Southern Shanxi.

❶ Cui Yuanhe, *Pingyang Jinmu zhuandiao*, 8.

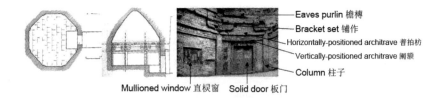

Eaves purlin 檐槫
Bracket set 铺作
Horizontally-positioned architrave 普拍枋
Vertically-positioned architrave 阑额
Column 柱子

Mullioned window 直棂窗　Solid door 板门

Fig.4　Jin tomb in Xiguan village
(Drawing and photo fromShanxisheng kaogu yanjiusuo, "Shanxi Pingding Song Jin bihuamu jianbao", 20,
modified by the author)

In tombs of the first type, facade components of wooden buildings simply serve to segment the walls and to create a sense of rhythm inside the burial chamber. Columns, beams, and *dougong* are arranged on the corner or border of chamber walls to divide them vertically or horizontally. The Jin tomb in the village of Xiguan (西关) village, Pingding (平定) county, is a simple but telling example of this type (Fig. 4). The inside of the tomb has one chamber. A column is set on every corner of the octagonal floor plan and topped by a bracket set. *Lan'e* and *pupaifang* form a horizontal boundary line between the vertical wall surface and the bracketing zone, which together with the eaves purlin marks the beginning of the conical dome. A double door and two mullioned windows are placed on the three central walls to fill the blank space under the architrave. Although the combination of a double door flanked by two windows recalls a typical building facade, most of the wood-like components are arranged to meet the compositional requirements of an underground tomb, which produces a strongly stylized not very convincing image of a real wooden building.

Caisson ceiling
Image panel section
Bracketing zone
Wall
Platform

Roof tiles 瓦子
Eaves connector 大连檐
Flying rafters 飞（椽）子
Rafters 椽子
Eaves purlin 檐槫
Bracket set 铺作

Fig.5　Jin tomb in Dongzhuang village
(Drawing and photo from Shang Tongliu and Guo Hailin, "Shanxi Qixian fajue Jindai zhuangdiaomu", 22,
modified by the author)

The Jin-dynasty tomb in the village of Dongzhuang (东庄), Qin (沁) county, is another good example of the first type but one that gives a more realistic picture of timber frame construction through meticulous attention to detail (Fig. 5). Especially the bracket sets and roof eaves emulate their wooden counterparts so well that it is almost impossible to tell the difference between model and replica. The tomb also has just one chamber that is octagonal in ground plan. In elevation, it is composed of a platform, walls structured by columns, bracket sets, roof eaves, a decorative wall section with image panels, and a caisson ceiling (*zaojing*, 藻井) with another layer of bracket sets and eaves. Although these elements are arranged in a similar manner as those of a wooden building, the image panels found between the two layers of bracketing are a unique feature. Together with the empty space of the brick dome still visible above the upper bracket sets (i.e. the top part of the caisson ceiling), they represent the only significant difference from wooden architecture found aboveground, and remind us of where we really are—in an underground tomb. Not to mention the almost hemispherical shape of the brick dome and the chamber's very low solid walls that reinforces the impression of a burial chamber.

The caisson ceiling is quite remarkable. It has an octagonal ground plan with bracket sets arranged at the corners of the octagon. This design, known as *douba zaojing* (斗八藻井) in the 12[th]century building manual *Yingzao fashi* (营造法式), was only permitted to be used in the main hall of a temple or an emperor's palace.[1] The artistic representation in the Dongzhuang tomb is not only close to the methods prescribed in the official text but also similar to actual examples such as the *douba zaojing* in the main hall of Baoguo Temple (保国寺) (Fig. 6), except for the roof eaves found between the upper bracket sets and the dome top.

[1] *Yingzao fashi, juan 8.*

Fig.6   Caisson celling in the main hall at Baoguosi in Ningbo
(Photo by the author, 2011)

To draw a preliminary conclusion, the design of the three tombs discussed so far (in Baisha, Xiguan, and Dongzhuang village) is based on the same idea. The burial chambers of the two single-chambered tombs are octagonal in ground plan, and the rear chamber of Zhao Daweng's tomb is pentagonal. The octagon and pentagon are geometric shapes with a clear central point, and in the third dimension, this centrality is again emphasized by the radially symmetrical dome. The central plan of these tombs is a tribute to a long tradition of (funerary) architecture with focus on the center.

Soon after, we see further development of the basic scheme in a Jin-dynasty graveyard in Fenyang (汾阳), Shanxi province, where the craftsmen adopted a new architectural language through imitation of the spectacular 360-degree panorama view of an open courtyard setting. This leads the way to the second type of burial chambers. Similar to Xiguan and Dongzhuang, Tomb M5 in Fenyang(late12[th] century), still has one octagonal chamber that consists of a platform, brick walls structured by columns, bracket sets, and a dome.❶ Yet there is a major alteration in design, both practically and conceptually. The four corner walls of the octagon became shorter (labeled ②, ④, ⑥, ⑧ in Fig. 7), and the other four side walls (labeled ①, ③, ⑤, ⑦ in Fig. 7) that are now enlarged came to represent four buildings in a typical Chinese courtyard (*siheyuan*, 四合院).

❶ See the excavation report by the Shanxi Institute of Archaeology (Shangxisheng kaogu yanjiusuo, "Shanxi Fenyang Donglongguan Song Jin mudi fajue jianbao").

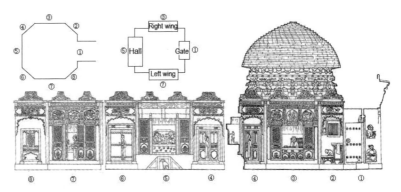

Fig.7   Tomb M5 in Fenyang
(Drawing from Guo Daiheng, *Zhongguo gudai jianzhushi*, 237-238, modified by the author)

A more precise analysis confirms the new imbalance and inequality of the different wall sections. The shorter walls differ from their neighboring walls in matters small and large, for instance in the number and nature of overhanging members installed under the architraves. Whereas the walls ③, ⑤ and ⑦ have three panels (*zhangriban*, 障日板) aligned next to each other and framed by top and bottom joists, the walls ②, ④, ⑥ and ⑧ have just one panel and below, two inverted-L-shaped timbers (*chuomufang*, 绰幕枋)with their legs reaching onto the flanking column shafts (Fig. 8). Furthermore, the following items can be found only on the shorter walls: on wall ②, a mullioned window; on wall ④, a double lattice door; on wall ⑥, a solid double door; and on wall ⑧, a clothes stand. These features are not represented realistically in terms of their construction. For example, the mullioned window on wall ② seems to be embedded into the wall without a frame. It is placed too high and has no top and bottom joist to fix the window grill to the wall, which is structurally unreasonable. The doors on wall ④ and ⑥ are also treated in an unrealistic and oversimplified manner. The door frames are directly attached to the flanking column shafts even if, in building practice, space should be left between the columns and the sides of the frames. The double lattice door on wall ④ is treated like a solid wooden door with two protruding decorated boxes on the head frame (top joist), which is an artistic representation usually found only at brick pagodas.

Whereas the shorter walls embody separate randomly-chosen images of daily life both inside and outside the house, the four elongated walls ①, ③, ⑤ and ⑦ portray the facades of real buildings surrounding a courtyard. Before analyzing these walls, it is necessary to understand some rules of architectural design and planning in imperial China. The building was a powerful visual symbol of a person's class status. Its placement signified the hierarchical rank of the owner and the status of the building within a complex, which, in turn, determined size, construction and decoration style, and amount of interior space. To facilitate the location according to a person's rank and the expression of architectural hierarchy, the typical Chinese building complex was symmetrical and organized along a central axis. This concept of centrality and axiality has a long history dating back to sites like the dynastic Zhou palace in Fengchu,

Fig.8 *Zhangriban* and *chuomufang* of a rotating sutra cabinet

(Left drawing from *Yingzao fashi*, juan 23; Central detail of the rotating sutra cabinet at Rongxingsi; Right detail from *Hanyuantu* (汉苑图) by the Yuan painter Li Rongjin(李容瑾)currently stored inThe Palace Museum in Taipei [*Zhongguo lidai shanshuihua xuan*, 1: 24])

Qishan (岐山), Shaanxi province, and has become a characteristic for secular and religious architecture of the Chinese people ranging from commoners to emperors.[1] According to traditional thought, middle meant absolute, the left and right were subordinate to the middle; the left when seen from the middle was higher than the right, and the rear was higher than the front.

A typical Chinese building complex consists of a series of courtyards surrounded by buildings on several sides. Two or three rectangular courtyards are arranged along a longitudinal axis with an additional one or two other courtyards arranged on the left or right side as an extension. From historical records and actual sites we know that a typical courtyard complex in the Tang dynasty had a gate and a hall, aligned one after the other and linked by two corridors, and a screen wall (*yingbi*, 影壁) placed behind the gate.[2] A courtyard surrounded by a corridor (*lang*, 廊) is known as *langyuan* (廊院). Later, the average area of a building complex within the city shrank due to population growth, and side corridors were slowly replaced by side buildings (*wu*, 庑).As a result, the courtyard became enclosed by buildings on each of its' four sides, becoming what today is known as *siheyuan*.

❶ See for example, Pan Guxi, *Zhongguo jianzhushi*, 7.

❷ Fu Xinian, *Zhongguo gudai jianzhushi*, 445.

Fig.9　A house in *Cai Wenji's Return to the Han Court* (文姬归汉图) currently stored in the Museum of Fine Arts in Boston
(Chen Dongbin, *Zhongguo gudai jianzhu datudian*, 793)

Cai Wenji's Return to the Han Court (文姬归汉图), an anonymous painting of the woman poet Cai Wenji from the Southern Song dynasty, gives us a clear view of a *heyuan* ("enclosed courtyard", 合院) of the time, depicting a courtyard house with a gate, two side buildings and a main hall (Fig. 9). Each building follows a rigid hierarchy, which is expressed inpodium and building height, width, depth, roof ornament, and complexity of bracket sets (number of layers in a bracket set; grade). The painting confirms that the most important building, the hall, is wider, deeper, higher and more decorated than the two side buildings. Accordingly, we may conclude that the walls ①, ③, ⑦ and ⑤ in tomb M5 in Fenyang represent the gate, the left and right side building, and the main hall respectively. This creates the scenery of a dwelling house with four buildings surrounding an open courtyard.

Some architectural details expressed on the walls also support this theory. As mentioned previously, the podium height of the main hall should exceed those of the two side buildings. And in fact, the main building found on wall ⑤ has a taller platform than the two side buildings on walls ③ and ⑦. This hierarchy can also be found in *Cai Wenji's Returnto the Han Court* where the podium of the main hall is slightly higher than that of the corridor in the foreground next to the main building. Though partially hidden behind two servants, a small set of stairs, smaller than the main stairs in front of the main hall, can be seen, which the servants must ascend before reaching the main hall. A closer inspection shows that the podium of the corridor in the background is as tall as the podiums of the side buildings. Other paintings from the same time period show the same platform hierarchy, for example, the illustration for the *Book of Filial Piety* (女孝经图) shown in figure 10.

Fig.10   Illustration from the Song *Book of Filial Piety* currently stored in
The Palace Museum in Beijing
(He Qian, *Nvxiao jingtu* yanjiu, 41—44)

Analyzing the figures within the architecture depicted on the tomb walls further confirms the idea that the burial chamber mimics the intimacy of a private home in a courtyard house. On wall ⑤ there is an old man wearing a high official's hat and what appears to be his wife sitting behind a tea table. They are probably the aristocratic couple buried together in this tomb and the owners of the original building complex imitated here. The man, in wall ③, and the women, in wall ⑦ , might be servants or family members.

Accomplishing the New Style: Southern Shanxi in the Jin Dynasty

As seen from the M5 tomb in Fenyang (that is a weak octagon with four pronounced walls), the burial chamber began to change from a pentagon or an octagon (first type) to a square (second type). The elevation also changed from a stylized design still evoking a strong sense of an underground tomb to the realistic picture of wooden buildings surrounding a courtyard on four sides. The accomplishment of this change can be seen in the Duan (段氏) family tombs in Jishan (稷山) and the Dong (董氏) family tombs in Houma (侯马), both in Southern Shanxi province.

According to historical records the Duan family made a great fortune selling medical materials and built a family cemetery near the village of Ma (马) in Jishan for their ancestors from 1110 to 1181.[1] Eleven extremely elegant and exquisite tombs are arranged there in three long lines, each one consisting of an entryway, a connecting door passage, and a burial chamber. They are decorated with a variety of custom-made bricks that were produced from refined soil baked at a high temperature for a subtle and lustrous surface. After baking, they were carved and layered so neatly that they resembled the wooden components found in actual buildings even down to the most delicate details. This realistic style had its inception in the M9 tomb in Fenyang but was refined and perfected here. The Jishan tombs represent the second style of burial chambers.

Jishan Tomb M1

The burial chamber of tomb M1 is 2.1 m wide, 2.7 m long, and 4.5 m high (Fig. 11). The entrance is situated in the corner of the south wall, and a funerary bed with a height of half a meter stands on the northeast corner. In elevation, the chamber consists of a decorated platform, walls structured by columns, horizontal and vertical architraves, a lower layer of bracket sets and eaves, an upper layer of bracket sets and eaves, and a dome.

The design concept of the courtyard is more obvious than in tomb M9 in Fenyang. This is because the floor plans of both the model (i.e. the courtyard aboveground) and the replica (i.e. the burial chamber) are rectangular, and the tomb walls correspond exactly with the placement and orientation of four courtyard buildings.

Yet the design language is more complex than in tomb M9 in Fenyang.

中国建筑史论汇刊 · 第壹拾肆辑

[1] Yang Fudou, "Shanxi Jishan Jin mu fajue baogao."

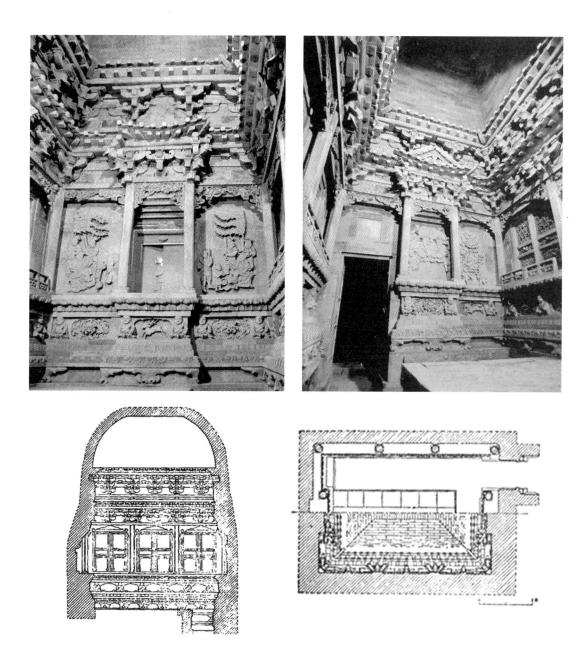

Fig.11　Tomb M1 of the Duan family in Jishan

（Right photos after Cui Yuanhe, *Pingyang Jinmu zhuandiao*, 52—53；Left drawing from Shanxi sheng kaogu yanjiusuo, "Shanxi Pingding Song Jin bihuamu jianbao", 45）

When three-dimensional objects are projected on a flat background, information is lost during the transformation process from wood into brick. In case of complicated building geometry and construction, it is more difficult to decode the information embedded in the mimicry brickwork and trace it back to the wooden model. However, the medium of high-relief used in tomb M1 allows to raise forms above the background plane to a varying extent, resulting in multiple layers of images. This is particularly important for the columns in this tomb. Shifted slightly forward and backward from the picture plane, their position requires closer consideration because it gives clues about layout and nature of each building or building part depicted. The east and west walls have four columns each, and their two middle columns divide each wall into three bays (*jian* 间). A double lattice door can be found behind each bay, making the wall look like a typical three-bay side building. The north wall also has four columns. Two columns at the corners are shared with the east and west walls and represent the corner columns of the main hall. The two other columns in the middle stand slightly ahead of the two corner columns and are covered by a roof. Behind the columns are double mullioned doors, making the wall look like a hall with a projecting porch in the middle. The column layout of the south wall is the same as the north wall, but musicians are carved on the wall, turning the central bay into an opera stage. The side bays of the south wall appear as corridors, linking the stage to the side buildings on the east and west wall.

The north wall represents the most important building of the courtyard complex, the main hall called *dian* (殿) or *tang* (堂). *Dian*-type halls have a higher architectural status and are usually found in temples or palaces to serve the gods or the emperor.[1] *Tang*-type halls are found in private dwellings of higher government officials or nobles. The building on the north wall has a unique feature, a protruding central bay crowned with a front-facing gable on top of a small hip. This covered porch was known as *guitouwu* ("turtle-head building", 龟头屋),[2] or as *nutoudian* ("crossbow-head building", 弩头殿)[3], and in case of exposed columns without any enclosing walls, it was called *yanwu* ("eaves building", 檐屋)[4], Although only one Song example

---

[1] *Yingzao fashi* distinguishes between buildings of higher eminence [殿(阁)] and lower eminence [(厅)堂]. In this paper, the second type–(*ting*) *tang*–is addressed as "*tang.*"

[2] A line from the Tang record Chongxiu *Tengwangge ji* 重修滕王阁记 by Wei He 韦愨 (republished by the Qing court in *Quan Tangwen*, Vol. 0747) reads: "旧正阁龟首东西间" (A turtle-head [building] with six bays on the east and west [side] [was linked with] the old main pavilion). Another line from *Wuguo gushi* written in the Song dynasty (republished by Beijing Shangwu yinshuguan in the 1991 edition of *Congshu jicheng chubian*) states: "景在位尝构一小殿，谓之龟头" (Under the reign of King Jing, a small hall was built and named turtle head).

[3] The Ming writer Su Xun describes the old Yuan palace in his *Yuan gugong yilu*(republished by Beijing Shangwu yinshuguan in 1936) as follows: "障后即寝宫，深止十尺，俗称为弩头殿" (Behind the screen is the emperor's bed room; it is only ten *ci* deep and called *nutoudian*).

[4] Li Xinchuan's *Jianya yilai chaoye zaji* records about *Chuigongdian* 垂拱殿, one of the great halls in the Southern-Song palace: "殿南檐屋三间" (The eaves building [attached to] the south of the hall was three bays wide [on each side]).

survived (Moni Hall , 摩尼殿) at Longxing Temple (隆兴寺) in Zhengding (正定), Hebei province), architectural carvings in cave grottos and architectural paintings tell us such projections were popular from the Tang dynasty to the Yuan dynasty.❶ After the Ming dynasty (1368—1644), they developed into *baosha* ("hugging building", 抱厦) , which differ from earlier guitouwu in that the gable faces the side and the roof ridge runs parallel to that of the main building. The roof of the main hall on the north wall of tomb M1 is simplified and shows eaves but no ridges. Based on the roof of the attached *nutoudian*, which, by definition, requires the same roof style for main building and porch, we can know that the hall should also have a hip-gable roof [*xieshan* (歇山) or *jiujiding* (九脊顶)] (Fig.12).

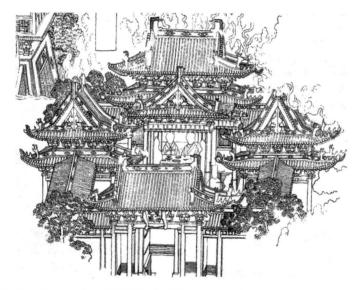

Fig.12   Shengmudian (圣母殿), detail from the Jin-dynasty murals at Yanshansi (岩山寺), Shanxi province
(Fu Xinian, *Zhongguo gudai jianzhu shilun*, 251)

Generally speaking, there were two types of *nutoudian*, the protrusion type and the extension type(Fig. 13). The extension type describes the extended part of the corridor building that connects the *tang* (堂) in the front and *qin* (寝) in the rear. The tang served as the public space used for official receptions and other ceremonies, and the *qin* provided the private living quarters. The owner would come out from *qin* and then pass through the connecting corridor to

❶ For an example from the Tang dynasty, see the double-storied building with *guitouwu* in front carved in the Dazu caves in Sichuan; for an example from the Yuan dynasty, see the double-storied building with *guitouwu* in front depicted in the anonymous painting *Guanghan louge tu* (广寒楼阁图) currently stored in the Shanghai Museum.

reach the *tang*. Such a building group is also known as *gongziting* (工字厅), because the 工-shaped plan recalls the Chinese character *gong* (工). According to historical records, *gongziting* were common for high-rank dwellings at least since the Tang dynasty.❶ The protrusion type of *nutoudian* consists only of the projecting part but lacks the connecting corridor. Since fire would spread quickly through the corridor and daylight could not reach into the *qin*, the corridor was abandoned. The protrusion was left to emphasize the authority of the *tang* and to extend the interior space.

❶ According to the Tang-dynasty *Yingshanling* (营缮令), certain high officials (*canguan*, 参官) were allowed to build a central room along the house axis (*zhouxinshe*, 轴心舍). Given that *zhouxinshe* and *gongziting* are the same, since then, *gongziting* was considered a dwelling type of the wealthy class, an idea that was further continued in the Song and Yuan periods.

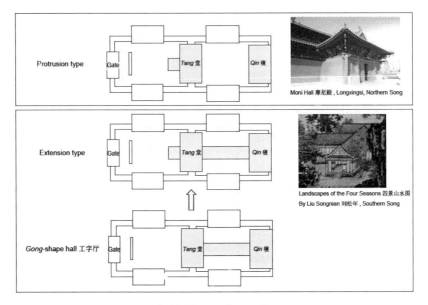

Fig.13　Types of *nutoudian*
(Drawing by the author)

Having determined the roof type of the main hall on the north wall of tomb M1, only the question remains as to how many set of eaves its roof should have. According to *Yingzao fashi*, if a dian has double eaves, the bracket sets of the upper eaves must have one more layer than those of the lower eaves to maintain a stable and aesthetically appealing roof proportion.❷ Counting the layers of brackets on the north wall, the upper sets have in fact one extra bracket compared to the sets below. Thus we can know that the main hall has a double-eave hip-gable roof. It is interesting to compare the situation of bracketing in this tomb with the Dongzhuang tomb discussed above. Whereas here, the upper bracket sets denote roof eaves viewed from outside, at Dongzhuang, they have a different meaning and portray the domed, coffered ceiling inside a building.

Summing up, the burial chamber in tomb M1 imitates the courtyard of

❷ Pan Guxi, *Zhongguo jianzhushi*, 4.

a private house: the north wall mimics the main hall (*dian* or *tang*), and the east and west walls portray the two side buildings in front of it. However, the opera stage on the south wall cannot be explained with this theory. According to the formal layout of a courtyard house known from historical texts and paintings, there should be a gate building in the middle of the south wall. Stages are usually found in temples of Chinese popular religion (*miao*, 庙) but not in houses. Shanxi during the Jin dynasty was rich in temple stages [multistoried theater building, *wulou* (舞楼); multistoried stage building, *xilou* (戏楼); stage pavilion, *xiting* (戏亭)], where theatrical performances were an important ritual to serve the gods during a temple festival. The stage was built in front of the main hall in which the gods were placed so that they could watch the spectacle. In the past people believed that the gods had human forms and that their dwelling places were similar to people's homes even if they should take up a more elaborate design language and a higher housing category (palace, *gong*, 宫). As a result, there is little difference between religious and residential architecture, and with this in mind, it does not seem out of place to include a stage in a dwelling. At least in theory, because in practice, theatrical performances were just an occasional form of entertainment for common people and usually reserved for the rich. Fewer stages were built in private houses than in temples and if needed, they were situated in the back yard rather than the front yard. Thus we may conclude that the stage in tomb M1 was made for a certain religious purpose and modeled after the stages found in folk temples.

Almost similar architectural layouts and designs were used in tombs M2, M3, M4 and M5 of the Duan family cemetery (Fig. 14).

Summary and Conclusions

According to Chinese traditional thought, tombs are houses for the dead. They were built in durable materials appropriate for the afterlife, but they imitated the dwelling places of the living. The craftsmen decorated the burial chambers with carved stones or bricks to evoke the illusion of timber frame architecture found aboveground (a style known as *fangmugou*, literally "imitating wooden structure" or more broadly "imitating the mode of building with wood"). This tradition began in the Han dynasty. In the Tang dynasty, the wood-like components were used partially and independently. By the Song dynasty, tombs began to emulate entire building facades, and each imitated component was integrated into a systemic design program. The chamber walls were neatly organized with a platform, columns, bracket sets, and roof eaves just like the

Fig.14 Tomb M4 of the Duan family in *Jishan*

（Cui Yuanhe，*Pingyang Jinmu zhuandiao*，55-56）

real wooden building. Each component mimicked its wooden counterpart but was made with carved clay bricks. As a final development, in the Jin dynasty, tombs began to re-create the private scenery of a luxurious courtyard house in the burial chamber. The ground plan of the chamber changed from hexagon or octagon to rectangle; the four chamber walls came to imitate specific buildings that surrounded the courtyard of the house found aboveground. Different from earlier mimicry, one wall now represented one building. As a final twist in the tail, the burial chamber often included an opera stage, as seen in local temples of Chinese popular religion, that replaced the gate building usually situated on the south wall.

Looking at funerary architecture in *fangmugou* style from the Song and Jin dynasty helps us understand the living situation of the common people in the past. This is especially important because no residential building has survived from the period before the Yuan dynasty in central China. The mimicry architecture provides clues on layout and design of private dwellings and courtyard houses and insight into questions like the existence of covered porches (*guitouwu* or *nutoudian*) that may remain unsolved otherwise.

References

Baik Sohun (白昭薰). *Jindai zhuandiaomu zhongde fangmu jiegou ji zhuzhai xingzhuang yanjiu* (Study on the imitation wood structure and the house system of Jin-dynasty brick tombs) 金代砖雕墓中的仿木结构及住宅形状研究 . Master Thesis,Tsinghua University, 2006.

Chen Dongbin (陈同滨), Wu Dong (吴东), and Yue Xiang (越乡). *Zhongguo gudai jianzhu da tudian* (Illustrations of traditional Chinese architecture) (中国古代建筑大图典). Beijing: JinriZhongguochubanshe,1996.

Chongqing bowuguan (Chongqing Museum) (重庆博物馆). *Congqing Jingkou Songmu qingli jianbao* (Brief excavation report on Song tombsfound in Jingkou, Chongqing) (重庆井口宋墓清理简报). Wenwu11 (1961): 36–47.

Cui Yuanhe (崔元和). *Pingyang Jinmu zhuandiao* (Brick carvingsinthe tombs of the Jin dynasty inPingyang) (平阳金墓砖雕). Taiyuan: Shanxi remin chubanshe, (1819) 1999.

Dong Gao (董浩), Ruan Yuan (阮元), and Xu Song (徐松). *Quan Tangwen* (Complete collection of Tang prose) (全唐文). Shanghai: Shanghai gujichubanshe, 1990.

Fu Xinian (傅熹年). *Zhongguo gudai jianzhushi* (History of Chinese traditional architecture) (中国古代建筑史). Vol.2. Beijing: Zhongguo jianzhu gongye chubanshe, 2001.

———. *Zhongguo gudai jianzhu shilun* (Tenessays on Chinese traditional architecture) (中国古代建筑十论). Shanghai: Fudandaxuechubanshe, 2004.

GuoDaiheng (郭黛姮). *Zhongguo gudai jianzhushi* (History of Chinese traditional architecture) (中国古代建筑史). Vol.3. Beijing: Zhongguo jianzhu gongye chubanshe, 2004.

Harrer, Alexandra. "Where Did the Wood Go? Rethinking the Problematic Role of Wood in Wood-Like Mimicry." *Frontiers of History of China* 10.2 (2015): 188-221.

———. "Fan-shaped Bracket Sets and their Application in Different Building Materials: A Discussion of the Chinese *Fangmu* Tradition and Jin-dynasty Tomb Architecture in Southwest Shanxi Province." In *Nuts & Bolts of Construction History*, edited by Robert Carvais, 167–73. Paris: Picard, 2012.

He Qian (何前). *Nvxiaojingtu yanjiu* (Illustrations for the book of woman filial piety) (女孝经图研究). Master Thesis, Central Academy of Fine Art, 2009.

Li Jie (李诫). *Yingzao fashi* (营造法式). Taipei: Shangwuyinshuguan, (1103) 1956.

Liu Dunzhen (刘敦桢). *Zhongguo gudai jianzhushi* (A History of Chinese traditional architecture) (中国古代建筑史). Beijing: Zhongguo jianzhug ongye chubanshe, 2002.

Liu Yuting (刘雨婷). *Zhongguo lidai jianzhu dianzhang zhidu* (Construction laws and regulations of China through the ages) (中国历代建筑典章制度), Shanghai: Tongji daxue chubanshe, 2010.

Li Xinchuan (李心传). *Jianyan yilai chaoye zaji* (Miscellaneous notes on inner and outer politics since the Jianyan reign) (建炎以来朝野杂记). Beijing: Zhonghuashuju, (1216) 2000.

Nanjing bowuyuan (Nanjing Museum) (南京博物院). "Yinan guhuaxiang shimu fajue baogao" (Excavation report on traditional stone relief tombs in Yinan) (沂南古画像石墓发掘报告). Beijing: *Wenhuabu wenwu guanliju*, 1956.

———. "Xuzhou Qingshuiquan Baiji donghan huaxiang shimu" (Eastern Han stone relief tombs found in Baiji, Qingshuiquan, Xuzhou county) (徐州清水泉白集东汉画像石墓). *Kaogu* 2 (1981): 40-53.

Pan Guxi (潘谷西). *Zhongguo jianzhushi* (History of Chinese architecture) (中国建筑史).

Beijing: Zhongguo jianzhu gongye chubanshe, 2004.

Shang Tongliu (商彤流), and GuoHailin (郭海林). "Shanxi Qixian fajue Jindai zhuandiaomu" (Jin brick tombs found in Qin county, Shanxi) (山西沁县发现金代砖雕墓). *Wenwu* 6 (2000): 22.

Shanxi bowuyuan (Shanxi Museum) (陕西博物院). "Tang Yidetaizi mu fajue baogao" (Excavation report on the Tang-dynasty tomb of crown prince Yide) (唐懿德太子墓发掘报告). *Wenwu* 7 (1972): 26-37.

Shanxisheng kaogu yanjiusuo (Shanxi Provincial Institute of Archaeology) (山西省考古研究所). "Shanxi Jishan Jinmu fajue jianbao" (Brief report on the excavation of Jin tombs in Jishan, Shanxi) (山西稷山金墓发掘简报). *Wenwu* 1 (1983): 42-45.

———. "Shanxi Pingding Song Jin bihuamu jianbao" (Brief report on Song andJin tombs in Pingding, Shanxi) (山西平定宋金壁画墓简报). *Wenwu* 5 (1996): 1-16.

———. "2008nian Shanxi Fenyang Donglongguan SongJin mudi fajue jianbao" (Brief excavation report on Song and Jin tombs found in Donglongguan, Fenyang, Shanxi, in 2008) (2008年山西汾阳东龙观宋金墓地发掘简报). *Wenwu* 2(2010): 23–39.

Su Bai (宿白). *Baisha Song mu* (The Song-dynasty tombs in Baisha) (白沙宋墓). Beijing: Wenwu chubanshe, 1957.

Su Xun (肃洵). *Yuan gugong yilu* (Record of the old Yuan palace) (元故宫遗录). Beijing: Shangwu yinshuguan, (Ming dynasty) 1936.

Wuguo gushi (Tales from the Five Kingdoms) (五国故事). In *Congshu jicheng chubian* (丛书集成初编), edited by Wang Yunwu (王云五). Beijing: Shangwu yinshuguan, 1991.

Yang Fudou (杨富斗). "Shanxi Jishan Jinmu fajue Jianbao" (Brief excavation report on Jin tombs in Jishan, Shanxi) (山西稷山金墓发掘简报). *Wenwu* 1 (1983): 765–785.

"Zhiji Yuefen zhi shengkuang" (Sacrificial rites in the Temple of Yue Fei) (致祭岳坟之盛况). *Shen bao*, April 5, 1923.

Zhongguo lidai shanshuihua xuan (Chinese traditional landscaping painting selection) (中国历代山水画选). Vol.1.Tianjin:Tianjin renmin meishu chubanshe, 2001.

古建筑测绘

山西高平游仙寺测绘图

李沁园（整理）

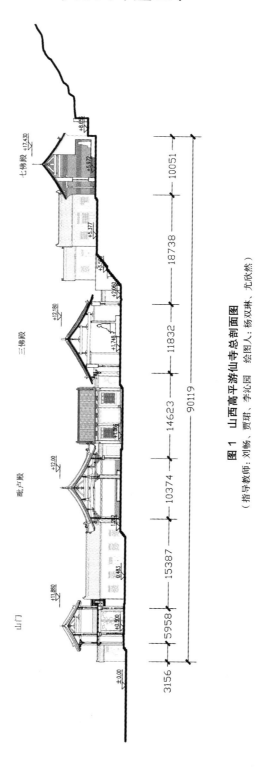

图1 山西高平游仙寺总剖面图

（指导教师：刘畅、贾珺　绘图人：杨双琳、尤欣然　绘图：李沁园）

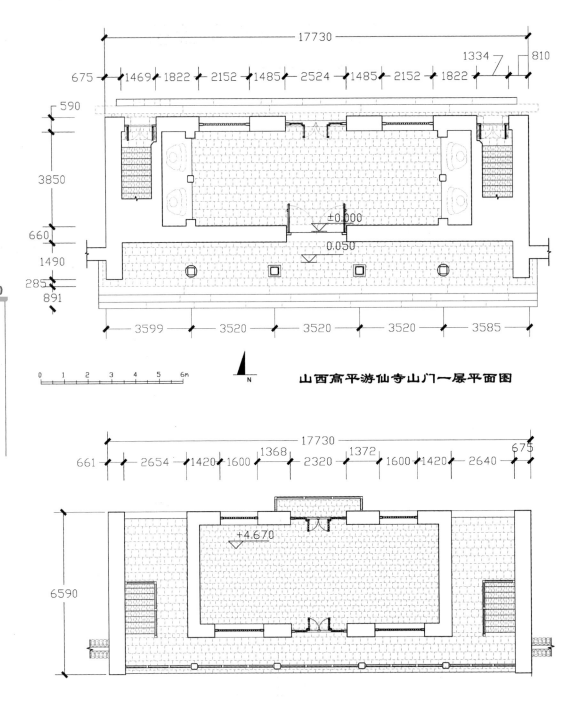

山西高平游仙寺山门一层平面图

山西高平游仙寺山门二层平面图

图2　山门平面图

（指导教师：刘畅、贾珺、蒋哲　绘图人：沈一琛，张宇）

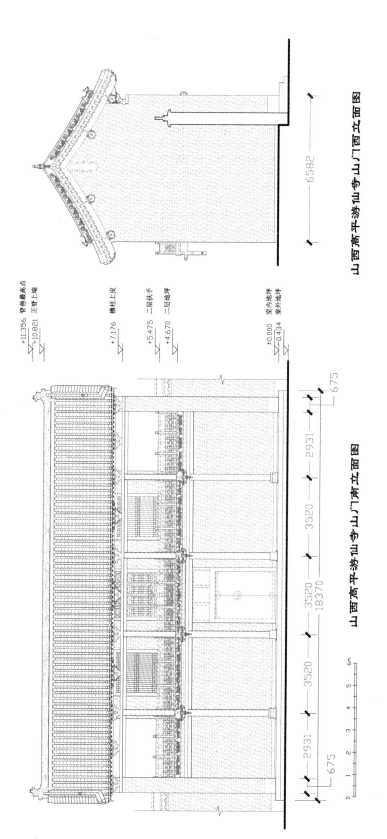

山西高平游仙寺 山门西立面图

6582

+11.356 脊兽最高点
+10.821 正脊上端

+7.176 檐柱上皮

+5.475 二层扶手
+4.670 二层地坪

±0.000 室内地坪
-0.434 室外地坪

山西高平游仙寺 山门南立面图

675

2931

3520

3520
18370

3520

2931

675

0 1 2 3 4 5 6m

图 3 山门立面图

（指导教师：刘畅、贾珺、蒋哲 绘图人：许晓佳）

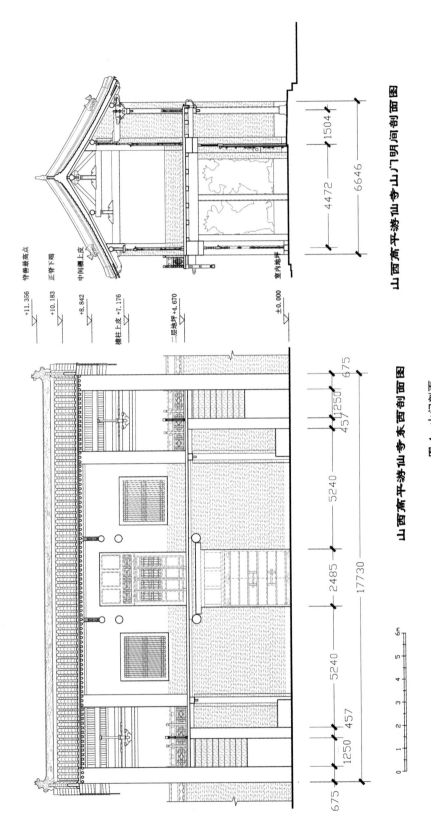

脊兽最高点 +11.356

正脊下端 +10.183

中间檐上皮 +8.842

檐柱上皮 +7.176

二层地坪 +4.670

室内地坪 ±0.000

山西高平游仙寺山门明间剖面图

山西高平游仙寺东西剖面图

图4 山门剖面

（指导教师：刘畅，贾珺，蒋哲　绘图人：张承再，毛俊松）

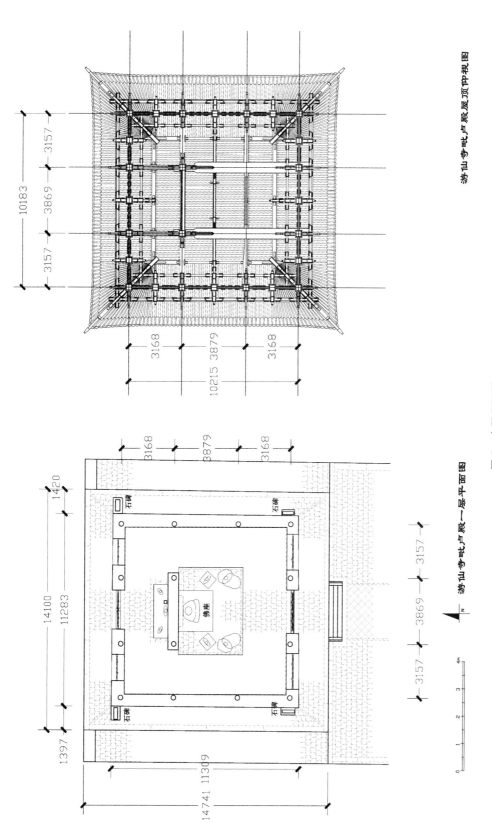

游仙寺毗卢殿屋顶仰视图

游仙寺毗卢殿一层平面图

图 5　大殿平面图

（指导教师：刘畅　绘图人：周颖玥，曾彦玥）

（绘图人：刘畅，贾珺，刘潇潇，王曦晨）

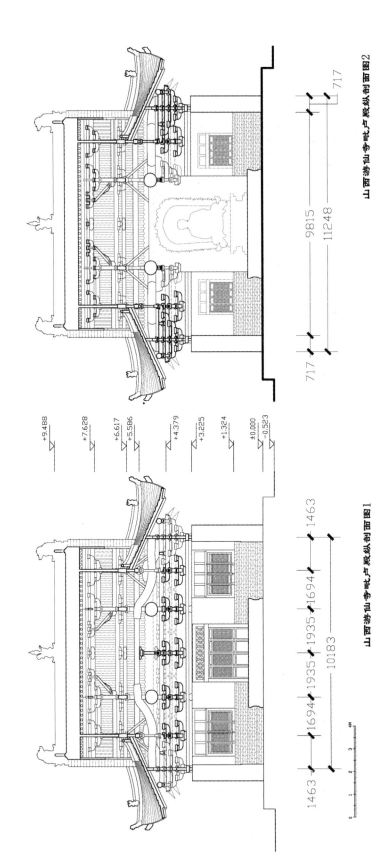

山西游仙寺毗卢殿纵剖面图图2

717

9815

11248

717

+9.488

+7.628

+6.617
+5.586

+4.379

+3.225

+1.324

±0.000
-0.523

山西游仙寺毗卢殿纵剖面图图1

1463

1694   1935   1694

1935

10183

1463

图 6   大殿剖面图

（指导教师：刘畅，贾珺，刘瀟潇，王澜潇，张道琼   绘图人：熊天翼，张道琼）

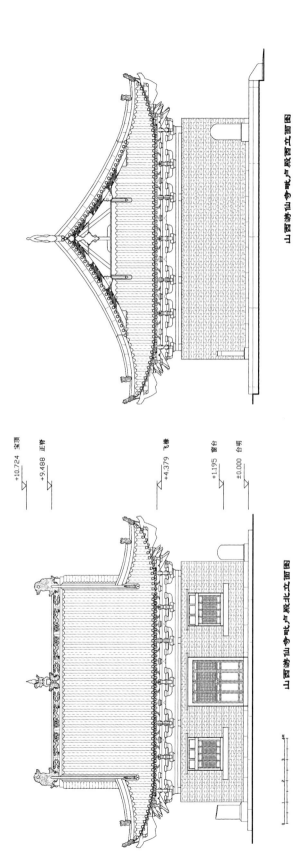

图 7　大殿立面图

（指导教师：刘畅、贾珺、刘瀚滦、王曦晨　绘图人：姚渊、刘云松）

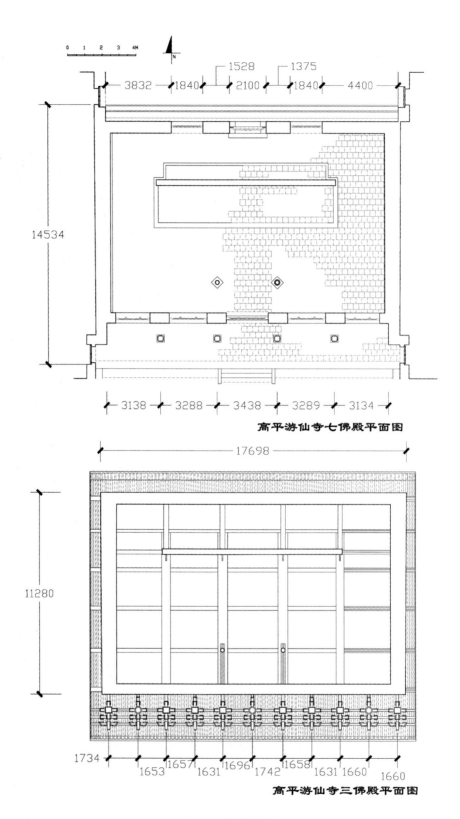

高平游仙寺七佛殿平面图

高平游仙寺三佛殿平面图

图 8　三佛殿平面图

（指导教师：刘畅，贾珺，姜铮　绘图人：梁妍璐）

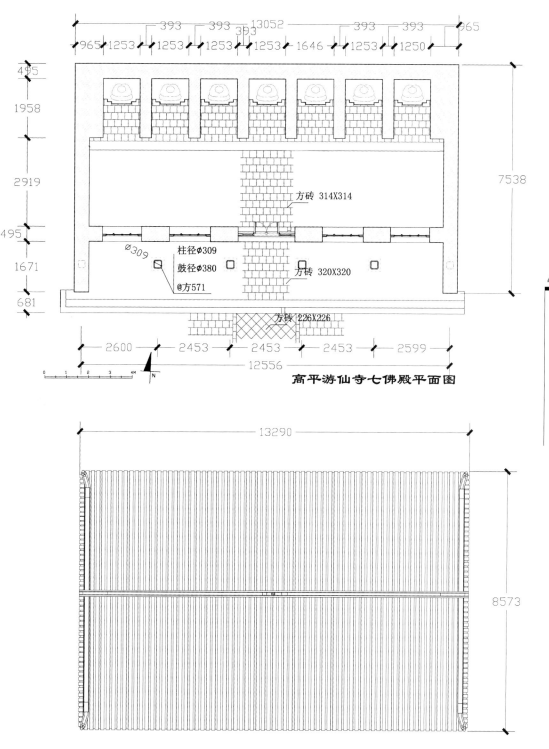

方砖 314X314

Ø309

柱径Ø309

鼓径Ø380

@方571

方砖 320X320

方砖 226X226

高平游仙寺七佛殿平面图

游仙寺七佛殿屋顶平面图

图9　七佛殿平面图
（指导教师：刘畅，贾珺，赵萨日娜　绘图人：王希冉）

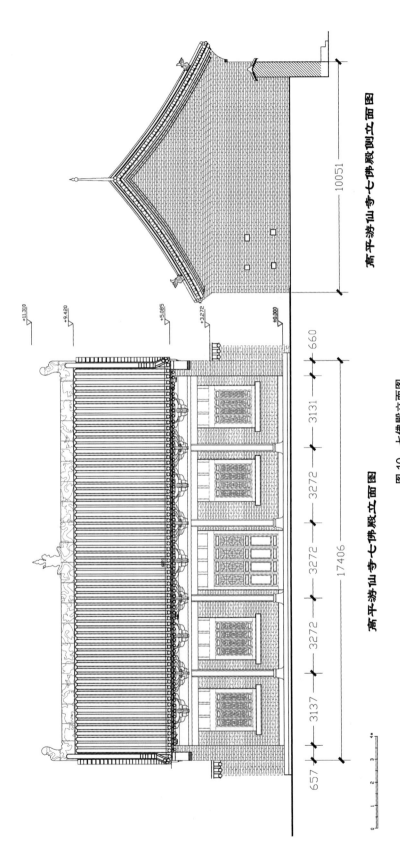

高平游仙寺七佛殿侧立面图

高平游仙寺七佛殿立面图

图 10 七佛殿立面图

（指导教师：刘畅，贾珺，赵娜日娜 绘图人：张偲，丁文颖）

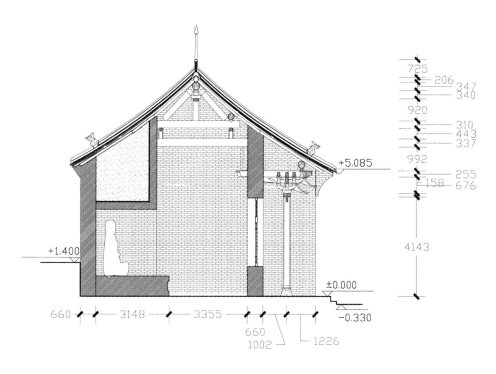

+725
+206 +347
+340
920
310
443
337
992
255
158 676

4143

+5.085

+1.400

±0.000
−0.330

660 · 3148 · 3355

660
1002 · 1226

高平游仙寺七佛殿横剖面图

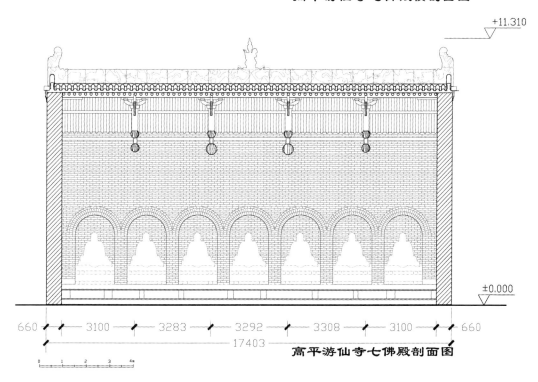

+11.310

±0.000

660 · 3100 · 3283 · 3292 · 3308 · 3100 · 660
17403

高平游仙寺七佛殿剖面图

0 1 2 3 4m

图11 七佛殿剖面图
（指导教师：刘畅，贾珺，赵萨日娜 绘图人：张偲，达莎）

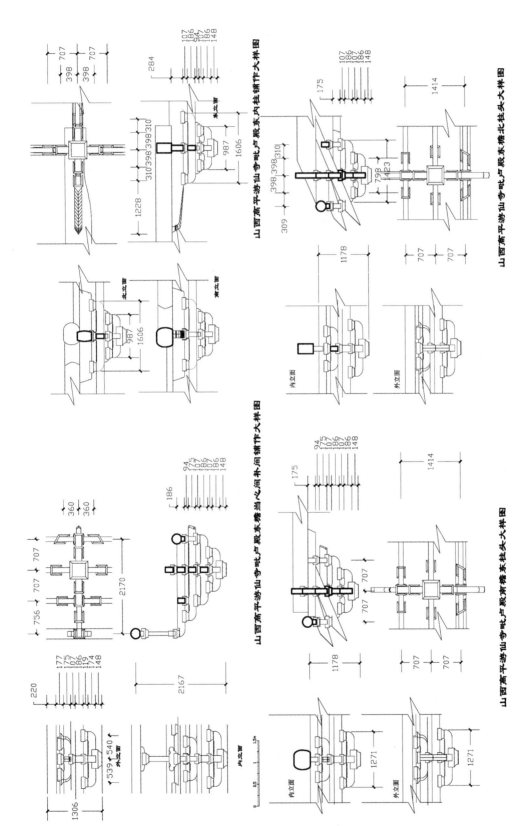

山西高平游仙寺毗卢殿东内柱铺作大样图

山西高平游仙寺毗卢殿东檐北柱头大样图

山西高平游仙寺毗卢殿东檐当心间补间铺作大样图

山西高平游仙寺毗卢殿东檐南柱头大样图

图 12　大殿斗栱大样图

（指导教师：刘畅，贾珺，王南，刘瀚潇，喻梦哲　绘图人：周朱盟，吕亦逊，曾彦玥）

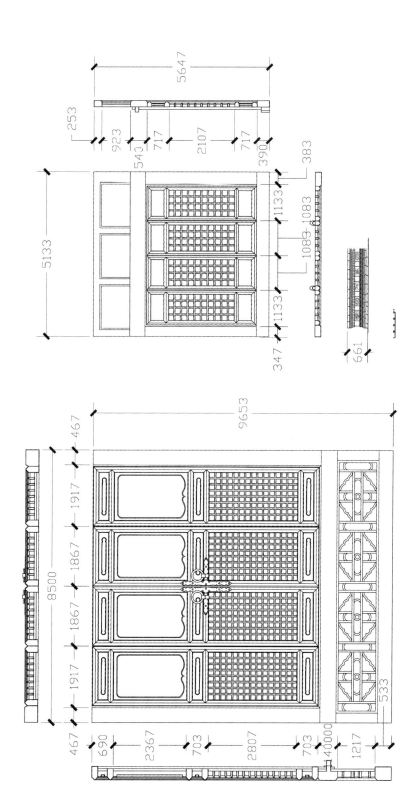

山西游仙寺毗卢殿门窗及须弥座大样

图 13 大殿门窗及须弥座大样图

（指导教师：刘畅、贾珺、刘瀟潇、王曦晨 绘图人：刘云松、张道琼）

《中国建筑史论汇刊》稿约

一、《中国建筑史论汇刊》是由清华大学建筑学院主办，清华大学建筑学院建筑历史与文物建筑保护研究所承办，中国建筑工业出版社出版的系列文集，以年辑的体例，集中并逐年系列发表国内外在中国建筑历史研究方面的最新学术研究论文。刊物出版受到华润雪花啤酒（中国）有限公司资助。

二、**宗旨**：推展中国建筑历史研究领域的学术成果，提升中国建筑历史研究的水准，促进国内外学术的深度交流，参与中国文化现代形态在全球范围内的重建。

三、**栏目**：文集根据论文内容划分栏目，论文内容以中国的建筑历史及相关领域的研究为主，包括中国古代建筑史、园林史、城市史、建造技术、建筑装饰、建筑文化以及乡土建筑等方面的重要学术问题。其着眼点是在中国建筑历史领域史料、理论、见解、观点方面的最新研究成果，同时也包括一些重要学术信息。篇幅亦遵循国际通例，允许做到"以研究课题为准，以解决一个学术问题为准"，不再强求长短划一。最后附"测绘"，栏目，选登清华建筑学院最新古建筑测绘成果，与同好分享。

四、**评审**：采取匿名评审制，以追求公正和严肃性。评审标准是：在翔实的基础上有所创新，显出作者既涵泳其间有年，又追思此类问题已久，以期重拾"为什么研究中国建筑"（梁思成语，《中国营造学社汇刊》第七卷第一期）的意义，并在匿名评审的前提下一视同仁。

五、**编审**：编审工作在主编总体负责的前提下，由"专家顾问委员会"和"编辑部"共同承担。前者由海内外知名学者组成，主要承担评审工作；后者由学界后辈组成，主要负责日常编务。编辑部将在收到稿件后，即向作者回函确认；并将在一月左右再次知会，文章是否已经通过初审、进入匿名评审程序；一俟评审得出结果，自当另函通报。

六、**征稿**：文集主要以向同一领域顶级学者约稿或由著名学者推荐的方式征集来稿，如能推荐优秀的中国建筑历史方向博士论文中的精彩部分，也将会通过专家评议后纳入文集，论文以中文为主（每篇论文可在2万字左右，以能够明晰地解决中国古代建筑史方面的一个学术问题为目标），亦可包括英文论文的译文。文章一经发表即付润毫之资。

七、**出版周期**：以每年1～2辑的方式出版，每辑15～20篇，总字数为50万字左右，16开，单色印刷。

八、**编者声明**：本文集以中文为主，从第捌辑开始兼收英文稿件。作者无论以何种语言赐稿，即被视为自动向编辑部确认未曾一稿两投，否则须为此负责。本文集为纯学术性论文集，以充分尊重每位作者的学术观点为前提，唯求学术探索之原创与文字写作之规范，文中任何内容与观点上的歧异，与文集编者的学术立场无关。

九、**入网声明**：为适应我国信息化发展趋势，扩大本刊及作者知识信息交流渠道，本刊已被《中国学术期刊网络出版总库》及CNKI系列数据库收录，其作者文章著作权使用费与本刊稿酬一次性给付，免费提供作者文章引用统计分析资料。如作者不同意文章被收录入期刊网，请在来稿时向本刊声明，本刊将做适当处理。

来稿请投：E-mail：xuehuapress@sina.cn；或寄：清华大学建筑学院新楼503室《中国建筑史论汇刊》编辑部，邮编：100084。

本刊博客：http：//blog. sina. com. cn/jcah

《中国建筑史论汇刊》编辑部

Guidelines for Submitting English—language Papers to the *JCAH*

The *Journal of Chinese Architecture History*（*JCAH*）provides art opportunity for scholars to publish English-language or Chinese—language papers on the history of Chinese architecture from the beginning to the early 20th century. We also welcome papers dealing with other countries of the East Asian cultural sphere. Topics may range from specific case studies to the theoretical framework of traditional architecture including the history of design, landscape and city planning.

JCAH is strongly committed to intellectual transparency，and advocates the dynamic process of open peer review. Authors are responsible to adhere to the standards of intellectual integrity, and acknowledge the source of previously published material. Likewise, authors should submit original work that, in this manner, has not been published previously in English, nor is under review for publication elsewhere.

Manuscripts should be written in good English suitable for publication. Non-English native speakers are encouraged to have their manuscripts read by a professional translator, editor, or English native speaker before submission.

Manuscripts should be sent electronically to the following email address: xuehuapress@sina.cn

For further information, please visit the *JCAH* website, or contact our editorial office:

English Editor: Alexandra Harrer 荷雅丽

JCAH Editorial office

Tsinghua University，School of Architecture, New Building Room 503 / China, Beijing, Haidian District 100084

北京市海淀区 100084/ 清华大学建筑学院新楼 503/*JCAH* 编辑部

Tel（Ms Zhang Xian 张弦 /Ms Ma Dongmei 马冬梅）: 0086 10 62796251

Email: xuehuapress@sina. cn

http：//blog. sina. corn. cn/jcah

Submissions should include the following separate files:

1）**Main text file in MS-Word format**（1abeled with "text" + author's last name）. It must include the name(s) of the author(s), name(s) of the translator(s) if applicable, institutional affiliation, a short abstract（1ess than 200 words），5 keywords, the main text with footnotes, acknowledgments if necessary, and a bibliography. For text style and formatting guidelines, please visit the *JCAH* website（mainly *Chicago Manual of Style*, 16th Edition, *Merriam-webster Collegiate Dictionary*, 11th Edition）

2）**Caption file in MS-Word format**（1abeled with "caption" + author's last name）.It should list illustration captions and sources.

3）**Up to 30 illustration files preferable in JPG format**（1abeled with consecutive numbers according to the sequence in the text + author's last name）. Each illustration should be submitted as an individual file with a resolution of 300 dpi and a size not exceeding 1 megapixel.

Authors are notified upon receipt of the manuscript. If accepted for publication, authors will receive an edited version of the manuscript for final revision, and upon publication, automatically two gratis bound journal copies.

图书在版编目（CIP）数据

中国建筑史论汇刊·第壹拾肆辑 / 王贵祥主编 . —
北京：中国建筑工业出版社，2017.8
　ISBN 978-7-112-20733-6

　Ⅰ.①中… 　Ⅱ.①王… 　Ⅲ.①建筑史—中国—文
集　Ⅳ.①TU-092

　　中国版本图书馆CIP数据核字（2017）第096987号

责任编辑：董苏华　李　婧
责任校对：王宇枢　李欣慰

中国建筑史论汇刊·第壹拾肆辑
王贵祥　主　编
贺从容　李　菁　副主编
清华大学建筑学院　主办

＊
中国建筑工业出版社出版、发行（北京海淀三里河路9号）
各地新华书店、建筑书店经销
北京京点图文设计有限公司制版
北京中科印刷有限公司印刷
＊
开本：787×1092毫米　1/16　印张：30　字数：614千字
2017年7月第一版　2017年7月第一次印刷
定价：129.00元
ISBN 978-7-112-20733-6
　　（30393）